Pharmaceutical
Derouging Process

制药除锈
工艺实施手册

何国强　主　编

易 军　孙永劫　张功臣　副主编

化学工业出版社

·北京·

本书由我国知名制药工业服务商组织国内多家知名制药企业、高等院校和供应商共同编写，汇集了先进的理念与鲜活的实例，为我国制药企业提供除锈与再钝化的行动指南与解决方案。

本书第 1 章简介了金属腐蚀的危害，第 2 章和第 3 章主要从不锈钢和金属合金的角度说明不锈钢的基础知识与腐蚀的机理，第 4 章至第 7 章介绍的是制药行业红锈的形成、风险以及清洁验证、清洁流体工艺系统，第 8 章至第 9 章探讨除锈、再钝化的方法及质量控制，第 10 章描述在制药行业中红锈的预防。

本书适用于从事研究、设计、生产制药行业洁净不锈钢流体工艺系统的技术人员，以及制药、化工、日化和半导体企业相关的技术人员、生产人员和工程维护人员学习使用。

图书在版编目（CIP）数据

制药除锈工艺实施手册/何国强主编. —北京：化学工业出版社，2015.9
ISBN 978-7-122-24742-1

Ⅰ.①制… Ⅱ.①何… Ⅲ.①化工制药机械-除锈-技术手册 Ⅳ.①TQ460.5-62

中国版本图书馆 CIP 数据核字（2015）第 172670 号

责任编辑：杨燕玲 张 赛　　　　　　　装帧设计：史利平
责任校对：边 涛

出版发行：化学工业出版社（北京市东城区青年湖南街 13 号　邮政编码 100011）
印　　装：北京画中画印刷有限公司
880mm×1230mm　1/16　印张 20½　彩插 2　字数 552 千字　2015 年 10 月北京第 1 版第 1 次印刷

购书咨询：010-64518888（传真：010-64519686）　　售后服务：010-64518899
网　　址：http://www.cip.com.cn
凡购买本书，如有缺损质量问题，本社销售中心负责调换。

定　　价：149.00 元

编写人员名单

主　　编　何国强

副 主 编　易　军　　孙永劼　　张功臣

编写人员　何国强　　易　军　　孙永劼　　张功臣　　张　超　　张贵良
　　　　　　　冯　波　　李晓天　　孙　帅　　贾晓艳　　智晓日　　鲍京旺
　　　　　　　柳　毅　　翟海鹏　　方建茹　　贺玮洁　　朱华忠　　张丽琴
　　　　　　　徐禾丰　　张　新　　张　陟　　吕　锐　　师　洋　　孙　杰
　　　　　　　武广昭　　刘　辉　　王贤彪　　黄新基　　俞鸿儒　　张　进
　　　　　　　王　凯　　罗晓燕　　张长银　　王　涛　　崔　勇　　孙美娟
　　　　　　　乔　松　　赵　杰　　程从前　　侯　艳　　胡叶兵　　林满阳
　　　　　　　任立权　　周　铭　　陆记群　　郭润东　　杜　丹　　刘英亮
　　　　　　　Nissan Cohen　　Christian Bachofen　　Anwarul Haque
　　　　　　　Jonathan James Woodburn　　Filippo Colombo

审核人员　何建红　　周　宁　　陈跃武　　高　强　　史红彦　　闫永辉
　　　　　　　王敏成　　马义岭　　王奎波　　王　玮　　彭　群　　徐　璇
　　　　　　　刘前进　　黄开勋　　张　珩　　夏　庆　　李忠德　　刘　元
　　　　　　　Paul Lopolito　　Timo Heino　　Steve Edwards
　　　　　　　Wilfried Kappel

序

我国《医药工业"十二五"发展规划》提出了建设医药强国的宏伟目标，中国必定会走国际化发展道路。目前，医药行业的一批优秀企业率先通过了国际先进标准的GMP认证，为中国药品迅速走向世界奠定了良好的基础。

制药流体工艺系统是《药品生产质量管理规范》的重要内容，与发达国家相比，中国医药企业还有着较大的差距。随着制药流体工艺系统的设计、安装和验证工作逐渐成为现代制药行业新建或改造项目中的主导，所有的制药企业都将把设计、安装与验证工作视为药品质量保证的关键所在，也认识到质量可靠的制药流体工艺系统能为企业提供持久的质量保证和低成本的竞争优势。

对于制药行业来讲，除锈与钝化工作之所以如此重要，不仅仅是制药行业法规与产品质量的要求，更是科学和技术发展的必然，是人们对药品质量改进和风险控制规律认知的结果。随着我国环境、能源、安全和工艺等技术的不断发展，制药流体工艺系统的除锈与钝化理念和质量标准也将相应发生新的变化，这就要求药品生产企业所采用的制水设备、药液配制工艺系统、在线清洗及灭菌系统必须适应新变化的要求。本书作者的写作初衷，正是因为认识到了流体工艺系统不断提高的质量要求，以及目前中国制药行业产品生产所面临的红锈污染的挑战。

本书作者长期从事制药流体工艺系统的设计、设备制造、安装调试和验证服务等工作，参考了大量国际先进的GMP理念、风险评估与验证理念，结合在制药流体工艺系统工程中累积多年的实践经验，将无菌制剂、生物制品、血液制品和中药注射剂等品种和剂型中涉及的工艺设备、空调净化系统、制药用水系统、生产工艺系统、计算机管理系统、在线清洗系统、质量控制系统、维护保养系统、验证工作及实施过程中的辅助活动进行了归纳总结，为我国2010年版GMP法规环境要求下的先进的风险评估理念及所需的设计、施工与验证工作提供了非常有价值的实践经验。

编者
2015 年 8 月于北京

前言

《制药除锈工艺实施手册》是一本以金属防腐学、制药设备与工艺学、药剂学、药典、药品生产质量管理规范、车间工艺设计及相关科学理论和工程技术为基础的应用型参考书。本书主要围绕无菌药品生产的质量度量理念，重点介绍制药用水/蒸汽系统、制药配液系统、在线清洗系统与在线灭菌系统在除锈与钝化方面的维护管理措施。

2011 年 3 月 1 日，《药品生产质量管理规范（2010 年修订）》（以下简称"中国 GMP 2010 年版"）正式颁布并施行。为了更好地理解国际制药流体工艺系统的发展变化，帮助国内制药企业正确认识制药用水/蒸汽系统、制药配液系统、在线清洗系统和在线灭菌系统的维护管理与方法，笔者根据多年从事制药流体工艺系统的设计、安装、调试、验证与除锈工作经验，按照中国、美国、欧盟、WHO 等国家组织的 GMP 和药典要求，参考 ISPE、ASME BPE 等组织的相关资料，于 2015 年为中国制药行业编写了这本《制药除锈工艺实施手册》。

本书共 10 章。第 1 章主要是对金属腐蚀的危害进行了简单的阐述；第 2 章主要介绍了不锈钢的定义、分类、特性及其应用，对不锈钢的加工工艺与质量控制进行了必要的介绍；第 3 章主要介绍了金属腐蚀的微观形态、分类及其机理，同时，对金属腐蚀在不同行业中的影响进行了归纳与总结；第 4 章从质量、工程、EHS 和投资等方面分别介绍了红锈的滋生现象对于制药行业的影响；第 5 章主要介绍了不锈钢材料的红锈滋生机理，从不同角度分析了红锈滋生的原因及其所带来的系统风险；第 6 章重点介绍了清洁验证的基本要求及基于生命周期的清洁验证应用；第 7 章对制药洁净流体工艺系统的内容与特征进行了必要的描述，包含制药用水系统、制药用蒸汽系统、制药配液系统、在线清洗系统与在线灭菌系统；第 8 章重点介绍了红锈去除的机理与方法，确保除锈与钝化工艺符合工艺验证的要求，同时也介绍了不同清洗剂与除锈剂的效果比较，着重介绍了 CIP 100 与 CIP 200 试剂在除锈与钝化工艺中的卓越表现；第 9 章从实际案例出发，对除锈的实施与质量控制做了详尽的介绍；第 10 章采用质量度量理念重点介绍了红锈的预防措施与不锈钢的维护保养方法，并阐述了在线红锈监测技术的应用。

本书大量采用了实际工程案例和相关图片，结合了国际制药工程协会（ISPE）及美国机械工程-生物工程设备协会（ASME BPE）的理论经验，力求真实、形象、准确地介绍制药除锈工艺系统的基本理念和除锈措施。

本书由香港奥星集团主持编写，主编何国强，副主编易军、孙永劼、张功臣，相关制药企业、高等院校、工程设计院和材料/试剂供应商参与了编写。参加编写的人员有：第 1 章 张超、俞鸿儒、鲍京旺、柳毅；第 2 章 赵杰、程从前、崔勇、孙美娟、Nissan Cohen；第 3 章 侯艳、胡叶兵、乔松；第 4 章 黄新基、张进、王凯、张长银；第 5 章 Filippo Colombo、李晓天、孙帅、张贵良、罗晓燕、林满阳；第 6 章 Anwarul Haque、张新、徐禾丰、贾晓艳、智晓日、方建茹、贺玮洁、朱华忠；第 7 章 Jonathan James Woodburn、冯波、刘辉、张丽琴、张陟；第 8 章 Christian Bachofen、任立权、周铭、陆记群、郭润东；第 9 章 孙永劼、翟海鹏、王贤彪、王涛、刘英亮；第 10 章 吕锐、师洋、孙杰、武广昭、杜丹。

参与审核的人员有：何建红、周宁、陈跃武、高强、史红彦、闫永辉、王敏成、马义岭、王奎波、王玮、彭群、徐璇、刘前进、黄开勋、张珩、夏庆、李忠德、刘元、Paul Lopolito、Timo Heino、Steve Edwards、Wilfried Kappel。全书由何国强、易军、孙永劼、张功臣统稿。

本书汇集了近年来国内外制药行业在制药除锈与钝化工艺方面的实践与研究成果，与除锈、钝化相关的诸多客观数据均来自于奥星公司在制药企业的实际除锈案例与高校合作研发。在此，笔者由衷地感谢参与本书编写的知名制药企业、材料/试剂供应商、科研院校与工程设计院的大力支持，具体参编单位如下（注：排名不分先后）：

（1）制药企业类
- 信达生物制药（苏州）有限公司
- 北京宝洁技术有限公司
- 上海百特医疗用品有限公司
- 阿斯利康药业（中国）有限公司
- 成都康弘生物科技有限公司
- 成都生物制品研究所
- 上海中信国健药业股份有限公司
- 上海勃林格殷格翰药业有限公司
- 山东威高药业股份有限公司
- 利洁时家化（中国）有限公司

（2）科研院校与工程设计院类
- 大连理工大学
- 华东理工大学
- 武汉工程大学
- 华中科技大学
- 中国医药集团联合工程有限公司
- 恩宜珐玛（天津）工程有限公司
- 中国机械工程学会材料分会高温材料及强度委员会

（3）材料/试剂供应商类
- 美国思泰瑞公司（STERIS Corporation）
- 美国 RCS 公司（Rohrback Cosasco Systems，Inc.）

本书可作为高等院校金属防腐专业、制药工程专业、药物制剂专业及其他相关专业的参考教材，也可供制药行业从事研究、设计、生产制药流体工艺系统产品的技术人员参考。编者水平有限，时间仓促，书中不妥及错误处，热切希望专家和广大读者不吝赐教、批评指正。

编者
2015 年 8 月于北京

缩略语

术语/缩略语	英文全拼	中文
AHU	Air Handing Unit	空调机组
AOAC	Association of Official Analytical Chemists	美国公职化学家协会
AMV	Analytical Method Validation	分析方法验证
API	Active Pharmaceutical Ingredient	药物活性成分
APIC	Active Pharmaceutical Ingredients Committee	欧洲原料药委员会
ASME	American Society of Mechanical Engineers	美国机械工程学会
ASME BPE	American Society of Mechanical Engineers Bio-processing Equipment	美国机械工程-生物工程设备学会
ASTM	American Society for Testing and Materials	美国材料与试验协会
BD	Bowie-Dick	布维-狄克
BI	Biological Indicator	生物指示剂
BMS	Building Management System	楼宇控制系统
CAPA	Corrective and Preventative Action	纠正和预防措施
CCA	Component Criticality Assessment	部件关键性评估
CCI	Crevice Corrosion Index	缝隙腐蚀因子
CCP	Critical Control Point	关键控制点
CCT	Critical Crevice-corrosion Temperature	临界缝隙腐蚀温度
CD	Cycle Development	程序开发
CEHT	Clean Equipment Hold Time	干净设备保留时间
CFR	Code for Federal Regulations	美国联邦法规
CFU	Colony Forming Unit	菌落形成单位
cGMP	Current Good Manufacturing Practice	现行药品生产质量管理规范
CHO	Chinese Hamster Ovary	中国仓鼠卵巢细胞
CIP	Clean in Place	在线清洗
ChP	Chinese Pharmacopeia	《中华人民共和国药典》
CMMS	Computerized Maintenance Management System	计算机维护管理系统
C_p/C_{pk}	Process Capability Index	工序能力指数
CPP	Critical Process Parameter	关键工艺参数
CPT	Critical Pitting Temperature	临界点蚀温度
CQA	Critical Quality Attribute	关键质量属性
CSV	Computer System Validation	计算机系统验证
CVP	Cleaning Validation Plan	清洁验证计划
DCS	Distributed Control System	分布式控制系统

术语/缩略语	英文全拼	中文
DDS	Detailed Design Specification	详细设计说明
DEHT	Dirty Equipment Hold Time	脏设备保留时间
DNA	Deoxyribonucleic Acid	脱氧核糖核酸
DoE	Design of Experiment	实验设计
DOP	Dioctyl Phthalate(or Equivalent, i. e. , Dispersed Oil Particulate)	邻苯二甲酸二辛酯(或等同品,例如分散油颗粒)
DQ	Design Qualification	设计确认
DS	Design Specification	设计说明
ED_{50}	50% Effective Dose	半数有效量
EDI	Electrodeionization Deionization (US Filter)	电极法去离子(美国滤材)
EHS	Environment Health Safety	环境健康安全
ELISA	Enzyme-linked Immuno Sorbent Assay	酶联免疫吸附测定
EMA	European Medicines Agenc	欧洲药品管理局
EMS	Environmental Monitoring System	环境监测系统
EP	European Pharmacopoeia	《欧洲药典》
EPA	Environmental Protection Agency	美国环境保护署
ERP	Enterprise Resource Planning	企业资源计划
ETOP	Engineering Turnover Packages	工程交付包
EU	European Union	欧盟
FAT	Factory Acceptance Testing	工厂验收测试
FDA	Food and Drug Administration	美国食品药品监督管理局
FDS	Functional Design Specification	功能设计说明
FMEA	Failure Modes and Effects Analysis	失效模式和影响分析
FS	Function Specification	功能说明
FTA	Fault Tree Analysis	故障树分析
FQCP	Field Quality Control Plan	现场质量控制计划
GAMP	Good Automated Manufacturing Practice	良好自动化生产实践
GDP	Good Document Practice	良好文件管理规范
GEP	Good Engineering Practice	良好工程管理规范
GLP	Good Laboratory Practice	良好实验室管理规范
GMP	Good Manufacturing Practice	良好药品生产管理规范
GxP	Good x Practice	药品质量管理规范
HAZ	Heat Affect Zone	热影响区
HACCP	Hazard Analysis and Critical Control Points	危害分析和关键控制点
HAZOP	Hazard and Operability Analysis	危险与可操作性分析
HDS	Hardware Design Specification	硬件设计说明
HEPA	High Efficiency Particulate Air	高效空气过滤器
HBV	Hepatitis B Virus	乙型肝炎病毒

术语/缩略语	英文全拼	中文
HIV	Human Immunodeficiency Virus	人类免疫缺陷病毒
HMI	Human Machine Interface	人机界面
HPLC	High Performance Liquid Chromatography	高效液相色谱
HVAC	Heating，Ventilation，and Air Conditioning	采暖、通风和空调系统
I/O	Input and Output	输入/输出
IC_{50}	The Half Maximal Inhibitory Concentration	半抑制浓度
ICH	International Conference on Harmonization of Technical Requirements for Registration of Pharmaceuticals for Human Use	人用药品注册技术要求国际协调会
IEC	International Electrotechnical Commission	国际电工委员会
IQ	Installation Qualification	安装确认
ISO	International Standards Organization	国际标准化组织
ISPE	International Society for Pharmaceutical Engineering	国际制药工程协会
IUPAC	International Union of Pure and Applied Chemistry	国际理论（化学）与应用化学联合会
LIMS	Laboratory Information Management System	实验室信息管理系统
LOD	Limits of Detection	检测限度
LOQ	Limit of Quantizatity	含量限度
MACO	Maximum Allowable Carryover	最大可接受残留
MB/L	Methyleneblue	亚甲蓝光敏法
MCB	Master Cell Bank	主细胞库
MES	Manufacturing Execution System	生产执行系统
MMS	Maintenance Management System	维护管理系统
MSDS	Material Safety Data Sheet	化学品安全技术说明书
MTDD	Minimum Treatment Daily Dosage	最低日治疗剂量
OEM	Original Equipment Manufacturer	原始设备制造商
OOS	Out of Specification	超标结果调查
OQ	Operational Qualification	运行确认
OSD	Oral Solid Dosage	口服固体制剂
P&ID	Piping and Instrumentation Diagrams	管道和仪表图
PAO	Poly-alpha-olefin	聚 α-烯烃
PAT	Process Analytical Technology	过程分析技术
PBS	Phosphate Buffer Saline	磷酸缓冲液
PCB	Primary Cell Bank	原始细胞库
PCR	Polymerase Chain Reaction	聚合酶链反应
PDA	Parenteral Drug Association	美国注射剂协会
PDI	Pre-delivery Inspection	发货前检查

术语/缩略语	英文全拼	中文
PdM	Predictive Maintenance	预测性维护
PEP	Project Execution Plan	项目执行计划
PFD	Process Flow Diagrams	工艺流程图
PHA	Preliminary Hazard Analysis	初步危害分析
PIC/S	Pharmaceutical Inspiration Convention and Pharmaceutical Inspection Co-operation Scheme	国际药品检查协会组织
PLC	Programmable Logic Controller	可编程逻辑控制器
PM	Project Management	项目管理
PP	Polypropylene	聚丙烯
PPE	Personal Protective Equipment	人员保护装备
PPQ	Process Performance Qualification	工艺性能确认
PQ	Performance Qualification	性能确认
PRE	Pitting Resistance Equivalent	耐点蚀当量
PREN	Pitting Resistance Equivalent Number	耐点蚀当量因子
PS	Pure Steam	纯蒸汽
PTFE	Polytetrafluoroethylene	聚四氟乙烯
PV	Process Validation	工艺验证
PVC	Polyvinyl Chloride	聚氯乙烯
PVP	Process Validation Plan	工艺验证计划
PW	Purified Water	纯化水
QA	Quality Assurance	质量保证
QbD	Quality by Design	质量源于设计
QC	Quality Control	质量控制
QMS	Quality Management System	质量管理体系
QPP	Quality and Project Plan	质量及项目计划
QRM	Quality Risk Management	质量风险管理
RA	Risk Assessment	风险分析
RABS	Restricted Access Barrier System	限制进出隔离系统
RCC-M	Design and Construction Rules for the Mechanical Components of PWR Nuclear Island	压水堆核岛机械设备设计和建造规则
RCFA	Root Cause Failure Analysis	失败根本原因分析
RCM	Reliability Centered Maintenance	以可靠性为中心的维修
RH	Relative Humidity	相对湿度
RNA	Ribonucleic Acid	核糖核酸
RO	Reverse Osmosis	反渗透
RPN	Risk Priority Number	风险优先性
RSD	Relative Standard Deviation	相对标准偏差

术语/缩略语	英文全拼	中文
RTM	Requirements Traceability Matrix	需求追溯性矩阵
RTP	Rapid Transfer Port	快速运转接口
SAL	Sterility Assurance Level	无菌保证水平
SAT	Site Acceptance Testing	现场验收测试
SCADA	Supervisory Control and Data Acquisition	检测控制和数据收集
SCC	Stress Corrosion Cracking	应力腐蚀开裂
SCR	Source Code Review	源代码审核
SDA-PAGE	Sodium Dodecyl Sulfate-polyacrylamide Gel	十二烷基硫酸钠-聚丙烯酰胺凝胶
SDI	Silt Density Index	淤泥指数
SDS	Software Design Specification	软件设计说明
SFDA	State Food and Drug Administration	国家食品药品监督管理总局
SIA	System Impact Assessment	系统影响性评估
SIP	Sterilize in Place	在线灭菌
SME	Subject Matter Expert	主题专家
SMS	Software Module Specifications	软件模块说明
SMT	Software Module Test	软件模块测试
SOP	Standard Operating Procedure	标准操作规程
SV	Sindbis Virus	辛德毕斯病毒
TM	Traceability Matrix	可追溯矩阵
TOC	Total Organic Carbon	总有机碳
TR	Technical Report	技术报告
UAF	Unidirectional Airflow	单向气流
UCL	Upper Confidence Limit	置信上限
UPS	Uninterruptable Power Supply	不间断电源
URB	User Requirements Brief	用户需求简介
URS	User Requirements Specification	用户需求说明
USP	United States Pharmacopoeia	《美国药典》
UV	Ultraviolet Light	紫外灯
VHP	Vaporized Hydrogen Peroxide	汽化过氧化氢灭菌技术
VMP	Validation Master Plan	验证主计划/验证总计划
VP	Validation Plan	验证计划
VSR	Validation Summary Report	验证总结报告
VSV	Vesicular Stomatitis Virus	水疱性口炎病毒
WCB	Working Cell Bank	工作细胞库
WFI	Water for Injection	注射用水
WHO	World Health Organization	世界卫生组织
WIP	Wetting in Place	在线加湿
WO	Work Order	工作指令
WR	Work Request	工作申请

目录

▶ 第1章　金属腐蚀危害简述 ··· 1

▶ 第2章　不锈钢及其应用 ·· 4
　　2.1　概述 ·· 4
　　2.2　不锈钢的分类 ··· 9
　　2.3　不锈钢的常规性能 ·· 18
　　2.4　不锈钢的工艺性能 ·· 27
　　2.5　不锈钢管的成形 ·· 37
　　2.6　不锈钢在医疗事业和生物制药领域中的应用 ····························· 40

▶ 第3章　金属腐蚀 ·· 41
　　3.1　概述 ··· 41
　　3.2　金属典型腐蚀形态及机理 ··· 53
　　3.3　金属腐蚀对各行业的影响 ··· 67

▶ 第4章　红锈的滋生 ·· 80
　　4.1　红锈的分类 ··· 80
　　4.2　外源型红锈 ··· 82
　　4.3　内源型红锈 ··· 92

▶ 第5章　红锈的风险 ·· 101
　　5.1　红锈与法规 ··· 101
　　5.2　质量风险 ··· 102
　　5.3　工程风险 ··· 109
　　5.4　EHS风险 ··· 115
　　5.5　投资风险 ··· 121

▶ 第6章　清洁验证 ·· 123
　　6.1　清洁验证概述 ··· 123
　　6.2　清洁的基本原理 ·· 124

6.3 清洁验证的法规要求 ················· 125

6.4 清洁验证计划 ····················· 129

6.5 清洁验证相关分析方法 ············· 130

6.6 清洁验证风险评估 ················· 140

6.7 清洁验证方案及报告 ··············· 146

6.8 自动清洗设备的应用与确认 ········· 147

6.9 常见的清洁验证问题分析 ··········· 150

6.10 基于生命周期的清洁验证应用 ······ 156

▶ **第7章 洁净流体工艺系统** ··············· 166

7.1 概述 ····························· 166

7.2 制药用水系统 ····················· 167

7.3 制药用蒸汽系统 ··················· 200

7.4 制药配液系统 ····················· 207

7.5 在线清洗系统 ····················· 207

7.6 在线灭菌系统 ····················· 220

▶ **第8章 红锈的去除** ····················· 228

8.1 清洗技术 ························· 228

8.2 除锈技术 ························· 242

8.3 钝化技术 ························· 259

▶ **第9章 除锈的质量控制** ················· 276

9.1 除锈执行方案的确定 ··············· 276

9.2 执行的必备条件 ··················· 278

9.3 除锈再钝化的实施 ················· 279

9.4 除锈实施案例 ····················· 282

▶ **第10章 红锈的预防** ··················· 292

10.1 制药用水与蒸汽系统的验证生命周期 ··· 292

10.2 设计阶段的预防 ················· 295

10.3 施工阶段的预防 ················· 300

10.4 运行阶段的预防 ················· 306

10.5 过程分析技术 ··················· 310

▶ **参考文献** ····························· 313

第1章
金属腐蚀危害简述

腐蚀是由于环境引起的金属材料的退化。腐蚀导致的直接后果是工程材料的使用寿命的缩短，腐蚀会导致材料性能退化，甚至会引发灾难性的事故，例如：飞机的坠毁、舰船的沉没、石油管线及储罐的爆炸、桥梁倒塌、制药企业产品出现质量问题导致产品召回或事故赔偿，以及由于腐蚀导致的品牌退化效应等。据统计，发达国家的材料腐蚀经济损失占其年生产总值的2%～4%。

腐蚀威胁着环境安全，腐蚀产物或由腐蚀引发的化学物质的泄露可能严重污染水资源、大气和土壤环境。腐蚀可以引起材料使用寿命的缩短，将造成装备生产力的损失、基础设施的恶化、军事装备与工业设施服役能力的降低，会给公共安全和国防建设造成极大的风险。

具体来说，腐蚀的损失分为直接损失和间接损失两大类。直接损失是可以通过简单的计算准确判定的，主要包括更换/修理设备和部件的费用、表面处理费用等；间接损失往往无法短时间内准确判定，需要经过多年的统计学方可基本推断出来，间接损失包括由于腐蚀导致的停产损失、腐蚀导致的事故赔偿、腐蚀泄漏导致的产品流失、腐蚀产物积累或者金属破损导致的效能减低、腐蚀产物引起的产品质量问题等。有一点可以肯定，间接损失占腐蚀损失中的比重要远远大于直接损失。在我国，据不完全统计，每年因腐蚀导致的间接损失超过1万亿元。

在制药行业，红锈（图1-1）作为腐蚀最主要的直接产物，会直接导致部件的损坏，如泄露的管道、附着红锈的膜片、因吸附红锈而呈现红色的滤芯等。

关于红锈的概念，ISPE（国际制药工程协会）指南《水与蒸汽系统（第二版）》给出了如下描述："红锈没有明确的定义，而且红锈可能会和局部的腐蚀（如蚀损斑）混淆，因为它们都会产生颜色相同的产物。应用于生物制药/生命科学行业的不锈钢系统的红锈，是用于描述产品接触表面不同种类的变色的通用术语，这种变色是由于外源性原因、或是铬富集'钝化'层的变化而引起的水合剂的变化和金属（主要是铁）氧化物和/或氢氧化物的形成而导致的。"

在中国GMP 2010年版中关于纯化水和注射用水系统有如下描述："第一百零一条　应当按照操作规程对纯化水、注射用水管道进行清洗消毒，并有相关记录。发现制药用水微生物污染达到警戒限度、纠偏限度时应当按照操作规程处理。"

定期清洗的目的在于去除附着于系统表面的微生物和红锈，而进行表面处理的费用也属直接损失。另外，红锈作为药品颗粒物污染的重要来源，可能会导致产品或水质出现不符合公司内控标准的情况，导致偏差分析、偏差处理、偏差关闭等一系列操作，因而会导致一批或数批产品的报废，甚至不必要的停产。具体停产的损失根据各企业产品附加值的不同而不同。腐蚀还可以导致容器/管道泄

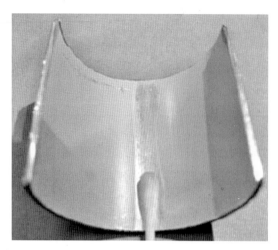

图 1-1　红锈

漏，引起药品流失。蒸馏水机和纯蒸汽发生器作为以热交换为原理制备注射用水和纯蒸汽的设备，一旦滋生严重红锈，由于铁氧化物的导热系数远低于合金，故会大大增加企业的耗能成本。

中国 GMP 2010 年版第九十九条明确指出：注射用水可采用 70℃ 以上保温循环。高温循环的目的是为了防止微生物的滋生。在《药品 GMP 指南：厂房设施与设备》中也明确提出：注射用水循环温度不可以超过 85℃，其主要原因在于一旦超过 85℃，在电化学腐蚀、点腐蚀等机理作用下，红锈滋生的速度会激增，这同高温水的离子积常数远高于常温水，也有极大的关系。

在制药工业中，注射用水与纯蒸汽广泛应用于洗瓶机、清洗机、灭菌柜、CIP 工作站、配液罐（清洗）、配液罐（药液配制）等与产品直接接触的设备。对于无菌药品来说，注射用水可能是一种极重要的原料，而注射用水系统作为直接接触注射用水的系统，管道表面脱落物的多少势必会影响注射用水的质量，从而导致产品出现质量问题，这个结论已经得到 ISPE 和中国 GMP 指南的认可。目前，已经有红锈导致产品连续出现可见异物以及澄明度不合格的案例。

如果注射用水制备、储存和分配系统中红锈较严重，达到 Ⅱ 类红锈或 Ⅲ 类红锈，红锈会直达产品下游并很有可能污染产品。尽管大多数情况下，在设计时会考虑终端除菌级过滤器，但由于过滤器滤芯材质往往是聚四氟乙烯（PTFE）、聚丙烯（PP）或聚偏氟乙烯（PVDF），其对红锈颗粒有极强静电吸附，会导致滤芯发生"逐渐堵塞"，从而可能导致滤芯的损坏，影响产品质量。

一般来说，红锈在制药行业中的危害主要分为质量危害、工程危害、环境健康安全（EHS）危害与投资危害。红锈在医药行业的风险和实际危害已经引起医药同仁和各行业协会的广泛关注。

ISPE 和 ASME BPE（美国机械工程-生物工程设备学会）作为制药行业获得国际认可的协会，在各自发表的行业指南（ISPE Baseline Guide 和 ASME BPE 2014）中均对红锈进行了重点探讨。

ISPE 指南《水和蒸汽系统（第二版）》中明确规定："与其说红锈是有可能掺杂到注射用水、纯化水、纯蒸汽、原料或最终产品中的污染物，倒不如说红锈是行业中的一种麻烦事，或是对与产品接触不锈钢表面的损害或危害源"。

《药品 GMP 指南：厂房设施与设备》作为对中国 GMP 2010 年版的详细介绍，其中有单独一节来讨论红锈，在整篇《药品 GMP 指南：厂房设施与设备》中，"红锈"出现的次数多达 19 次。在原文中，"储罐类型"、"水系统的举例描述"、"建造材料的选择"、"微生物控制设计考虑"、"连续的微生物控制"、"循环温度"以及"红锈"章节中，均对红锈进行了描述。

引述《药品 GMP 指南：厂房设施与设备》中一段描述，我们即可看出红锈的受重视程度："有人担心，当这些不利的膜形成后，它们最终会脱落并分散到整个系统中。事实上，这也是存在的并已被系统中的有过滤器的用水点证明了的。过滤器通常就会变成赤褐色的锈色。

依据问题的严重性而确定使用磷酸、柠檬酸、草酸和柠檬酸铵类。草酸溶液用于最差的生锈情况。用草酸冲洗后，必须要用硝酸钝化。"

在欧洲 GMP 中，有关系统清洗的描述如下：

"3.43 应根据书面规程对蒸馏水管、去离子水管和其他水管进行清洁。书面规程中应描述微生物污染的超标限度和应采取的措施。

……

5.11 设备和建造应保证接触原料、中间体或原料药的设备表面不改变原料、中间体或原料药质量并导致超出法定或其他已定质量标准的结果。

……

5.21 应制定设备清洁及清洁后可用于中间体和原料药生产的规程。清洁规程应当足够详细，以使操作人员对设备的清洁达到有效并且有重现性的要求。规程的内容应包括：设备清洁的分工和职责；清洁计划（周期），必要时包括消毒计划；对清洁方法和材料的详细描述，包括设备清洁用清洁剂的稀释方法；必要时，对设备拆卸和重新装配的方法，以确保清洁效果；去除或抹掉上一批标识的具体方法；保护已清洁的设备在再次使用前免遭污染的方法；如果可行，在使用前对设备的清洁情况进行检查的方法；必要时，确定生产结束至设备清洁允许的最长时间间隔。"

红锈产生的原因，如何去除以及如何预防将是本书探讨的重点。认识红锈以及其危害，需要以系统生命周期为出发点，对系统进行整体性把控。简单来说，设计阶段→施工阶段→验证阶段→运行阶段→维护阶段，均应有适当的红锈控制措施。例如，在洁净管道施工阶段制定严格的焊接标准，严格控制焊接质量；系统运行过程要定期对红锈情况进行监测，制定洁净管道的除红锈维保计划并严格按计划执行等。

如何有效且合理地进行除锈处理很关键。对红锈的无视和因过分担心红锈影响而采取过于频繁的处理，均不可取。寻求红锈风险控制与维护成本的合理平衡，需要制药企业根据自身的情况确定。相信通过本书的介绍，制药企业相关人员会得出针对本企业的关于红锈比较科学的认识。

第2章

不锈钢及其应用

2.1 概述

2.1.1 不锈钢的基本涵义

不锈钢的发明、大量生产和广泛应用是 20 世纪世界冶金史上的一项重大成就，为现代工业的建立和科学技术进步奠定了重要的物质技术基础。目前，世界不锈钢年产量已达 4000 多万吨。近几年，我国不锈钢生产和应用也取得了前所未有的迅速发展。2013 年，我国不锈钢粗钢年产量近 2000 万吨，表观消费量约 1482 万吨，成为世界上最大的不锈钢消费国。

在我国标准 GB/T 20878—2007 中，不锈钢定义为以不锈、耐蚀为主要特性，且含铬量至少为 10.5%，碳含量最大不超过 1.2% 的钢。按照使用环境和耐蚀性，不锈钢又分为两类，即在大气和淡水等弱腐蚀介质中的不锈钢和在酸、碱、盐和海水等苛刻腐蚀性介质中的耐蚀钢。

当金属与周围介质接触时，由于发生化学作用和电化学作用而引起的破坏叫金属腐蚀。金属腐蚀现象十分普遍，所造成损失也很大。例如钢铁的生锈，是其与大气中的氧的作用，在其表面形成了没有保护性的疏松且易剥落的富铁氧化物或氢氧化物的过程。在工程实际应用中的金属腐蚀，绝大部分属于化学腐蚀和电化学腐蚀两大类。研究表明，随着钢中铬含量的增加，钢的耐蚀性提高，当钢中含铬量≥12% 后，在大气中其耐蚀性有一个突变，钢从不耐腐蚀到耐腐蚀，而且不生锈。人们把钢从不耐腐蚀到耐腐蚀，从生锈变为不生锈，称为从活化腐蚀状态过渡到钝化状态；把不锈钢在介质溶液中耐蚀性增强的现象，则称为钝化。

不锈钢发生钝化的原因在于，其表面自动形成了一种非常薄的无色、透明的富铬氧化物膜，这层膜的形成阻止了钢的生锈，我们称其为钝化膜。钝化膜的形成实际上是钢中铬元素把自己易形成氧化

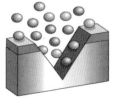
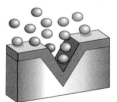

(a) 表面钝化膜　　　　　　(b) 钝化膜损伤　　　　　　(c) 自钝化膜

图 2-1　不锈钢钝化膜的自钝化示意

物（钝化膜）保护自己的特性给予了钢的结果。钝化膜不仅稳定性高、附着力强，即使在使用中受到划伤等破坏时，还可很快自行修复。如图 2-1 所示，当不锈钢钝化膜在环境介质中遭受破坏后，在破坏处可自发形成保护性钝化膜，防止金属的腐蚀。因此，在钝化膜影响下，不锈钢的腐蚀速率可达到碳钢的千分之一乃至更低。

　　钝化膜通常由富铬氧化物和铁氧化物组成。图 2-2 为 AISI 304 不锈钢在硼酸溶液中不同电位极化

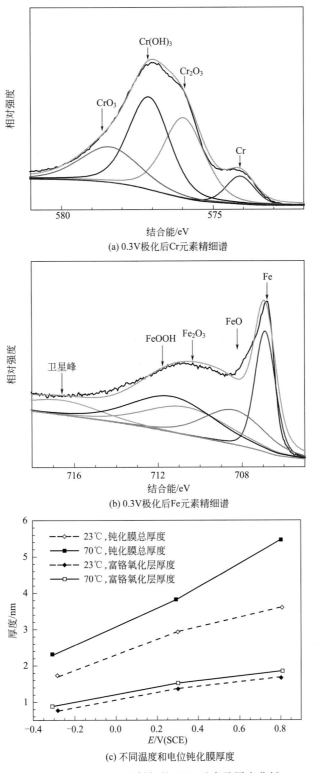

(a) 0.3V极化后Cr元素精细谱

(b) 0.3V极化后Fe元素精细谱

(c) 不同温度和电位钝化膜厚度

图 2-2　AISI 304 不锈钢的 XPS 元素及厚度分析

后，钝化膜的 X 线光电子能谱法（XPS）元素及厚度分析。由图可见钝化膜中富铬氧化物包括 CrO_x、$Cr(OH)_3$、Cr_2O_3 等，铁氧化物包括 FeO、$FeOOH$、Fe_2O_3 等，如图 2-2(a) 所示；通常钝化膜的厚度为数纳米厚，而作为靠近基体的富铬氧化物层更薄，如图 2-2(b) 所示。也正因为这一薄薄的富铬氧化物膜，保护了不锈钢基体，起到钝化和耐蚀防护的作用。根据钝化膜成分结构可知，不锈钢中钝化膜的形成及钝化的发生，与不锈钢中的 Cr 直接相关。事实上，除了 Cr 元素之外，其他金属元素对不锈钢耐蚀性也有影响；而且不同元素的添加对不锈钢力学和耐蚀综合性能的影响也较大。

2.1.2 合金元素在不锈钢中的作用

不锈钢以 Fe 元素为主，除了 Si、P、S、Mn 等杂质元素外之外，不同合金元素的加入，导致不锈钢内部结构和性能发生变化，影响不锈钢的性能和组织的主要有以下典型元素。

（1）铬——构成不锈钢的基本合金元素　铬是决定不锈钢耐腐蚀性能的最基本合金元素。在氧化介质中，铬能使钢的表面很快形成一层富铬氧化皮，这层氧化皮很致密，并与金属基体结合得很牢固，保护钢免受外界介质进一步氧化侵蚀；Cr 提高耐腐蚀性的作用符合 $n/8$ 定律，即塔曼（Tammann）定律。塔曼定律是指钢种固溶体的铬含量达到 1/8 的整数倍时，腐蚀电极电位突然增大，耐蚀性突然提升的现象。例如，图 2-3 中比较 45 钢、12Cr13 马氏体不锈钢、304 奥氏体不锈钢和 2205 双相不锈钢在硫酸中腐蚀失重和点蚀电位，当钢中添加的 Cr 含量达到 12.5%（原子百分比），即 1/8 时，与 45 钢相比，12Cr13 钢的腐蚀速率突然降低，点蚀电位突然增加；相比于 12Cr13，2205 不锈钢中 Cr 含量达到 22%（质量分数），腐蚀速率突然降低、点蚀电位突然升高现象。

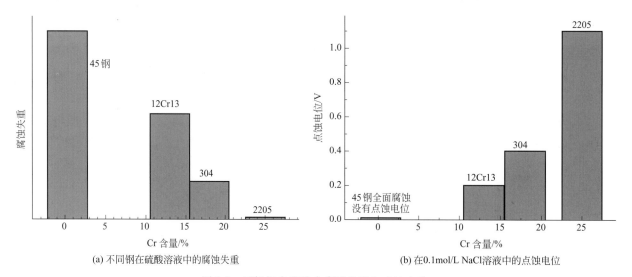

(a) 不同钢在硫酸溶液中的腐蚀失重　　　　(b) 在0.1mol/L NaCl溶液中的点蚀电位

图 2-3　不锈钢在硫酸中腐蚀失重和点蚀电位

在实际的不锈钢开发过程中，由于钢中碳元素等易与铬形成碳化物，消耗并降低钢中固溶铬含量，因此，不锈钢中的 Cr 含量一般要≥13%。另外，只有当不锈钢中的 Cr 能被氧化成铬氧化皮时，其生成的钝化膜才具有保护作用。在热的浓硝酸等强氧化性苛刻介质中，含铬不锈钢已发生过钝化，Cr 元素直接溶解形成高价态离子而不形成钝化膜；在盐酸等还原性酸中也不易形成钝化膜。故浓硝酸和盐酸中不宜使用高铬不锈钢。

（2）镍——稳定奥氏体组织　镍是奥氏体不锈钢中的主要合金元素，其主要作用是形成并稳定奥氏体，使钢获得完全奥氏体组织。在物理和力学性能方面，通过添加 Ni 获得的奥氏体组织使钢具有良好的强度与塑性、韧性的配合，优良的低温力学性能以及无磁性等优点；在加工性能方面，所获得的奥氏体不锈钢具有优良的冷、热加工性和焊接性能，奥氏体不锈钢的冷加工硬化倾向显著降低。

在耐蚀性方面，镍也能提高合金耐蚀性，其主要方式是通过提高合金的腐蚀电极电位，而不是增强钝化膜来影响耐蚀性。镍对耐蚀性的影响规律也符合塔曼定律，图 2-4 是镍对铁镍合金在硫酸中腐蚀速率的影响，可以发现明显的塔曼定律现象。但是，由于镍价格昂贵，一般情况下，如 AISI 304、AISI 316L 奥氏体钢以及 2205 等双相钢中，镍的添加量没有达到 1/8，添加镍的作用主要还是为了获得稳定的奥氏体组织。当在无氧酸如盐酸，以及一些有机酸中，铬元素难以形成有效钝化膜时，可采用高镍含量不锈钢，以达到耐蚀作用。

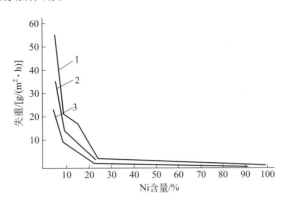

图 2-4　镍对铁镍合金在 60℃硫酸中腐蚀速率的影响
1—20% H_2SO_4；2—10% H_2SO_4；3—5% H_2SO_4

（3）碳——双重作用　碳在不锈钢中的含量及其分布的形式，在很大程度上左右着不锈钢的力学性能和耐蚀性能。一方面，碳是稳定奥氏体元素，并且作用程度很大，约为镍的 30 倍，含碳量高的不锈钢（马氏体），完全可以接受淬火强化，从而可在力学性能方面得到大大提高；另一方面，由于碳和铬的亲和力很大，在不锈钢中要占用碳量 17 倍的铬与它结合成碳化铬。随着钢中含碳量的增加，通过形成铬的碳化物，消耗大量的铬，减少钢中其耐蚀作用的固溶铬的含量，从而显著降低耐蚀性。所以，从强度与耐蚀性能两方面来看，碳在不锈钢的作用是互相矛盾的。

在实际中，为了达到耐腐蚀的目的，不锈钢的含碳量一般比较低，大多在 0.1% 左右。为了进一步提高钢的耐蚀能力，特别是抗晶间腐蚀的能力，常采用超低碳的不锈钢，含碳量在 0.03% 甚至更低；但用于制造滚动轴承、弹簧、工具等不锈钢，由于有高要求的硬度和耐磨性，所以含碳量较高，一般均在 0.85%～1.00%，如 95Cr18 钢等。

（4）钛和铌——稳定化元素，防止晶间腐蚀　不锈钢加热到 450～800℃时，常常由于在晶界析出铬的碳化物，使晶界附近铬含量下降而形成贫铬区，导致晶界附近的电极电位下降，从而引起晶界附近电化学腐蚀的加速，这种腐蚀叫做晶间腐蚀。常见的如在焊缝附近热影响区内发生的晶间腐蚀。而钛和铌是强碳化物形成元素，它与碳的亲和力比铬大得多，钢中加入钛或铌，就能使钢中的碳优先与钛或铌形成碳化物，而不与铬形成碳化物，从而保证晶界附近不因贫铬而产生晶间腐蚀。因此，钛和铌常用来固定钢中的碳，提高不锈钢抗晶间腐蚀的能力，并改善钢的焊接性能。

（5）锰和氮——可代替铬镍不锈钢中的镍　锰和氮在不锈钢中有与镍相仿的作用。锰的稳定奥氏体的作用约为镍的一半，而氮的作用比镍大很多，约为镍的 40 倍左右。因而锰和氮可以代替镍获得单一奥氏体组织。但锰的加入会使含铬低的不锈钢耐腐蚀性降低。同时，高锰奥氏体钢不易加工。因此，在不锈钢中不单独使用锰，只用部分代替镍。

（6）钼——提高耐蚀性　最早人们发现在溶液中添加钼酸根离子能降低不锈钢的腐蚀，起到缓释作用。基于此，提出在不锈钢中添加钼提高耐蚀性。图 2-5 所示为奥氏体不锈钢中点蚀与溶液氯离子

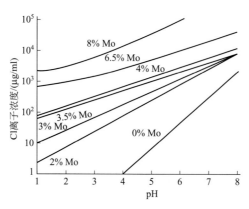

图 2-5　奥氏体不锈钢中不同 Mo 含量对含氯溶液中点蚀的影响

浓度、pH 值和 Mo 含量的关系，温度为 65～80℃，直线以下不发生点蚀，表明 Mo 元素添加显著提高奥氏体钢耐点蚀能力，可见随 Mo 含量增加，不锈钢适用的 Cl^- 浓度和 pH 范围增大。由于不锈钢发生点蚀时，通常先发生钝化膜的破裂和破裂处基体金属的快速溶解，添加 Mo 后形成的钼酸根离子在膜破裂处的金属/溶液界面产生吸附作用，抑制基体的再溶解，提高钝化能力。在硫酸、乙酸等一些酸性介质中，Mo 还以氧化形式共存于钝化膜中，提高钝化膜的致密度，进而提高耐蚀能力。但含钼的不锈钢不宜在高浓度的硝酸中应用。

（7）其他元素　铜能提高不锈钢对硫酸、乙酸等腐蚀介质的耐蚀能力，但铜加入铬锰氮不锈钢中，会加速不锈钢的晶间腐蚀。硅对提高铬钢抗氧化物能力的作用很显著；向高铬钢中加铝也能使抗氧化性能显著提高，它的作用与硅相似。向高铬钢中加硅和铝的目的，一是为了进一步提高钢的抗氧化性能；二是为了节约用铬。但是硅和铝的加入，会使钢的晶粒粗化和脆性倾向增大。钨和钒主要作用是提高钢的热强性。除了这些元素之外，有些不锈钢中还分别加入稀有金属元素和稀土元素以改善钢的性能。

2.1.3　不锈钢的发展历史和现状

不锈钢的发明，要追溯到第一次世界大战时期。英国科学家亨利·布莱尔受英国政府军部工厂委托，于 1912 年发现了不锈钢。1915 年，布莱尔在美国取得了不锈钢发明专利；1916 年该成果又获英国专利。此时，布莱尔与莫斯勒合伙创办了一家生产不锈钢餐具的工厂，将科技成果转化为生产力。新颖的不锈钢餐具深受人们欢迎而风靡欧洲，后来又传遍全世界。由此，布莱尔也赢得极高声誉，被尊称为"不锈钢之父"。

自奥氏体、马氏体和铁素体不锈钢问世以来，至 20 世纪 50 年代前，不锈钢发展简史见表 2-1。在 20 世纪 50 年代以前，奥氏体、铁素体和马氏体三大类不锈钢已形成，随着沉淀硬化和双相钢的牌号产生，不锈钢的五大类体系基本完成。20 世纪 60 年代后，超低碳几乎遍及新发展的所有牌号，开发出了超低碳的铁素体不锈钢、超级马氏体不锈钢和超级低碳马氏体时效不锈钢；随着 N 和 Mo 等为主要合金元素在钢中的应用，发展了耐点蚀当量（PRE）＞40 的超级奥氏体不锈钢、超级双相不锈钢；发展了耐高温高浓度硫酸、硝酸不锈钢以及核级不锈钢、尿素不锈钢及食品级不锈钢等。

现在，不锈钢中，除 C、Cr、Ni 等元素外，根据不同用途对性能的要求，进一步用 Mo、Cu、Si、N、Mn、Nb、Ti 等元素合金化或进一步降低钢中的 C、Si、Mn、S、P 等元素，又研制出许多新钢种，对扩展不锈钢的用途，做出很大贡献。

表 2-1 不锈钢发展简史

年份	主要进展
1911—1914	奥氏体,马氏体和铁素体不锈钢问世
1929	低碳奥氏体不锈钢
1931	含稳定化元素 Ti 的 18-8 不锈钢
1932	双相不锈钢
1945	超低碳奥氏体不锈钢
1946	沉淀硬化不锈钢(17-4pH)
1946—1949	Mo、Cu 复合合金化的奥氏体钢,以 Mn、N 代镍的奥氏体钢和超低碳不锈钢

2.2 不锈钢的分类

不锈钢的分类方法很多,主要有按成分特征分类、按用途分类以及按金相组织分类等方法。

2.2.1 按成分特征分类

按不锈钢中的成分特征分类,基本上可分为铬系不锈钢、铬镍系不锈钢、铬镍钼系不锈钢、铬锰镍系不锈钢,以及低碳不锈钢、超低碳不锈钢和高纯不锈钢等。

(1) Fe-Cr 不锈钢 不锈钢的基本金相组织可用 Fe-Cr 系二元相图表示,如图 2-6 所示。在 800～1200℃,在所谓的 γ 环形圈内,是以奥氏体相存在。γ 相急剧冷却时,则转化为马氏体相。在 γ 环形圈外侧,从高温到常温以稳定的铁素体相(α)存在。马氏体系列不锈钢、铁素体系列不锈钢就是含有这些金相组织的不锈钢。所以 Fe-Cr 系列不锈钢一般不是马氏体不锈钢,就是铁素体不锈钢,该类不锈钢在 ASTM 主要为 4××系列不锈钢。

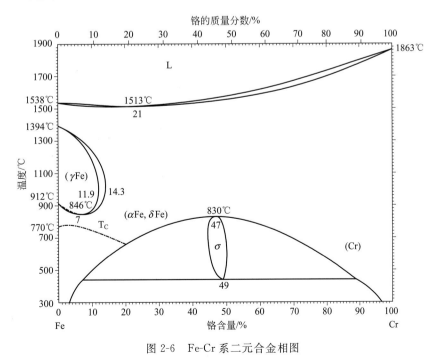

图 2-6 Fe-Cr 系二元合金相图

(2) Fe-Cr-Ni 不锈钢 Ni 是稳定奥氏体相(γ)的元素,其奥氏体稳定作用反映在 Fe-Ni 二元合金相图中，奥氏体区具有很宽的成分区间，如图2-7所示。对于Fe-Cr-Ni三元合金体系，由于Cr元素为铁素体形成元素，并有缩小γ相区的作用，因此Fe-Cr-Ni合金中不锈钢的组织取决于Cr和Ni的相对含量，该系列不锈钢在ASTM中为3××系列不锈钢。

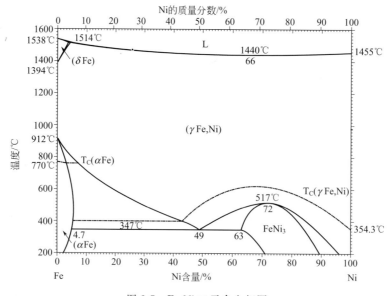

图2-7　Fe-Ni二元合金相图

（3）Fe-Cr-Ni-Mn不锈钢　从冶金观点看，奥氏体不锈钢是钢厂以及加工制造厂所希望和需要的组织结构。由于3××系列不锈钢中含较多含量的Ni，其成本较高，图2-8为3种系列不锈钢的成本与耐蚀性关系，可见3××系列不锈钢的成本普遍偏高。为降低成本，从合金相图和冶金角度，Mn、N和铜等合金元素均为扩大奥氏体区元素。因此，通过添Mn降Ni来部分代替镍，并保持其奥氏体组织。在镍供应短缺的情况下，这种2××类型的节镍型钢得到了很大的发展，这类钢在卡车、拖车、汽车以及轨道交通等的制造中得到了大量应用。

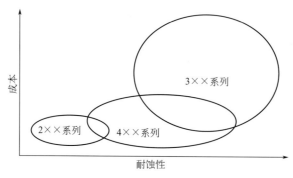

图2-8　不同系列不锈钢耐蚀性与成本关系

2.2.2　按用途分类

不锈钢的用途很广，按各种不锈钢的使用特性可分为耐硝酸不锈钢、耐硫酸不锈钢、抗点腐蚀不锈钢、抗磨蚀不锈钢、抗应力腐蚀不锈钢、低温不锈钢、无磁不锈钢、高强度不锈钢、易切削不锈钢等。

（1）耐酸不锈钢　耐酸不锈钢是指在各种强烈腐蚀介质中能耐腐蚀的钢。凡是腐蚀速度小于0.1mm/年的，就认为是"完全耐蚀"；腐蚀速度小于1.0mm/年的，就认为是"耐腐蚀"的。腐蚀速度大于 1.0mm/年的，就认为是"不耐腐蚀"的。

（2）耐热不锈钢　耐热不锈钢是指在高温下具有高的抗氧化性和足够高的高温强度的不锈钢。耐热不锈钢在高温环境下长期工作时，能抗氧化并保持高的抗蠕变能力和持久强度。所以对高温下使用的耐热不锈钢的使用性能的基本要求有两条：一是要有足够的高温强度、高温疲劳强度以及与之相适应的塑性；二是要有足够的高温化学稳定性。此外，还应具有良好的工艺性能（如铸造、热加工、焊接、冲压等性能）以及物理性能等。

（3）低温不锈钢　低温不锈钢是适于在 0℃以下应用的合金钢。能在 −196℃以下使用的称之为深冷钢或超低温钢。低温钢主要具有如下的性能：韧性-脆性转变温度低于使用温度；满足设计要求的强度；在使用温度下组织结构稳定；有良好的焊接性和加工成形性；某些特殊用途还要求极低的磁导率、冷收缩率等。低温钢按晶体点阵类型一般可分为体心立方晶格的铁素体低温钢和面心立方晶格的奥氏体低温钢两大类。

2.2.3　按金相组织分类

我国国家标准 GB/T 13304—2008《钢分类》以及国际上通用的分类方法是按钢的金相组织划分，分五类，即奥氏体不锈钢、奥氏体-铁素体不锈钢、铁素体不锈钢、马氏体不锈钢和沉淀硬化不锈钢。

（1）马氏体不锈钢　马氏体不锈钢是一类可以通过热处理对钢的性能，特别是强度、硬度进行调整的不锈钢，同时该类钢种还有基本的耐蚀性。这类不锈钢一般需具备两个条件：即化学成分必须处于平衡相图中的奥氏体区，经热处理后能转变成为马氏体；钢中铬量需保证其不锈性。因此，马氏体不锈钢的基本成分是 0.1%～1.0% C 和 0～1% Ni，以保证热处理所需的相变；12%～17% Cr，保证不锈；有时还加入钼、钒、铌、铜等元素。表 2-2 为常见马氏体不锈钢的化学成分。

表 2-2　常见马氏体不锈钢的化学成分　　　　单位：%（质量分数）

牌号	C	Si	Mn	S	P	Cr	其他
12Cr13	≤0.15	≤1.00	≤1.00	≤0.030	≤0.040	11.50～13.00	—
20Cr13	0.16～0.25	≤1.00	≤1.00	≤0.030	≤0.040	12.00～14.00	—
13Cr13Mo	0.08～0.18	≤1.00	≤1.00	≤0.030	≤0.040	11.50～14.00	Mo：0.30～0.60
30Cr13	0.26～0.35	≤1.00	≤1.00	≤0.030	≤0.040	12.00～14.00	—
32Cr13Mo	0.28～0.35	≤0.80	≤1.00	≤0.030	≤0.040	12.00～14.00	Mo：0.50～1.00
40Cr13	0.36～0.43	≤0.60	≤0.80	≤0.030	≤0.040	12.00～14.00	—
68Cr17	0.60～0.75	≤1.00	≤1.00	≤0.030	≤0.040	16.00～18.00	—
14Cr17Ni2	0.11～0.17	≤0.80	≤0.80	≤0.030	≤0.040	16.00～18.00	Ni：1.50～2.50
95Cr18	0.90～1.10	≤0.8	≤0.8	≤0.030	≤0.040	17.00～19.00	—

马氏体不锈钢中加入较多的铬元素，主要目的是使钢件表面形成致密耐蚀的氧化皮。其中加入的铬绝大部分固溶到铁素体内，一部分与碳形成合金碳化物 $Cr_{23}C_6$。钢中含碳量越高，钢中的碳化物就越多，通过淬火及回火后其强度、硬度也越高，但耐蚀性有所下降。由于马氏体不锈钢中含有大量的铬，使相图中的共析点 S 向左移，其共析含碳量为 0.2%～0.3%。这类钢在组织上转变的特点是：在加热和冷却时具有 α 相/γ 相的相变，且淬透性较好，马氏体转变温度范围（M_s～M_f）在室温之上，因此加热至 950～1150℃奥氏体转化后，只要空冷便可得到马氏体组织。

马氏体不锈钢可以分为 3 类：

① Cr13 型。有 12Cr13、20Cr13、30Cr13、40Cr13 等钢号；

② 高碳高铬钢。如 95Cr18、90Cr18MoV 等；

③ 低碳 17%Cr-2%Ni 钢。如 14Cr17Ni2。

在 Cr13 型钢中，主要区别是含碳量。12Cr13 组织是马氏体＋铁素体；20Cr13 和 30Cr13 是马氏体组织；因为 Cr 等合金元素使钢的共析成分 S 点向左移，40Cr13 钢已是属于过共析钢，所以 40Cr13 钢组织为马氏体＋碳化物。

14Cr17Ni2 钢是在 Cr13 型基础上提高 Cr 含量并加入 2%Ni，这样的合金化设计可保持奥氏体相变，使钢仍然能通过淬火获得马氏体组织而强化。在马氏体不锈钢中，14Cr17Ni2 钢的耐蚀性是最好的，强度也是最高的；但缺点是有 475℃ 脆性、回火脆性以及大锻件容易发生氢脆，工艺控制也比较困难。14Cr17Ni2 钢的特别之处是具有较高的电化学腐蚀性能，在海水和硝酸中有较好的耐腐蚀性。该类钢在船舶尾轴等制造中有广泛的应用。图 2-9 为 14Cr17Ni2 马氏体不锈钢在调质处理过程中的金相组织，在 1050℃ 淬火后为马氏体和少量 δ 铁素体；为获得强度和塑形韧性匹配，采用调质即淬火后高温回火处理，为避免高温回火脆性，采用 620℃ 回火后的组织 [如图 2-9(b) 所示]，为回火索氏体和少量 δ 铁素体。

(a) 淬火后组织(马氏体 ＋ δ 铁素体)

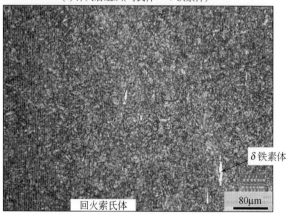
(b) 高温回火后组织(回火索氏体 ＋ δ 铁素体)

图 2-9　14Cr17Ni2 马氏体不锈钢在调质处理过程中的金相组织

马氏体不锈钢的热处理方式和特点如下。

① 软化处理。由于钢的淬透性好，经锻轧后，在空冷下也会发生马氏体转变，所以这类钢在锻轧后应缓慢冷却，并及时进行软化处理。软化处理有两类方法：一是进行高温回火，使马氏体转变为回火索氏体；另外也可以采用完全退火。

② 调质处理。12Cr13、20Cr13 钢常用于结构件，所以常用调质处理以获得高的综合力学性能。12Cr13 难以获得完全的奥氏体，但是在 950～1100℃温度范围内加热可以使铁素体量减到最少，淬火后的组织为低碳马氏体＋少量铁素体。20Cr13 钢在高温加热时可获得全奥氏体，所以淬火后可获得板条马氏体组织和少量的残留奥氏体。淬火后，应及时回火。

③ 淬火低温回火。30Cr13、40Cr13 常用于制造要求有一定耐腐蚀性的工具，所以热处理采用淬火低温回火。淬火加热温度在 1000～1050℃，为减少变形，可用硝盐分级冷却。淬火组织为马氏体和碳化物，以及少量的残留奥氏体。

（2）铁素体不锈钢　铁素体不锈钢是具有体心立方晶体结构的一类无镍或节镍不锈钢，它与马氏体、奥氏体同为最早发现的三大类不锈钢之一。由于铁素体不锈钢中铬元素有稳定铁素体 α 相的作用，在 Cr 含量达到 13％以上时，铁铬合金将无 γ 相变，从高温到低温一直保持 α 相组织。铁素体不锈钢分为低铬型（10％～15％）、中铬型（16％～20％）和高铬型（21％～32％）3 种。此类钢的特点在于，铬是主要合金化元素，碳含量较低，一般在 0.1％左右，不超过 0.25％，为了提高某些性能，可加入 Mo、Ti、Al、Si 等元素。仅个别牌号含少量（＜4％）的镍（表 2-3）。

与马氏体不锈钢相比，铁素体不锈钢耐蚀性好，可加工性、冷成型性、焊接性等优良，热处理工艺简单，但强度、硬度相对较低。与奥氏体不锈钢相比，铁素体不锈钢耐点蚀、缝隙腐蚀、耐应力腐蚀等局部腐蚀的性能优良；与钢中 Cr、Mo 元素合金化相同的奥氏体钢耐均匀腐蚀性能接近；铁素体不锈钢强度较高，热导率大，线膨胀系数小，冷作硬化倾向也较低。但是铁素体不锈钢的力学性能和工艺性能较差，韧-脆转变温度 T_k 在室温左右，脆性大、存在缺口敏感性、室温韧性差，因此铁素体不锈钢多用于受力不大的耐酸和抗氧化结构用钢。图 2-10 所示为铁素体不锈钢的组织示意。

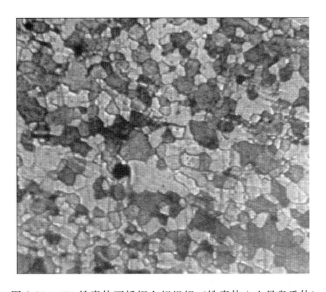

图 2-10　430 铁素体不锈钢金相组织（铁素体＋少量奥氏体）

要改善铁素体不锈钢的力学性能，必须控制钢的晶粒尺寸、马氏体量、间隙原子含量及第二相。高铬铁素体不锈钢除了上述缺点外，还主要有以下几个方面问题。

① 粗大的原始晶粒。铁素体由于原子扩散快，有低的晶粒粗化温度和高的晶粒粗化速率。在 600℃以上，铁素体不锈钢的晶粒就开始长大，而奥氏体不锈钢相应的温度约为 900℃。若铁素体钢中有一定量奥氏体或 Ti（C，V），就可以阻碍晶粒长大，提高晶粒粗化温度。细化铁素体不锈钢的晶粒，还可以提高钢的强度。增加铁素体不锈钢中在高温的奥氏体量后，在冷却时将发生马氏体转

变，得到铁素体加部分马氏体组织。少量马氏体（体积分数小于15%～20%）将降低钢的屈服强度，增高均匀伸长率，对塑性有利。由于同时细化了铁素体晶粒，就消除了含有部分马氏体对冲击吸收能量的不利影响，降低了钢的韧-脆转化温度。

② 475℃脆化。在400～525℃温度范围内长时间加热后或在此温度范围内缓慢冷却时，钢在室温下就变得很脆。这个现象以475℃加热为最甚，所以把这种现象称为475℃脆性。一般认为，产生475℃脆性的原因为：在脆化温度范围内长时间停留时，铁素体中的铬原子趋于有序化，形成许多富铬的、点阵结构为体心立方的 α 相，与母相保持共格位相关系，引起了大的晶格畸变和内应力。其结果是钢的强度提高，而使韧度大为降低，严重时，塑性和冲击吸收能力几乎全部丧失。

③ 金属间化合物 σ 相的形成。理论上，按Fe-Cr相图，含45%Cr时在820℃才开始形成 σ 相。实际生产中，由于钢中的成分偏析和其他铁素体形成元素的作用，在含17%Cr的不锈钢中就有可能形成 σ 相。σ 相硬度高，形成时还伴有大的体积效应，又常沿晶界分布，所以使钢产生很大的脆性，并可能促进晶间腐蚀。

表 2-3 典型铁素体不锈钢的化学成分　　　　　　　　　单位：%（质量分数）

牌号	C	Si	Mn	S	P	Cr	Mo	其他
06Cr11Ti	≤0.08	≤1.00	≤0.8	≤0.030	≤0.040	10.5～11.7	—	Ti：6C～0.75
022Cr12	≤0.03	≤1.00	≤1.0	≤0.030	≤0.040	11.0～13.5	—	—
06Cr13Al	≤0.08	≤1.00	≤1.00	≤0.030	≤0.040	11.5～14.5		Al：0.10～0.30
10Cr17	≤0.12	≤0.80	≤0.80	≤0.030	≤0.040	16.0～18.0	—	—
019Cr19Mo2NbTi	≤0.10	≤1.00	≤1.00	≤0.030	≤0.040	17.5～19.5	1.75～2.50	N<0.035,(Ti+Nb)[0.20+4(C+N)]～0.8
008Cr27Mo	≤0.010	≤0.40	≤0.40	≤0.020	≤0.030	25～27.5	0.75～1.50	N<0.015,Ni+Cu<0.50

（3）奥氏体不锈钢　奥氏体不锈钢具有面心立方晶体结构，组织为奥氏体 γ 相；是不锈钢中产量最大、综合性能最佳、用途最广、牌号最多且最为重要的一类不锈钢，约占不锈钢总产量的2/3。奥氏体不锈钢含有较多的Cr、Ni、Mn、N等元素。与铁素体不锈钢和马氏体不锈钢相比，奥氏体不锈钢除了具有很高的耐腐蚀性外，还有许多优点。它具有高的塑性，容易加工变形成各种形状的钢材，如薄板、管材、丝材等；加热时没有同素异构转变，即没有 γ/α 相变，焊接性好；韧性和低温韧性好，一般情况下没有冷脆倾向；不具有磁性等。由于奥氏体比铁素体的再结晶温度高，所以奥氏体不锈钢还可用于550℃以上的耐热钢。由于奥氏体不锈钢有优异的不锈耐酸性、抗氧化性、抗辐射性、高温和低温力学性能、生物中性，以及与食品有良好的相容性等，所以在石油、化工、电力、交通、食品等工业领域都有广泛的用途。

按照获得奥氏体不锈钢组织所采用的主要合金化元素的不同，奥氏体不锈钢分为铬镍和铬锰两大系列。铬镍奥氏体不锈钢以著名的18-8型钢为主要代表，在此钢的基础上调整其化学成分而发展了几十种牌号。基本成分是18%～25%Cr，8%～20%Ni，加入Ti、Nb元素是为了稳定碳化物，提高抗晶间腐蚀的能力；加入Mo可增加不锈钢的钝化作用，防止点腐蚀倾向，提高钢在有机酸的钝化作用；Cu可以提高钢在硫酸中的耐蚀性；Si使钢的抗应力腐蚀断裂的能力提高。

铬锰奥氏体不锈钢也常常含有镍和氮，但铬锰型奥氏体不锈钢的发展和应用远远落后于铬镍奥氏体不锈钢，其产量低、用途窄，标准牌号少，原因在于综合性能比铬镍不锈钢差，很多情况下，人们选用仅含铬的铁素体不锈钢，同样达到了节镍的需求，且价格便宜。目前实现生产、应用的主要牌号为AISI 201系列。表2-4为典型奥氏体不锈钢的化学成分。

表 2-4　典型奥氏体不锈钢的化学成分　　　　　　单位：%

牌号	C	Si	Mn	P	S	Ni	Cr	Mo	其他
12Cr17Ni7	≤0.15	≤1.0	≤2.0	≤0.045	≤0.030	6~8	16~18	—	N:0.10
06Cr19Ni10	≤0.03	≤1.0	≤2.0	≤0.045	≤0.030	8~12	17~19		
022Cr19Ni10	≤0.030	≤1.00	≤2.00	≤0.045	≤0.030	8~12	18~20		
06Cr19Ni10N	≤0.08	≤1.0	≤2.0	≤0.045	≤0.030	8~11	18~20		N:0.10~0.16
06Cr25Ni20	≤0.08	≤1.5	≤2.0	≤0.045	≤0.030	19~22	24~26		
06Cr18Ni9Cu3	≤0.08	≤1.0	≤2.0	≤0.045	≤0.030	8.5~10.5	17~19		Cu:3~4
06Cr18Ni3Si4	≤0.08	3.0~5.0	≤2.00	≤0.045	≤0.030	11.5~15	15~20		
06Cr17Ni12Mo2	≤0.08	≤1.0	≤2.0	≤0.045	≤0.030	10~14	16~18	2.0~3.0	
022Cr18Ni14Mo2Cu2	≤0.03	≤1.0	≤2.0	≤0.045	≤0.030	12~16	17~19	1.20~2.75	Cu:1.0~2.5
12Cr17Mn6Ni5N	≤0.15	≤1.0	5.5~7.5	≤0.050	≤0.030	3.5~5.5	16~18		N≤0.05~0.25
12Cr18Mn8Ni5N	≤0.15	≤1.0	7.5~10	≤0.050	≤0.035	4.0~4.6	17~19		N≤0.05~0.25

奥氏体不锈钢的组织是奥氏体，其金相图为单一奥氏体晶粒，以及奥氏体晶粒中的孪晶。图 2-11 为 022Cr17Ni14Mo2（AISI 316L）不锈钢的金相组织，可见明显的奥氏体晶粒，以及奥氏体孪晶。

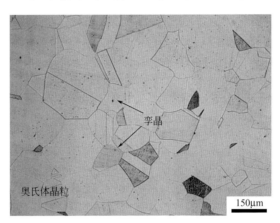

图 2-11　022Cr17Ni14Mo2（AISI 316L）不锈钢金相组织照片

奥氏体不锈钢的主要缺点如下。

① 不能热处理强化。这类钢室温和高温均为奥氏体相，不能通过热处理强化。经固溶处理后奥氏体钢的强度很低。为了提高强度可采用冷变形，利用剧烈冷变形中的加工硬化和形变诱发马氏体转变来提高钢的强度，但塑性和耐腐蚀性降低；同时某些奥氏体钢固溶态中会存在少量δ铁素体，敏化温度下会有碳化物析出，中温停留会有金属间σ、X、Laves相等，影响奥氏体钢的耐蚀性。

② 切削加工性能差。奥氏体不锈钢加工硬化现象严重，使切削强度显著增加。另外，其热导率很低，使刀具温度迅速升高。而且其韧性很大，使切屑不易剥离，从而缩短了刀具寿命，增加了加工工时，增加了零件表面粗糙度。

③ 奥氏体不锈钢存在晶间腐蚀问题。当温度升高到 450~800℃时，会从过饱和的奥氏体中沿晶界析出 $Cr_{23}C_6$，从而使晶界产生贫铬区。当析出时间不太长时，由于 Cr 的扩散速度较慢，贫铬区得不到恢复，使晶界附近的 Cr 含量低于 11.7%，因而耐腐蚀性能显著下降。

（4）双相不锈钢　双相不锈钢指不锈钢中的组织既有奥氏体（γ相），又有铁素体（α相），钢中两相独立存在，而且含量又都较大者。近几十年的大量研究表明，双相不锈钢中的两相是有适宜相比例的，即两相比例近于 1 时，双相不锈钢的综合性能最佳。与单一组织的奥氏体不锈钢相比，Cr-Ni 双相不锈钢的化学成分特点是含 Cr 量较高，而含 Ni 量较低；Cr-Mn 双相不锈钢的成分特点是含镍量低或不含镍。因此，与 Cr-Ni 奥氏体不锈钢相比，双相不锈钢也是一类节镍钢。

Cr-Ni 双相不锈钢主要有 18-5、22(21)-5 和 25-5 三种类型。按出现的年代和是否含氮以及 PRE 高低，又可分为第一代（不含 N）、第二代（含 N）和第三代（PRE≥40，超级双相不锈钢）。早在 20 世纪 30 年代就发现含铁素体的奥氏体不锈钢，其耐蚀性比纯奥氏体不锈钢性能好，但不能解决双相比例的控制、塑性差和焊接性不足等；随着 20 世纪 50 年代 18-8 等奥氏体不锈钢晶间腐蚀、应力腐蚀、点蚀、缝隙腐蚀等破坏事故发生，促发了双相不锈钢的研究，加之冶金和机械工业科技进步，双相钢的相比调控、加工及焊接等问题得到基本解决；在 70 年代开发出了含 N 的第二代双相不锈钢，获得大量应用，并正式成为与马氏体、奥氏体和铁素体不锈钢并列的重要钢类。

常用 Cr-Ni 双相不锈钢的化学成分一般为 C≤0.08% 或 ≤0.03%，17%～28% Cr，3%～10% Ni，0～5% Mo，0.5%～6% Si，0～3% Cu，0～0.4% N，有的牌号还含有 Ti、Nb、W 等。至于 Cr-Mn 型双相不锈钢，多是在节镍不锈钢研制中发现的，目前牌号少、产量低、应用不广泛。表 2-5 为典型双相不锈钢牌号和化学成分。

表 2-5 典型的奥氏体-铁素体双相不锈钢的化学成分 单位：%

牌号	C	Si	Mn	P	S	Cr	Ni	Mo	N	其他
14Cr18Ni11Si4AlTi	0.1～0.18	3.1～4	≤0.80	≤0.035	≤0.03	17.5～19.5	10～12	—	—	Ti:0.4～0.7 Al:0.1～0.3
022Cr19Ni5Mo3Si2N	≤0.030	1.30～2	1.0～2.0	≤0.035	≤0.03	18～19.5	4.5～5.5	2.5～3	0.05～0.12	—
022Cr22Ni5Mo3N	≤0.030	≤1.0	≤2.0	≤0.030	≤0.02	21～23	4.5～6.5	2.5～3.5	0.08～0.2	—
03Cr25Ni6Mo3Cu2N	≤0.040	≤1.0	≤1.5	≤0.035	≤0.03	24～27	4.5～6.5	2.9～3.9	0.1～0.25	Cu:1.5～2.5
022Cr25Ni7Mo4N	≤0.030	≤0.8	≤1.2	≤0.035	≤0.03	24～26	6.0～8.0	3.0～5.0	0.24～0.32	Cu:≤0.5

从双相钢组织角度看，两者比例在很大程度上取决于钢的化学成分，并受热加工温度的影响。舍菲利尔将合金元素分为奥氏体形成元素和铁素体形成元素。并按照其形成能力的大小折算成相应的 Cr 和 Ni 当量，绘制成不锈钢组织图，研究发现，奥氏体、铁素体及马氏体组织与钢中铬镍当量有直接关联。

根据组织与铬镍关系图可知，双相不锈钢的铬当量明显大于镍当量，大多数双相不锈钢处于铁素体-奥氏体双相区，典型的双相不锈钢如图 2-12 所示。

双相不锈钢铁素体和奥氏体的复相组织，其性能兼具奥氏体钢及铁素体钢的优点，即铁素体的存在，能够提高奥氏体钢的屈服强度、抗晶间腐蚀性能、抗应力腐蚀性能；而奥氏体的存在，能够提高铁素体钢的韧性、焊接性，降低了脆性和晶粒长大的倾向。但两相之间成分略有差异；在双相组织中，铬、钼和硅等铁素体稳定元素聚集在 α 相中，而镍、锰、碳和氮等奥氏体稳定元素聚集在 γ 相中。在时效过程中，对双相性能影响最具有影响的是 σ 相的析出，可造成 σ 相脆化。

（5）沉淀硬化不锈钢 沉淀硬化不锈钢具备了不锈钢特有的耐蚀性，还可以通过时效处理实现沉淀硬化获得超高强度。这类不锈钢在淬火后具有不稳定的奥氏体组织。它能在塑性变形过程中或者冷处理后产生马氏体，然后通过时效产生沉淀硬化，使已相变的马氏体进一步强化。其化学成分中，铬含量在 13% 以上，保证了钢的耐蚀性。含 Ni 能够使钢在固溶处理后具有亚稳定的奥氏体组织。配合加入 Cr、Ni、Mn、Mo、Al 等合金元素，使 M_s 点控制在 −78～25℃。Mo、Al、Ti、Nb、Cu 等析出金属间化合物和某些少量碳化物产生沉淀硬化。另外该类钢含碳量低，碳含量在 0.04%～0.13%，

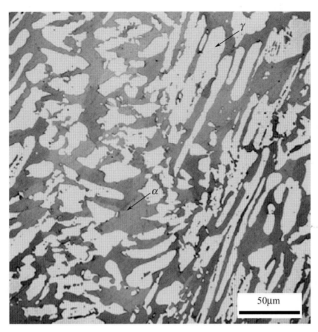

图 2-12　022Cr17Ni14Mo2（AISI 2205）双相不锈钢金相组织照片

故耐蚀性能很好。

根据基本的金属组织情况，沉淀硬化不锈钢可分为马氏体系沉淀硬化不锈钢、半奥氏体系沉淀硬化不锈钢、奥氏体-铁素体系沉淀硬化不锈钢、奥氏体系沉淀硬化不锈钢和铁素体系沉淀硬化不锈钢。

① 马氏体系沉淀硬化不锈钢。这类钢铬和镍的含量少，铬当量和镍当量低。由于马氏体相变结束温度高于室温，因此固溶处理奥氏体相冷却过程发生马氏体相变，在室温下为马氏体组织。图 2-13 为典型 17-4PH 马氏体沉淀硬化不锈钢组织图。

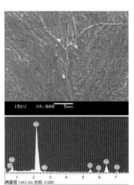

(a) 金照相片(回火马氏体组织)　　　(b) 沉淀硬化富Nb相扫描电镜与能谱

图 2-13　17-4PH 马氏体沉淀硬化不锈钢组织特征

② 奥氏体系沉淀硬化不锈钢。这类钢含有较多的奥氏体稳定化和铁素体稳定化元素，镍当量高且 M_s 点在室温以下，在固溶处理状态下为 γ 单相组织。时效时，从奥氏体基体内析出碳化物或磷化物，产生沉淀硬化。由于沉淀硬化温度较高（约 700℃），虽然其室温强度以及中温强度不如马氏体系沉淀硬化不锈钢，但其高温强度较高，适合于高温用途。

③ 半奥氏体系沉淀硬化不锈钢。这类钢铬当量和镍当量比马氏体系沉淀硬化不锈钢高，M_s 点接近室温。固溶处理后形成亚稳定 γ 相。即奥氏体组织和部分 δ 铁素体组织。其奥氏体是不稳定的，加热到低于固溶温度进行保温，奥氏体内析出合金碳化物。经冷却处理，奥氏体即可转变为马氏体。转

变成马氏体后再经时效处理，在马氏体的基础上，进一步产生沉淀硬化，析出金属化合物而获得较高的强度。

④ 铁素体系沉淀硬化不锈钢。这类钢只含有少量的镍等奥氏体稳定元素，含有较多的铬、硅和钼等铁素体稳定元素，因而在固溶状态下即呈铁素体组织。通过添加硅和镍来促进沉淀硬化，时效温度 500～600℃。典型的沉淀硬化不锈钢的化学成分见表2-6。

表2-6　典型的沉淀硬化不锈钢的化学成分　　　　　　　　单位：%

牌号	C	Si	Mn	Cr	Ni	Mo	Cu	其他
05Cr17Ni4Cu4Nb	≤0.07	≤1.00	≤1.00	15.5～17.5	3.00～5.00	—	3.0～5.0	Nb：0.15～0.45
07Cr17Ni7Al	≤0/09	≤1.00	≤1.00	16.0～18.0	6.50～7.50	—	≤0.05	Al：0.75～1.50
07Cr15Ni7Mo2Al	≤0.09	≤1.00	≤1.00	14.0～16.0	6.50～7.50	2.0～3.0	—	Al：0.75～1.50

2.3 不锈钢的常规性能

2.3.1 不锈钢的物理性能

物理性能是指物质本身的属性，即材料、物品所具有的性质和功能。

(1) 密度　物质的质量与其体积的比值，即物质单位体积的质量。奥氏体系列不锈钢的代表钢种06Cr19Ni10（304）的密度比碳钢大，马氏体系列不锈钢12Cr13（410）和铁素体系列不锈钢10Cr17（430）的密度比碳钢小。与其他材料相比较，比如塑料（为1.2g/cm³）、玻璃（为2.5g/cm³）、铝（为2.7g/cm³）的密度大，比铜的密度（为8.9g/cm³）略小。

(2) 导热性　又称传热性，它是指物体对热的传导能力，它的特点是导热的同时物体内的分子没有宏观的相对位移。一般说不锈钢的导热性"不好"，但如果用于需要保温的情况下，这个"不好"倒成了它的优点。不锈钢在常温状态下，其热导率比较低，与铝相比较，10Cr17（430）为铝的1/8左右；06Cr19Ni10（304）为铝的1/13左右；与碳钢相比较，分别为1/2左右和1/4左右。

金属中，热是因自由电子的运动而传递的，不锈钢是铁和铬及镍的合金，自由电子的运动因铬及镍的抑制而变小。自由电子的运动也受温度的影响，导热率根据温度而变化。对于500～800℃的高温段，随温度增加而增加。其增加的程度，Cr-Ni系不锈钢比Cr系列不锈钢要小一些。在低温段，温度降低导热率变小，超低温时变为极小。

(3) 热膨胀　热膨胀是指当温度改变时物体发生胀缩的现象。在温度为 T 时，长度为 L，体积为 V 的物体，温度保持在 $T+dT$ 时，其长度和体积的变化则分别为 $L+dL$ 及 $V+dV$ 的现象称为热膨胀。线膨胀系数为 α，体膨胀系数为 β。

不锈钢与碳钢相比较，06Cr19Ni10（304）的线膨胀系数大，10Cr17（430）的小。而铝和铜的线膨胀系数比不锈钢大。

(4) 电阻　电阻是物质阻碍电流通过的性质。电阻率是表征物质导电性能的物理量。

银或铜的电阻率非常小，是电流最容易通过的材料。与纯金属相比较，合金的电阻率一般都要大得多。由于不锈钢是在铁中加入铬或镍的合金，与纯金属相比较，其电阻率明显增大。在不锈钢中，从12Cr13（410）、10Cr17（430）到06Cr19Ni10（304），随着其中所含合金量的增加，电阻率增大。

和纯金属相比，合金电阻率增加的原因，如同其热导率增加一样，也是因输送电流的自由电子在运动中，由于合金元素的存在，而使其运动紊乱不规律所致。在多数金属中，热导率越高，则其电导率也越高。

常用不锈钢的物理性能见表 2-7。

表 2-7　常用不锈钢种的物理性能

牌号	线膨胀系数/($10^{-6}K^{-1}$)			热导率/[W/(m·K)]		电阻率/×$10^{-9}\Omega\cdot m$	比热容/[J/(kg·K)]	密度/(g/cm³)	磁性
	0~100℃	0~315℃	0~538℃	100℃	500℃				
06Cr19Ni10	17.2	17.8	18.4	16.2	21.5	720	500	7.93	无磁性
12Cr13	9.9	11.4	11.6	24.9	28.7	570	460	7.75	强磁性
10Cr17Mo	11.9			26.0		600	460	7.70	强磁性
10Cr17	10.4	11.0	11.4	26.1	26.3	600	460	7.70	强磁性
10Cr18Ni12	17.2	17.8	18.4	16.2	21.5	720	500	7.98	无磁性
06Cr17Ni12Mo2	15.9	16.2	17.5	16.1	21.5	740	500	7.98	无磁性
06Cr18Ni11Ti	16.6	17.2	18.6	22.2	22.2	720	500	7.98	无磁性
022Cr23Ni5Mo3N	9.3		11.7	22.2	28.1				有磁性

（5）应变硬化指数（n）　应变硬化指数就是通常所说的"n 指"，它是表示材料冷作硬化现象的一个指标，应变硬化指数可以反映材料的冲压成形性能。

应变硬化指数越大，显示材料的局部应变能力强，防止材料局部变薄的能力就强，使得变形分布趋于均匀化，材料成形时的总体成形极限高。

2.3.2　不锈钢的力学性能

金属材料在外力作用下表现出的各种性能，如强度、塑性、韧性、硬度、弹性和疲劳等，总称为材料的力学性能。

① 强度指标。常用的强度指标是指抗拉强度、屈服强度、抗弯强度、抗压强度和抗扭转强度等内容。

② 塑性指标。常用的塑性指标是断面收缩率和断后伸长率。

③ 韧性指标。是指冲击吸收功。

④ 硬度指标。常用的硬度指标有洛氏硬度、布氏硬度和维氏硬度。

⑤ 弹性指标。主要是指弹性模量。

⑥ 疲劳指标。是指疲劳强度。

在选用不锈钢材料时，除了要满足工件的耐腐蚀和耐热等性能要求外，同时还要考虑其力学性能，特别是要求较高强度的零件。不锈钢的力学性能，主要涉及三方面的问题，即强度、韧性（或脆性）及抗应力腐蚀断裂性能。

（1）力学性能指标的定义

① 强度。指外力作用下抵抗塑性变形和断裂的能力。常用的强度指标有规定非比例延伸强度、屈服强度和抗拉强度。

a. 规定非比例延伸强度（R_p）。规定非比例延伸强度是指规定的延伸计标距百分率时的应力。使用单位符号应符合以下脚注说明所规定的百分率，如 $R_{p0.2}$ 表示规定非延伸率为 0.2% 时的应力。规定非比例伸长应力是一些重要不锈钢零件设计的力学依据。表示符号应附以角标说明，例如 $R_{p0.01}$、

$R_{p0.05}$、$R_{p0.2}$分别表示规定非比例延伸率为 0.01％、0.05％、0.2％时的应力。

b. 屈服强度（$R_{p0.2}$）。当金属材料出现屈服现象时，即在试验期间达到塑性变形而力不增加的应力点，分为上屈服强度和下屈服强度。

● 上屈服强度是指试样发生屈服时应力首次下降前的最高值，符号为 R_{eH}，单位 MPa。

● 下屈服强度是指屈服期间不计初始瞬时效应的最低应力，符号为 R_{eL}，单位 MPa。

c. 抗拉强度（R_m）。是指拉伸试验时，最大力除以试样原始截面积，即材料最大应力，单位 MPa。

d. 屈服比。指屈服强度与抗拉强度之比，屈服比用于表征材料冲压成形的性能。屈服比小，材料由屈服到破裂的塑性变形阶段长，成形过程中发生断裂的危险小，有利于冲压成形。

一般来讲，屈服比较小的对材料在各种成形工艺中的抗破裂性都较好。

② 塑性。指材料受力时，当应力超过屈服极限后，会产生显著变形而不立刻断裂的性质，卸载后的残余变形称为"塑性变形"。常用的塑性指标有断面收缩率和断后伸长率。

a. 断面收缩率（Z）。试样拉断后截面积最大收缩量与原始横截面积之比。

b. 断后伸长率（A）。是从发生塑性变形到断裂的总的伸长长度与原有长度的比值。断后伸长率是衡量金属材料塑性的指标，工程上通常按断后伸长率的大小把材料分为两大类，断后伸长率大于5％的材料称为塑性材料，如低碳钢、奥氏体不锈钢等；而把小于5％的材料称为脆性材料，如铸铁、高碳马氏体不锈钢等。

一般来说，脆性材料抗拉强度低、塑性差、抗压能力强、价格低廉。金属材料的断后伸长率大，就是允许的塑性变形程度大，抗破裂性能好，对拉伸、翻边、胀形各类变形都有利。金属材料的用途不同对塑性的要求也不同，比如对于用作冲压材料就要求塑性较好的材料，用作结构件的材料要求强度较高的材料，以满足结构稳定性的要求。一般情况下，材料的翻边系数和胀形性能的杯突试样都与延伸率成正比关系。

③ 冲击韧性。是指材料在冲击载荷作用下抵抗破坏的能力。机械零件在使用过程中不仅受到静载荷与变动载荷的作用，还受到冲击载荷的作用，因此在设计零件和工具时，必须考虑所选用材料的冲击吸收功。GB/T 229—2007《金属材料 夏比摆锤冲击试验方法》规定，用一定尺寸和形状不同的夏比标准试样，在摆锤式一次冲击试验机上进行冲击试验，以冲击试样时所消耗的冲击吸收功来测定钢铁材料的冲击吸收功，符号为 A_k，单位为 J。一般冲击吸收功 A_k 越大，材料韧性越好。某些材料的冲击吸收功数值随温度降低而减小，在某一狭窄温度区间冲击韧性骤然下降，材料变脆，发生冷脆现象，在选材时应予以注意。在铁素体不锈钢中增加钼可以提高强度，但缺口敏感性也被提高、韧性下降。而具有稳定奥氏体组织的铬镍系奥氏体不锈钢的韧性（室温下韧性和低温下韧性）非常优良，适用于室温和低温环境。对于铬镍锰系奥氏体不锈钢，添加镍可进一步改善其韧性。双相不锈钢的冲击韧性随镍含量增加而提高，一般来讲，在奥氏体＋铁素体两相区内其冲击吸收功稳定在 160～200J 的范围内。

④ 硬度。指材料抵抗局部变形，即抵抗刻划、压入等机械作用的能力。金属的耐磨性、强度等通常都与硬度有关。它是材料的弹性、强度、塑性、韧性等一系列不同力学性能组成的综合性能指标，是选择材料的重要依据。测定硬度的方法有压入法、弹性回跳法和划痕法等。依据试验方法的不同，可用不同的量值来表示硬度。目前，在生产中应用最广泛的硬度是布氏硬度、维氏硬度和洛氏硬度。

a. 布氏硬度（HBW）。其试验原理是将一定直径的硬质合金球施加试验力压入试样表面，经规定保持时间后，卸除试验力，测定试样表面压痕的直径，即可求得布氏硬度值（HBW）。布氏硬度符号用 HBW 表示，符号 HBW 前面的数值为硬度值，符号后面是按如下顺序表示试验条件的指标：硬质合金球直径（mm）、试验力大小的数值（kN）、与规定时间不同的试验力保持时间（s）。

b. 洛氏硬度（HRA、HRB、HRC）。目前应用最广泛的试验方法之一。洛氏硬度试验时，其硬度值可以从硬度计的指示器上直接读出，而无需测量压痕，硬度值只表示高低，所以没有单位。常用的洛氏硬度值有 HRA、HRB、HRC。测出硬度值后，应标明硬度值符号（用球测量应表明压头代号，钢球为 S，硬质合金球为 W）。例如，59HRC 表示用 C 标尺测得的洛氏硬度值为 59；60HRBW 表示用硬质合金球压头在 B 标尺上测得的洛氏硬度值为 60。

洛氏硬度试验方法的优点是操作简便、迅速，压痕较小，故可在工件表面或较薄的金属上进行试验，并适于大量生产中的成品检查，适于各种软硬材料。洛氏硬度值的试验原理是将压头（金刚石圆锥、钢球、硬质合金球）分两步压入被测表面，经规定保持时间，卸除测试力，测量被测金属表面残留压痕深度，并以此来计算试件硬度值。

c. 维氏硬度（HV）。其试验原理是将顶部两相对面具有规定角度的正四棱锥体金刚石压头，用试验力压入试样表面，保持规定时间后，卸除试验力，并通过测量试样表面压痕对角线长度来确定试件硬度。所得硬度值用符号 "HV" 来表示。HV 可根据压痕对角线平均长度 d 值查表求出，也可用公式 $HV = 0.189 F/d^2$ 计算。

（2）不锈钢在常温下的力学性能

① 奥氏体不锈钢。奥氏体不锈钢从低温到高温都具有稳定且优良的力学性能。奥氏体相在 920～1150℃ 进行固溶处理无相变点，依靠快速冷却成为非磁性的、稳定的、具有优良的耐蚀性能的奥氏体组织。奥氏体系列不锈钢的力学性能如表 2-8 所示。奥氏体系列不锈钢与马氏体、铁素体系列不锈钢相比，因具有较高的延伸比和屈服比等性能，所以加工性十分优越。

表 2-8　典型奥氏体不锈钢固溶处理后的力学性能

牌号	规定非比例延伸强度($R_{p0.2}$)/MPa	抗拉强度(R_m)/MPa	断后伸长率(A)/%	硬度值		
				HBW	HRB	HV
	不小于			不大于		
06Cr19Ni10	205	515	40	201	92	210
10Cr18Ni12	170	485	40	183	88	220
06Cr17Ni2Mo2	205	515	40	217	95	220
022Cr17Ni12Mo2	170	480	40	217	95	220
12Cr18Mn9Ni5N	205	515	40	217	95	218
12Cr17Ni7	220	550	45	241	100	
06Cr19Ni13Mo3	205	515	35	217	95	220
06Cr18Ni11Nb	205	515	40	201	93	210

② 铁素体不锈钢。无论是在高温还是常温，铁素体相是稳定的，即使是快速冷却也无淬火硬化性。在低铬不锈钢中，会引起部分的马氏体变态，但对力学性能几乎没有影响，低铬不锈钢是在退火温度为 800～1050℃ 急冷的完全退火状态下使用。钢材的加工硬化很小，可以在冷加工后使用。铁素体不锈钢退火后的力学性能见表 2-9。

③ 马氏体不锈钢。马氏体不锈钢因为淬火而具有硬化性，根据所选取的钢种和热处理条件，可以获得较大范围内的力学性能。从 12Cr13（410）不锈钢到高碳 68Cr17（440A）不锈钢，不同热处理条件相应的力学性能见表 2-10。

表 2-9 典型铁素体不锈钢退火后的力学性能

牌号	规定非比例延伸强度($R_{p0.2}$)/MPa	抗拉强度(R_m)/MPa	断后伸长率(A)/%	硬度值		
				HBW	HRB	HV
	不小于			不大于		
06Cr13Al	170	415	20	179	88	200
022Cr11Ti	275	415	20	197	92	200
022Cr11	195	360	22	183	88	200
10Cr17	205	360	22	183	89	200
022Cr18Ti	175	450	22	183	88	200
10Cr17Mo	240	450	22	183	89	200
019Cr19Mo2NbTi	275	415	20	217	96	230
008Cr27Mo	295	450	22	209	95	220

表 2-10 马氏体不锈钢的力学性能

状态	牌号	规定非比例延伸强度($R_{p0.2}$)/MPa	抗拉强度(R_m)/MPa	延伸率/%	硬度值(HBW)
完全退火	12Cr13	265	480	20~35	135~160
	30Cr13	343	617	15~30	160~190
	68Cr17	382	657	20~25	200~220
淬火	12Cr13	1029	1382	10~15	380~415
	30Cr13	1519	1784	2~8	530~560
	68Cr17	1784	1852	5~9	550~580
回火(650℃)	12Cr13	588	755	23	225

完全退火是从马氏体相变点以上开始，一般是从 800~900℃加热保温后缓慢地冷却下来。含碳量越高则其强度也越高。淬火一般情况下是从 925~1070℃开始快速冷却，因其淬火性好，无论是油冷还是水冷都可使其充分硬化，但是淬火温度过高时，残留的奥氏体较多，回火后的强度降低。淬火状态下的残留变形大，组织不稳定，所以淬火后要进行回火处理，力学性能依回火温度的不同而变化。回火时应避免 400~550℃这个脆化温区，因此一般只进行 250℃的低温回火或高于 600℃的高温回火。

退火处理后马氏体不锈钢的力学性能见表 2-11。

表 2-11 退火处理后马氏体不锈钢的力学性能

牌号	规定非比例延伸强度($R_{p0.2}$)/MPa	抗拉强度(R_m)/MPa	断后伸长率(A)/%	硬度值		
				HBW	HRB	HV
	不小于			不大于		
12Cr13	205	485	20	217	96	210
06Cr13	205	415	20	183	89	200
04Cr13Ni5Mo	620	795	15	302	32	
20Cr13	225	520	18	223	97	234
30Cr13	225	540	18	235	99	47
40Cr13	225	690	15			
17Cr16Ni2	690	880~100	12	262~326		
68Cr17	245	590	15	255	25	269

④ 奥氏体-铁素体型双相不锈钢。固溶处理后奥氏体-铁素体不锈钢退火后的力学性能见表 2-12。

表 2-12　固溶处理后奥氏体-铁素体系列不锈钢退火后的力学性能

牌号	规定非比例延伸强度($R_{p0.2}$)/MPa	抗拉强度(R_m)/MPa	断后伸长率(A)/%	硬度值		
				HBW	HRB	HV
	不小于			不大于		
14Cr18Ni11Si4AlTi		716	30			
022Cr19Ni5Mo3Si2N	392	588	20		30	300
12Cr21Ni5Ti		637	20			
022Cr22Ni5Mo3N	450	620	18	302	32	320
03Cr25Ni6Mo3Cu2N	450	620	18	302	32	320

⑤ 沉淀硬化不锈钢。固溶处理及固溶淬火后的沉淀硬化处理是该类钢常用的热处理方法。固溶处理后的沉淀硬化不锈钢力学性能见表 2-13。

表 2-13　固溶处理后沉淀硬化不锈钢的力学性能

牌号	钢材厚度/mm	规定非比例延伸强度($R_{p0.2}$)/MPa	抗拉强度(R_m)/MPa	断后伸长率(A)/%	硬度值	
					HRC	HBW
		不大于			不小于	不大于
04Cr13Ni8Mo2Al	0.10~8.0				38	363
022Cr12Ni9Cu2NbTi	0.30~8.0	1105	1205	3	36	331
07Cr17Ni7Al	0.10~0.30	450	1035			
	0.30~8.0	380	1035	20	92	
07Cr15Ni7Mo2Al	0.10~8.0	450	1035	25	100	
09Cr17Ni5Mo3N	0.10~0.30	585	1380		30	
	0.30~8.0	585	1380	12	30	
06Cr17Ni7AlTi	0.10~1.50	515	825	4	32	
	1.50~8.0	515	825	5	32	

沉淀硬化处理后沉淀硬化不锈钢的力学性能见表 2-14。

表 2-14　沉淀硬化处理后不锈钢的力学性能

牌号	处理温度/℃	钢材厚度/mm	规定非比例延伸强度($R_{p0.2}$)/MPa	抗拉强度(R_m)/MPa	断后伸长率(A)/%	硬度值	
						HRC	HBW
			不小于			不小于	
04Cr13Ni8Mo2Al	510	0.10~0.50	1410	1515	6	45	
		0.50~5.0	1410	1515	8	45	
		5.0~8.0	1410	1515	10	45	
022Cr12Ni9Cu2NbTi	510 或 482	0.10~0.50	1414	1525	—	44	
		0.50~5.0	1410	1525	3	44	
		5.0~8.0	1410	1525	4	44	
07Cr17Ni7Al	760	0.10~0.30	1035	1240	3	38	
		0.30~5.0	1035	1240	5	38	
		5.0~8.0	965	1170	7	43	
07Cr15Ni7Mo2Al	760	0.10~0.30	1170	1310	3	40	—
		0.30~5.0	1170	1310	5	40	—
		5.0~8.0	1170	1310	4	40	375
09Cr17Ni5Mo3N	455	0.10~0.30	1035	1275	6	42	
		0.30~5.0	1035	1275	8	42	
06Cr17Ni7AlTi	566	0.10~0.80	1170	1310	3	39	
		0.80~1.50	1170	1310	4	39	
		1.50~8.0	1170	1310	5	39	

对于医疗及食品等结构用无缝不锈钢管，国家标准（如 GB/T 14975—2012《结构用不锈钢无缝钢管》）对不同牌号无缝不锈钢管的力学性能均作出了具体规定。

2.3.3 不锈钢耐蚀性

不锈钢由于耐腐蚀，才得此"不锈"之美名。不锈钢的耐腐蚀性是表面形成钝化膜保护所致，而钝化膜的保护作用又取决于金属表面上的化学反应产物。它的耐腐蚀性能还表现在，即使是钝化薄膜受到划伤等破损，当氧气供应充分时，钝化薄膜就会立即再生出来，使之得到修复。这就是不锈钢具有优良的耐腐蚀性的根本原因。但是随着不锈钢耐腐蚀性能的提高，它的成本也随之对应的升高。当不锈钢处于得不到钝化的环境时，例如在非氧化性酸、还原性酸（盐酸、中等浓度硫酸）或者有以氯离子为代表的卤族元素离子的存在时，钝化膜受到破坏并得不到修复，就会不可避免地发生腐蚀。

常见的不锈钢腐蚀可以分为两大类，即均匀腐蚀和局部腐蚀。后者还可以细分为点腐蚀、晶界腐蚀、缝隙腐蚀、电偶腐蚀、应力腐蚀破裂和腐蚀疲劳等。

（1）不锈钢的均匀腐蚀　不锈钢的均匀腐蚀是在得不到钝化的环境中（即全面活性的环境中）引起的腐蚀。如常见的在盐酸、硫酸、磷酸以及有机酸等这些氧化力比较弱的酸（非氧化性酸）的环境中发生的腐蚀。

在表 2-15 中，列出了金属耐均匀腐蚀等级及应用场合。

表 2-15　金属耐均匀腐蚀等级表

腐蚀速度/(mm/年)	等级	应用场合
<0.127	优秀	很关键处
0.127~0.508	满意	关键处
0.508~1.27	可用	非关键处
>10	不可用	不可用

① 不锈钢在硫酸中的耐蚀性。不锈钢不能完全防止其在硫酸中的腐蚀，当不锈钢使用在硫酸的环境中时，推荐的使用范围见表 2-16。稀硫酸和中等浓度硫酸是还原性酸，06Cr17Ni12Mo2（316）、022Cr17Ni12Mo2（316L）、06Cr17Ni12Mo2Ti（316Ti）不锈钢在上述酸中有一定耐腐蚀性。高钼奥氏体不锈钢和高钼双相不锈钢耐硫酸腐蚀性能更佳，如非标不锈钢 022Cr17Ni17Si6 和 022Cr18Ni20Si6MoCu。几种不锈钢在硫酸中的腐蚀速度见表 2-17。

表 2-16　常用不锈钢在硫酸中的使用范围

牌号	温度	硫酸浓度
06Cr19Ni10、06Cr18Ni11Ti、06Cr18Ni11Nb、06Cr17Ni12Mo2、10Cr17	室温	20%以下、90%以上
06Cr19Ni10、06Cr18Ni11Ti、06Cr18Ni11Nb、06Cr17Ni12Mo2、10Cr17	66℃以下	5%以下、95%以上
06Cr19Ni10、06Cr18Ni11Ti、06Cr18Ni11Nb、06Cr17Ni12Mo2、10Cr17	90℃左右	0.5%以下

表 2-17　几种常用不锈钢在硫酸溶液中的腐蚀速度　　　　　单位：$g/(m^2 \cdot h)$

牌号	98%硫酸		27%硫酸		16%硫酸	
	30℃	70℃	30℃	70℃	30℃	70℃
12Cr13	0.091	0.306	0.091	0.311	0.689	0.091
10Cr17	0.119	0.243	0.012	0.078	0.385	0.012
06Cr19Ni10	0.028	0.158	0.028	0.056	0.000	0.028
06Cr17Ni2Mo2	0.014	0.472	0.000	0.055	0.000	0.021

② 不锈钢在硝酸中的耐蚀性。不锈钢是耐硝酸腐蚀的良好材料，在制造硝酸设备中，几乎全部使用了奥氏体不锈钢。不但如此，为了强化不锈钢的钝化膜，在生产中常常采用酸洗钝化处理不锈钢。酸洗钝化处理就是将不锈钢浸渍在一定浓度、一定温度的硝酸溶液中进行的。有关不锈钢在硝酸溶液中的耐腐蚀等级见表 2-18。值得注意的是，当硝酸浓度超过 70%（浓硝酸）时，不锈钢在浓硝酸中会产生过钝化膜，也不能形成有保护性的钝化膜，腐蚀较快，如表 2-18 所示。

表 2-18　几种常用不锈钢在硝酸溶液中的耐腐蚀性

硝酸		腐蚀速度/(mm/年)		
浓度/%	温度/℃	12Cr12	10Cr17	06Cr17Ni12Mo2
19	79	0.127~0.508	<0.127	<0.127
20	52	0.127~0.508	<0.127	<0.127
30	52	0.127~0.508	<0.127	<0.127
30	沸腾	0.127~0.508	<0.127	<0.127
50	52	0.127~0.508	<0.127	<0.127
50	沸腾	>1.106	<0.127	<0.127
70	52	0.127~0.508	<0.127	<0.127
70	沸腾	>1.106	0.127~0.508	0.127~0.508
90	52	>1.106	0.127~0.508	0.127~0.508
90	沸腾	>1.106	>1.106	>1.106
100	100	>1.106	>1.106	>1.106

③ 不锈钢在盐酸中的耐蚀性。在盐酸中不锈钢也不能够保持完整的钝化膜，造成对不锈钢的腐蚀。虽然对稀硫酸也有选用 06Cr17Ni12Mo2（316）、06Cr19Ni13Mo3（317）以及双相不锈钢 022Cr23Ni5Mo3（2205），但是对盐酸而言，多数是使用 Hastelloy 合金。有关不锈钢在盐酸溶液中的腐蚀速度见表 2-19。

表 2-19　12Cr18Ni9 和 06Cr17Ni12Mo2 不锈钢在盐酸溶液中的腐蚀速度

牌号	盐酸浓度/%	盐酸溶液温度/℃	酸相	腐蚀速度/(mm/年)
12Cr18Ni9	3.6	24	液相	1.65
	10.3	室温	液相	2.13
	25.0	24	液相	31.0
	37.0	室温	液相	169.2
06Cr17Ni12Mo2	稀溶液	25	气相	0.03
	10.0	102	液相	61.0
	50.0	110	液相	1066.3

④ 不锈钢在磷酸中的耐蚀性。不锈钢不但不能完全防止磷酸的腐蚀，还会因磷酸中所含的杂质，导致不锈钢耐腐蚀性能的变化。磷酸中加剧腐蚀的不纯物有氟化物、氟硅化物以及氯化物。化学工业中使用的大不锈钢罐多数是用于储存和运输（作为化肥原料）磷酸的。因为磷酸中所含杂质的不同，所以引起腐蚀的事故类型很多。因此，在运输磷酸的过程中使用的不锈钢选择上，应从 06Cr19Ni10（304）开始，逐步选用更高级别的耐腐蚀钢种，直到变换成用高度耐腐蚀的 06Cr17Ni12Mo2（316）钢或双相不锈钢 022Cr23Ni5Mo3（2205）等。有关不锈钢在磷酸溶液中的腐蚀速度见表 2-20。

表 2-20   12Cr18Ni9 和 06Cr17Ni12Mo2 不锈钢在磷酸溶液中腐蚀速度

牌号	磷酸溶度/%	磷酸溶液温度/℃	酸相	腐蚀速度/(mm/年)
12Cr18Ni9	5	20	液相	无
	75	20	液相	无
06Cr17Ni12Mo2	5	93	液相	2.54×10^{-3}
	20	93	液相	0.051
	60	93	液相	0.127
	85	97	液相	0.711
	10	107	回流液	0.025
	50	117	回流液	0.533
	85	124	液相	2.70

⑤ 不锈钢在碱中的耐蚀性。最具有代表性的碱是氢氧化钠,不锈钢对氢氧化钠的耐腐蚀性尚可。不锈钢的钝化膜是由铬形成的,但在氢氧化钠溶液中,不锈钢表面钝化后,电位提高,CrO_4^{2-} 有选择性地溶解,就耐碱性而言,铬不是令人满意的元素。在氢氧化钠溶液中,铁素体不锈钢不如普通钢的耐腐蚀性强。奥氏体不锈钢含镍量多时,相应地可以提高对碱的耐腐蚀性。预防氢氧化钠溶液的腐蚀,镍是重要的元素。

⑥ 不锈钢在海水中的耐蚀性。海水的盐分浓度依海域的不同多少有些变化,远海中盐分为 3.2%～3.6%,当盐分为 3.43% 时,其冰点为 -1.9℃,其密度在 17.5℃ 时为 1.062g/cm³,电阻为 19～20Ω,海水氧浓度通常为 $(5～10) \times 10^{-6}$,pH 值为 8.1～8.3。

不锈钢在海水中没有明显的均匀腐蚀量,且与钢种没有太大关系,但是容易发生缝隙腐蚀和点蚀。对于这种局部腐蚀,依钢种不同其腐蚀程度也各异,要注意避免造成重大事故。发生缝隙腐蚀的原因是海水中含有氯离子和溶存氧。在间隙部位,海水中的氯离子浓度高且 pH 值低,易引发缝隙腐蚀。

(2) 不锈钢的局部腐蚀   对于金属及合金来说,造成其局部腐蚀的因素有晶界、缝隙、杂质、机加工或热处理工艺等。金属表面的不连续,如切口边缘或划痕,氧化物或钝化膜的不连续以及应用金属表面涂层的不连续,还有几何因素如缝隙等,这些都是引起不锈钢局部腐蚀的因素。以下是不锈钢发生局部腐蚀的基本概念,有关详细介绍请参见第 3 章。

① 点腐蚀。点腐蚀是金属表面局部区域的腐蚀破坏,首先形成腐蚀坑,然后向内部发展,甚至贯穿整个截面。点腐蚀是不锈钢常见的腐蚀破坏类型之一,它是因为在介质的作用下,在表面缺陷处,如夹杂物、贫铬区、晶界、位错在表面的露头等,钝化膜较为脆弱,侵蚀性离子对这些局部脆弱区的破坏,使局部区域快速腐蚀。在含有氯离子的介质中,最容易发生的就是点腐蚀,如 $FeCl_3$,就是影响最大的介质之一。

② 晶间腐蚀。晶间腐蚀是一种选择性的腐蚀破坏,它与一般选择性腐蚀不同,腐蚀不是从局部外表面开始的,而是集中发生在金属的晶界区,因此称做晶间腐蚀。发生这种类型腐蚀之后,有时从外观上不易察觉出来,但由于晶界区因腐蚀已遭到破坏,材料强度几乎完全丧失,严重者可失去金属声,这时每个晶粒实际上已接近分离,稍经受力即沿晶界断裂,甚至会成为粉末。所以晶界腐蚀是一种危害性很大的腐蚀破坏。

奥氏体不锈钢在 450～850℃ 区间受热后,原来固溶在奥氏体中的碳与铬结合,在奥氏体晶界以 $Cr_{23}C_6$ 碳化物的形式析出,造成了晶界区的奥氏体贫铬,即铬降到不锈钢耐蚀所需的最低含量以下，从而使腐蚀出现在晶界的贫铬区。贫铬区的厚度为 10～41nm。贫铬区成为阳极，$Cr_{23}C_6$ 和其余奥氏体区形成了微阴极，于是构成了腐蚀微电池。这就是通常所说的奥氏体不锈钢晶间腐蚀的贫铬论。

③ 缝隙腐蚀。缝隙腐蚀是在电解液中由于不锈钢与金属或非金属间存在极狭窄的缝隙，使有关物质的迁移受到阻抑形成浓差电池而在锻缝内或其近旁产生的局部腐蚀。缝隙腐蚀可在多种介质中发生，但在氯化物溶液中最为严重。在海水中，缝隙腐蚀通常是由于缝内含氧量较低和周围溶液中的含氧量较高形成氧浓差电池所致。这时缝壁成为阳极，而缝位金属表面成为阴极。

缝隙腐蚀始发的机制和点腐蚀不同，但扩展机制却颇为相似，两者皆系自催化过程，该过程使缝内 pH 值降低并加速氯离子移向腐蚀区。提高耐点腐蚀性的合金化元素通常亦有利于耐缝隙腐蚀。例如，为了改善耐缝隙腐蚀性能可采用含钼的 Cr-Ni 不锈钢。

在腐蚀介质中，缝隙可由钢表面的沉积物、腐蚀产物及其他固体物质形成。此外，在法兰接头和丝扣连接处的缝隙是无法避免的。因此，为减轻缝隙的危害，最好采用焊接代替接或螺栓连接，经常除去金属表面的沉积物及在法兰接头处使用防水密封剂。

④ 电偶腐蚀。电偶腐蚀是两种或两种以上金属连接引起的腐蚀，亦称为双金属腐蚀。这类腐蚀可以被看作是一个短路原电池，电正性较大的金属和电正性较小的金属在导电溶液中相接触，使两者极化到具有相同电位并产生短路电流，在电正性较大的金属上发生阴极反应，而在电正性较小的金属上发生阳极反应，即优先腐蚀。

电偶腐蚀程度取决于两种金属短路前的腐蚀电位差。该电位差因不同介质而异，但电位差大并不意味着腐蚀严重，因为还需考虑电极反应的极化率。阳极和阴极面积比具有决定作用，小阳极和大阴极相接触危害要大得多。介质的导电性也有重要影响，当导电性较低时，腐蚀主要发生在接触点附近，因而具有更大的危害。

⑤ 应力腐蚀。凡是在应力和腐蚀介质的共同作用下引起的断裂，称为应力腐蚀破坏。一般所说的应力腐蚀是一种较为复杂的现象。当应力不存在时，腐蚀十分微小；而施加应力经过一段时间后，金属会在腐蚀并不严重的情况下发生断裂。这类应力腐蚀断裂有如下三个共同特征。

a. 应力必须是拉伸的，拉伸应力愈大，则断裂时间愈短。

b. 腐蚀介质是特定的，只有某些金属与介质的组合才会产生应力腐蚀断裂。

c. 断裂速度（0.001～0.3cm/h）远大于没有应力时的腐蚀破坏速度，但小于单纯的力学断裂速度，断口属于脆断型。

⑥ 磨损腐蚀。由于腐蚀介质和金属表面之间的相对运动而使腐蚀过程加速的现象称为磨损腐蚀，也叫冲刷腐蚀。发生这种腐蚀破坏时，金属以离子或腐蚀产物形式从金属表面脱离，而不是像纯粹的机械磨损那样以固体金属粉末脱落。腐蚀流体既对金属和金属表面的氧化皮或腐蚀产物层产生机械的冲刷破坏作用，又与不断露出的金属新鲜表面发生激烈的电化学腐蚀，故破坏速度很快。磨损表面一般呈沟洼状和波纹状，且具有一定的方向性。

2.4　不锈钢的工艺性能

2.4.1　铸造性能

不锈钢的零部件铸造大多是采用电弧炉或感应炉冶炼，利用砂型、陶瓷型或熔模等各种铸造方法，直接铸造成接近于成品形状的铸件。相同成分的材料直接铸造成零部件可改善其某些性能、降低成本、简化工艺、提高企业的经济效益。

一般情况下，铸造零部件与采用锻、轧工艺生产的零部件相比，具有更高的抗冷、热疲劳裂纹的性能。由于铸造零件没有明显的组织方向性，所以不存在锻、轧状态的各向异性问题，因此在热处理过程中，变形比较均匀，尺寸容易控制，加工余量较小。

不锈钢锻造工艺常常用于铸造在腐蚀介质中工作的泵类、阀、叶轮等，形状复杂的零部件也广泛采用铸造不锈钢。

用于耐腐蚀的铸造不锈钢化学成分和普通不锈钢化学成分略有不同，铸造不锈铸钢的铬含量在12%（质量分数）以上，为的是在其铸造表面形成钝化膜，提高钢的耐蚀性。碳含量对钢的耐蚀性影响很大，铸造用不锈钢的碳含量一般低于0.03%，有的低至0.02%。

合金在铸造过程中表现出的性能主要有充型能力和收缩性。

铸钢是在凝固过程中不经历共晶转变的用于生产铸件的铁基合金的总称，是铸造合金的一种。铸钢分为铸造碳钢、铸造低合金钢和铸造特种钢3类。不锈钢是其第三类，即铸造特种钢。为适应特殊需要而炼制的合金铸钢，品类繁多，通常含有一种或多种高含量的合金元素，以获得某种特殊性能。

(1) 奥氏体不锈钢的铸造　铸造奥氏体不锈钢，由于其耐蚀性优于铸造马氏体不锈钢和铸造铁素体不锈钢，因而得到广泛应用。国家标准GB/T 14975—2002中的20种耐蚀铸钢中就有14种奥氏体不锈钢，其产量及用量约占不锈钢铸钢的80%以上。经典的第一代奥氏体不锈钢为18-8型，其含铬8%～10%（质量分数），如03Cr18Ni10、03Cr18Ni10N、09Cr19Ni9、08Cr19Ni10N等，是最典型、最基本的代表性钢种，其他奥氏体不锈铸钢均是在18-8型钢的基础上发展起来的。奥氏体铸造不锈钢也和奥氏体不锈钢一样，分为铬-镍奥氏体不锈钢和无镍、低镍奥氏体不锈铸钢。

① 铬-镍奥氏体不锈钢的铸造性能。铬-镍奥氏体不锈铸钢具有很高的耐蚀性，与其他类不锈钢相比，其耐蚀性是最好的一类。该类钢具有优良的韧性和塑性，易于加工成各种形状的零件，在热处理加热时不发生相变，并具有优良的焊接性。这类钢的主要缺点是价格昂贵。但由于它具有最好的耐蚀性，仍然是铸造不锈钢种中使用最广泛的一类钢。国家标准中的14种奥氏体不锈铸钢全部都是铬-镍奥氏体不锈铸钢。

② 铬-锰-氮奥氏体不锈铸钢的特性。铬-锰-氮奥氏体不锈铸钢是无镍和低镍奥氏体铸钢，虽然在新的国家标准中没有收录，但传统的奥氏体不锈钢有10Cr17Mn13N、10Cr17Mn13Mo2N、10Cr17Mn13Mo2CuN、10Cr17Mn13Mo2Cu2N和10Cr17MnNi3Mo3Cu2N等。

该类钢以形成奥氏体的元素锰和氮取代高含量的镍，并加入钼、铜等，以提高钢的耐蚀性。其耐蚀性略低于铬-镍奥氏体不锈铸钢，但强度比铬-镍奥氏体不锈铸钢高。

铬-锰-氮铸造不锈钢应进行1100℃水淬处理，使氮化物固溶以提高其耐蚀性。金相组织为奥氏体和少量铁素体（5%～20%）的复相组织。钢的流动性好，铸造时气孔敏感性较大，造型宜用干型，并用铬矿砂、锆砂等涂料。

(2) 铁素体不锈钢铸造　典型铸造铁素体不锈钢10Cr17具有优良的耐酸性，其他类铸造铁素体不锈钢是在10Cr17钢的基础上适当加入钼、硅、铌等可提高铸钢耐蚀性的元素，加入钛可细化晶粒，加入稀土可改善铸造性能。铁素体铸造不锈铸钢在氧化性酸类，特别是硝酸溶液中有良好的耐蚀性；随着钢种中铝、钼、硅、铌等含量的提高，耐蚀性增加。但是铸造铁素体不锈钢的力学性能较差，特别是韧性低，只适用于载荷较低、无冲击载荷的场合，影响了其应用。虽然在一些硝酸生产厂家仍在应用，但未纳入新的国家标准。

铸造铁素体不锈钢大多在消除应力退火后使用，退火后的组织为铁素体和碳化物，一般在750～

800℃退火，炉冷到 550℃出炉空冷。当加热到 850℃以上时，钢有晶粒强烈长大的倾向。在 450～510℃长期加热会产生 475℃脆性。为了细化晶粒，可在钢种中加入钛、氮等元素。钢的流动性随碳、铬、锰、硅含量的增加而提高。焊接性尚可，焊补时铸件应预热到 300～400℃，焊后应进行退火热处理。

铁素体不锈钢的铸造性能较差，铸造收缩率一般为 1.4%～1.6%，铸造时晶粒粗大。铬含量很高的铁素体不锈钢，如 2GCr28 钢铸造时，铸件的热裂倾向性大。

（3）马氏体不锈钢的铸造　15Cr12、20Cr13、Cr12NiMO、Cr12Ni4（QT1）、Cr12Ni4（QT2）和 Cr16Ni5Mo 等马氏体铸造不锈钢耐大气腐蚀性好，经热处理和抛光后最稳定。20Cr13 钢的耐蚀性和强度、硬度较 15Cr12 钢稍高。这两种铸钢及其他铸造马氏体钢，常用于承受冲击载荷和要求韧性较高，并在腐蚀性不强（如常温下的有机酸水溶液），或者要求防污染的介质中工作的零件。例如在维尼纶工业中，可用于聚乙烯醇、乙酸乙酯、乙酸甲酯、醋酸钠溶液等介质；在尿素工业中，可用于含硫化氢、尿素母液等介质，也可用于制造水轮机转轮和水压机阀等。

铸造马氏体不锈钢经调质处理（1050℃水冷或油淬，750℃回火）后得到铁素体和索氏体组织。在调质状态下铸件有较好的耐蚀性和综合力学性能。某些较大的复杂铸件不宜调质处理，也可进行退火处理，退火后的组织为铁素体和珠光体。20Cr13 钢的熔点为 1480～1510℃，铸造时流动性较差，应提高浇注温度和浇注速度。焊接性尚可，焊补时应将铸件预热到 200～300℃，焊后应进行退火热处理。

2.4.2　锻造性能

很多产品不仅要求具有耐蚀性，而且要求具有较高强度，因此大部分不锈钢都要经过锻造后使用。不锈钢与碳钢相比，具有的不同特点是：热导率低、锻造温度范围窄、过热敏感性强、高温下抗力大、塑性低等，这些都给锻造生产带来了许多困难，而且不同类型的不锈钢锻造工艺也有差别。

（1）奥氏体不锈钢的锻造　奥氏体不锈钢的锻造要比普通钢更困难，但很少产生表面缺陷。大部分奥氏体不锈钢在 927℃以上较宽的温度范围内都可进行锻造加工。因为奥氏体不锈钢在高温区间没有相转变，锻造温度要比马氏体不锈钢高，但高铬或低碳不锈钢的锻造温度不能太高，因为高铬或低碳不锈钢在高于 1093℃时，根据成分的不同会产生不同含量的 δ 铁素体，而 δ 铁素体对锻造是不利的。

除稳定型和超低碳不锈钢之外，几乎所有的奥氏体不锈钢终锻温度都应控制在敏化温度区以上，并且在 871℃以下快速冷却，以防止奥氏体不锈钢的敏化以及热裂纹的产生。对敏化倾向较低的稳定型或超低碳不锈钢，在较低的温度下进行锻造，即使小的压下量，有时也会产生应变硬化，发生应变硬化的温度通常为 538～649℃。为了获得强度硬度与塑形的匹配，特别是当硬度要求非常低时，锻造后要进行固溶退火。

从不锈钢化学成分角度来看，硫或硒在奥氏体不锈钢中可以起到提高机械性能的作用。加钛的 06Cr18Ni11Ti（321）型钢也有偏析板条状组织，在锻造时易导致表面开裂；加铌稳定的 347 钢，不易产生板条偏析，是一种适宜锻造的稳定钢种。

在加热奥氏体钢时，炉中的气体环境应是微氧化性；脱碳性气体环境和过氧化型气体环境都会产生有害的夹杂或局部区域贫铬，从而降低钢的耐蚀性。贫铬现象在 16Cr23Ni13（309）和 20Cr25Ni20（310）型钢中尤为严重。

18-8 型奥氏体不锈钢常被用来制作 610℃以下长期工作的锅炉和汽轮机零件，以及化工生产中的多种零件，其锻造工艺特点如下。

① 18-8 型奥氏体不锈钢在煤炉内加热时表面易渗碳,所以加热时应避免与含碳的物质接触,并采用氧化性的介质加热,以减少钢的渗碳现象,防止晶间腐蚀。

② 奥氏体钢在低温时导热性差,应缓慢加热,始锻温度不宜过高,过高有形成 δ 相的倾向,同时晶粒亦急剧长大,一般选取 1150~1180℃。

③ 坯料的表面缺陷在锻造加热前必须清除,以防止锻造时继续扩大,造成锻件报废。

④ 终端温度不能太低,同时在 700~900℃缓冷会析出 σ 相,继续锻打将会产生裂纹。

⑤ 锻后采用空冷,而且还必须进行固溶处理。

奥氏体不锈钢的始锻温度:一般不超过 1200℃;终锻温度一般取 825~850℃。始锻温度主要受碳化物析出敏感温度(480~820℃)的限制,若终锻温度处于此温度范围内,就会由于碳化物析出,而增加变形抗力,降低塑性,从而导致锻造开裂。

(2) 铁素体不锈钢的锻造　纯铬铁素体不锈钢在淬火后,其硬度并没有明显的增加。在锻造过程中,会产生加工硬化现象,温度和形变量的不同,其加工硬化的程度也不同。该钢种锻造后对冷却温度的要求不严格。

铁素体不锈钢的可锻温度范围很大,但在较高温度下由于晶粒长大和组织脆弱,其范围受到一定程度的限制。对于 06Cr13Al(405)型钢必须严格控制终锻温度。在 06Cr13Al(405)钢中少量奥氏体存在会导致晶粒边界脆弱,应该特别注意。一般的铁素体不锈钢都要在低于 704℃的温度进行锻造。对于 16Cr25N(446)型钢,当总压下量为 10%时温度必须低于 871℃,这样才能使晶粒细化,使钢在室温下具有韧性。铁素体不锈钢在锻造后最好进行退火。

铁素体不锈钢的锻造性能最好。与奥氏体不锈钢相比,铁素体钢的再结晶速度较高,再结晶温度较低,因此在塑性变形过程中晶粒长大倾向较大;锻造的上限温度应严格控制,一般铁素体不锈钢的始锻温度为 1040~1120℃。为了获得细晶粒组织和防止脆性,应恰当地控制变形量和终锻温度,细化晶粒所必需的最小变形量随温度而定,700℃时约为 5%,800~900℃时为 10%~15%,最后一次锻打的压缩量不应低于 12%~20%,而终锻温度不高于 800℃。为了避免因温度过低而产生冷作硬化,终锻温度不应低于 705℃。

由于铁素体不锈钢导热性较差,当表面缺陷用砂轮清理时,局部过热可以引起裂纹,需要用风铲清理或剥皮的方法去除表面缺陷。

铁素体不锈钢在一定温度范围内加热和冷却时不会发生相变,因此不能通过热处理来进行强化。其热处理的目的,一是为了消除冷变形和焊接时产生的内应力,改善加工性能;二是通过热处理消除铸件在凝固时所产生的偏析,获得单一的、均匀化的铁素体组织,以及消除在焊接过程中所形成的相变产物和 475℃脆性。

(3) 马氏体不锈钢的锻造　马氏体不锈钢具有较高的淬透性,可空冷硬化。因此,在冷锻马氏体钢尤其是高碳马氏体不锈钢时,必须采取保护措施,防止开裂;通常将用绝热材料覆盖,或者在炉内均匀降温,使之缓慢冷却到 593℃。如果像冷却锻模那样直接用水喷射冷却锻件,则将引起开裂。

一般情况下,马氏体不锈钢锻件在锻造后都应进行回火,以降低钢的硬度使其能够进行机加工。机加工以后再淬火硬化,然后回火。

马氏体不锈钢的最高锻造温度应低于 δ 铁素体相产生的温度,否则很容易产生裂纹。δ 铁素体相通常在 1093~1260℃形成。在锻造过程中要防止在该温度区间锻造,并且要避免因金属快速移动和加热过快而出现局部过热至 δ 铁素体形成区间。另外,表面脱碳也会促使铁素体的形成,所以也要加以限制。随着铬含量的增加,δ 铁素体相形成温度会降低而促进该相形成,而少量的 δ 铁素体会明显降低可锻性。当 δ 铁素体增加到 15%以上,可锻性又会逐渐增高,到结构完全变成铁素体为止,因此，终锻温度要受同素异构转变的限制（异构转变温度为 816℃左右），通常这种钢的停锻温度在 927℃左右，停锻温度太低时成型困难。与奥氏体钢锻造中的情况类似的是，锻件在加热过程中的脱碳可促使铁素体的形成，因此要将锻件表面脱碳到最小程度。马氏体不锈钢最后一次加热的变形量无特殊要求。这类钢在锻造后容易产生开裂现象，其原因是锻造后空冷时出现马氏体和碳化物组织，内应力较大，因此锻后冷却必须缓慢进行，一般在 200℃的沙坑或炉渣中缓冷，取出沙坑后必须及时进行等温退火，防止发生开裂。

马氏体不锈钢，特别是 Cr13 型马氏体不锈钢的价格低，故在腐蚀性较弱的介质中（如水蒸气）且又要求高的力学性能的条件下得到广泛的应用。12Cr3 马氏体不锈钢中除马氏体组织外，还有铁素体组织。

各种不锈钢的锻造温度，见表 2-21。

表 2-21 不锈钢锻造温度

不锈钢类型	化学成分/%			锻造温度/℃		
	C	Cr	Ni	预热	始锻温度	终锻温度
奥氏体不锈钢	<0.20	17～20	8～9	815	1175～1205	870～925
	<0.20	22～26	12～15	815	1150～1175	925
	<0.25	25～26	19～22	815	1150～1175	925
	<0.25	19～21	24～26	815	1150～1175	925
铁素体不锈钢	>0.12	14～16		760	1040～1120	705～790
	>0.35	18～27		760	1140～1120	705～790
	<0.15	11.5～14		815	1120～1180	870～925
马氏体不锈钢	>0.15	12～14		815	1095～1150	870～925

马氏体不锈钢的始锻温度，受高温铁素体形成温度和铁素体态的影响，如铁素体为带状时，则容易产生裂纹，如铁素体为细小球状时，塑性明显提高。

马氏体不锈钢的始锻温度，一般为 1150℃；终锻温度随含碳量不同而不同，含碳量高时一般取 925℃，含碳量低时一般取 850℃，均应高于钢的同素异构转变温度。

（4）沉淀硬化不锈钢 半奥氏体沉淀硬化不锈钢和马氏体沉淀硬化不锈钢都能通过马氏体转变与沉淀相结合的热处理方法得到较高的硬度。这些钢最难锻造，如果不严格控制温度条件就会断裂。它们的锻造温度范围很窄，如果锻造温度低于 982℃，就必须二次加热。在晶粒长大和 δ 铁素体生成时，这些钢在任何锻造温度下，塑性都很差（刚性较好），因此，如果要使之与其他类型不锈钢有同样塑性变形，锻造时就需要用较重的锻锤和较多的冲击次数。

在修整期间，锻件必须保持足够高的温度，以防切边裂纹产生。为了避免这些裂纹的产生，常在终锻和修整操作之间对锻件进行轻度的二次加热。另外，必须控制锻件的冷却，特别是马氏体系列的不锈钢，以防止其开裂。

马氏体沉淀硬化不锈钢的始锻温度通常取 1180℃，半奥氏体沉淀硬化不锈钢的始锻温度，一般取 1150℃。因为沉淀硬化不锈钢的塑性较差，终锻温度不宜过低，否则会产生锻造裂纹。终锻温度应不低于 950℃，低于 950℃时，应回炉重新加热。

2.4.3 焊接性能

不锈钢随着其化学成分和组织结构的不同，它们的焊接性是有很大的差别的，获得高质量的焊接接头的难易程度和注意事项也截然不同。

不锈钢焊缝中的铁素体含量对其性能起着重要的作用，特别是应用最多的奥氏体不锈钢和新开发的奥氏体-铁素体双相不锈钢的焊缝组织更是如此。奥氏体不锈钢焊缝中，常常需要形成一定量的铁素体（通常是 4%～12%），以防止焊缝产生凝固裂纹。双相不锈钢中的铁素体对提高耐蚀性，特别是耐应力腐蚀裂纹和耐点蚀是至关重要的。在双相不锈钢焊缝中又必须限制过多的铁素体，以保持焊缝金属具有足够的塑性、韧性和耐蚀性。因此，在这两种情况下，必须严格控制焊缝中的铁素体量。而某些在低温环境及特殊腐蚀介质中使用的奥氏体不锈钢焊缝中的铁素体又要求尽可能低。现在已经把焊接时快速冷却形成的不锈钢的焊缝组织与合金元素的铬当量 [Cr] 和镍当量 [Ni] 值的关系图（Schaeffer 图、Delong 图和 WRC 图），作为不同情况下对焊材的选择、焊缝组织的预测和根据焊缝化学成分分析的结果评定焊缝质量的重要依据。

Schaeffer 图、Delong 图和 WRC 图的铬当量 [Cr] 和镍当量 [Ni] 计算公式如表 2-22 所示。

表 2-22　铬当量和镍当量计算公式

图型	铬、镍当量计算公式
Schaeffer 图	$[Cr]=Cr\%+Mo\%+1.5Si\%+0.5Nb\%$ $[Ni]=Ni\%+30C\%+0.5Mn\%$
Delong 图	$[Cr]=Cr\%+Mo\%+1.5Si\%+0.5Nb\%$ $[Ni]=Ni\%+30C\%+30N\%+0.5Mn\%$
WRC 图	$[Cr]=Cr\%+Mo\%+0.7Nb\%$ $[Ni]=Ni\%+30C\%+20N\%+25Cu\%$

① Schaeffer 图。Schaeffer 图是最早的焊缝组织图，它适用于常规不锈钢焊后自然状态的焊缝，其精确度为±4%。借助于 Schaeffer 图，可以预测焊缝金属相的组成，可达到满足使用要求的目的。如图 2-14 所示。图中的铁素体 F 是由磁性测定仪测定的，近似于用金相测定所得出铁素体含量的平均值。

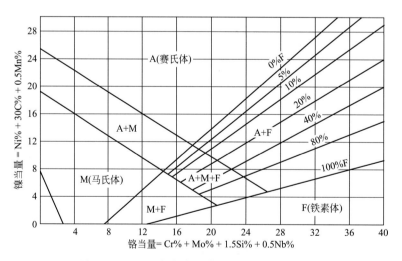

图 2-14　用于不锈钢焊缝薛夫勒（Schaeffer）图

为了使 Schaeffer 图能针对不同成分的母材与填充金属在混合之后，对可能出现的热裂纹或其冶金缺陷做出预评价，德国人 A. 沙赖特等绘出精细化的、专用于焊缝金属的 Schaeffer 图。

② Delong 图。Delong 图（图 2-15）是在 Schaeffer 图的基础上加以改进得到的，并在此图中加入了奥氏体形成元素——N 的作用，更适合于气体保护焊及含氮不锈钢的焊缝组织。Delong 图还进一步提高了估算铁素体含量的精确度（2%），特别是对含有比正常氮含量高的熔敷金属。Delong 图

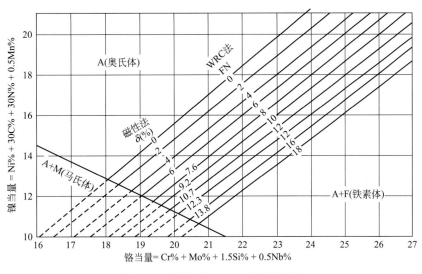

图 2-15　德龙（Delong）焊缝组织图

以铁素体序数（FN）标示焊缝的铁素体量，但 FN 最大到 18FN，不能满足不断发展的要求，特别是不能满足高铁素体的双相钢及焊缝组织的要求。

③ WRC 图。WRC 图（图 2-16）以铁素体序数（FN）标示焊缝中的铁素体量，该图把 FN 扩大到 100FN，被认为适合于判断 3××系列奥氏体和双相不锈钢焊缝组织中的铁素体含量。

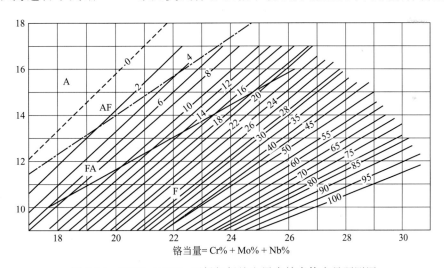

图 2-16　WRC（1992）不锈钢焊缝金属中铁素体含量预测图

（1）奥氏体不锈钢的焊接　虽然一般认为奥氏体合金是很好焊接的，但如果不采取正确的预防措施也会出现很多焊接问题。焊接时可能会出现凝固裂纹，这取决于母材和填充金属成分及杂质含量，特别是硫和磷的含量。在这种钢中也可能出现固态裂纹，包括失延裂纹、再热（应力消除）裂纹和铜污染裂纹等。奥氏体不锈钢尽管有好的综合耐腐蚀能力，然而也可能在热影响区发生晶间腐蚀。由于很多种焊缝金属含有铁素体，有可能形成 σ 相和碳化物而产生中温脆化。和铁素体钢相似，由于 σ 相析出反应相当缓慢，所以 σ 相脆化经常和服役周期有关，而不是制造时的问题。然而，在厚板或大型构件焊后热处理时也有可能发生中温脆化。在全奥氏体焊缝金属中可能发生枝晶断裂向平整断裂的转变，这是因为液态的晶粒边界开始凝固从而使枝晶形态消失，而裂纹沿着后来形成的迁移边界扩展。

在奥氏体钢的焊接过程中，碳化铬的形成会降低焊接接头抗晶间腐蚀的能力，为了防止碳化铬的影响，可以通过减少母材及焊缝中的含碳量，在钢中添加稳定性元素 Ti、Nb，焊后进行固溶处理或稳定化处理，难以进行固溶或稳定化处理的焊缝应尽量缩短敏化温度区间的停留时间。对于焊接过程中出现的热裂纹和开裂等，则需要严格控制钢中的有害杂质硫、磷的含量，调整焊缝金属的合金成分、焊缝金属的组织与结构设计。在焊接奥氏体不锈钢时，应尽量避免熔池过热，宜采用小线能量及小截面的焊道，以防止形成粗大的柱状晶和温度影响区的敏化。

① 焊接方法及规范选择。奥氏体不锈钢可用钨极氩弧焊（TIG）、熔化极氩弧焊（MIG）、等离子弧焊（PAW）及埋弧焊（SAW）等方法进行焊接。

奥氏体不锈钢的焊接，因为其熔点低、热导率小、电阻系数大，焊接时母材和焊接材料都容易被加热、熔化，所以使用的焊接电流比较小，只是普通碳钢的 80％ 左右。同时应采用窄焊缝、窄焊道，减少高温停留时间，防止碳化物析出影响耐腐蚀性，减少焊缝收缩应力，降低热裂纹敏感性。

② 焊接材料的选择。奥氏体不锈钢品种多，使用环境复杂多变，焊接材料的选择是一项谨慎又重要的工作。奥氏体不锈钢主要根据母材的主要化学成分选择焊材。

a. 填充金属如焊条、焊丝等，应根据被焊材料的品种、规格及配合的不同工艺来选用。

b. 焊材的成分，特别是焊接材料中的 Cr、Ni 合金元素要高于母材。

c. 在可能的条件下，应采用含有少量（4％～12％）铁素体的焊接材料，以保证焊缝良好的抗裂性能。

d. 焊缝中不允许或不可能存在铁素体相时，焊材应选用含 Mo、Mn 等合金元素的焊材。

e. 焊材的 C、S、P、Si、Nb 应尽可能低，特别是 C、S、P 等元素，Nb 在纯奥氏体焊缝中会引起凝固裂纹，但若焊缝中有少量铁素体，可以有效地避免。

f. 焊后需要进行稳定化或消除应力处理的焊接结构，通常选用含 Nb 的焊材。

（2）铁素体不锈钢的焊接　铁素体不锈钢在室温下，一般都具有纯铁素体组织，强度不算很高，塑性、韧性良好；若将其加热到高温，也有可能会出现少量的奥氏体组织（对含铬量较低的钢）或者根本不出现奥氏体组织。所以，在焊接过程的热循环作用下，有可能出现少量或根本不出现马氏体组织。因此，这类钢焊接后不会出现强度显著下降或淬火硬化的问题，即使出现了少量的马氏体组织也可以通过焊后热处理来解决。可以说，这类钢焊接接头的室温强度不是焊接的主要矛盾；再者，由于其焊接热膨胀问题远比奥氏体钢轻微，因而其焊接热裂纹和冷裂纹的温度也不突出。

通常说，铁素体不锈钢的焊接性能不如奥氏体不锈钢，主要是指在焊接过程中，可能导致焊接接头的塑性、韧性降低，即发生脆化的问题。与其他品种不锈钢焊接一样，如何保证铁素体不锈钢焊接接头具有相同于母材的耐腐蚀性，这是焊接的一个关键问题。另外，对于铁素体不锈耐热钢而言，焊接接头在高温下长期服役可能出现的问题也是必须重视的。为了克服普通高铬铁素体不锈钢在焊接过程中出现的晶间腐蚀和焊接接头脆化而引起的冷裂纹，在焊接工艺上应采取以下措施：如焊前预热、焊后热处理及采用小的热输入。当选用的焊接材料与母材金属的化学成分相当时，必须按上述工艺措施进行。如选用奥氏体不锈钢焊接材料，则可免除焊前预热和焊后热处理。但对于不含稳定化元素的铁素体不锈钢焊接接头来说，热影响区的粗晶脆化和晶间腐蚀问题不会因填充材料的改变而改善。奥氏体或奥氏体-铁素体焊缝金属基本上与铁素体不锈钢母材强度相等；但在某些腐蚀介质中，这种异质焊接接头的耐蚀性可能低于同质的接头。

铁素体不锈钢可采用熔焊的任何一种方法进行焊接，其中用得最多的有焊条电弧焊和气体保护焊。等离子弧焊接、真空电子束焊接和激光焊接等高能焊也可采用。超低碳高铬铁素体不锈钢板厚小于 5mm 时焊前可不预热，焊后也不必进行热处理，可使焊接接头仍保持足够的韧性，耐腐蚀性也好。焊接工艺的重点是使焊缝金属中碳及氮的含量不高于母材金属的含量，焊接材料必须首先满足这一要求。焊接方法应选择高能量的等离子弧焊和真空电子束焊。要求焊接材料不得污染；焊接熔池、焊缝背面都要有效保护，防止空气的侵入。除采用小的热输入进行焊接外，焊缝背面可用惰性气体保护，并最好采用通冷却水的铜垫板，以减少过热，增加冷却速度。采用多层焊时，层间温度要控制在100℃左右。

（3）马氏体不锈钢的焊接

① 马氏体不锈钢的焊接性。马氏体不锈钢如 1Cr13、2Cr13 等，在热处理后具有很好的力学性能，主要应用于受冲击载荷零件和在常温下贮存有机酸的水溶液及食品工业的容器。马氏体不锈钢焊接性差，焊后得到马氏体组织，焊接残余应力大，易产生冷裂纹。随着含碳量增加，淬硬倾向增大，冷裂纹敏感性增大。在预热和焊后热处理过程中还容易产生 475℃脆化现象。

② 马氏体不锈钢的焊接工艺。

a. 焊接材料的选择。马氏体不锈钢手弧焊可以采用两种焊条：一种是奥氏体不锈钢焊条；另一种是与母材成分相近的铬不锈钢焊条，采用此种焊条后必须进行 600～700℃的高温热处理。手工钨极氩弧焊可选用马氏体不锈钢焊丝 H1Cr13，也可选择奥氏体不锈钢焊丝 H0Cr20Ni10Ti 或 H0Cr19Ni12Mo2 等。

b. 工艺参数选择。焊接马氏体不锈钢时，应采用大电流慢焊接速度，且焊条作横向摆动，以减缓焊缝冷却速度。防止裂纹的产生。

c. 预热。为了提高马氏体不锈钢焊接接头的塑性，减小内应力，防止产生裂纹，焊前必须进行 200～400℃的预热。即使采用奥氏体不锈钢焊条焊接，也应进行焊前预热 200～300℃。

d. 焊后热处理。马氏体不锈钢焊后应该缓冷至 200～150℃时保温 1～2h，使奥氏体转变为马氏体后进行 700～750℃的高温回火处理。不应在焊件冷却到室温或焊后高温状态下立即回火处理，否则会导致出现粗大的铁素体组织和沿晶界析出的碳化物。

（4）双相不锈钢的焊接　双相不锈钢因优异的抗应力腐蚀性能，很高的耐酸腐蚀（醋酸、甲酸介质等）性能、抗点蚀和缝隙腐蚀的能力，以及较高的屈服强度和塑韧性，可应用在一般奥氏体不锈钢难以满足的环境介质中。双相不锈钢的焊接性兼有奥氏体钢和铁素体钢各自的优点，并减少了其各自的不足之处，如：热裂纹敏感性比奥氏体钢小、冷裂纹敏感性比一般低合金高强钢也小得多。

双相不锈钢的不足之处在于，与奥氏体不锈钢相比，其耐热性较差，锻压及冷冲成形性不如奥氏体不锈钢，存在中温脆性区（如 σ 相、475℃脆性），对热处理及焊接不利。因此，双相不锈钢焊接工艺也具有自身特点。

双相不锈钢焊接时主要问题不在焊缝，而在热影响区，因为在焊接热循环作用下，热影响区处于快冷非平衡态，冷却后总是保留更多的铁素体，从而增大了腐蚀倾向和氢致裂纹（脆化）的敏感性。

双相不锈钢焊接接头有析出 σ 相脆化的可能，σ 相是 Cr 和 Fe 的金属间化合物，它的形成温度范围 600～1000℃，不同钢种形成该相的温度不同，如 00Cr18Ni5Mo3Si2 钢在 800～900℃；双相不锈钢 00Cr25Ni7Mo3CuN 在 750～900℃，850℃时最敏感。形成 σ 相需经一定的时间，一般 1～2min 萌生，3～5min σ 相增多并长大，因此，焊接时应采用小的热输入，快速冷却，消除应力处理时应采用较低的温度，如 550～600℃为宜。

双相不锈钢含有 50% 的铁素体，同样也存在 475℃脆性，但不如铁素体不锈钢那样敏感，双相钢中的铁素体在 300～525℃长期保温会析出高铬 α′相，而在 475℃最敏感，使双相钢发生脆化，由于 α′

相析出时间较长，故对一般焊接影响不大，但应控制双相不锈钢的工作温度不高于 250℃。

双相不锈钢的焊接件，由于工艺不当，一旦产生 σ 相或因析出 σ 相而引起的 475℃脆性，则可采用固溶处理使之消除。双相不锈钢的扩散氢含量不及奥氏体不锈钢，因此焊材中或周围环境中氢的浓度较高时，则会在焊接双相不锈钢时出现氢致裂纹和脆化。

2.4.4 切削性能

不同类型不锈钢有不同的切削性能，而且差异很大。一般来说，不锈钢的切削性能比其他钢差，和碳钢相比，奥氏体不锈钢的切削性最差。这是由于奥氏体的加工硬化严重，热导率低造成的。为此，在切削过程中需使用水性切削冷却液，以减少切削热变形。特别是当焊接后热处理不好时，无论如何提高切削精度，其变形都是不可避免的。其他类型不锈钢，如马氏体不锈钢、铁素体不锈钢等的切削性能，只要不是淬火后进行切削，则和碳素钢没有太大的差别。但马氏体和铁素体这两种类型的不锈钢，均是含碳量越高其切削性就越差。沉淀硬化不锈钢由于其组织和处理方法的不同，就会表现出不同的切削性能，但一般来说，在退火状态下，其切削性能与同一系列及同一强度的马氏体不锈钢和奥氏体不锈钢基本相同。

为了使不锈钢切削加工更容易、质量更高，通过冶金添加硫、铅、硒、铋等微量元素，可以形成非金属夹杂物，使切削长度变短，从而减少刀具擦伤及卡咬倾向，于是出现了"易削钢"。

为了最经济地实现对不锈钢的切削加工，加工时就需要选择合适的刀具、刀具形状和润滑剂种类，再匹配以适宜的切削速度和进刀量。

虽然添加硫可改善不锈钢的切削性能，但由于硫是以 MnS 的形式在于钢中，所以使得含硫不锈钢耐蚀性明显下降。为解决这个问题，通常添加少量钼和铜。

(1) 不锈钢切削加工的一些简单原则

① 切削刀具应该是有刚性的，并具有尽可能高的过负荷能力。最好是在机床负荷标定能力的75%以下进行切削。

② 工件和刀具都应该卡牢固，刀具伸出部分应尽可能的短，必要时可采用附加支撑。

③ 无论是高速钢刀还是硬质合金刀具，任何时候都应保持锋利，最好定期磨刀，不要在迫不得已的情况下才磨。

④ 应该使用性能好的润滑液，比如氯化石油润滑脂。这种润滑剂对进给量相当慢的强力切削特别有效。对于高速精加工切削，则建议用煤油将这种润滑剂稀释后使用，这种混合剂可以使工件和刀具保持在较低的温度。

⑤ 特别要注意 Cr-Ni 类奥氏体不锈钢切削。切削加工这种不锈钢时应尽可能地谨慎小心，才能进行强制性切削，避免停顿，这样才不致引起加工硬化和材料打滑。

在切削不锈钢时最主要的关注点是切削各种刀具的"进和退"。

(2) 与碳钢比较，不锈钢切削的特点

① 退火不锈钢的强度，一般都会高于退火碳钢的强度。

② 与热轧或退火碳钢相比，不锈钢的屈服强度和抗拉强度之间的范围较大。

③ 与碳钢相比，大多数不锈钢都有较高的加工硬化速度。

④ 含碳量较高的不锈钢，如 68Cr17 (440A)、85Cr17 (440) 和 108Cr17 (440C) 钢，含有大量游离的合金碳化物微粒，这些微粒使基体硬化，从而增加了切削难度，同时这些微粒还加大刀具的磨损。

2.5 不锈钢管的成形

2.5.1 不锈钢管生产流程

(1) 不锈钢无缝钢管　不锈钢无缝钢管是一种具有中空截面、周边没有接缝的长条钢材，是耐空气、蒸汽、水等弱腐蚀介质和酸、碱、盐等化学侵蚀性介质腐蚀的钢管，又称不锈耐酸钢管。广泛用于石油、化工、医疗、食品、轻工、机械仪表等工业输送管道以及机械结构部件等。另外，其在折弯、抗扭强度相同时，重量较轻，所以也广泛用于制造机械零件和工程结构。

该产品的壁厚越厚，它就越具有经济性和实用性，壁厚越薄，它的加工成本就会大幅度上升；其次，该产品的工艺决定了它的局限性，一般无缝钢管精度低、壁厚不均匀、管内外表面粗糙度差、定制成本高，且内外表还有麻点、黑点不易去除；其三，它的检测及整形必须离线处理。

不锈钢管轧制方法分热轧、热挤压和冷拔（轧）。

① 热轧（挤压无缝钢管）。圆管坯→加热→穿孔→三辊斜轧、连轧或挤压→脱管→定径（或减径）→冷却→矫直→水压试验（或探伤）→标记→入库。

轧制无缝管的原料是圆管坯，圆管坯要经过切割机的切割加工成长度约为 1m 的坯料，并经传送带送到熔炉内加热。钢坯被送入熔炉内加热，温度大约为 1200℃。燃料为氢气或乙炔。炉内温度的控制是关键性问题。圆管坯出炉后要经过压力穿孔机进行穿孔。一般较常见的穿孔机是锥形辊穿孔机，这种穿孔机生产效率高，产品质量好，穿孔扩径量大，可穿多种钢种。穿孔后，圆管坯就先后被三辊斜轧、连轧或挤压。挤压后要脱管定径。定径机通过锥形钻头高速旋转入钢坯打孔，形成钢管。钢管内径由定径机钻头的外径来确定。钢管经定径后，进入冷却塔中，通过喷水冷却，钢管经冷却后，就要被矫直。钢管经矫直后由传送带送至金属探伤机（或水压实验）进行内部探伤。若钢管内部有裂纹，气泡等问题，将被探测出。钢管质检后还要通过严格的人工视检。钢管质检合格后，用油漆喷上编号、规格、生产批号等，并由吊车吊入仓库中。

② 冷拔（轧）无缝钢管。圆管坯→加热→穿孔→打头→退火→酸洗→涂油（镀铜）→多道次冷拔（冷轧）→坯管→热处理→矫直→水压试验（探伤）→标记→入库。

冷拔（轧）无缝钢管的轧制方法较热轧（挤压无缝钢管）复杂。它们的生产工艺流程前三步基本相同。不同之处从第四步开始，圆管坯经打空后，要打头、退火。退火后要用专门的酸性液体进行酸洗，酸洗后涂油。然后经过多道次冷拔（冷轧）再坯管，进行专门的热处理。热处理后，操作与热轧相同。

(2) 不锈钢盘管及多芯管　不锈钢焊接盘管，每根长度可制成 100m/盘（卷）、150m/盘（卷）及 200m/盘（卷）。材料有 304、304L、316、316L（可外包 PVC 或 PE），直径为 6～15mm。主要使用在发电厂、船舶及自动化机器的气压控制或油压控制管路。发货时像电缆一样卷在圆盘上。

其主要优点是：

① 能最大限度地减少中间连接接头，降低成本；

② 安装容易，省工、省时；

③ 由于减少了大量的中间接头，管内介质流动顺畅、阻力小；

④ 系统可靠性提高。

不锈钢多芯管由一层硬皮脂包覆，可以像电缆线一样用来直接安装在缆线托盘或支撑上。

2.5.2　不锈钢管的特征和用途

（1）奥氏体不锈钢管　一般含碳量较少，因而有较强的耐晶间腐蚀破裂性和耐晶间腐蚀性，又由于加入了氮元素，提高了强度。主要应用于含有溶解氧气或二氧化碳的高温、高压水配管和换热器管、原子能发电所用的配管、尿素制造设备冷凝管、洗涤器用的传热管和配管、有机酸和无机酸的换热器管及有关硝酸的制造设备用管等。

（2）铁素体不锈钢管

a. Cr18M2 系列铁素体不锈钢。在含有氯化物的环境下，具有优异的耐应力腐蚀开裂性能，比以往的铁素体系不锈钢具有更强的耐蚀性，可与 304L 匹敌；与以往的铁素体系不锈钢相比，具有更出色的韧性、加工性和焊接性，主要用于含有少量氯化物环境下的换热管和配管、回收废热的换热器管、轻油蒸汽凝缩管等。

b. Cr30Mo2 系列铁素体不锈钢。在含有氯化物的环境下，具有优良的耐应力腐蚀开裂性能，由于 Cr 高，C、N 量极低，耐蚀性出色；韧性、加工性和焊接性出色，主要用于含有少量氯化物环境下的换热管和配管、制造苛性钠的设备，以及甲酸、乙酸、乳酸等有机酸制造设备。

c. Cr18SiAl 系列超级铁素体不锈钢。由于高 Cr，又加入 Al、Si，所以耐高温氧化性或在含 S 气体和氧化性酸中具有优异表现；由于 C 含量极低，加工性和焊接性良好；主要用于各种加热炉燃烧空气或气体预热用的同流换热器，戊二醇或乙酸制造设备的加热炉管等。

（3）双相不锈钢管　双相系不锈钢管耐应力腐蚀破裂与耐点腐蚀性能优越，特别是焊接部的耐蚀性得到了大大的改善，其成分特点是含有 Cr、Ni、Mo、Si、Ti、N 等，主要用作含有少量氯化物环境下的换热管和配管、乙烯基氯化物单体成套设备、精炼石油的换热器管和制造甲醇的成套设备及其他一般化学装置。

2.5.3　不锈钢管的焊接

（1）薄壁不锈钢管的焊接　油田罐内常用的不锈钢管壁厚 0.5～2mm，焊接熔池浅，导热系数小，电阻大，线膨胀系数大，焊口不易被氧化。薄壁不锈钢与普通碳钢焊接工艺相比，工艺要求严格，质量要求高，由于壁薄，因此组对时要严格控制组对坡口、组对间隙、错边量等来提高安装质量。不锈钢焊接后，焊缝及焊缝周围有氧化渣及焊斑，需要进行处理。对于薄壁不锈钢现场焊接，采用直流钨极氩弧焊机正接法，能够获得高质量的焊接接头。焊缝双面成形，过渡均匀、光滑，无毛刺，能满足生产工艺要求。

① 焊接设备和焊接方法。材料在焊接过程中出现的问题与焊接方法中热量的输入量关系最为密切，当热输入量大，冷却较慢时，易产生热裂纹、腐蚀开裂和变形。因此宜选择直流钨极氩弧焊机正接法，因为钨极的发热量较小；并且氩气流除了作为保护高温气体外，还具有一定的冷却作用，提高焊缝的抗裂能力，减少焊接变形；钨极电弧稳定，并且电弧还有自动清理工件被氧化表面的作用，由于填充焊丝不通过电弧，故不会产生飞溅，焊缝成形美观。本着保证焊透、减少母材的稀释作用、有利于保护气体覆盖和减少热输入量的原则，宜采用带钝边的 V 形坡口。

② 焊接参数及工艺要求。钨极直径根据壁薄厚程度选择，壁越厚所需电流越大，钨极直径要相应增大，反之则小。但是，一定的钨极直径具有一定的极限电流，如果焊接电流超过钨极可能承受的极限电流，钨极就会急剧发热，甚至熔化蒸发，引起电弧不稳，焊缝夹钨。所以在焊接时必须根据实际情况选择钨极直径。钨极氩弧焊电源分交、直流两种，极性分正接法和反接法两种。不锈钢的焊接，应选择直流电源、正接法。因为阴极斑点在钨极上比较稳定，电子发射力强，电弧稳定，可

采用较大的许可电流，这样钨极烧损少，焊接质量有保证。薄壁不锈钢管焊接工艺流程如图 2-16 所示。

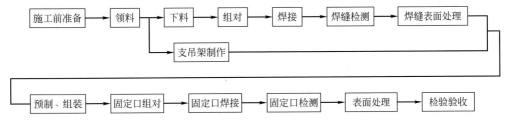

图 2-16　薄壁不锈钢钢管焊接工艺流程

③ 焊后表面热处理。不锈钢焊接后，焊缝及焊缝周围有氧化及焊斑，需要进行处理。使用不锈钢刷或其他不锈钢工具，将焊接处的焊屑除去，刷净，仔细地清除焊缝周围的焊屑。然后用刷子涂上除斑剂，10min 后，用强水流冲洗，再用钝化液钝化。去斑剂中加适量的硅藻土制成膏状，便于垂直表面或水平面下部焊缝的处理。

(2) 中厚壁不锈钢管的焊接　不锈钢管的焊接方法主要有手工电弧焊、钨极氩弧焊、堆焊等。接下来以焊接 φ90mm×6mm×90mm 不锈钢管为例，介绍不锈钢中厚管的焊接工艺。内壁采用堆焊工艺，外壁采用手工钨极氩弧焊，并采用合理的热处理工艺消除焊接裂纹、脱落等缺陷。该工艺实际应用效果良好，满足了焊接生产的要求。

① 材料。母材为材料为 φ90mm×6mm×90mm 的 1Cr18Ni9Ti 不锈钢管：内壁堆焊基层焊接材料采用 D582 堆焊焊条。规格是 φ3.2mm×50mm，外壁钨极氩弧焊采用 φ2mm 的 H1Cr18Ni9Ti 焊丝。

② 焊接设备。堆焊的焊接设备采用 ZX7-400 逆变电源，直流反接。电源的特性是陡降的外特性。钨极氩弧焊采用 TIG 160S 直流钨极氩弧焊机。直流正接，氩气的纯度≥99.7%，热处理采用型号为 A4100176 的电阻加热炉：焊接过程中配备一台型号为 s-6O 的焊接变位器。

③ 工艺参数。通过焊接工艺试验，焊前预热和焊后热处理工艺措施可以有效地避免焊层金属裂纹和剥离的现象。因此采用焊前预热及焊后热处理工艺。焊前预热温度 200~300℃，最终热处理为 680~720℃，保温 1.5h；内壁堆焊的焊接电流为 110A，电弧电压 22~26V。焊接速度为 28~30cm/min，变位器转速为 1.8r/min：钨极氩弧焊焊接电流为 110~125A，弧长为 1~3mm，焊接速度为 10~15cm/min，氩气流量为 7~10L/min。

④ 焊接操作。内壁堆焊施焊工艺措施操作如下：工件在 250℃的电阻加热炉中预热后，卡在焊接变位器上进行焊接。变位器匀速旋转，转速为 1.8r/min，焊条与焊件的水平夹角保持在 0°~75°。由于工件在焊接过程中始终保持一定倾斜度，焊条药皮熔化后会覆盖先前的焊缝，避免了夹渣现象的产生：先层焊缝受到后层焊缝的叠压和再热可有效减小焊接缺陷的产生，获得较均匀、光滑的堆焊层。钨极氩弧焊施焊前，应对焊件焊缝两边 20mm 范围内的表面用角磨机打磨至出现金属光泽，用丙酮或汽油去油垢。焊接前提前 5~10s 送氩气。打底焊层厚度不小于 3mm，并预留一处检查孔，方便检查焊缝根部，发现缺陷时及时采取补救措施。打底焊后及时进行次层焊接，保持层间温度不高于 60℃，防止焊接裂纹的产生。单层焊道厚度不能超过焊条直径，焊道宽度不得超过焊条直径的 4 倍。收弧时应将熔池填满，在切断电源后焊枪仍在焊缝上保持 3~5s，防止焊缝氧化。焊接多层多道焊的接头应错开 10mm，焊后的工件在电阻加热炉中进行高温回火处理，热处理温度为 680~720℃，保温 1.5h。

2.6 不锈钢在医疗事业和生物制药领域中的应用

现在,我国的医用不锈钢材料包括了304、316L等多种品种,不锈钢在医疗制造业中的应用也是非常广泛的,比如,手术无影灯、深部照射无影灯、冲压不锈钢中药柜、不锈钢治疗车、不锈钢轮椅、不锈钢手术圆凳、不锈钢妇科检查床等医疗设备都离不开不锈钢材料。

经冷作并482℃(900°F)时效处理465合金棒,当直径小于20mm(0.75in)时,其最高抗拉强度可达2070MPa。这一突出性能使其成功用于诸多外科和牙科设备,以及医用针和丝等,从而开辟了高性能医疗器械的新领域。

医疗器械材料必须具高强度、高韧性。而465合金兼具极其出色的强度和韧性,容许器械在外科手术时承受很大的扭矩。465合金的独特性能使其为微创手术设计更小尺寸和截面积的器械成为可能。在相同材料强度条件下,465合金具两倍于其他常用医疗沉淀硬化不锈钢455和17-4合金的冲击韧性。465合金制造的器械经高温灭菌,在蒸汽环境下抗氧化。合金可抗清洗液、消毒液,以及人体组织液的侵蚀,满足外科器械不锈钢的主要规范ASTM F899。尽管该材料不是专为耐磨性和刀刃锋利度的应用所设计,事实上465合金亦已用于类似器械,如刮刀和切刀,并有优异表现。得益于其出色的综合强度、韧性和耐腐蚀性,465合金也被用于手术缝合针。

现在,我国的医用不锈钢材料包括了304、316L等多种品种,不锈钢在医疗制造业中的应用也是非常广泛的。在医药行业的GMP改造中,大量使用了不锈钢材料,包括设备、管道、阀门、器具甚至操作平台。据悉,其价值量可占到GMP改造所投入总的固定资产的1/3左右,几乎一切可以使用不锈钢的场合都尽可能使用了它。这是由不锈钢具有良好的耐蚀性能、卫生性能决定的,其表面经加工可达到很高的精度,且光洁、美观,易清洗、灭菌或消毒,的确是GMP改造中甚为理想的材料。

除了上述医疗事业中的应用之外,不锈钢还大量应用于生物制药领域中。例如在制药机械及工程中的无菌液储罐、药用万能粉碎机、无菌粉剂灌装分装机、制药机械中的压片机冲模和冲杆等不同的制药装备中都采用316L、304等不同类型的不锈钢。在注射用水生产系统中,大量采用316L不锈钢管,图2-17所示为生产注射用水的多效蒸馏水机,接触产品的管道材质全部采用316L不锈钢。

图 2-17 多效蒸馏水机

第**3**章

金属腐蚀

3.1 概述

金属材料在使用过程中，由于周围环境的影响会遭到不同形式的破坏，其中最常见的破坏形式是断裂、磨损和腐蚀。这 3 种主要的破坏形式已分别发展成为 3 个独立的边缘性学科。金属腐蚀是指金属与周围环境（介质）之间发生化学或电化学作用而被破坏或变质的现象。金属腐蚀问题遍及国民经济和国防建设的各个领域，从日常生活到工农业生产，凡是使用材料的地方都存在腐蚀问题。腐蚀造成的危害极大，不仅带来巨大的经济损失，而且损耗环境资源和能源。

在装备制造和工业应用中，腐蚀及防护不仅仅是材料自身的问题，它涉及设计选材、制造输运、安装运行、维护管理等诸多环节。对装备使用者来讲，腐蚀导致金属制品增加了额外的成本，如选择更贵的耐蚀材料、喷涂和其他防腐方法的使用、增加零部件备件投资、增加维护成本、产生产品污染并影响产品质量等。

3.1.1 金属腐蚀的分类

为了系统了解金属腐蚀现象及内在规律，并提出有效防止和控制腐蚀的措施，需要对腐蚀进行分类。由于金属腐蚀的现象和机理比较复杂，所以金属腐蚀有不同的分类，常用的腐蚀分类是按照腐蚀机理、腐蚀形态和腐蚀环境进行分类。

（1）按照腐蚀机理分类 金属腐蚀按照腐蚀机理可分为化学腐蚀、电化学腐蚀和物理腐蚀，其中电化学腐蚀最为普遍，对金属的危害最为严重。

① 化学腐蚀是指金属表面与非电解质直接发生化学反应而引起的腐蚀。在反应过程中没有电流产生，如钢铁在空气中加热时，铁与空气中的氧气发生化学反应生成疏松的铁氧化物；铝在四氯化碳或乙醇中的腐蚀；镁或钛在甲醇中的腐蚀等均属于化学腐蚀。该类腐蚀的特点是，在一定条件下，非电解质中的氧化剂直接与金属表面原子相互作用而形成腐蚀产物，腐蚀过程中，电子的传递是在金属和氧化剂之间直接进行的，所以没有电流产生。金属高温氧化一般认为是化学氧化，但由于高温可使金属表面形成半导体氧化皮，故也有学者将高温氧化纳入电化学机制中。

② 电化学腐蚀是指金属在水溶液中，与离子导电的电解质发生电化学反应产生的破坏。在反应过程中有电流产生，腐蚀金属表面存在阴极和阳极，阳极反应使金属失去电子变成带正电的离子进入

介质中，称为阳极氧化过程。阴极反应是介质中的氧化剂吸收来自阳极的电子，称为阴极还原反应，这两个反应是相互独立而又同时进行的，称为一对共轭反应。这使得金属表面阴阳极组成了短路电池，腐蚀过程中有电流产生，如金属在大气、海水、土壤、酸碱盐溶液、自来水、注射用水等介质中的腐蚀均属于这一类。

③ 物理腐蚀是指金属和周围的介质发生单纯的物理溶解而产生的破坏。金属在液态金属高温熔盐、熔碱中均可发生物理溶解。物理腐蚀是由于物质迁移引起的，固体金属在液态介质中溶解而转移到液态中，使得金属破坏，故没有电流产生，是一个纯物理过程。如钢容器被熔融的液态金属锌溶解，使得钢容器壁变薄等。

（2）按照腐蚀形态分类　根据金属腐蚀破坏形态，可将腐蚀分为均匀腐蚀和局部腐蚀两大类。

① 均匀腐蚀是指发生在金属表面的全部或大部分腐蚀，也称全面腐蚀。腐蚀的结果是材料的质量减少，厚度变薄。均匀腐蚀危害性较小，因为只要知道材料腐蚀速率，就可计算出材料的使用寿命，如钢在盐酸中迅速溶解，某些不锈钢在还原性强酸和有机酸中的溶解等，多数情况下，金属表面会形成保护性的腐蚀产物膜，使腐蚀变慢。

② 局部腐蚀是指只发生在金属表面狭小区域的破坏。其危害性比均匀腐蚀严重得多，占设备机械腐蚀破坏的 65% 以上，由于大多数局部腐蚀难以发现，对设备及系统产生突发性和灾难性的影响，可诱发火灾、爆炸等事故，其主要类型如下。

a. 电偶腐蚀。当两种电极电位不同的金属或合金相互接触，并在一定介质发生电化学反应，使电位较负的金属发生加速破坏的现象。

b. 点腐蚀。在金属表面上极个别区域产生小而深的点蚀现象，一般情况下蚀孔的深度要比其直径大得多，严重时可将设备穿透。

c. 缝隙腐蚀。在电解质中，金属与金属或金属与非金属表面之间构成狭窄的缝隙，缝隙内离子移动受阻滞，形成浓差电池，从而产生局部破坏的现象。

d. 晶间腐蚀。金属在特定腐蚀介质中，沿着材料晶界出现的腐蚀，使晶粒之间丧失结合力的一种局部腐蚀现象。

e. 应力腐蚀。金属在特定电解质中，在拉应力（包括外加载荷、热应力、冷加工、焊接等引起的残余应力）作用下，局部所出现的低于强度极限的开裂现象。

（3）按照腐蚀环境分类　按照腐蚀环境可分为大气腐蚀、土壤腐蚀、海水腐蚀、生物腐蚀、高温气体中腐蚀、辐照腐蚀、酸碱盐中腐蚀、溶盐腐蚀及非水溶液中的腐蚀等。

3.1.2　金属电化学腐蚀简介

（1）金属腐蚀的热力学条件　自然界中大多数金属元素（除 Au、Pt 等贵金属之外）均以化合态存在，最典型特征是以冶炼金属的原材料——矿石形式。大部分金属是通过外界对化合态提供能量（热能或电能）还原而成，如矿石冶炼钢铁、电解铝等，因此在热力学上金属是一个不稳定体系。在一定的外界环境条件下，金属可自发转变为化合物态，生成相应的氧化物、硫化物和相应的盐等腐蚀产物，使体系趋于稳定状态，即有自发腐蚀的倾向。

从体系热力学的角度来看，用吉布斯自由能（ΔG）来判断腐蚀反应的方向较为方便，由于腐蚀体系的平衡态或稳定态对应于吉布斯自由能的最低状态，设腐蚀反应体系的吉布斯自由能变化为 ΔG，如式（3-1）所示。自然界中大多数金属的腐蚀产物与其矿石处于低能状态，而金属处于高能状态，易自发进入低能级，因此金属具有自发腐蚀倾向。由此，可根据化学反应吉布斯自由能计算判断金属腐蚀倾向。当金属在电解质溶液中发生电化学腐蚀时，金属失去电子变为离子进入溶液，在金属和电解质界面形成双电层并形成电极电位，该电极电位与金属在电解质中的吉布斯自由能变化直接相关，因此金属电化学腐蚀的热力学判据也可以用金属腐蚀电极电位判断。

$$(\Delta G)_{T,P} \begin{cases} <0 & \text{自发过程} \\ =0 & \text{平衡} \\ >0 & \text{逆向自发} \end{cases} \tag{3-1}$$

金属发生电化学腐蚀时，由于金属失去电子溶解至介质中形成离子，金属成为电化学反应中的阳极；伴随金属阳极失电子反应的还有另一个得电子的阴极反应；两种反应同时发生，且阴阳极之间得失电子数相等，形成原电池，且两级之间构成短路原电池，电池释放出来的化学能全部以热能形式失散，不对外作用，因此金属的电化学腐蚀可理解为短路的原电池。图 3-1 所示为金属腐蚀过程中常见的原电池示意图。第一类是两种金属接触组成宏观腐蚀电池。如锌与铜接触在硫酸介质中，阳极发生锌失电子氧化反应，锌被腐蚀；阴极同上发生氢离子的得电子还原反应，发出氢气，如图 3-1(a) 所示。第二类是金属中不同组织电化学腐蚀特性差异构成的微电池，如铸铁在稀盐酸中的腐蚀，铁素体为阳极，石墨或渗碳体为阴极，构成腐蚀原电池，如图 3-1(b) 所示。第三类为阴阳极反应均发生在同一金属上，如锌片在稀硫酸中腐蚀，该电池的阴极是氢电极发生析氢反应，阳极为锌的氧化反应，电池反应以最大限度不可逆进行，释放的化学能全部以热能方式散失，锌既作为阳极反应的电极，也作为阴极反应电极，如图 3-1(c) 所示。

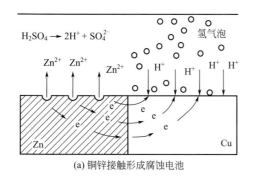

(a) 铜锌接触形成腐蚀电池

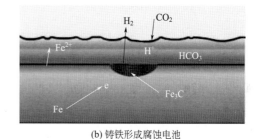

(b) 铸铁形成腐蚀电池

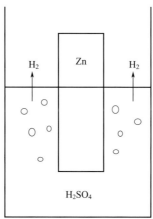

(c) 锌片在稀硫酸中的腐蚀

图 3-1　三种典型金属电化学腐蚀原电池示意

金属在电解质溶液中发生电化学腐蚀时，金属失去电子变为离子进入溶液，在金属和电解质界面形成双电层并产生电极电位，该电极电位与金属在电解质中的吉布斯自由能变化直接相关，因此金属电化学腐蚀的热力学判据也可以用金属腐蚀电极电位判断。金属电极电位大致可分为两类。

第一类是在金属电极的标准溶液中用标准参比电极测量的金属标准电极电位，按照金属标准电极电位代数值增大的顺序将其排列起来，得到金属电动序。电位低于氢电位的金属通常称为负电性金属，它的标准电极电位为负值，电位高于氢电位的金属为正电性金属，利用标准电极电位可以判断金属溶解变成金属离子倾向性的依据；同时利用标准电动序可判断金属腐蚀的倾向，若金属的标准电极电位比介质中某一物质的标准电极电位低，则该金属可能发生腐蚀，反之便不可能发生腐蚀。例如，铜在硫酸中可能发生的电化学反应有：①单质铜与铜离子的氧化反应，标准电极电位为 $\varphi_{Cu/Cu^{2+}}=0.337V$；②析氢反应，标准电极电位 $\varphi_{H^+/H_2}=0V$；③吸氧的反应，$\varphi_{O_2/OH^-}=1.229V$；可见铜的标准电极电位比氢正，故氢离子不能氧化铜，但铜的标准电极电位比氧负，即铜在含氧酸中可能发生腐蚀，而在不含氧的酸中不腐蚀。尽管电动序可用于判断金属腐蚀倾向，但是由于电极电位是平衡条件下的电位值，该电极电位大小与实际腐蚀溶液中的电极电位存在差异，同时腐蚀过程中表面腐蚀产物的形成也会影响腐蚀条件下的电极电位，因此，标准电动序适用于腐蚀倾向的预判，而实际服役中不同电介质中的电极电位与标准值存在差异，其腐蚀倾向还需要非平衡电极电位来判断。

第二类是金属在电解质中的非平衡电位，由于前面讨论的电极电位都假定电极体系是处在可逆状态，但是在实际的电极体系中，电极反应不存在可逆过程，金属以一定的速率不断被腐蚀，此时电极与介质溶液建立一个稳定的状态，该状态下的电位成为自腐蚀电位或腐蚀电位或混合电位。在分析腐蚀问题时，非平衡电位即腐蚀电位有着重要的意义，它只能用实验方法测量，表 3-1 列出了一些金属在 3 种介质中的非平衡电极电位值。可见不同金属在不同溶液中的腐蚀电位存在明显差异。非平衡电位越低，金属在所测电解质中的腐蚀倾向越大。

表 3-1　一些金属在 3 种介质中的非平衡电极电位　　　　　　单位：V

金属	3% NaCl	0.05mol/L Na$_2$SO$_4$	0.05mol/L Na$_2$SO$_4$ + H$_2$S
Mg	−1.60	−1.36	−1.65
Al	−0.60	−0.47	−0.23
Zn	−0.83	−0.81	−0.84
Fe	−0.50	−0.50	−0.50
Sn	−0.25	−0.17	−0.14
Cu	+0.05	+0.24	−0.51
Ag	+0.20	+0.31	−0.27

在金属电化学腐蚀过程中，绝大部分是在水溶液中发生的，实践表明，水中 pH 值和电极电位是影响电化学腐蚀倾向的主要因素，故研究者建立电位-pH 图用于腐蚀倾向判断及腐蚀控制。以 Fe-H$_2$O 体系的理论电位-pH 图为例，图 3-2 为电位-pH 图。在 Fe-H$_2$O 的电位-pH 图中，两条虚线代表析氢腐蚀和吸氧腐蚀的界限，每一条实线代表固相与液相之间的平衡。图中标出元素状态的为该元素的稳定电位-pH 区间，其他价态形式的金属元素具有向该区间稳定状态转化的趋势。例如：

在 A 区域，单质铁是稳定的，铁在该 pH 的水中处于该电位区间时，铁不腐蚀，而当 Fe^{2+} 在该区间时会发生还原反应形成零价铁。

在 C 区间 Fe^{2+} 为稳定价态，当单质铁的电位和水处于该区间时，铁具有腐蚀并转变为 Fe^{2+} 的倾向。同理在 D 区域，铁易于氧化为 Fe$_2$O$_3$，由于 Fe$_2$O$_3$ 氧化皮的保护作用使金属发生钝化，进而使腐蚀抑制；E 区域中，HFeO$_2^-$ 为稳定价态；F 区域 Fe^{3+} 为稳定价态；在 G 区域 FeO$_4^{2-}$ 为稳定价态。

根据不同区域 Fe 元素稳定价态的不同，可将 E-pH 图划分为如下 3 个区域。

a. 腐蚀区（C 区、E 区、F 区和 G 区），在该区内稳定状态是可溶的 Fe^{2+}、Fe^{3+}、FeO$_4^{2-}$ 等，对金属而言处于不稳定状态，可能发生腐蚀。

b. 稳定区（A 区），在该区域金属处于热力学稳定状态，金属不发生腐蚀。

c. 钝化区（D 区），在该区由于具有保护性氧化皮而处于热力学稳定状态，金属腐蚀不明显。

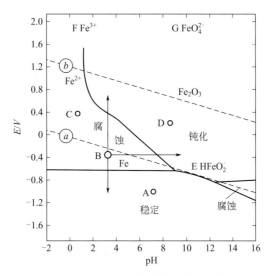

图 3-2　Fe-H_2O 体系的电位-pH 图

有了 E-pH 图，便可以从理论上预测金属腐蚀倾向和选择腐蚀控制的途径。例如当铁处于图 3-2 中的 B 电位和 pH 值的溶液中时，铁具有腐蚀倾向；此时可以通过三种方式来抑制腐蚀。

a. 施加电位并降低铁的电极电位至非腐蚀 A 区，这就要对铁施加阴极保护。

b. 增大铁电极电位至 D 区，发生钝化，可使用阳极保护法或在溶液中添加阳极型缓蚀剂来实现。

c. 调整溶液的 pH 为 9～13，使铁进入钝化区。

上面介绍的 E-pH 图都是根据热力学数据绘制的，所以也称为理论电位-pH 图，如上所述，借助它可以方便地研究许多腐蚀问题，但也有一定局限性。主要体现在：由于是热力学数据绘制，故它只能预示金属腐蚀倾向的大小，而无法预测腐蚀速率大小；实际溶液中侵蚀性离子、金属离子浓度等其他因素会使腐蚀条件偏离平衡区域，各区域大小形状等与平衡图出现较大差异；图中钝化区并不能反映出各种金属氧化物、氢氧化物等的保护性大小；实际腐蚀过程中，金属表面局部区域会因为腐蚀的发生而产生局部 pH 值和离子浓度的差异变化。尽管如此，利用理论电位-pH 图和钝化方面的实验和经验数据，结合考虑有关的动力学因素，在金属腐蚀方面仍具有广泛用途。

（2）金属腐蚀的动力学特征　金属的电化学腐蚀常常是在自腐蚀电位下进行的，比起腐蚀倾向，人们更期望了解腐蚀过程进行的速率，金属腐蚀速率由构成腐蚀原电池的阴、阳极反应的控制步骤共同决定。腐蚀速率表示单位时间内金属腐蚀程度的大小，在任意时刻单位面积上金属溶解失去的质量与该时刻通过腐蚀电池的电流密度符合法拉第定律。因此，金属腐蚀特性可通过金属的自腐蚀电位和腐蚀电流密度表征。根据腐蚀电化学热力学可知，不同电位与 pH 值下腐蚀机制存在差异，那么特定腐蚀介质中不同电位下腐蚀特性及自腐蚀特性如何表征，是评估金属腐蚀行为的重要内容之一。常用的评价金属腐蚀特性的电化学方法为动电位极化扫描。根据动电位极化扫描曲线及金属腐蚀特征，可将金属电化学腐蚀分为三类。

① 活性腐蚀。通常金属腐蚀时会经历界面电化学反应及反应产物的扩散运输两类过程，当界面反应产物扩散较快，而界面电化学反应速率较慢时，金属的腐蚀由界面的活化反应控制，称为活性腐蚀。以图 3-3 所示的碳钢在稀盐酸中的动电位极化曲线为例说明。动电位极化图中，曲线分为两部分，一部分为腐蚀电位以下的阴极极化区，另一部分为腐蚀电位以上的阳极极化区；在强极化区（在腐蚀电位以上约 120mV 或自腐蚀电位以下 120mV 区域），电位与电流密度符合 Tafel 定律：

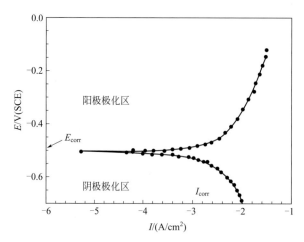

图 3-3 Q235 在盐酸中的腐蚀极化曲线

$$E = a + b \lg I \tag{3-2}$$

阳极区和阴极区的 Tafel 曲线相交对应的电位为金属自腐蚀电位，相应的电流密度为腐蚀电流密度，金属发生活性腐蚀，其腐蚀速率可用法拉第定律计算：

$$v = I/nF \tag{3-3}$$

式中，I 为腐蚀电流密度；n 为得失电子数（化合价）；F 为法拉第常数。

② 扩散控制的腐蚀。金属电化学腐蚀过程中，当界面得失电子的电化学反应速率较快，反应物或腐蚀产物扩散成为腐蚀过程中最慢的环节，此时金属电化学腐蚀为浓差极化控制。图 3-4 所示金属在腐蚀过程中受阴极扩散控制的动电位极化曲线示意图，可见在阳极极化区金属电流密度随电位增加而快速增大；而在阴极区存在一特殊区域，即极化电流密度随电位降低。由于阳极金属失电子的反应速率较快，而阴极还原反应较慢，当金属腐蚀将界面附近阴极反应物消耗后，腐蚀所需的阴极反应物需要通过扩散补充至反应界面，金属腐蚀速率按扩散电流密度 I_L 计算，如图 3-4 所示。

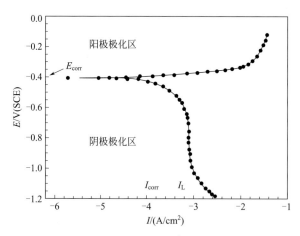

图 3-4 阴极反应中存在扩散控制的动电位极化曲线

③ 钝化。金属在电解质溶液中，因表面致密的保护性钝化膜的形成，使得处在钝化状态时金属的腐蚀速率非常低；当金属由活化态转入钝态时，腐蚀速率将减小 $10^4 \sim 10^8$ 数量级，伴随钝化膜的形成，金属的电极电位明显正移。图 3-5 所示为 316L 不锈钢在模拟海水中的动电位极化曲线，在不锈钢阳极极化区存在这么一段区域，即腐蚀电流密度随极化电位的增大变化不明显，当极化电位超过某一临界值后，腐蚀电流密度快速增加，这里把电流密度变化不明显的区域称为钝化区，电流密度快速增加所对应的临界电位称为点蚀电位 E_{pit} 或击破电位，如图 3-5 所示。当金属发生钝化时，金属的

平均腐蚀速率按照钝化区的平均电流密度及钝化电流密度 I_p 来计算。由于钝化膜和钝化在金属腐蚀中的重要性，特别是有关不锈钢钝化在医药、化工、能源等重大领域装备中的重要性，下面进一步介绍有关钝化的相关内容。

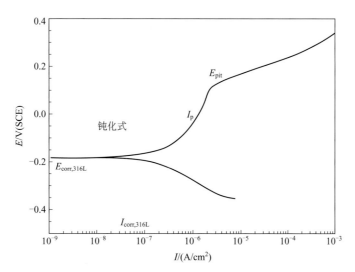

图 3-5　316L 不锈钢在模拟海水中的动电位极化曲线

3.1.3　金属钝化

（1）钝化现象与钝化膜　钝化的概念最初来自法拉第对铁在硝酸溶液中腐蚀的观察。若把一块工业纯铁放入不同浓度的硝酸中，就会发现铁的溶解速度最初随硝酸浓度增加快速增大，并在 30%～40% 浓度区间达到最大；当硝酸浓度超过 40% 时，纯铁的腐蚀速率开始急剧下降；继续增加硝酸浓度超过 80% 时，纯铁腐蚀速率又开始增大，当如图 3-6 所示。人们将 40%～80% 区间铁在室温浓硝酸中不发生反应而变得稳定的这一异常现象称为钝化。即在某些环境下金属失去化学活性。而且，经过浓硝酸处理发生钝化的铁再放入稀硝酸中，也能使这种稳定性保持一定时间。钝化使金属的腐蚀速率显著降低，腐蚀电位正移，耐蚀性提高。

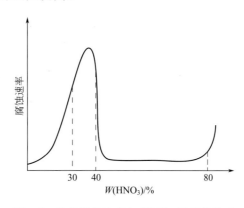

图 3-6　铁的腐蚀速率与 HNO_3 浓度的关系

由化学钝化剂引起的金属钝化，称为化学钝化。常见的化学钝化，例如，不锈钢装备制造过程中，常用酸洗钝化膏或酸洗钝化液对不锈钢进行酸洗钝化处理，其目的就是在酸洗过程中除去表面氧化物，在钝化过程中获得保护性钝化膜，以此提高不锈钢耐蚀性。第二类钝化称为阳极钝化或电化学钝化，例如 304 不锈钢在 30% 硫酸中会发生活化溶解，但若外加电流使其阳极极化，当极化到 $-0.1V$（SCE）后，不锈钢的溶解速度迅速下降至原来的数万分之一，并在 $-0.1～0.2V$（SCE）范围内一直很稳定。目前电化学保护中使用的阳极保护法，就是利用了电化学钝化的原理。

（2）影响不锈钢钝化膜的因素　从金属表面特性来看，金属发生钝化的原因在于，表面形成致密的保护性钝化膜。从装备制造和服役角度来看，影响不锈钢钝化膜和耐蚀性的因素包括制造过程中钝化膜质量的影响因素和服役过程中环境介质影响因素两大类。

① 制造过程中的影响因素。不锈钢表面状态是制造过程中影响钝化膜质量和耐蚀性的主要因素。制造过程中表面污染及划伤等均可破坏钝化膜完整性并劣化耐蚀性。根据美国机械工程协会（ASME）和压力堆核岛机械设备设计和建造规则（RCC-M）规定，不锈钢装备特别是重大的关键过程零部件，在制造过程中严禁如下污染。

- 游离铁的污染，如碳钢、低合金钢等的接触污染；
- 可释放氯化物或氟化物的物品；
- 硫及硫化物；
- 易分解出以下化学元素（尤其是低熔点元素及其化合物）的物品：Pb、Hg、P、Zn、Cd、Sn、Sb、Bi、As、Cu 等。

需要防止上述污染的主要原因在于，当污物在不锈钢表面黏附后，一方面污物因耐蚀性较低，易于在不锈钢表面生锈，影响产品美观并通过锈层腐蚀诱发不锈钢的腐蚀。图 3-7 所示为不锈钢表面接触碳钢污染后在仓库存放中生锈照片，可见在划伤部位由于碳钢污染而产生的锈迹。图 3-8 所示为碳钢污染粒子对不锈钢耐蚀性的影响，可见嵌入型铁污染使不锈钢动电位极化曲线中没有出现钝化区，即钝化特性丧失，在污染处呈现活性腐蚀状态。

(a) 316L奥氏体钢直筒内表面与吊装碳钢绳接触后生锈照片

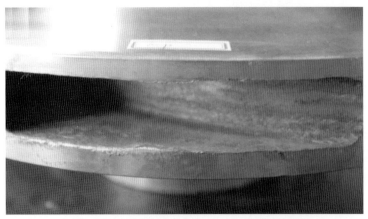

(b) 马氏体不锈钢叶轮流道内表面打磨时铁污染转移致生锈照片

图 3-7　不锈钢表面碳钢污染后的生锈照片

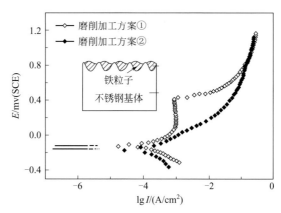

图 3-8　铁污染对不锈钢在 3.5％NaCl 溶液中动电位极化行为的影响

② 环境介质中的影响因素。当不锈钢表面发生污染时，在具有应力的服役介质环境中，还有可能诱发微裂纹，使不锈钢发生开裂。图 3-9 所示为不锈钢表面冶金结合低熔点 Sn 后的疲劳特性，可见低熔点金属 Sn 在不锈钢表面发生冶金结合时，疲劳特性曲线右移，表明抗疲劳性能明显劣化，如图 3-9(a) 所示；断口界面形貌观察表明，由于低熔点金属耐蚀性差、与不锈钢结合的冶金层脆性大，在载荷与环境作用下诱发裂纹。

鉴于表面质量控制在不锈钢装备制造过程中的重要性，对不锈钢装备制造过程中采取一系列措施，例如：

- 在制造和现场安装方面，所推荐使用的工具应避免铁污染。
- 禁止与铁素体钢或碳钢制造的起重机和装卸设备接触。
- 在存放不锈钢设备时应采取措施保证其不接触碳钢或污物。
- 焊接前进行必要的清理处理，防止锌、锡或铜等低熔点金属污染进入焊接接头。
- 采取清洗剂和防锈油在包装和输运过程中防止表面污染。
- 可采取必要的清洗、机械打磨、酸洗钝化等工艺去除表面铁锈和污染，清洁和酸洗钝化过程中也应避免产生表面污染或交叉污染。

通过必要的清洁控制措施，可起到有效防护表面污染的作用，对不锈钢耐蚀性和装备服役可靠性提高具有促进作用。然而对于复杂流道等几何表面，以及局部残余氧化皮等污染严重位置，仅凭借清洗、机械打磨和酸洗钝化尚不能完全清除表面污染，在机械打磨过程中因打磨工具不当，还可能产生交叉污染等。因此，不锈钢装备加工过程中表面粗糙度与钝化膜质量的过程控制，即装备制造表面粗糙度的过程管理是生产高质量装备的重要内容，如何评价不同制造环节不锈钢表面粗糙度与钝化质量，是过程管理的重要环节。

（3）不锈钢钝化膜质量的检测与评价　根据 ASME 标准，检测不锈钢表面粗糙度特别是铁污染的方法主要有以下几种。

① 水浸法检测。将工件放入高纯水中浸泡 16h 后经 8h 晾干，观察浸泡表面的锈点情况，该方法具有简单、灵敏度适中的优点，但是对于大型工件需要特殊容器用于浸泡试验。

② 高湿度检测。将试样置于湿度为 95％～100％，温度为 38～46℃ 的腔室中试验 24～26h，试验周期完成后表面没有锈点或腐蚀产物即为合格。

③ 硫酸铜检测。检测原理是利用酸性硫酸铜溶液与表面污染的游离铁接触后，铁还原铜离子形成铜的点状产物。该方法只适用于铬含量大于 16％的不锈钢，一般的马氏体不锈钢或铁素体不锈钢不能用该方法。另外该检测方法也不能用于食品工业。

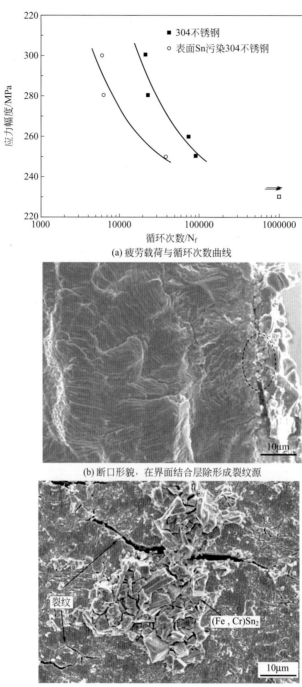

(a) 疲劳载荷与循环次数曲线

(b) 断口形貌，在界面结合层除形成裂纹源

(c) 表面形貌：Sn与不锈钢界面冶金结合层附近出现裂纹

图 3-9　Sn 污染对不锈钢疲劳特性的影响

④ 蓝点法。只用于即使微量游离铁或铁的氧化物也不能允许的情况下。检测原理是使用硝酸与铁氰化钾构成的蓝点混合溶液，利用游离铁在酸性溶液中与铁氰化钾反应形成蓝色沉淀，来判断铁污染程度。该方法检测灵敏度高、操作便捷，但是蓝点溶液具有不稳定、易分解的特点，同时在强酸性溶液中蓝点溶液可能形成剧毒的氢氰酸，具有潜在毒性，蓝点液需现配现用。尽管如此，蓝点法因简便和高灵敏度优势，成为目前不锈钢表面铁污染常用检测方法。

最近，针对蓝点法在检测铁污染中测试溶液酸性过强、有潜在危害的缺点，开发了以菲罗啉为显色剂的测试方法，其检测原理是利用弱酸性溶液与不锈钢表面接触时，游离铁污染与菲罗啉反应形成橘红色络合物。该测试方法具有检测灵敏度高、酸性弱、试剂稳定性强的优势，试剂保存两个月后仍具有较高灵敏性。该测试方法具有较好的应用前景。图 3-10 是马氏体不锈钢叶轮流道打磨后的显色检测与锈蚀试验，打磨流道的显色检测显橘红色，表明存在铁污染，在锈蚀试验中生锈，采用湿度法观察生锈污染情况。可见，一旦叶轮表面利用菲罗啉测试后显色，表明表面存在铁污染，在后续湿度测试中就会生锈。

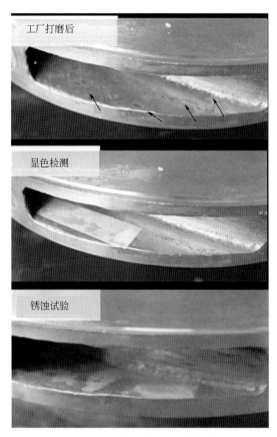

图 3-10　利用显色法评价打磨流道表面

根据电化学腐蚀原理可知，表面污染对不锈钢耐蚀性劣化的根本原因在于其对钝化膜完整性的影响。因此，如何评价不锈钢钝化膜质量，是实现高洁整度优良耐蚀性不锈钢装备制造的重要内容（特别是如何评价不锈钢装备在酸洗钝化或电化学钝化后表面钝化膜的质量）。目前常用的方法如表 3-2 所示。常用的水浸法在检测灵敏度和大型设备适用性方面存在不足；物理射线表征在样品尺寸和检测条件方面苛刻；电化学法尽管检测灵敏度高，但也有受外界因素干扰大、复杂表面难以表征等缺陷。针对上述检测方法的缺陷，国家标准推荐改进后的新蓝点法。

表 3-2　不锈钢钝化膜质量表征常用方法

名称	原理	优点	缺点
水浸法	潮湿环境下生锈	操作简便	灵敏度低、大型零部件需设备和空间较大
物理射线	X 线光电子谱(XPS)、俄歇电子能谱(AES)等	高精度、定量	样品微小、高真空度、设备昂贵
电化学法	阻抗、腐蚀电位等方法	灵敏度高	易受外界因素干扰、试样表征几何简单
新蓝点法	强酸中氯离子破坏钝化膜，与铁氰化钾形成蓝色沉淀	灵敏度高、现场适用	表面损伤、试剂稳定性差、潜在危害

利用菲罗啉试剂评价于不锈钢表面钝化膜质量，该方法同样具有灵敏度高的特点，同时对表面没有损伤、测试操作方便、酸性低可用手直接铺展试纸等优点。图 3-11 所示为菲罗啉和蓝点试剂在检

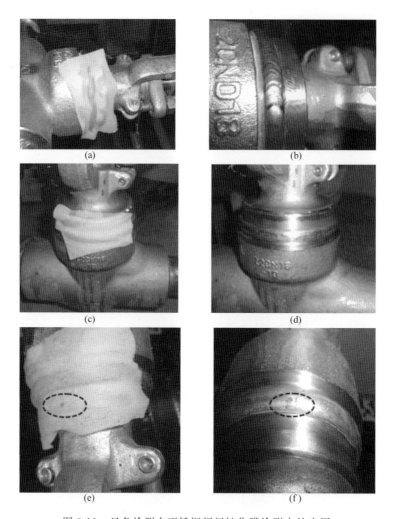

图 3-11　显色检测在不锈钢阀门钝化膜检测中的应用

（a）菲罗啉溶液显橘红色，打磨没有钝化；（b）蓝点溶液显蓝色，打磨没有钝化；（c）菲罗啉溶液不显色，钝化完好；
（d）蓝点溶液不显色，钝化完好；（e）菲罗啉溶液显点状橘红色，钝化不过关；（f）蓝点溶液显点状蓝色，钝化质量不过关

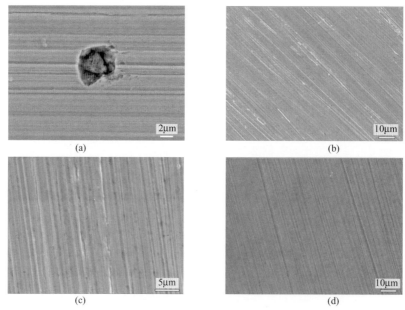

图 3-12　显色检测 304 不锈钢后表面形貌

（a）打磨表面，蓝点检测；（b）化学钝化表面，蓝点检测；（c）打磨表面，菲罗啉检测；（d）化学钝化表面，菲罗啉检测

测不锈钢阀门中的对比，可见当不锈钢表面打磨没有钝化膜时，两种测试方法均显色；当化学钝化具有优良质量的钝化膜时，两者均不显色；对质量不过关的化学钝化膜，菲罗啉法显红点状，蓝点法为蓝点状。比较显色检测后表面微观形貌，钝化膜质量差的表面蓝点检测后出现点状蚀坑，而菲罗啉测试后表面没有发现点蚀坑，如图 3-12 所示。

3.2 金属典型腐蚀形态及机理

3.2.1 均匀腐蚀

均匀腐蚀（全面腐蚀）现象十分普遍，既可能由电化学腐蚀反应引起，如均相电极（纯金属）或微观复相电极（均匀的合金）在电解质溶液中的自溶解过程，也可能由纯化学腐蚀反应造成。通常所说的均匀腐蚀是特指由电化学腐蚀反应引起的。

对于金属耐均匀腐蚀的评价指标，可以通过质量指标、深度指标和电流指标等表示。

① 质量指标。把金属因腐蚀而发生的质量变化换算成相当于单位金属单位表面积与单位时间内的质量变化数值，如式(3-4) 表示

$$V_w = \Delta W / (St) \tag{3-4}$$

式中，V_w 为质量表示的腐蚀速率，$g/(m^2 \cdot h)$；ΔW 为腐蚀前后金属质量的改变，g；S 为金属的表面积，m^2；t 为腐蚀时间，h。

② 深度指标。金属的腐蚀厚度因腐蚀而减少的量以线量单位表示，并换算成相当于单位时间的数值，一般采用 mm/a（毫米/年）表示。在衡量不同密度的各种金属腐蚀速率时，此指标极为方便，其公式为：

$$V_d = 8.76 V_w / \rho \tag{3-5}$$

式中，V_d 为深度表示的腐蚀速率，mm/a；V_w 为质量表示的腐蚀速率，$g/(m^2 \cdot h)$；ρ 为金属的密度，g/cm^3。

用腐蚀深度指标来评价金属耐均匀腐蚀性能时，通常采用表 3-3 的三级标准和表 3-4 的十级标准来评定。有关不锈钢的耐蚀等级，参见表 2-15。

表 3-3　金属耐蚀性的三级标准

耐蚀性评定	耐蚀性等级	腐蚀深度/(mm/年)
耐蚀	1	<0.1
可用	2	0.1~1.0
不可用	3	>1.0

表 3-4　金属耐蚀性的十级标准

耐蚀性评定	耐蚀性等级	腐蚀深度/(mm/年)
完全耐蚀	1	<0.001
很耐蚀	2	0.001~0.005
	3	0.005~0.01
耐蚀	4	0.01~0.05
	5	0.05~0.1

耐蚀性评定	耐蚀性等级	腐蚀深度/(mm/年)
尚耐蚀	6	0.1～0.5
	7	0.5～1.0
稍耐蚀	8	1.0～5.0
	9	5.0～10.0
不耐蚀	10	>10.0

③ 电流指标。以金属电化学腐蚀过程的阳极电流密度的大小来衡量金属的电化学腐蚀速率程度。根据法拉第定律，可以把电流指标和质量指标关联起来，有式(3-6)：

$$i_{corr} = nFV_w/M \tag{3-6}$$

式中，i_{corr} 为电流表示的腐蚀速率，A/m^2；n 为得失电子数；F 为法拉第常数（$F = 26.8 A \cdot h/mol$）；V_w 为质量表示的腐蚀速率，$g/(m^2 \cdot h)$；M 为原子质量。

3.2.2 电偶腐蚀

电偶腐蚀在工程中极为普遍，常见的牺牲阳极的阴极保护即是利用了电偶腐蚀原理。以碳钢和锌电偶对为例，表 3-5 所示为锌-碳钢在不同溶液中电偶腐蚀情况。如当锌和碳钢形成电偶对后，锌的腐蚀速率明显增加，碳钢得到保护，没有明显腐蚀。

表 3-5　锌-碳钢电偶对腐蚀速率的影响（等面积浸泡 39 天）　　　　　　单位：μm/年

溶液	单个金属		电偶对	
	锌	碳钢	锌	碳钢
0.05mol/L MgSO₄	—	66	86.4	—
0.05mol/L Na2SO₄	285	254	838	—
0.05mol/L NaCl	254	178	762	—
0.005mol/L NaCl	112	73.7	218	—
草酸	10.2	150	38.1	—
碳酸钙溶液	—	71.1	—	—
自来水	—	—	—	—

影响电偶腐蚀的因素如下。

(1) 材料的影响　异种金属组成电偶时，它们在电偶序中的上下位置相距越远，电偶腐蚀倾向越严重，而同种金属之间电位差小于 50mV，组成电偶时腐蚀加速效应不明显。因此，在设计设备或构件时，尽量选用同种或同族金属，不用腐蚀电位相差大的金属，若特殊情况下一定要选用腐蚀电位相差大的金属，两种金属的接触面之间应加绝缘处理，如加绝缘垫片或表面施加非金属保护层等。需要注意的是，由于不同介质环境中金属腐蚀电位存在差异，故不同介质中金属电偶序存在差异。针对具体腐蚀介质，为获取较为精确和翔实的电偶序资料，还需测量金属在所研究介质中的腐蚀电位。表 3-6 所示为不同电偶在海水和自来水中的腐蚀特性。

(2) 阴阳极面积比　阴阳极面积比对电偶腐蚀有重要影响，阴阳极面积比越大，阳极电流密度越大，金属腐蚀速率越大。

(3) 介质的影响　介质的组成、温度、电解质溶液电阻、溶液 pH 等因素均对电偶腐蚀有重要影响，不仅影响腐蚀速率，同一电偶对在不同环境条件下有时甚至会出现电偶电极极性逆转的现象。例如，在常温水溶液中钢与锌偶接时，锌为阳极受到加速腐蚀，钢得到了保护；当水温超过 80℃时，电偶的极性发生逆转，钢成为阳极而被腐蚀，锌上的腐蚀产物使锌的电位提高成为阴极。

表 3-6 列举了几种电偶对在海水和自来水中的浸泡 16 年后的腐蚀厚度，可见不同钢种构成电偶对、电偶对中不同面积比，以及不同介质环境均对电偶腐蚀产生影响。

表 3-6　不同电偶对在海水和自来水中浸泡 16 年后的腐蚀厚度（$\times 25.4 \mu m$）

条/板	海水	自来水
316L 不锈钢/碳钢	0.1/49.5(2.0,48.1)	0.0/32.4(0.0,26.0)
316L 不锈钢/海军黄铜	0.0/16.2(2.0,12.4)	0.0/2.5(0.0,1.9)
316L 不锈钢/磷青铜	0.0/9.4(2.2,5.5)	0.0/0.7(0.0,0.7)
磷青铜/碳钢	0.4/55.1(5.5,48.1)	0.1/28.9(0.7,26)
磷青铜/铝	0.7/6.5(5.5,1.0)	0.1/12.4(0.7,5.0)
磷青铜/316L 不锈钢	41.3/0.2(5.5,2.0)	1.8/0.0(0.7,0.0)
碳钢/铝	1.6/7.8(48.10.9)	17/9.4(29.0,1.5)
碳钢/铜	350/2.9(48.1,6)	77.7/0.2(26.0,1.0)
碳钢/磷青铜	318/1.9(48.1,5.5)	65.5/0.3(26.0,0.7)
碳钢/316L 不锈钢	260/0.0(48.1,2.0)	44.4/0.0(26.0,0.0)

注：括号中数值为未组成电偶时，对应的单个金属腐蚀厚度；金属条的面积为 $141 cm^2$，金属板的面积为 $972 cm^2$。

3.2.3　点蚀

点蚀集中在金属表面的很小范围内，并深入到金属内部的小孔状腐蚀形态，蚀孔直径小、深度深，又称小孔腐蚀。图 3-13 所示为不锈钢螺母点蚀的宏观形貌和微观特征，可见宏观为坑状，微观呈现点状深坑。点蚀作为最为隐蔽的腐蚀形式之一，会严重的破坏工程合金，引发不良的后果。点蚀一般形成于钝化状态的合金。一些合金/金属，例如不锈钢和 Al、Ti、Zr 以及它们组成的合金，在广泛的工业环境中都处于钝化状态。铁和钢尽管常规条件下未钝化，但是在有些环境中也表现出钝化状态并遭受点蚀。应当指出高均匀腐蚀速率的未钝化金属的使用寿命要长于钝化环境下的易发生点蚀的金属。例如，用来输运海水的管路，304 不锈钢相比于碳钢或者铸铁更容易造成泄露。

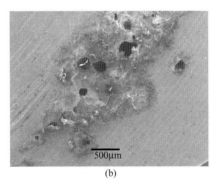

(a) 　　　　　(b)

图 3-13　不锈钢螺母的点蚀宏观形貌和微观特征

（1）点蚀的形成和形貌　　合金的点蚀是由微观范围内特殊的离子破坏钝化膜所造成。点蚀的发生分为萌生和发展两个阶段。图 3-14 所示为 316L 不锈钢在不同温度恒电位阳极极化后点蚀萌生和发展的典型形貌图。在点蚀萌生阶段主要为亚稳态点蚀坑，尺寸小、蚀坑浅；点蚀发展阶段蚀坑较大，蚀坑边缘有花边盖形态，且蚀坑深。

目前被广泛接受的萌生阶段的机理有两种理论。第一种理论认为，侵蚀性离子的吸附，即氧原子

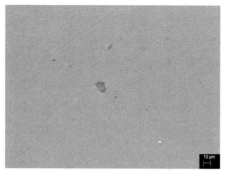

(a) 亚稳态点蚀坑

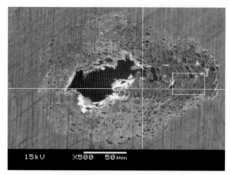

(b) 发展阶段的点蚀坑

图 3-14　316L 不锈钢恒电位极化后的点蚀形貌图

选择性地吸附在活化金属的表面或者钝化金属的表面，造成钝化膜的局部溶解，从而引发点蚀的萌生。第二种理论认为，阴离子在强电场的作用迁移透过钝化膜造成破裂。两种理论在解释各自的实验现象时都存在优点和不足。

在生长阶段，一般认为点蚀的生长是由于形成闭塞电池，点蚀坑在闭塞电池条件下发生自催化腐蚀。当蚀坑到达一定尺寸后，坑内金属处于活性状态，腐蚀电位较低；蚀坑外金属表面处于钝态，电位较高；于是孔内和孔外构成大阴极小阳极的腐蚀微电池；蚀坑内金属处于活性小阳极状态，腐蚀被加速，蚀孔快速加深，而坑外为阴极被保护。钝化金属在钝化电流密度为 $10^{-6}\,A/cm^2$ 时以某种速率发生溶解，而点蚀发生时的溶解电流密度能达到 $10\,A/cm^2$，这样点蚀状态下的溶解速率会是钝化金属的一百万倍。点蚀还会造成一个完全不同于钝化金属的溶液环境。蚀坑内发生金属元素腐蚀溶解成离子的阳极氧化反应，而蚀坑外同时发生阴极吸氧反应，由于阴阳极反应的分离，腐蚀二次产物在坑口形成且不具有保护作用；随着坑内金属离子的增多，带负电荷的氯离子将通过蚀坑口扩散至坑内以维持坑内的电中性；这种氯离子和铁离子形成的溶液进一步维持活化状态。由于氯化物水解，坑内酸性增强，pH 值降低，同时水解产物在蚀坑口聚集；随着腐蚀的进行，蚀坑口 pH 值增加，蚀坑口可溶性盐转变成沉淀，形成闭塞电池，闭塞电池形成后，坑内外物质交换更加困难，使金属氯化物更加浓缩，水解程度增强，坑内 pH 值进一步降低，坑内腐蚀溶解速率进一步加快，形成自催化腐蚀。这种环境会阻止点蚀的再钝化。另外，存在于点蚀坑的底部和顶端之间的高电压降，会让处于阳极极化曲线前段激活区域的点蚀持续生长（后面会讨论）。点蚀的持续生长需要点蚀坑内化学反应以及电压降，如果不能达到这些条件，点蚀会立即发展为亚稳态并结束于稳态，如果这些条件得不到维持，甚至稳态点蚀也会停止继续发展。

当金属发生点蚀时，不同金属种类、介质环境因素等会产生不同的点蚀坑形态，合金的化学成分、微结构、夹杂都会影响点蚀的形态。

(2) 点蚀的影响因素　金属或者合金的点蚀趋势受许多因素的影响，鉴于点蚀影响因素的多样性和蚀坑形成生长的复杂性，目前还没有方法能定量描述和预测点蚀的失效。尽管如此，研究者们仍然建立了不同因素对发生点蚀倾向的影响程度关系，这些影响因素为相应金属选材准则建立和抑制点蚀等方面提供了关键参考信息。其影响因素包括：电化学因素、冶金因素、环境介质因素和加工因素等。

① 电化学因素。从电化学角度，点蚀发生在一定的电化学阳极区间。按照电极电位由低到高的顺序，阳极极化曲线分为典型的活化区、钝化区、击破点蚀区和过钝化溶解区。也有可能金属不存在活化溶解区域（如图 3-6 所示），它的自腐蚀电位位于钝化区。钝化金属在过钝化状态时的高电流密度是因为钝化膜的破裂或者氧的溶解反应。钝化膜很薄（约 100nm），所以即使在钝化膜上升高很小

的电压，也会产生高达 10^6 V 的电场强度，从而造成钝化膜的破裂，进而诱发点蚀的发生，并导致阳极电流的持续增加。另外，如果外加的电位超过了反应 $2H_2O+4e+O_2=4OH^-$ 的稳态电位（实际上过电位是不容忽略的），O_2 就有可能被还原。钝化膜破裂时的电位称为点蚀电位（E_{pit}）或者击破电位（E_b）。超过这个电位，点蚀会立即形核生长。一旦这些点蚀形成，即使降低电位或反向施加电位，它们也会继续生长。点蚀仅会在一个更低的电位下再钝化，这个电位称为再钝化电位（E_{rp}）或者保护电位（E_{prot}）。低于这个电位的点蚀会停止生长。因此，E_{pit} 和 E_{prot} 的差值被认为和金属点蚀敏感性有关，为了有效比较不同金属合金的这个差值，实验必须按照同一个标准进行。在 ASTM 标准和相关国标中对此有详细描述。

高 E_{pit} 和高 E_{prot} 并且差值小的金属被认为不易发生点蚀。研究表明，当电极电位处于 E_{pit} 和 E_{prot} 之间时，金属表面发生亚稳态点蚀，没有明显点蚀坑形成；若表面已经有点蚀坑，当金属处于该区域电极电位时，已有点蚀坑将继续长大。因此，当金属的 E_{prot} 的值越趋近于自腐蚀电位 E_{corr} 时，抵抗点蚀的能力就越差，表明此时即使没有外加电位或能量驱动，表面的点蚀也会继续生长。研究表明，含锰的奥氏体不锈钢的点蚀敏感性要高于 304L 不锈钢，奥氏体不锈钢中的 Mn 会降低点蚀抗力。

② 冶金因素。合金的化学成分、相组成以及夹杂物和偏析等都会显著地影响合金的点蚀敏感性。

以不锈钢为例，不锈钢中的 Cr、Mo、W 和 N 元素在提高耐点蚀方面起主导作用，而其他的一些合金元素例如 Si、V 和 Ni 起次要作用。而且这些合金元素在提高耐点蚀抗力方面还存在着协同作用。例如，Mo 元素只有不锈钢中含 Cr 时才能起作用，如果合金同时含元素 Cr 和 Mo，N 元素就能有效地降低点蚀发生的趋势。

对于不锈钢，人们在大量研究基础上，建立了下面的耐点蚀当量因子（PREN）和合金含量关系的经验公式：

$$PREN＝铬含量＋3.3×钼含量＋16×氮含量 \tag{3-7}$$

上面的公式可以作为经验法则给出不锈钢在特殊的环境中耐蚀性的初步判断。点蚀因子的增大意味着不锈钢耐点蚀能力提高。点蚀因子大于 40 的不锈钢被称为超级不锈钢，具有很高的耐点蚀的能力。表 3-7 列出了常用不锈钢的 PREN 值。尽管合金成分是影响不锈钢耐点蚀能力的重要因素，但如果不锈钢因热处理不当或夹杂物过多造成不良的组织结构，点蚀因子失去参考意义。

表 3-7　典型不锈钢与镍基合金的 PREN 值

组织特征	牌号	PREN 值
奥氏体	304、304L	≥18.0
	304N、304LN	≥19.6
	316、316L	≥22.6
	316N、316LN	≥24.2
	317、317L	≥27.9
	317LMN	≥31.8
	AL-6XN	≥42.7
	625	≥46.4
	C-276	≥73.9
双相	2205	30.5
	SEA-CURE 不锈钢	≥49.5
铁素体	430	≥16.0
	439	≥17.0
	444	≥23.3

夹杂、敏化、锻造合金晶界处或者焊缝内树枝晶的偏析和机加工等因素会降低不锈钢的耐点蚀能力。MnS 夹杂往往成为点蚀形核的区域，特别是在酸性环境下该夹杂物不稳定，更易诱发点蚀。其原因在于 MnS 夹杂中的低 Cr 含量和高 S 含量使该夹杂物的腐蚀活性增强，另外，大量的 S 破坏钝化膜的完整性。

热处理不当或焊接不当会造成不锈钢的敏化，使晶界附近铬含量降低，降低不锈钢的耐点蚀能力。焊接时，不仅焊件的临界点蚀温度（CPT）远低于未焊接件，而且，焊接后 Mo 对提高耐点蚀的作用变得并不明显，且 Cr 和 Mo 的偏析会造成焊接融化区耐点蚀能力的降低。

③ 环境介质因素。虽然点蚀是一种危害性很大的腐蚀，但是造成点蚀的阴离子的种类却不多，其中较为常见的是卤素离子。海水中常见的氯离子能使不锈钢和铝合金发生点蚀。点蚀的程度与氯离子的浓度、pH 值和温度有关。氯离子会降低点蚀电位，关系式为：

$$E_{pit} = A - B \lg C_{Cl^-} \tag{3-8}$$

式中，A 和 B 为常数；C_{Cl^-} 为氯离子浓度。在含 Cl^- 和 H^+ 浓度高的环境中建议使用一些耐点蚀的材料。由于含 Cl^- 和 H^+ 浓度高的环境中易发生点蚀，所以停滞状态的环境中更易发生点蚀。流速的增加则会降低合金的点蚀倾向。例如，1963 年国际镍协会报告指出，暴露在 1.2m/s 的流动海水的典型 316 和 310 不锈钢焊盘未发生点蚀，而在静止的海水中发生了严重点蚀。

特定环境下金属的点蚀倾向和温度有关。温度的升高会加速点蚀生长。不锈钢耐点蚀能力和临界点蚀温度（CPT）有关。PREN、CPT 越高，意味着耐点蚀能力越强。因此，易发生点蚀的环境中需使用高 PREN/CPT 的不锈钢。

④ 加工因素。冷作加工会造成裂纹、表面粗糙和一些微小的位错等缺陷。这些缺陷会阻碍合金的钝化因而降低其耐点蚀能力。易钝化的金属相比于难钝化的金属更稳定、受环境影响相对较小。应当注意的是，冷轧会降低夹杂物和马氏体之间的结合力，当这些夹杂物的延展性较小时，会增大合金的点蚀倾向。

不锈钢的表面是影响点蚀倾向的一个很重要因素。相关法规明确指出，不锈钢点蚀抗力可通过以下手段获得：降低表面粗糙度、去除轧屑、酸洗钝化等。ASTM A380 对不同不锈钢的钝化推荐了相应的钝化和表面检测方法。

3.2.4 缝隙腐蚀

这种类型的腐蚀不同于点蚀，一般发生在金属表面的一大块区域内，而且腐蚀程度要比点蚀更大。图 3-15 所示为海水冷却系统换热管道焊接覆层上的缝隙腐蚀。这个焊接覆层被发现能够免受点蚀，但是 6 个月后在垫片下却发生了缝隙腐蚀。由于内在的设计或者工作环境，会使零部件上出现保留接触液体的缝隙区域，因缝隙内物质交换受阻发生快速腐蚀而导致的过早失效，这种类型的腐蚀失效被称作缝隙腐蚀或者垢下腐蚀。典型的缝隙腐蚀发生在法兰、垫圈、旋转管道的末端、螺纹结合处、铆钉、密封圈、垫片、搭接头、焊缝未充分融化区等区域。另外，发生在污染区域的缝隙腐蚀也受到关注，尽管造成失效的因素不同，但是都是同一种缝隙腐蚀机制，因此将这些腐蚀归为一类。

（1）缝隙腐蚀的机制 研究表明，金属仅能在阴极极化曲线与阳极极化曲线钝化区域相交时能够立即发生钝化。这样能使金属在钝化区域的电位处于腐蚀电位。在中性的液体环境中，主要的阴极反应为氧的还原（$O_2 + 4H_2O + 4e = 4OH^-$，$E^\ominus = +0.441V$），尽管氧在水中的溶解度很低。由于氧的还原反应的极限电流密度 I_L 比临界电流密度 I_{crit} 大，因此当阳极极限电流难以到达金属表面时，金属不能够自发钝化。当一种金属与另一种固体相接触时，由于阳极极限电流难以使金属自发钝化，会失去钝化并遭受严重腐蚀，导致缝隙腐蚀的产生。

图 3-15　热交换管壳的缝隙腐蚀照片

缝隙腐蚀包括腐蚀萌生与发展两个阶段。在缝隙外氧通过对流和扩散能够迁移到金属表面，而缝隙中氧迁移仅通过扩散实现。由于氧在水中的溶解度低，扩散到金属表面的溶解氧也很低。因此，缝隙内的氧在很短时间内被耗尽，结果使金属腐蚀电位发生负移，此时金属阳极极化反应处于阳极极化曲线的活性溶解区，导致缝隙处的钝化膜失稳。在这种情况下，金属将以很高的速率溶解。

随着腐蚀程度的加剧，溶出的金属离子发生水解反应，并在缝隙口处沉积，形成闭塞电池，并且导致酸性增大，H^+ 的聚集打破了闭塞体系的电中性环境，结果导致更多的侵蚀性阴离子迁移到缝隙中 [式(3-9)]，产生酸化和氯离子浓缩，进一步促进活化腐蚀，阻止金属再钝化。在这个阶段，缝隙的发展类似于发展中的点蚀的自催化过程。缝隙内外的电压降导致缝隙一直处于活化阶段。上述过程的反应式如下所示：

$$M \longrightarrow M^{n+} + ne \qquad (加速阳极溶解)$$
$$M^{n+} + nH_2O \longrightarrow M(OH)_n + nH^+ \qquad (pH 值升高) \qquad (3-9)$$
$$nH^+ + nCl^- \longrightarrow nHCl \qquad (氯离子聚集)$$

（2）影响缝隙腐蚀的因素

① 电化学因素。典型钝化金属阳极极化曲线表明缝隙腐蚀可能只发生在那些阴极反应级数很大（腐蚀速率随电位升高而降低）的金属。而对于耐缝隙腐蚀的金属，其临界电流密度很小，以致即使氧含量很低，或在闭塞环境下轻微地阳极极化就能够发生再钝化。我们知道不锈钢中的 Mo 能提高耐缝隙腐蚀能力，其中一个原因就是它降低了不锈钢的临界电流密度，同时 Mo 还可以中和氢离子和氯离子，从而通过改变缝隙内的介质化学环境来抑制缝隙腐蚀。

② 缝隙宽度。当构成缝隙两个固相之间缝隙宽度减小时，缝隙内溶液中离子的对流迁移能影响腐蚀速率，特别是 O_2、金属离子和氯离子，当缝隙尺寸太小时，这些离子只能通过扩散进行迁移，这样会阻止缝隙内溶液介质浓度的稀释，促进氯离子浓缩和酸化。因此，越小的缝隙宽度越有利于缝隙腐蚀的发生。在这样的情况下，建议选用更耐蚀的金属或合金。研究表明金属耐缝隙腐蚀的最大缝隙宽度与合金中 Mo 含量有关，高合金不锈钢可用于防止更小缝隙下缝隙腐蚀的发生。

③ 环境。侵蚀性离子例如氯离子等，在加速缝隙腐蚀方面起到了关键作用，在不含氯离子情况下即使会发生缝隙腐蚀也不会很严重。氯离子的含量对合金选择的影响是显而易见的。值得注意的是，如果介质中 pH 值较低，会加速缝隙腐蚀，因此低 pH 反而会会增大合金选材难度。

温度对增强缝隙腐蚀的作用很大。广泛使用的 304 不锈钢在酸性的 $FeCl_3$ 溶液条件下，即使在

<0℃的温度，也会遭受缝隙腐蚀。实际上，ASTM-48 测试评估一种合金的缝隙腐蚀就包含了最低温度（叫做临界缝隙腐蚀温度，CCT），超过这个温度合金容易受到缝隙腐蚀。图 3-16 所示为不锈钢的 PREN 与临界缝隙腐蚀温度的关系，可见 PREN 值越大，临界缝隙腐蚀温度越高，耐缝隙腐蚀能力越强。

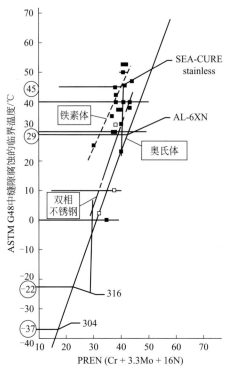

图 3-16   不锈钢 PREN 与临界缝隙腐蚀温度的关系

④ 冶金。缝隙腐蚀和点蚀易发生在钝化合金。有意思的是，耐点蚀的合金，耐缝隙腐蚀的能力也很强。因此如果一个合金被用来防御缝隙腐蚀，那么这个合金必须具有很强的钝化能力或者压根不会钝化。所以，像金属 Ti、Zr、Ta 以及它们的合金因为它们的强钝化性能表现出很强的耐缝隙腐蚀的能力。铜合金同样被用来抵抗海水的腐蚀。

缝隙腐蚀因子（CCI）被用来评价不锈钢抵抗缝隙腐蚀的能力。Steinsmo 等（1997）发现了评价高合金不锈钢的经验公式：

$$CCI = 铬含量 + 4.1 钼含量 + 27 氮含量 \tag{3-10}$$

缝隙腐蚀因子和临界缝隙腐蚀温度以及点蚀因子和临界点蚀温度之间一般呈线性关系。如果合金夹杂有 MnS，这个关系可能不适用。这些夹杂物不仅在合金体系中是不稳定的，而且会造成一个易于缝隙腐蚀的环境，因为夹杂物与金属的界面容易发生缝隙腐蚀。

⑤ 设计。舰船、反应器的污垢以及静止的环境会分别引发缝隙腐蚀和水线腐蚀。这些腐蚀在很大程度上和反应器设计有关。任何设计如果能够避免死角以及兼有适当的排水点都会将缝隙腐蚀降到最低。只要有可能，凡是有可能形成缝隙的接合处都需要换成焊缝连接。应该强调的是焊缝的质量必须过关，以保证焊缝本身不至于诱发缝隙腐蚀。

3.2.5　晶间腐蚀

晶间腐蚀是金属在腐蚀介质中，沿着材料晶界出现腐蚀，使晶粒之间丧失结合力的一种局部破坏现象。工程金属材料大多是以多晶的形式使用，这些单个晶粒之间的晶界部分存在较多缺陷和晶格失配。从热力学角度看，这些缺陷具有较高的能量，导致晶界部分比晶粒内部更容易腐蚀。另外，晶界部分的高能状态还会导致化学成分偏析和新相优先析出，致使晶界及晶内的电极电位、电化学反应程度的差异，引起晶界的加速腐蚀。化学成分偏析和相析是产生晶间腐蚀的主要因素。在所有的金属工程材料中，晶间腐蚀是不锈钢常见的腐蚀形态。

不锈钢在经热处理和高温加热后易发生晶间腐蚀，发生晶间腐蚀的临界温度范围与不锈钢类型和成分有关。以奥氏体不锈钢为例，容易发生晶间腐蚀的热处理温度范围为 450～850℃，该温度区域也称为敏化温度区。

(1) 不锈钢敏化与晶间腐蚀　对于 3×× 和 2×× 系列奥氏体不锈钢，晶界部分 $Cr_{23}C_6$ 化合物析出产生的晶界附近贫铬是晶间腐蚀的主要原因。从该类奥氏体不锈钢的化学成分和相平衡热力学角度来看，热力学稳定的组织应为奥氏体和铬的碳化物（$Cr_{23}C_6$）。为了防止 $Cr_{23}C_6$ 的形成，不锈钢通常在 1050℃固溶处理并淬火，使碳固溶至合金中并防止 $Cr_{23}C_6$ 产生。然而，在 450～850℃温度区间容易形成铬的碳化物，并使晶界附近中 Cr 元素含量低于产生钝化所需的含量（11%），形成晶界贫铬区，加速晶界及其附近区域的腐蚀。

不锈钢在敏化温度区间时碳元素从晶粒向晶界位置扩散聚集，其扩散速率远大于铬元素的扩散速率。由于碳元素与铬形成碳化物的趋势，且晶界因能量较高为碳化物生长提供形核位置，铬元素从晶粒基体向晶界扩散与碳形成 $Cr_{23}C_6$，因其铬元素扩散速率低，导致晶界附近贫铬。当这样的不锈钢在腐蚀介质中时，晶粒部分因铬含量高可发生钝化；晶界附近因贫铬耐蚀性降低甚至不能钝化，形成了晶粒大阴极-晶界小阳极的微电池，加速了晶界区的腐蚀。

图 3-17 所示为未敏化处理和敏化处理后 304 不锈钢腐蚀形貌图。可见，未经敏化的不锈钢腐蚀后仅发现奥氏体晶粒组织 [图 3-17(a)]；敏化后不锈钢在晶界处形成腐蚀沟槽，如图 3-17(b) 所示；严重情况下，表面沿晶界形成宽而深的沟槽，如图 3-17(c) 所示。

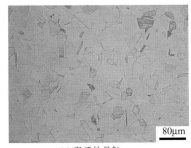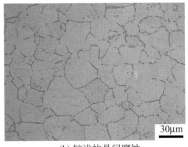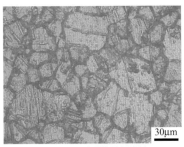

(a) 奥氏体晶粒　　　　　　　　　(b) 较浅的晶间腐蚀　　　　　　　　　(c) 严重的晶间腐蚀

图 3-17　304 不锈钢金相组织及晶间腐蚀实验形貌图

① 敏化动力学。铬碳化物析出行为与常规固态相变一样，受不锈钢所处的温度和时间影响。因此，常用时间-温度-敏化度图（TTS）对碳化物析出及敏化程度进行评估。可将不锈钢在不同温度保持不同时间间隔后观察其晶间腐蚀程度，根据所得数据绘制 TTS 图。不锈钢晶间腐蚀萌生时温度与时间的关系具有如下特征。

a. 随温度增加，敏化程度先增加后降低。在温度相对较低时，$Cr_{23}C_6$ 生长受 Cr 扩散慢制约，敏化程度低；随温度增加，Cr 扩散加快，$Cr_{23}C_6$ 形核和生长加快；在更高温度区，碳化物生长受形核动力学控制，形核弥散且数量少，敏化程度降低。

b. 随碳含量降低，合金中碳活性降低，曲线右移，敏化倾向降低。

② 敏化的影响因素。合金元素、冷轧、晶体结构与晶界取向被证明是影响敏化的重要因素。

a. 合金元素。从金属材料的合金元素角度，常用三种方法控制不锈钢敏化。

- 降低碳含量。如前所述，碳含量直接影响不锈钢的敏化倾向，因此低碳（<0.03%）和超低碳（≤0.01%）含量不锈钢具有优异的抗晶间腐蚀能力。然而，选择低碳含量不锈钢也面临成本升高和材料强度降低的问题。

- 添加强碳化物形成元素，如 Ti、Nb、Ta 等，防止晶间 $Cr_{23}C_6$ 形成。在固溶温度条件下（1050℃），这些元素更易形成碳化物，而 Cr 元素以溶质原子方式固溶到基体中，对于添加 Ti、Nb 和 Ta 的不锈钢，这样的热处理方式也叫稳定化处理。在冷却过程中，稳定处理后的碳化学物仍然保持在基体中，此类不锈钢也叫稳定化不锈钢。由于稳定化不锈钢中碳化物形成所需的活性碳原子已被固定，在后续的 450~850℃ 区间加热时不形成碳化物和贫铬区。与低碳不锈钢比，该类不锈钢不仅耐晶间腐蚀，同时表面强度更高。

- 通过合金元素降低碳的活性并控制碳化物的形核与生长 Cr、Ni、Mo 和 N 作为不锈钢的主要合金元素，影响不锈钢耐蚀性。Cr 元素提高不锈钢耐晶间腐蚀性，使 TTS 鼻尖右移。由于不锈钢中 Cr 元素含量远高于 $Cr_{23}C_6$ 形成所消耗的量，因此 Cr 提高影响晶间腐蚀的本质并不是为了补充消耗的 Cr，而是为了提高扩散降低晶界的贫铬区，同时 Cr 元素能降低 C 的活性进而影响 $Cr_{23}C_6$ 析出动力学。

与 Cr 元素不同，Ni 被认为不利于耐晶间腐蚀。这是因为 Ni 降低碳在基体中的固溶度，却提高碳的扩散速率。事实上，碳含量的要求随 Ni 含量增加而增强，如 25Cr-25Ni 系列不锈钢的碳含量为 <0.02%，强于 304 系列不锈钢的 0.03%。然而对于镍基合金，Cr 在 Ni 中的扩散大于在奥氏体不锈钢中的扩撒，因此在镍基合金晶界处 Cr 含量增多，比奥氏体不锈钢更容易钝化。

Mo 被认为对耐晶间腐蚀有利。其原因可能是 Mo 元素可降低铬碳化物的析出而提高晶界处的钝化。

N 元素含量不同对晶间腐蚀影响不同。当 N<0.16% 时，N 元素通过提高钝化能力来抑制敏化倾向；当超过 0.16% 时，由于 Cr 与 N 形成 Cr_2N 导致晶间贫铬，使合金耐晶间腐蚀性降低。

除此之外，Mn 被认为有利于降低不锈钢敏化，而 Si 和 P 则不利于不锈钢耐晶间腐蚀。

b. 冷轧。敏化处理之前，合适的冷轧被认为有利于提高不锈钢耐晶间腐蚀能力。变形量低于 15% 的冷轧变形下，尽管晶间腐蚀沟槽深度降低，但晶间腐蚀倾向增大。在更为严重的冷变形条件下，敏化倾向得到抑制。冷轧变形程度对晶间腐蚀的不同影响，可理解为：在低变形量下形成的位错等缺陷促进碳和铬的扩散，进而加速 $Cr_{23}C_6$ 在晶界的形核与生长。在大变形量下 $Cr_{23}C_6$ 不仅在晶界形成，同时由于高密度位错也在晶内形核，因此晶界析出降低。

c. 晶体结构-不同钢种的比较。铁素体不锈钢碳含量较低，然而由于铁素体基体（bcc 相）较低的碳固溶度，该类不锈钢比其他类型不锈钢的敏化倾向更大。与奥氏体不锈钢不同的是，N 元素影响该类不锈钢的敏化，且铁素体不锈钢比奥氏体不锈钢更易发生敏化。为防止铁素体不锈钢的敏化，C 和 N 元素含量应非常低（C+N≤0.01%）。对于 Cr 含量较高的超级铁素体不锈钢，C 和 N 元素的可容许含量要求更严，其典型钢种如 439 和 444 铁素体不锈钢。

双相不锈钢耐晶间腐蚀，双相不锈钢由铁素体和奥氏体两相组成。铁素体中 Cr 元素扩散比奥氏体中的快，强化了晶间碳化物向铁素体一侧的择优生长，并在铁素体区域的碳化物前端富集 Cr 元素，所以铁素体相区耐晶间腐蚀。在奥氏体区一侧，虽然贫铬严重，但是由于晶间腐蚀区域较窄且很快消除，因此该类钢种耐晶间腐蚀能力强。

马氏体不锈钢属于不锈钢中含碳量高的一类不锈钢，容易形成碳化物。但是由于马氏体组织细小均匀，所形成的碳化物可均匀分布，在晶界聚集偏聚较少，故晶间腐蚀倾向较低。

d. 环境因素。轻微的敏化并不能使不锈钢在所有环境下均发生晶间腐蚀。敏化合金在环境中是否发生晶间腐蚀与其在溶液中的电化学特性有关。只有当晶界贫铬区处于敏化的活性区或过钝化区时，贫铬区的腐蚀得到加速。相应的，当环境溶液具有很强的还原或氧化能力时，才会导致敏化合金的晶间腐蚀，例如草酸和硝酸银的混合溶液、铬酸、硫酸、三氯化铁溶液、硫酸铜溶液、硝酸与铬酐的混合溶液、海水、氯化铵溶液等。另外，能够降低不锈钢钝化稳定性的离子也能影响不锈钢的晶间腐蚀。

e. 焊接与敏化。奥氏体不锈钢，特别是 304 奥氏体不锈钢，焊接中必须考虑不锈钢的敏化。因为其临近焊缝位置的热影响区（HAZ）往往因敏化发生晶间腐蚀。焊缝融合区尽管温度高于 HAZ，但并不发生晶间腐蚀。这是因为不锈钢发生敏化的条件为：处于敏化温度区间；加热时间趋于敏化所需的临界时间。而在融合区（FZ）、HAZ 和母材基体中，仅 HAZ 满足敏化条件。

防止焊接敏化的影响因素和能够影响 HAZ 区冷却速率的因素都可作为控制焊接敏化的参数。通常焊接冷却速率与焊接热输入、焊接板材厚度、焊接速率、电弧电压和电流以及接头本身特性有关。在传统焊接技术中，氩弧焊提供最低的热输入，而激光和电子束焊接技术需要相对高一些的热输入，但也能获得满意的焊接接头。焊接热输入越小，HAZ 区敏化的概率越低，这样的焊接接头具有较高的抗敏化性能。

厚板焊接时，需要大的功率和热源输入，故其抗敏化性能随板厚增加而降低。为了避免厚板焊接时的敏化，实际中通常采用多道次焊接，使 HAZ 区快速散热。尽管如此，在多道次焊接过程中每道焊接之间的间隔时间应足够长，以保证 HAZ 区的温度在敏化区范围之外。另外，在装备制造过程中焊接件的几何因素也不可忽略。特别是在焊接厚板和薄板时，厚板能有效散热，而薄板因较弱的散热能力容易发生热量累积，产生敏化。

事实上，除了敏化使不锈钢发生晶间腐蚀之外，一些超低碳奥氏体不锈钢在强氧化性介质中（如浓的硝酸、重铬酸盐）也会发生晶界腐蚀。其原因在于这些超低碳不锈钢，特别是高铬、含钼钢在 $650\sim850℃$ 热处理时易析出 σ 相，富铬的 σ 相在晶界析出，也能导致晶界附近贫铬，进而诱发晶间腐蚀。因此，含钼的不锈钢不宜在强氧化性的浓硝酸中使用。

（2）晶间腐蚀的评价与控制　在国家标准 GB/T 4334—2008 中规定了不同的不锈钢晶间腐蚀的试验方法。但通用的检查不锈钢晶间腐蚀的方法是用 65％硝酸腐蚀试验方法，试验是将不锈钢放入沸腾的 65％硝酸溶液中，连续 48h 为一个周期，共 5 个周期，每周期测量质量损失，一般规定 5 个周期的平均腐蚀速率应不大于 0.005mm/月。对抗晶间腐蚀要求严格的，可采用硫酸铜腐蚀试验方法，在微沸的硫酸铜溶液中连续浸泡 48h，然后通过弯曲试验观察弯曲部分变形与开裂的金相组织，具有晶间开裂倾向的被认为晶间腐蚀倾向较大。最近国家标准 GB/T 29088—2012 推荐了双环动电位极化活化法评价不锈钢晶间腐蚀倾向，即在硫酸与氰化钾混合溶液中采用双环动电位极化，通过动电位钝化后回扫活化区临界电流密度与正向扫描活化区电流密度比值评估晶间腐蚀倾向，这种方法具有方便、灵敏的特点。

从防止晶间腐蚀的角度，由于晶界碳化铬析出是不锈钢晶界腐蚀的主要原因，因此防止晶间腐蚀的各种控制措施都是从控制碳化物在晶界上析出着手，通过前面对不锈钢晶间腐蚀的影响分析可知，这些措施主要有如下几方面。

① 化学成分调整。如降低钢中碳含量，使碳化物无法析出；加入 Ti、Nb、Ta 等更易稳定碳化物的元素；加入比碳更容易吸附在晶界上的合金元素，如硼等，防止碳的偏聚和碳化铬的析出；通过调整化学成分，使钢中含有 5％～10％的 δ 铁素体，也可降低晶间腐蚀倾向。

② 通过一些工艺措施来控制碳化铬析出的部位与数量，如冷轧或细化不锈钢晶粒，使碳化物在孪晶界析出或降低晶界上的析出量。

③ 通过固溶处理使晶界上析出的碳化铬重新溶解至基体，并在固溶处理后快速水冷，消除因敏化造成的晶间腐蚀倾向。

④ 通过降低热量输入、多道次焊接及加快冷却的方式，防止焊接过程中热影响区因热量累积而产生敏化。

3.2.6 应力腐蚀

应力腐蚀是指在拉应力下材料在特定腐蚀环境下产生滞后开裂，甚至发生滞后断裂的现象。当材料不受应力作用时，其腐蚀非常轻微，当承受的应力超过某一临界值时，会在腐蚀并不严重的情况下发生开裂或断裂，此时称为应力腐蚀开裂（SCC）。金属构件发生应力腐蚀时，通常不易发生均匀腐蚀。较强的耐均匀腐蚀能力是由于金属表面的钝化膜或去合金层的保护所致。膜破裂是应力腐蚀的主要原因之一。图 3-18 所示为 304L 不锈钢管的应力腐蚀开裂断口和横截面图。

 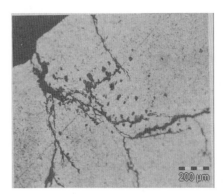

(a) 裂纹发生在沉积物下，其他区域没有腐蚀

(b) 开裂区横截面图，具有裂纹分叉，典型应力腐蚀开裂特征

图 3-18 热电厂锅炉加热器 304L 不锈钢管应力腐蚀开裂

（1）发生条件 一般认为发生应力腐蚀需要同时满足 3 个方面的条件：拉伸应力、敏感材料和特定介质。如果一个合金发生应力腐蚀开裂，环境和应力在开裂过程中发生协同作用。从工程角度，应力腐蚀开裂只在特定环境中才发生。表 3-8 为一些合金具有应力腐蚀开裂倾向的介质环境。然而，SCC 的产生因素不仅仅是应力腐蚀开裂倾向，还包括开裂方式以及具有应力腐蚀倾向的应力大小等方面。SCC 的开裂大多数为脆性开裂，能够在抗拉强度以下发生失效。

表 3-8 不同材料易发生应力腐蚀开裂的介质环境

材料	介 质
低碳钢	NaOH，硝酸盐，含 H_2S 和 HCl，CO-CO_2-H_2O，碳酸盐，硅酸盐
高强度钢	水介质，含痕量水的有机溶剂，HCN 溶液
奥氏体不锈钢	氯化物水溶液，高温纯水，连多硫酸，苛性碱溶液
铝合金	湿空气，海水，含卤素离子水溶液，有机溶剂，熔融 NaCl
钛与钛合金	发烟硝酸，甲醇蒸气，高温 NaCl 溶液，HCl，H_2SO_4，N_2O_4
铜和铜合金	含 NH_4^+ 溶液，氨蒸气，汞盐溶液，水蒸气

当介质环境、合金冶金、温度与拉伸应力等都存在的条件下，零部件的永久失效方式总是倾向于应力腐蚀开裂。这里的拉伸应力来源可以为多种：如构件工作状态下所承受外载荷形成的拉应力；加工、制造、热处理引起的内应力；装配、安装形成的内应力；温差引起的热应力；裂纹内因腐蚀产物累积产生体积效应，造成的楔入作用也能产生裂纹扩展所需的应力。

应力腐蚀开裂过程包括合金应力腐蚀开裂中裂纹萌生与生长过程。但是，零部件或材料的在高载荷条件下的失效并不意味着该材料一定发生 SCC。通常情况下，发生 SCC 时，材料断口为脆性开裂，这样的脆性裂纹的扩展与合金的冶金、环境因素有关，偶尔还与合金所受应力水平有关。裂纹通常与应力方向垂直。图 3-19 所示为 316L 不锈钢的穿晶 SCC 以及 7010 铝合金的晶间脆性开裂，开裂表面垂直于应力方向。值得注意的是，除了穿晶和沿晶开裂之外，还有混合开裂模式。

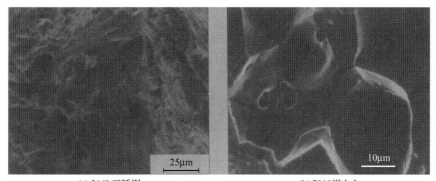

(a) 316L不锈钢　　　　　　　　(b) 7010铝合金

图 3-19　316L 不锈钢和 7010 铝合金应力腐蚀开裂后的断口形貌

合金发生开裂的模式取决于合金的冶金因素和环境特性。碳钢发生晶间开裂；固溶处理奥氏体不锈钢在氯离子溶液中发生穿晶开裂；敏化不锈钢发生晶间腐蚀开裂，高强铝合金在氯离子溶液中发生晶间腐蚀开裂；黄铜的应力腐蚀开裂模式与溶液 pH 值有关。

从广义上讲，开裂方式与晶间化学成分和位错结构有关。碳钢、敏化奥氏体不锈钢和高强铝合金的晶间开裂，是由于晶界或晶界区的电化学腐蚀活性比晶内更强。奥氏体不锈钢的穿晶开裂与位错的低层错能和局域有序相关。

（2）特征　应力腐蚀严重影响零部件设计的许用操作用力和断裂韧性。较为明显的是，零部件会在远低于合金的屈服强度下发生失效，应力最低时可达到屈服强度的 20% 以下。应力腐蚀开裂与时间相关，是一种滞后开裂。在一定环境下，滞后时间与施加应力水平有关，施加拉应力越大，开裂失效时间越短。

应力腐蚀的典型特征之一是合金发生应力腐蚀开裂需要应力阈值（σ_{th}），在该阈值以下不发生 SCC。裂纹扩展取决于应力强度因子（K），研究表明，合金发生 SCC 过程有 3 个阶段。在第 1 阶段，K 值快速增大，裂纹扩展速率提高；在第 2 阶段，裂纹扩展速率与 K 值无关，主要受介质控制；在第 3 阶段，为失稳断裂阶段，完全由力学因素控制，裂纹扩展速率随 K 值增加迅速增大直至断裂。所有合金均有阈值应力水平，用 K_{1scc} 表示；在该值以下，裂纹不扩展。耐应力腐蚀的合金具有较高的 K_{1scc} 值。

（3）影响因素　SCC 的影响因素可以分为两类，即金属/合金因素和环境因素。金属与环境的交互作用还产生电化学影响因素。其具体的因素如下。

a. 环境因素。

b. 钝化膜稳定性。

c. 材料成分组织（相、晶界、位错、晶粒尺寸与取向）。

① 环境因素。如前所述，金属与环境结合条件下合金才发生 SCC。需要指出的是，这里的环境除了介质中化学物质的成分与特性之外，还包括紊流或流体，以及温度等环境参数。因此，为避免 SCC，实际工业环境中不仅需要考虑符合工业环境的合理选材，同时需要将环境参数控制在所选材料所适应的可接受范围内。

不锈钢广泛应用于工业加工中，其应力腐蚀开裂与环境条件相关。例如，在冷却水系统中，奥氏体不锈钢只能用于低于 50℃的环境。超过该温度时，奥氏体不锈钢易发生 SCC。如果因设计或操作不当导致超温，那么选材方面因考虑铜合金或双相不锈钢。如果服役温度远超于上述温度限时，仍要使用奥氏体不锈钢，则需要控制所接触水中的氧溶解量和氯离子浓度。

应该认识到，在相同水化学条件下，冷却水导致奥氏体不锈钢 SCC 倾向的条件，与冷却水流经途径及其与换热器的位置关系有关，过流内管侧比过流外壳侧具有更高的耐 SCC 能力。立式换热器在壳壁侧的强烈紊流被认为是导致 SCC 高概率失效的原因之一。

② 钝化膜稳定性。金属钝化在热力学上是不稳定状态，金属可以通过钝化膜提高耐蚀性。根据 E-pH 图可以描述活性腐蚀和钝化金属的耐蚀性和趋势。SCC 发生在金属的钝化区，这些图可用于了解具不同合金的 SCC 倾向分析。硝酸、碳酸、草酸和磷酸可钝化金属，能够导致钢产生 SCC。

合金 SCC 萌生和发展过程也与钝化膜稳定性有关。当 SCC 发生受膜破裂过程控制时，钝化膜稳定性影响显著。当腐蚀电位或外加电位处于钝化不稳定区域，如活性-钝化转变区，金属容易通过 SCC 发生开裂。氯离子降低钝化膜稳定性并导致 SCC。点蚀坑成为 SCC 裂纹萌生的活性位置。

③ 冶金与组织因素。材料化学成分，晶体结构，相及其分布，非平衡凝固偏析，位错类型，晶粒的尺寸、形貌和位相等均是影响 SCC 的冶金参数。

具有体心立方的铁素体不锈钢耐应力腐蚀开裂能力高，而面心立方的奥氏体不锈钢具有 SCC 倾向。不锈钢中，容易使位错发生交滑移的晶体结构耐应力腐蚀开裂能力高。添加 Ni 和 N 元素可降低堆垛层错能、阻碍位错交滑移，进而 SCC 倾向增大。双相不锈钢因同时具有铁素体相和奥氏体相，在氯离子环境中的耐应力腐蚀能力比奥氏体和铁素体不锈钢强。图 3-20 所示为不同金属在含氯离子溶液中发生应力腐蚀开裂的趋势图，可见奥氏体不锈钢具有强烈的应力腐蚀开裂倾向。

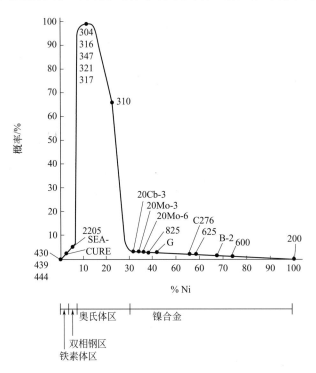

图 3-20　不同类型金属在含氯离子溶液中发生应力腐蚀开裂的趋势

减小晶粒尺寸不仅可提高合金的屈服强度，同时也能提高其耐应力腐蚀能力。减小奥氏体不锈钢晶粒尺寸还能降低不锈钢敏化，减少晶间有害元素含量。加工的合金在冷轧/热轧/锻造过程中晶粒形态和取向发生改变，在这种条件下，材料的耐应力腐蚀开裂能力与加工过程中的应力轴的位相有关，这样的取向效应在铝合金中较为常见。

④ 热处理。通过热处理可产生新相并改变相的分布。材料及零部件是否需要热处理是根据工艺和部件性能要求来制定的。例如，铝合金可以通过热处理获得不同强度水平的产品，但是不锈钢焊接过程中的敏化则应避免。

3.3 金属腐蚀对各行业的影响

金属腐蚀给国民经济带来了巨大损失，它使生产停顿、物质流失，腐蚀消耗大量的资源和能源，造成环境污染，妨碍新工艺、新技术的发展。腐蚀除造成巨大的经济损失外，它还常常会危及到人身安全。近几十年来，腐蚀造成的安全事故屡见不鲜。另外，腐蚀引起的环境污染问题日益引起人们的关注。腐蚀产生的各种工业废水、废渣和废气以及各种有害物质泄漏排放到河流、海洋和大气中，破坏了生态平衡并危及人们健康。

综上，腐蚀科学与防护技术与现代科学技术的发展有着极为密切的关系，对发展国民经济有着极为重要的意义。了解金属腐蚀对各行业的影响，有助于我们提高防腐意识，增强防腐常识。

3.3.1 人体植入金属的腐蚀

(1) 生物医学材料的耐蚀性 人体内部对于不锈钢来说是一个较为复杂的腐蚀环境。人体体液含有氯化钠及其他少量盐类和有机物，并且富含氧气和二氧化碳，此外还有脂肪酸、尿素和脲酸等多种有机物。因此，影响植入材料腐蚀的因素可以归结为两大类：材料和氧浓度。

就材料而言，不锈钢具有低的杂质含量和易钝化的表面。但在某些环境和贫氧区域，不锈钢也会腐蚀。有关不锈钢作为植入材料时的失效分析调查表明，不锈钢失效主要是由于明显的局部腐蚀如点蚀和缝隙腐蚀所导致的。钴合金具有很高的耐蚀性，尤其是具有抗氯离子引起的缝隙腐蚀能力以及很高的耐腐蚀疲劳和耐应力腐蚀性能。然而，正如其他所有高合金化的金属一样，其会产生电偶腐蚀，但比铁基合金要低些。钛合金具有重量轻以及良好的机械化学性能。但剪切强度低，摩擦系数高，易产生磨屑。其耐蚀性依靠氧化皮的形成，如同不锈钢一样，它也会产生氧的浓差腐蚀。

另一个影响植入材料腐蚀的因素是氧浓度。具有感染性的微生物和在部件之间缝隙的形成等可降低氧浓度。这些因素都能导致植入体的腐蚀。腐蚀导致磨屑或腐蚀产物的形成。医用生物材料的品种繁多，其中应用最广泛的是金属材料。金属材料具有较高的机械强度和抗疲劳性能，具有优异的抗生理腐蚀性能和组织相容性，适用于植入人体。目前已经应用的金属和合金主要有：不锈钢，如 316 和 316L；钴基合金；钛及钛基合金。金属材料作为支持活性体，具有良好的耐腐蚀性和生物相容性能，但耐磨性能和弹性差。

(2) 植入材料腐蚀失效形式 1980~1989 年，Zitter 在临床上使用并研究了钢板、螺钉、骨髓针等植入体，共计 142 件，其中有 120 件是采用奥氏体 Cr-Ni-Mo 钢制作的。在这 120 件植入体中，由于损坏事故向医院索赔的竟高达 94 件，其中腐蚀疲劳断裂导致 47 件植入体损坏，失效率达 50%，缝隙腐蚀的为 14.9%，焊接接头和结构缺陷导致的各占 11.7% 和 10.6%，点蚀和其他缺陷分别为 4.3% 和 8.5%。可见，腐蚀引起的破坏占总失效的 70%。

实践证明，人体环境中使用的不锈钢耐蚀性能不太令人满意。研究表明，钛合金及钴铬钼合金点蚀倾向非常小，而不锈钢点蚀倾向大。观察表明含钼的不锈钢抗点蚀，但钼含量不足也是引起点蚀的原因之一。对于承载力大与骨骼有关的部件，最好采用抗点蚀的不锈钢及钛合金。由于工业纯钛力学强度低，现在一般采用高强度的钛合金。

电偶腐蚀在多个零件构成的植入器件中尤其重要。如果选用不恰当的材料组合导致较大的电位差，就容易产生电偶腐蚀：如骨板和螺钉。进行手术时所使用的器械应与植入材料间也可能引起电偶腐蚀。所以手术时所使用的钻头和螺丝刀等器械应与植入材料相同或者使用不破坏植入材料钝化膜的器械。另外金属切屑与未经过强烈变形的同种材料接触时也会引起电偶腐蚀。因此要细心地清除螺纹中的切屑，以免引起电偶腐蚀。实验得出，贵金属与 Ni-Ti 合金配对时直接测量的腐蚀电流值比不锈钢、Ta、Ti 与 Ni-Ti 合金配对时直接测量的腐蚀电流值高一个数量级。

多零件植入装置，特别是骨板和螺钉，会遭受缝隙腐蚀，不锈钢植入器件的缝隙腐蚀是一种重要腐蚀现象。在取出的多零件植入装置中，大约有 50％遭受缝隙腐蚀。镍钛合金与不锈钢配对时，会引起缝隙腐蚀。因此，目前在牙科方面只采用（Ni-Ti)-Ti 和（Ni-Ti)-陶瓷组合，也间接证明了这一点。

磨损腐蚀是由于植入器件之间反复的、相对的滑动所造成的表面磨损与腐蚀环境综合作用的结果。在不锈钢植入器件上，特别是骨钉与骨板接触处，磨蚀造成点蚀坑或颗粒形状的斑疤。在一些斑疤内部可以找到很深的磨蚀深洞。而钴铬合金显示出光滑的斑疤，且斑疤具有波纹形状，可能是由于材料被摩擦、磨损造成的。钛合金耐磨性不好，磨损斑疤既不是光滑的，也不是麻点样，而是一道道波纹状，有时还可看到凹坑。对于钛和钛合金等活性金属，其耐蚀性依赖于表面存在的一层保护性氧化皮，一旦表面膜被破坏而又不能立即生成新的氧化皮，将产生严重的腐蚀。钛金属硬度低、耐磨性差，因而在磨损和体液共同作用下，比不锈钢和钴合金更易遭受磨损腐蚀的破坏。由钛合金、不锈钢和钴合金用于髋关节置换时与高密度聚乙烯相互摩擦的磨损试验表明：钛合金的比磨损量最大，比钴合金和不锈钢分别大 1～2 个数量级。

人体下肢所用的植入器件，特别是骨关节植入器件，耐腐蚀疲劳性能是至关重要的。由于腐蚀疲劳裂纹总是从植入器件表面发生，所以对植入器件进行喷丸处理可提高疲劳寿命。对承受高应力的植入器件优先考虑采用热压和锻造方法制造的。

对于钛和钛合金植入材料，至今尚无发生应力腐蚀开裂的报道。钛合金 Ti_6Al_4V 在体内很可能发生应力腐蚀开裂。Bundy 等将不锈钢、钛合金和钴合金试样加载至屈服应力点，植入兔子体内 16 周，发现不锈钢和钛合金有应力腐蚀开裂特征，而 Co-Cr 合金只产生塑性变形，在模拟环境中，316L 不锈钢和 Ti_6Al_4V 合金在屈服点以上和 100mV 阳极电位下，同样产生点蚀和破裂特征。因此，认为屈服应力和人体生物电的共同作用很可能造成体内植入器件的应力腐蚀开裂。

医用不锈钢在植入人体以后，由于腐蚀或磨损等原因造成表面的钝化膜或保护层发生破坏时，其中金属离子很容易富集于植入物附近的组织中，影响生物体的正常代谢。现有的研究表明新型医用无镍不锈钢的力学性能、耐蚀性能和血液相容性等，与传统使用的医用 316L 不锈钢相比具有更好的强韧性、优良的耐蚀性和血液相容性，这种优势将会为其提供广阔的应用前景。20 世纪 70 年代以来，随着生物医学材料学的发展及冶金铸造技术的提高，医用钛合金以其优良的生物相容性、密度小和弹性模量低等特点作为人体植入材料而被应用于关节外科、矫形外科及创伤外科等骨科学领域，其中以 Ti_6Al_4V 合金（TC4）和 NiTi 形状记忆合金（NiTi SAM）最为常见，以其为基材制成的人工关节假体、骨折内固定器及矫形器械在临床上被大量使用，成为最具代表性的生物医用金属材料。然而，长期的临床应用发现这两种合金材料的抗腐蚀性能并未达到理想水平，植入人体后，在体液中会发生腐蚀反应，不仅降低了其力学和机械性能，产生植入体断裂、松动等问题以致植入失效，而且溶入体液的 Al、V、Ni 等离子对周围组织也会产生一定的毒副作用。这大大限制了这两种合金材料在医学领域的应用。因此，医用钛合金的抗腐蚀性能研究对于保障其在人体的安全使用具有十分重要的现实意义。近年来，金属钽以其优良的抗腐蚀性能、稳定的生物学特性和独特的结构性质引起了生物医学界的广泛关注，钽制人工骨小梁、颅骨修复体、心脏起搏器等已经在临床应用中获得成功。如果将钽作为涂层材料喷涂于钛合金表面制成生物医用复合材料，将弥补钛合金抗腐蚀、耐磨损能力差的缺点，就会大大提高钛合金植入体的长期生物稳定性，为钽涂层钛合金医用复合材料进入临床应用提供实验依据。

3.3.2　金属土壤腐蚀及影响

土壤腐蚀是金属材料在自然环境下腐蚀的一个重要方面。土壤是由气、液、固三相构成的复杂体系，既存在微腐蚀电池，也存在宏腐蚀电池。土壤中的盐分、含水量、含气量、酸度、微生物、有机质及气候条件等因素对土壤的腐蚀性有一定的影响作用，这些因素间又交互作用，且随着时间发生变化。近年来随着工业的快速发展，土壤污染越来越严重。

（1）土壤腐蚀的类型

① 异金属接触电池。地下金属构件有时采用不同金属材料，电极电位不同的两种金属材料连接时，电位较负的金属腐蚀加剧，而电位较正的金属获得保护。这种腐蚀称为异金属接触电池。在工程中应尽量避此类情况的发生，当然接触腐蚀的速度还与阳阴极接触面积、金属性能有关。

② 氧浓差电池。对于埋在土壤中的地下管线而言，这种电池作用是最常见的。产生这种电池作用的原因是管线不同部位的土壤中由于氧含量的差异，使氧含量低的部位成为阳极，氧含量高的部位成为阴极。

③ 盐浓度电池。由于土壤中介质的含盐量的差异造成，盐浓度高的部位电极电位较负，成为阳极而加速腐蚀。

④ 温差电池。这种电池在油井和气井的套管中可能发生。位于地下深层的套管处于较高的温度，为阳极，而位于地面表层附近既浅层的套管温度低，成为阴极。

⑤ 新旧管线构成的腐蚀。当新旧管线连在一起时，由于旧管线表面有腐蚀产物层，使其电极电位比新管线的电极电位正，成为阳极，加速新管线的腐蚀。

⑥ 杂散电流的腐蚀。所谓杂散电流是指由原定的正常电路漏失的电流。杂散电流可以导致地下金属设施发生严重的腐蚀破坏作用。其腐蚀量和电流强度成正比，服从法拉第电解定律。在土壤中，厚壁为 7～8mm 的钢管，在杂散电流的影响下，4～5 个月便可以腐蚀穿孔。因此杂散电流的腐蚀是一般腐蚀不能与之相比的。腐蚀事故表明，直流电和交流电均能产生杂散电流腐蚀，但后者仅为前者的 1%。

（2）金属腐蚀对土壤的影响　由于金属污染具有长期性和隐蔽性，治理成本高、技术不成熟，在过去的一段时期又未得到社会各界的充分重视，时至今日金属污染对我国国民造成的伤害仍在继续。2005 年，中华人民共和国环境保护部和中华人民共和国国土资源部展开了首次全国范围内的土壤金属污染调查，虽然至今调查结果并未公布，但从国家对土壤金属污染问题日益提高的重视程度可以看出问题的严重性。截至 2006 年，我国每年被金属污染的粮食高达 1200 万吨，造成的直接经济损失每年超过 200 亿元。更严重的是，在 2006 年以前针对 $3000km^2$ 基本农田保护区的土壤有害金属抽样监测结果显示，有 $360km^2$ 基本农田土壤金属超标，超标率高达 12.1%。

重金属污染物在土壤中移动性差，滞留时间长、不能被微生物降解；并可经水、植物等介质最终影响人类的健康。土壤金属污染以及治理已经成为科学界乃至全世界关注的焦点问题。在植物修复方法中，植物的筛选、目标植物的生物量和修复的时间都将成为限制其发展的关键问题；同时，由于污染的伴生性，对复合污染的修复效率及农用土壤的修复都将受到一定的束缚。目前全世界普遍采用物理化学处理方法；即主要是向被污染土壤添加一些钝化修复剂，来降低重金属在土壤中的有效浓度或改变其氧化还原状态，从而有效较低其迁移性、毒性及生物有效性。

第一，重金属在土壤-作物系统中迁移直接影响到作物的生理生化和生长发育，从而影响作物的产量和品质。比如镉是危害植物生长的有毒元素，土壤中如果镉过高，会破坏叶片的叶绿素结构，减少根系对水分和养分的吸收，抑制根系生长，造成作物生理障碍而降低产量。铅在作物组织中可导致氧化、光合作用以及脂肪代谢强度的减弱，对水的吸收量减少、耗氧量增大，从而阻碍作物生长，甚至引起作物死亡等。

第二，重金属可通过食物链最终危害人类健康。比如，镉的生物毒性显著，会给人体带来高血压、心脑血管疾病、肾功能失调等一系列问题。食入汞后直接沉入肝脏，对大脑视力神经破坏极大。砷会使皮肤色素沉着，导致异常角质化。铬会造成四肢麻木，精神异常。铅是重金属污染中毒性较大的一种，一旦进入人体很难排除，并直接伤害脑细胞，造成智力低下等。

3.3.3 金属腐蚀对水资源的影响

(1) 淡水腐蚀　淡水一般是指河水、湖水和地下水等含盐量较少的天然水。淡水中的金属腐蚀是电化学腐蚀的过程，通常受阴极过程所控制。

① 金属淡水腐蚀的影响因素。

a. pH 值。钢铁的腐蚀速度与纯水 pH 值的关系：在 pH 值为 4～9 时，腐蚀速率与水的 pH 值无关，这是因为在钢的表面覆盖着一层氧化物膜，氧要通过膜才能起到去极化作用。在 pH 值小于 4 时，膜被溶解，腐蚀加剧。当水中存在 Cl^- 和 HCO_3^- 时，在 $pH=8$ 附近，腐蚀加速，出现水锈。

b. 溶解氧。淡水的腐蚀受阴极过程所控制，除酸性强的水溶液以外，其腐蚀速度与溶氧量及氧的消耗成正比。而当氧超过一定值时，由于淡水的溶氧浓度高，金属形成钝态，因此金属腐蚀速率骤降，酸性水或者含盐分多的金属难以钝化。

c. 水中电解质成分。水中含盐量等成分的增加，使其导电性增加，同时腐蚀产物从金属表层开始沉淀，因此腐蚀速度增加。大多数盐类约在其浓度的 0.5mol/L 时腐蚀性最强。当盐类的浓度到达一定的浓度时，氧的溶解度下降，可使腐蚀速度减小。

d. 温度。当腐蚀速度处于受水中氧扩散控制时，若水温上升 10℃，钢的腐蚀速度约增加 30%。

② 金属腐蚀对淡水的影响　水污染是指超过水资源自净能力的污染物进入水体，破坏了水体自身的性质，使水体遭到损害而失去了使用的价值。毒物污染一般由工业生产导致，在我国覆盖面广且危害严重，导致毒物污染的污染物主要包括重金属无机毒物、非金属无机毒物、易分解有机毒物和持续性污染物四类。

a. 对人体健康造成威胁。水资源是人类赖以生存的基础资源，被金属污染的水资源可以通过人类的直接饮用以及对粮食、鱼肉等的影响来形成对人类身体健康的威胁。在 1956 年，日本水俣湾出现了一种奇怪的病。这种"怪病"是日后轰动世界的"水俣病"，是最早出现的由于金属离子排放污染造成的公害病。

b. 对水生生物的威胁。金属腐蚀对水质造成的污染会对水生生物产生直接的威胁，水资源中众多的水生生物与水资源保持一种平衡关系，而金属腐蚀后所产生的污染物会改变水生生物的生存环境，导致耐污能力较差的水生生物中毒而使其数量不断减少，水生生物的减少又会使水体中的平衡受到破坏，从而影响水资源的自净能力，导致水资源受到更大程度的污染，这会使部分耐污能力较强的水生生物数量剧增，这种现象会影响水质而对生态平衡造成更大的威胁。

c. 对工农业生产产生制约。工业和农业是造成水资源污染的重要主体，同时造成污染的水资源也会反作用于工业和农业。在工业生产中，许多工业生产部门需要水资源来进行洗涤或直接加工产品，如食品行业、纺织行业、造纸行业等，而被金属腐蚀所污染的水资源用于这些生产活动时会对工业产品的质量产生很大影响。这些被污染的水资源在用于工业冷却的过程中会造成对冷却水循环系统的破坏，水质过硬也会减少锅炉的使用寿命，增加工业生产的投入。在农业生产中，用污水进行灌溉会使土壤资源质量下降、肥力降低，同时农作物的质量也会直接或间接受到影响。而金属污染对工业和农业的这些影响也势必会加大对水污染处理的经济投入，使社会生产成本增加。

（2）海水腐蚀。海洋占据了地球表面的 70.8%，而海水是自然界中数量最大的且具有很大腐蚀性的天然电解质。近年来，由于海洋开发使沿海的污染问题日趋严重。

① 海水的特性。海水中溶有大量的盐类，常把海水近似地看做 3% 或者 5% 的氯化钠溶液。海水的含盐量用盐度或者氯度来表示。正常海水的盐度一般在 32%～37.5%。通常取 35% 作为大洋性海水的盐度。

海水具有很高的电导率，海水的平均电导率为 $4 \times 10^{-2} S/cm$，其导电性远远超过河水（2×10^{-4} S/cm）和雨水（$1 \times 10^{-5} S/cm$）。海水的含氧量是海水腐蚀的重要因素。

② 海洋中影响金属腐蚀的因素

a. 盐度。海水中的氯化钠浓度范围对于钢的腐蚀速度刚好接近最大值。一方面，盐量的增加使水的电导率增加，进而使腐蚀加快。另一方面，含盐量增加会降低水中的含氧量，当盐度达到一定值后，水中的溶氧量降低，又使腐蚀速度减小。

b. pH 值。海水的 pH 值一般为中性，对于腐蚀影响不大，在深海处，pH 略有降低，不利于在金属表层生成保护性碳酸盐层。

c. 碳酸盐饱和度。在海水的 pH 值条件下，碳酸盐一般达到饱和，容易沉积在金属表面形成保护层。

d. 含氧量。海水中含氧量增加，可使腐蚀速度增加。污染的海水中，含氧量会大大的下降。海水中含氧量随着深度和海水流速也有很大的变化。

e. 温度。与淡水作用类似，提高温度通常都可以加速反应，但是随着温度的上升，氧的溶解度随之下降，而氧在海水中的扩散速度会增加，总的效果还是会加速海水腐蚀。

f. 流速。碳钢的腐蚀速度随着流速的增加而变快，在海水中能钝化的金属则不然。一定流速能促进钛镍合金和高铬不锈钢的钝化而提高其耐腐蚀性。当海水的流速过高时，金属腐蚀急剧增加。

g. 生物的影响。海洋环境中生存着多种植物、动物和微生物。其中与海水腐蚀有关的常见附着生物有贻贝、牡蛎和海藻等。

③ 金属海水腐蚀的特点。氧去极化腐蚀，尽管表层海水被氧所包围，但氧扩散到金属表层的速度小于氧还原的阴极反应速度。在静止或者流速不大的海水中，阴极过程通常都受氧的扩散速度控制。

海水中大量的氯离子等卤素离子，对大多数金属及其阳极阻滞作用较小。另外，可破坏金属的钝化膜。海水是良好的导电介质，电阻较小。因此，和大气及土壤腐蚀相比较，所构成的腐蚀电池作用将更强烈，影响更加深远。

海水中除发生全面腐蚀外，还易发生局部腐蚀，例如点蚀和缝隙腐蚀。在高流速下，还容易产生空泡腐蚀和冲刷腐蚀。

④ 海水中金属腐蚀的类型

a. 海水中由于异种金属接触的电偶腐蚀。由于海水具有良好的导电性，当异种金属在海水中接触时，很容易发生电偶腐蚀。电位较负的一种金属是接触电偶腐蚀的阳极，其腐蚀速度得到加速，另一种电位较正的金属，则是电偶中的阴极，其腐蚀速度将减小或者处于被保护的状态而不受腐蚀。需要强调的是：金属的电位值只是一个大致的数值，它们随着金属纯度、海水组成、金属表面状态以及氧的供应等而变化。

异种金属在海水中接触时，他们的腐蚀率受两种金属的电位差和两种金属表面积比值所控制，同时受到海洋环境的影响，其中尤以溶氧和流速的影响最为显著。

b. 深海的腐蚀。腐蚀行为和海水不同深度的溶氧量相关联，在海面温度变化的范围内，溶氧的变化为5～10ppm，进入过渡层后随着水的深度下降而下降，碳钢的腐蚀趋向于均匀。而不锈钢无论在表层还是在深海都能产生剧烈的缝隙腐蚀。

⑤ 金属海水腐蚀的影响。海洋重金属污染给海洋生物带来极大的危害，对人类健康构成潜在的威胁。高浓度重金属阻碍鱼类生长和发育，致使鱼类、甲壳类体型减小，且重金属在海洋鱼类、贝类、甲壳类中蓄积，经食物链传递至人类后可能引发急慢性疾病。

a. 海水腐蚀金属对鱼类的影响。金属对鱼的毒害，有外毒和内毒两方面。外毒与鳃、体表分泌的黏液结合成蛋白质的复合物，覆盖整个鳃和体表，并充塞鳃瓣间隙，使鳃丝的正常活动困难，导致鱼窒息而死。内毒为金属离子通过鳃及体表进入鱼体内，与体内主要的酶的催化活性部位中的硫氢基结合成难溶解的硫醇盐，抑制了酶的活性，从而妨碍机体的代谢作用，引起死亡。金属离子铝、锌、镍、镉等均可与鳃的分泌物结合起来，填塞鳃丝间隙，使鱼呼吸困难。锰和铜可引起鱼类红细胞和白细胞减少。铜中毒后可引起白鲢胚胎发育延迟。钴、锰可引起鲤鱼鳃上皮细胞肿胀脱落。

b. 海水腐蚀金属对藻类的影响。金属类对藻类毒性大小的顺序随藻类种类和实验条件发生变化，一般来讲是 $Hg > Cd \approx Cu > Zn > Pb > Cr$。Hg 对藻类的毒性最大。Hopkin 和 Kain 研究 Hg 对海带不同生长阶段的影响，发现在配子体阶段最敏感。Stromgrem 发现墨角藻在 $100 \sim 200 \mu g/L$ Hg^{2+} 的介质中生长 10 天，生长速率减少 50%。甚至在 $5 \sim 9 \mu g/L$ Hg^{2+} 浓度下也受到了抑制。Cu 和 Zn 是藻类生长的必需元素，但当环境中浓度过高时，就会对藻类产生毒害。Cu 的毒性大小随离子浓度而变。Sorentino（1979）通过实验发现 Cu 的毒性效应分为几个阶段：首先影响质膜的透性，导致细胞丢失 K^+，并从而引起细胞体积发生变化；其次把 Cu 转移到细胞质，然后进入叶绿体，并使其不产生 ATP，从而抑制光合作用。一般情况下，重金属对藻类生理、生化功能的影响主要表现在：抑制光合作用、减少细胞色素、导致畸变，以及改变天然环境中藻类的组成。

金属及其化合物在水体中会发生形态和价态的变化，由易溶性化合物转变为难溶性化合物，由生物可吸收态转变为生物不可利用残渣。这些转变当然也会向反方向进行。根据对我国对沿海等几大城市的调查，其近岸水域已受到不同程度的重金属污染，Zn、Pb、Cd、Cu、Cr 等元素污染严重。其中 Pb、Cd、Cu 潜在活性大，易参与环境中各类物质的反应。在海洋中沉积的金属类物质可以通过食物链等方式进入人体，现在已经影响到人群的健康。

c. 海水腐蚀对贝类的影响。软体动物特别是贝类容易在体内累积各种污物，如毛蚶暴露于 Cu、Pb、Ni 和 Cr 中，在前 20～30 天的累积速率很高。这些重金属在毛蚶体内含量分布高低的顺序为：鳃、外套膜、闭壳肌、内脏、肌肉。因为毛蚶沿海分布广、生命周期长、活动范围小，故其对重金属累积能力较强，可作为中国沿海重金属污染检测的一种有效指示生物。研究表明，重金属在海洋贝类生物体内的积累与环境的影响因素（如温度、盐度及溶解氧等的变化）有关。

3.3.4 金属腐蚀对石油化工产业的影响

我国经济的飞速发展带动着我国的石油化工行业的发展。而石油化工机械设备在石油化工行业中占据着重要的地位。石油化工机械设备遭受到腐蚀的现象越来越普遍，机械设备被腐蚀后，使得机械性能发生变化，造成设备破坏以及能源和资源的浪费。除了在石油化工产业存在严重的金属腐蚀以外，在机械制造产业也存在严重的金属腐蚀现象。

（1）石油化工行业金属腐蚀的机理

① 物理腐蚀。是指金属由于单纯的物理溶解作用所引起的损坏。在液态金属中可发生物理腐蚀，这种腐蚀不是由化学或电化学反应，而是由物理溶解所致。如用来盛放熔融锌的钢容器，由于铁被液态锌所溶解而损坏。

② 化学腐蚀。金属的化学腐蚀是指金属表面与非电解质直接发生化学反应而引起的破坏。只发生氧化还原反应，在腐蚀过程中没有腐蚀电流的产生，化学腐蚀服从多相反应的化学动力学规律。例如金属在干燥气体中的腐蚀，银在纯四氯化碳和甲烷中的腐蚀。化学腐蚀的介质特点是不含有水分。现实中，单纯的化学腐蚀比较少见，原因在于介质中往往都含有少量的水分，从而使金属的化学腐蚀转变为电化学腐蚀。事实上，只有在无水的有机溶剂或干燥气体中的腐蚀才是化学腐蚀。

③ 电化学腐蚀。是指金属表面与电解质溶液发生电化学反应而产生的破坏，反应过程中有电流产生，通常按电化学机理进行的腐蚀反应至少有一个阳极反应和一个阴极反应。并以流过金属内部的电子流和介质中的离子流构成回路。阳极反应是氧化过程，即金属失去电子而成为离子状态进入溶液，阴极反应是还原过程，即金属内的剩余电子在金属表面/溶液界面上被氧化剂吸收。电化学腐蚀是最普遍、最常见的腐蚀。化工压力容器腐蚀多属于电化学腐蚀，它既可以是单一的电化学作用，也可能是电化学作用与机械、生物作用并存和相互作用的复杂过程。

（2）石油化工机械设备常见的腐蚀类型　基本上所有石油化工机械设备的腐蚀都是均匀腐蚀，也就是在机械的表面出现整体腐蚀现象。一般这类腐蚀不会造成石油企业的重大损失，只是轻微影响机械设备的外表色泽。常用单位时间内金属部件的腐蚀深度或壁厚减薄量，也就是腐蚀速率，来作为衡量均匀腐蚀程度的标准。均匀腐蚀均匀地发生在金属的整个表面，其危险性最小，大多数化学腐蚀均属于均匀腐蚀。石油企业日常生产过程中通过腐蚀余量来确保机械设备使用寿命。

非均匀腐蚀只是单独发生于石油化工机械设备的某些区域。尽管局部腐蚀不会造成石油企业机械设备的大量损坏，但是其带来的腐蚀威胁不容忽视。局部腐蚀不易预防控制和监测，因此大多数企业容易忽视局部腐蚀带来的小破坏事故，致使局部腐蚀程度加深，直到腐蚀令设备的正常运转受到影响，此时设备的机械结构已受到破坏。局部腐蚀在无形中使得金属部件受到破坏，会造成巨大破坏。

（3）影响石油化工机械设备腐蚀的因素

① 影响石油化工机械设备腐蚀的内在因素。

a. 设备本身出现问题。石油化工机械设备的构造材质将影响其抗腐蚀能力。如果处在相同环境下，钢材质的石油化工机械设备会比铁制的腐蚀速度慢。如果石油化工机械设备上突起的零件受到腐蚀，那么设备结构的衔接处也一定会受到腐蚀。比如设备的死角处、开口以及缝隙中的金属腐蚀速度会比其他部位腐蚀速度快。此外，石油化工机械设备的表面越光滑的，其在氧化皮的保护下腐蚀得越慢，反之，越粗糙腐蚀得越快。石油化工机械设备的结构越复杂，其出现缺陷的概率也就越大。

b. 金属的防腐能力差。石油化工机械是由大量机械构件所构成的，然而金属的防腐能力与其内部晶粒的粗细程度成反比。也就是说，金属的晶粒密度越大，其防腐能力就越差。就目前而言，我国现代化石油化工机械设备均是采用由粗晶粒构成的金属作为部件，导致其防腐能力差，直接导致设备遭受到腐蚀。

c. 发生化学或电化学反应因素。石油化工企业进行工业生产的化学原料通常具有一定的腐蚀性，而机械设备的金属部件容易与这些化学物质发生化学或电化学反应，生成的金属氧化物会使金属表面受到损坏。而电化学腐蚀是发生在潮湿环境中的一种氧化还原反应，石油化工机械设备的金属部件遇到电解质溶液时容易发生电极反应，使得设备遭受腐蚀。石油化工机械设备在运行时必须与不同溶液、不同介质相互接触，然而这些溶液和介质一般对设备具有一定的腐蚀作用。如果石油化工机械设备的金属部件防腐性能差，就容易被溶液腐蚀。

② 影响石油化工机械设备腐蚀的外在因素。

a. 生产环境造成腐蚀。石油化工生产过程中，所存在的环境一般含有腐蚀性介质，如果石油化工机械设备经常暴露于空气中，那么其腐蚀速度就会加快。化学生产过程中必需的酸碱盐原材料也会造成设备的腐蚀。此外介质的种类以及含氧量也会导致设备受到腐蚀。在化工生产过程中，随着介质温度的逐渐升高，设备的腐蚀速度也会加快。这主要是因为温度升高，使得接触的面积扩大，进而加快腐蚀速度。另外，设备腐蚀的速度还会随着介质运动速度的增快而增快。介质的不断流动会破坏设备表面的保护膜，并对设备产生冲击磨损，最终造成腐蚀。

b. 腐蚀性液体或气体因素。由于受到生产环境的影响，使得石油化工机械设备无法避免地会受到腐蚀性气体或液体的危害。酸碱盐等腐蚀性物质均会对设备造成伤害。一般，如果这类强腐蚀性物质长期残留在石油化工机械设备的某些关键部位或者是只残留在设备表面，必将造成机械设备的腐蚀，严重时还有可能导致设备出现质量以及性能上的问题。

c. 液体或气体的流动速度因素。对某些化学物质的腐蚀状况进行研究得出，设备的腐蚀程度与腐蚀性气体或液体的流动速度有关。一般来说，腐蚀液体或是腐蚀气体的流动速度越快，其对机械设备的腐蚀程度就越高，而处于静止状态下的气体或液体对机械设备的腐蚀程度最小。

(4) 金属腐蚀对机械以及石油化工行业的影响

① 造成巨大的经济损失。腐蚀对国民经济发展有着巨大影响，美国发布的第 7 次腐蚀损失调查结果表明，每年的直接腐蚀损失是 2760 亿美元，约占其 GDP 的 3.1%；根据中国 2003 年发表的中国腐蚀调查报告，我国年腐蚀损失约占国民生产总值的 5%，腐蚀所造成的经济损失约为每年 5000 亿元。如发电厂一台锅炉管子腐蚀损坏，其价值不大，但造成一大片工厂停产，则损失大得多。又如减压蒸馏装置的腐蚀虽未造成事故，但会使重馏分油中铁离子含量偏高，从而导致加氢裂化装置压力降过大，被迫提前更换（或部分更换）昂贵的催化剂，停产十几天，一次损失就达几百万元。

② 严重影响安全。腐蚀不仅造成经济上的损失，也经常构成对安全的威胁。均匀腐蚀，如铁生锈，一般进展缓慢，危险性不大；但一些局部腐蚀如点蚀或应力腐蚀开裂，常常是突发性的，极易引起安全事故。如炼油厂高温转油线因点蚀漏油而发生火灾等。化工厂设备破坏而造成的安全事故有60% 是由腐蚀引起的。结构主材腐蚀（特别是应力腐蚀和腐蚀疲劳），会在毫不知情的情况下引发严重事故，造成生命财产损失。

③ 造成环境污染。腐蚀是海底输油管道发生泄漏的最大风险因素。据统计，因腐蚀导致海底输油管道失效占总失效比例的 35%。海洋油气开发中广泛采用的两相混输技术，除 CO_2 和 H_2S 腐蚀外，在混输管道内，气液常呈段塞流或分层流流型，以段塞流流动时，段塞的流速很高，气液与壁面的最大剪切应力常为单相满管流动剪切应力的几倍。使腐蚀保护膜受到冲刷破坏，加剧腐蚀。石油化工设备管道的跑、冒、滴、漏，均会造成环境污染，有毒气体如 H_2S、CO 等的泄漏，污染范围则更大，严重时还会危及人的生命安全。输油管道漏油几十吨，经济损失并不大，但对土壤、水体的污染则可持续几年甚至十几年，绝不可小视。山东一电镀企业建筑物没有进行防腐处理致使大量的铬金属渗漏达 500m 深，严重污染当地地下水，导致当地数万人铬中毒，造成严重的社会影响和经济损失。

④ 阻碍新技术的发展。一项新技术、新产品的生产过程中，往往会遇到需克服的腐蚀问题，只有解决了腐蚀问题，新技术、新产品才会迅速工业化。如在发现了不锈钢之后，生产硝酸和应用硝酸的工业才得以蓬勃发展。目前人们已认识到石油资源是有限的，我国从战略角度考虑，已在进行利用

蕴藏量巨大的煤转化生产液体燃料和气体燃料，但这就会遇到一连串的高温、高压和临氢腐蚀问题。只有解决了相应的腐蚀问题，才可从煤中获得优质的液体燃料和气体燃料。腐蚀还可能成为生产发展和科技进步的障碍。例如，美国阿波罗登月飞船贮存 N_2O_4 的高压容器曾发生应力腐蚀破裂，若不是及时研究出加入体积分数为 0.6% 的 NO 解决这一问题，登月计划将会推迟若干年。

⑤ 加速自然资源的耗损。地球蕴藏的金属矿藏是有限的。人类从矿石中提炼出金属，腐蚀又使金属变成无用的、散碎的氧化物等，一些大的储罐、换热器也常常因为局部穿孔而变成一堆破铜烂铁。这些都加速了自然资源的耗损。从延缓自然资源耗竭的观点看，防腐蚀工作是重要的，也是可持续发展的需要。

3.3.5　金属腐蚀对钢筋混土建筑的影响

现有基础设施主要是钢筋混凝土结构，虽钢筋在保证结构的高强度、耐久性、阻止裂纹扩展等方面发挥着重要作用，但钢筋的锈蚀会导致混凝土结构的早期衰变，诱发各种结构损伤，降低或丧失构筑物力学功能，甚至还会在因坍塌而造成生命及财产的巨大损失。因此，了解钢筋的腐蚀状态，掌握腐蚀速度及其变化规律，进而评价结构安全性，已成为亟待解决的问题。

(1) 混凝土中钢筋锈蚀的影响因素　腐蚀性介质对构件的腐蚀一般是由外表向内部逐渐进行的，因此混凝土的抗渗性能对其内部钢筋的腐蚀速度起重要影响；混凝土抗渗性能主要取决于混凝土的密实度，而对混凝土密实度起控制作用的是水灰比和水泥用量，其中水灰比起主要作用。研究表明，水灰比与碳化系数之间有近似线性关系，水泥用量与碳化系数之间也近似呈线性关系，但小于 $300kg/cm^3$ 时，系数即明显增大。

我国《工业建筑防腐蚀设计规范》中规定钢材和混凝土中钢筋最容易锈蚀的湿度范围是在相对湿度为 70%~80%。当相对湿度小于 60% 时，锈蚀进程缓慢。

构件的横向裂缝宽度对耐久性有一定的影响，宽度过大将导致钢筋的锈蚀。以往国内外规范对裂缝宽度的限制均较严格。但现场调查和暴露试验均说明，横向裂缝宽度与钢筋锈蚀的关系并不如人们想象的那么严重，现在国内外规范都普遍放宽了裂缝的允许宽度以节约钢材。生产现场的暴露试验的结果表明，钢筋锈蚀与裂缝宽度在一定范围内（如小于 0.3mm）无明显的直接因果关系，在不同腐蚀性气体（HCl、SO_2 和 NO_2）和不同湿度下，构件裂缝宽度与钢筋锈蚀关系的模拟试验表明，裂缝宽度与钢筋锈蚀影响不大。目前普遍认为，在裂缝宽度不大于 0.2mm 的情况下，对钢筋锈蚀基本没有影响。

(2) 钢筋腐蚀常见形态　钢筋腐蚀按形态一般可以分为均匀腐蚀、局部腐蚀以及应力作用下的腐蚀等几大类，其形态特点、作用形式也不尽相同。

(3) 金属腐蚀对钢筋混土建筑造成的影响

① 建筑物金属腐蚀严重缩短了建筑物的使用寿命。近年来，我国因钢筋锈蚀而导致的混凝土结构破坏现象也较普遍，尤其海洋工程、使用除冰盐的路桥工程以及处于盐渍地区的建筑物，钢筋锈蚀极其严重。使用 7~25 年的海港码头混凝土梁、板 89% 出现钢筋锈蚀、顺筋锈胀开裂和混凝土剥落等现象。北京、天津的许多立交桥，由于冻融循环和除冰盐腐蚀破坏，出现了严重的钢筋腐蚀问题，不得不斥巨资修复。北京最早建成的西直门立交桥使用时间尚不到 19 年，就因钢筋锈蚀破坏严重被迫拆除重建。山东改革开放初期建设的一批高速公路桥，投入运行不到 10 年，就出现钢筋严重锈蚀，虽经加固，2~3 年后仍发生腐蚀破坏，最终需拆除重建。我国工业及民用建筑中也存在钢筋锈蚀破坏的情况。据国家统计局 1986 年统计，由于混凝土结构的老化加上当时没有进行混凝土结构的耐久性设计，使得 1/3 的混凝土结构存在着不同程度的问题。

② 建筑物金属腐蚀对人民的生命安全造成威胁。自从混凝土结构在建筑中广泛使用，国内外发生过一些的质量事故，造成了巨大的人员伤亡和经济损失。

③ 建筑物金属腐蚀造成大量的经济损耗。美国 20 世纪 60 年代建造的公路桥，由于采用氯盐做防冻剂，到 70 年代已有数万座处于失效状态。到 1984 年，美国的 57.5 万座钢筋混凝土桥中一半以上出现钢筋腐蚀破坏，仅桥面板和支撑结构的腐蚀破坏就损失 1.65 亿～5.00 亿美元。同时 40% 的桥梁承载力不足，必须修复或加固处理，当年的修复费为 54 亿美元。英国英格兰岛中部环形线的快车道上有 11 座混凝上高架桥，建造费为 2800 万英镑，因钢筋受到腐蚀，建成后两年混凝土中便出现大量沿钢筋方向的裂缝，1974～1989 年的修补费高达 4500 万英镑，为工程造价的 1.6 倍，以后的 15 年维修经费估计为 1.2 亿英镑，接近造价的 6 倍。可见，钢筋的腐蚀是钢筋混凝土工程中出现质量问题的主要原因之一。

3.3.6　金属腐蚀对食品制造产业的影响

食品机械设备接触的食品物料带有酸性或弱碱性，有些本身就是酸或碱，例如：醋酸、柠檬酸、苹果酸、酒石酸、乳酸、酪酸、脂肪酸、盐酸、小苏打等，这些物料对许多金属材料都有腐蚀作用，即使是普通食盐，对许多金属也有腐蚀作用。有些食品物料本身没有腐蚀性，但是在微生物生长繁殖时亦会造成机器本身的损坏，缩短机械设备的寿命，甚至发生事故，还会增加操作和维修费用，并导致产品损失和降低食品的质量，更重要的是会影响食品卫生，造成食品污染，有损于人体健康和食品风味。所以，必须研究其腐蚀因素，合理选择耐腐蚀材料，提高机械设备的耐腐蚀性。

金属作为包装材料已有较长历史，马口铁罐用于食品包装已有 180 多年历史，铝合金等其他金属包装材料用于食品包装也有 100 多年历史。由于金属材料的高强度、高阻隔性及优越的加工使用性能，在食品包装材料中占有非常重要的地位，成为食品包装的四大材料支柱之一。镀锡薄钢板，俗称马口铁，是一种质轻、双面镀有纯锡的低碳薄钢板，厚度为 0.15～0.30mm。未涂覆有机涂层的马口铁并不能满足金属包装的防腐要求，因此目前一些饮料包装的金属罐都采用涂覆镀锡薄钢板，它大大提高了镀锡薄钢板的耐蚀性，减缓了腐蚀的发生，但并不能阻止腐蚀的发生。

(1) 食品机械材料的腐蚀类型

① 电化学腐蚀。主要在于金属材料本身的热力学不稳定，或者说在于金属表面电化学不均匀性。绝大多数金属都是多组分的合金，金相组织不同，常用的金属材料中均含有一定的杂质，加上机加工常常造成各部分变形不均匀以及应力分布的不均匀等化学的、物理的和电化学的不均匀性，因而构成腐蚀电池的电极条件，如碳钢在水中会产生电池效应。

金属的变形和应力对耐腐蚀性的扩展也有很大影响。当交变载荷和侵蚀介质同时作用时，金属的腐蚀速度会加快，会使金属发生腐蚀疲劳破坏。另外，流体动力载荷会使金属产生气蚀，将导致金属产生裂缝和深点蚀，增大了腐蚀速度。如焊接件的焊缝处有应力亦容易被腐蚀。

金属和合金的表面粗糙度越低，则其耐腐蚀性也越强。因为在粗糙的表面上或有缝隙处，接触空气中的氧和其他气体、液体的时间不均匀，就可能形成电池效应。在国外先进食品相关机械设备中，常可看到板材焊缝处理十分讲究，表面粗糙度和平整度都十分出色，这不仅仅是为了美观，同时也是为了清洗方便及增强材料的耐腐蚀性。机械材料的耐腐蚀程度还与物料介质的种类、浓度、温度、性质等有关。酸性介质中，腐蚀速度大；碱性介质中，腐蚀速度决定于生成腐蚀产物的性质；介质压力升高，会使气体（二氧化碳、氧气）在溶液中的溶解度升高，使金属腐蚀加速；在压力和温度的同时作用下，腐蚀过程加快；介质的运动能使腐蚀速度加快。

此外，机械设备中不合理的结构，容易出现内应力和受热不均；异种金属相互接触，存在间隙、槽孔、密封不严及残留区等不利因素，都会产生腐蚀源或加速腐蚀。

② 化学腐蚀。化学腐蚀在金属表面上生成膜，膜的性质十分重要。大多数金属与空气中的氧或其他氧化剂相互作用时，金属表面会生成一种金属氧化物膜，其他气体或液体介质也可能在金属上形成膜，若膜在介质中性质稳定，并和主体金属很好地结合且具有相近的热膨胀系数，则该膜具有保护作用，如铝在大气中的氧化皮。铁在空气中氧化生成的膜与金属结合不牢，而且疏松，不能起保护作用，因此氧化腐蚀继续进行。氧对金属的腐蚀常常是在有水蒸气冷凝在金属表面上时发生的，此时伴随有电化学腐蚀。干燥情况下，氧的腐蚀系纯化学腐蚀，这种情况下会使光亮的金属表面失去光泽。另外，食品生产中，微生物，以及有时物料分解或腐败生成的二氧化碳、硫化氢、二氧化硫及氮化物等，都是腐蚀介质，对金属会产生腐蚀。

(2) 酸性食品罐头容器内壁腐蚀类型及影响因素

① 酸性食品罐头容器内壁腐蚀类型。

a. 均匀腐蚀。在酸性食品如水果罐头及果汁罐头中，镀锡薄钢板容器内壁在酸性食品中酸的作用下，会出现全面均匀的溶锡现象，以致罐壁内锡层晶粒体全部外露，镀锡薄钢板表面呈鱼鳞斑纹状，即均匀腐蚀。此时内容物锡含量增加，若贮藏时间过长，腐蚀继续发展，锡层大面积剥落，钢基外露，溶锡量剧增，内容物含锡量超过 200mg/kg 的卫生标准指标，感官出现金属异味，并且产生大量氢气，造成氢胀罐，严重时发生胀裂。

b. 局部腐蚀。水果罐头顶隙和液面交界处，由于顶隙中残留氧气的作用，对罐壁产生腐蚀作用，形成暗褐色腐蚀圈（俗称氧化圈）。

c. 点蚀。在罐内壁上出现有限面积的溶铁现象。如孔隙点、麻点、黑点，严重时罐壁上出现穿孔泄漏，造成罐内食品变质、腐烂。主要是罐内含氧气多或有些水果组织中含气体，装罐前未抽气、预煮时未将组织内的气体排除等。

d. 异常脱锡腐蚀。橙汁、番茄制品等食品罐头，因内容物中含有特种腐蚀因子硝酸根或亚硝酸根，接触内壁时就直接起化学反应，在较短时间出现较大面积的脱锡现象，内容物中含锡量超过标准规定。在脱锡阶段真空度下降很慢，外观正常，但脱锡现象结束后，就会迅速发生氢胀。

e. 双金属腐蚀。罐头食品为达到方便的要求，必须要解决"罐头好吃，口难开"的问题，目前，金属罐大都采用易拉盖。易拉盖从材质的开启性而言采用铝合金比镀锡薄钢板更好一些。前几年广东有一家罐头食品厂生产番茄汁罐头，罐身、罐底使用镀锡薄钢板，罐盖使用铝合金易拉盖，内容物中加入 0.5% 食盐（计算含氯 303mg/kg）。贮藏几个月在易拉盖的铆钉处和划线处出现漏罐，被迫停产。罐身、罐底使用镀锡薄钢板，如罐盖采用铝合金易拉盖，食品装罐后，形成微电池，发生双金属反应，铝为阳极，锡为阴极，当阴极面积较阳极面积大时，阳极处发生局部、深的点蚀，有时甚至会发生穿孔。因此，一些含氯离子超过 100mg/kg 的高酸食品，包括一些肉禽水产蔬菜类罐头（因加入氯化钠即食盐）如罐身、罐底采用镀锡薄钢板，则易拉盖不能采用铝合金材质，应采用镀锡薄钢板易拉盖，以免发生双金反应。

f. 其他。罐盖膨胀圈、易拉盖的铆钉、划线和罐身加强筋等处还会产生应力腐蚀等。

② 酸性食品罐头容器内壁腐蚀的影响因素

　　a. 氧。氧对金属是强氧化剂。罐头内的氧在酸性物质中作为阴极去极化剂，对锡显示强氧化作用，锡的溶出量与氧的浓度呈明显的直线关系，锡溶出时氧被消耗。当氧全部消耗完毕，锡的溶出量大大减弱。根据计算，罐头内存在 1ml 氧气，约可溶出 10.6mg 锡；1ml 氧可溶出 4.9mg 铁；当水果罐头顶隙内存在 3ml 以上氧时，就明显形成界面腐蚀圈（氧化圈）。

　　b. 酸与 pH 值。食品中大多含有机酸，理论上内容物 pH 值越低，腐蚀性就越强。在罐内实际腐蚀情况中，有机酸的种类比起含量高低的影响要大得多，柠檬酸、苹果酸、酒石酸等对罐内壁腐蚀较缓慢，草酸、富马酸、α-氧化戊二酸溶锡作用就很强烈。高酸性食品如杨梅汁、菠萝汁、山楂汁或含单宁物质高的食品如乌龙茶、橄榄汁应选择使用双涂双烘的全喷涂空罐，以防止罐内腐蚀的发生。水果罐头、果酱罐头等均是酸性食品罐头（pH≤4.6）。这几类罐头杀菌比较简单，只需要 100℃ 以下常压进行杀菌。肉、禽和水产罐头均是低酸性食品罐头（pH≥4.6），需要高温高压杀菌，保质期可以达到二年以上。而酸性食品罐头除果酱罐头外，保质期只能一年半以上。两者差异不是微生物的问题，主要是酸性食品易与金属罐内壁发生化学反应和电化学反应。如果酸性食品罐头储藏时间过长，内容物中重金属指标很可能超标，还可能出现金属异味（俗称铁腥味），最终产生氢气胀罐或穿孔漏罐，失去食用价值和商品价值。酸性食品罐头的腐蚀现象是很复杂的，锡和铁在电动序中都为负电性金属，它们的负电性都比氢强，在酸性食品罐头中都能将氢置换出来。锡、铁的电位关系之所以会有所变化是由于它们在标准电动序的位置比较近。因此，客观条件变化时，比较容易促使锡、铁电位关系随之而发生变化。在水果罐头中，如果没有氧气存在的条件下，锡的腐蚀极小，作用不显著。如果有氧气或氧化剂的存在，则发生去极化作用，锡为阳极，铁为阴极，锡层开始腐蚀溶解，渐渐地漏出铁的底板，铁变为阳极，此时表面的锡层的腐蚀得到缓解，而孔眼处的铁则腐蚀，洞孔继续发展。一般情况下罐头食品的内壁镀锡薄钢板的酸腐蚀和在大气环境中的情况不同，铁的腐蚀受到抑制，但促进了锡的腐蚀。脱氢抗坏血酸：脱氢抗坏血酸能引起锡的快速溶出。果汁中抗坏血酸转化成脱氢抗坏血酸，即变成腐蚀性很强的因子。

　　c. 硫及硫化物。糖水罐头用的食糖如采用亚硫酸法，则糖也含有硫。罐头内容物中极微量的硫，都能引起罐壁的强力腐蚀。

　　d. 其他。低甲氧基果胶能促使锡的腐蚀，果胶是一种甲氧基酯化的多聚半乳糖酸，如果装罐容器为镀锡薄钢板，保质期会受影响，建议改用玻璃瓶包装。因硝酸根的存在，溶出的锡离子能在无氧的条件下使锡溶解。因此，配料果汁饮料用水和配制水果罐头用水的硝酸盐含量应控制在 1mg/kg 以下。花青素能促使锡不断腐蚀，形成微电池，最后到钢基外露，铁成为阳极，使铁溶解并产生氢气胀罐或穿孔泄漏。

　　焦糖是我国食品中酱色的重要组成部分，酱油中大都含有焦糖色素。果酱罐头因经过熬浆浓缩过程，常会产生焦糖，会出现异常迅速的溶锡腐蚀现象。酸性水溶液中加入食盐，能抑制锡的腐蚀，但会促进铁的腐蚀。

　　(3) 金属腐蚀对食品产业的影响

　　① 设备金属腐蚀威胁工人的安全。糖厂砂糖和糖蜜都有腐蚀性，转鼓长期在腐蚀性介质下工作，会产生严重的腐蚀，以至其鼓壁最薄处低于转鼓的最小许用壁厚。尤其有些铸铁制成的机器外壳，其材料不均匀，误差达到 8～30mm。柳州的某糖厂就曾发生一例事故：某上悬式离心分离机转动时突然炸裂，碎片飞出，所幸无人员伤亡。事后，检查原因发现鼓壁断裂处由于糖蜜的腐蚀已变薄，只有 11mm。

② 金属腐蚀影响食品的质量。在食品加工过程中使用的机械、管道等与食品摩擦接触，会使微量的金属元素掺入食品中，引起污染。贮藏食品的大多数金属容器含有重金属元素，在一定条件下也可污染食品。

无论是在生产过程还是包装过程的金属腐蚀，都会最终进入食品中，这就严重影响了食品的质量，特别是腐蚀金属中含有重金属。重金属对人体有不可恢复性的损伤。

第4章

红锈的滋生

作为一种合金金属，不锈钢具有良好的抗高温、抗高压性能。制药设备和洁净管道系统广泛使用不锈钢，例如，制药用水系统的主要建造材料是316L或304不锈钢。在无菌药品厂房的建造中，304不锈钢一般应用于不直接接触最终产品或原料的位置，例如，桌椅板凳、排放管路或者是罐体外表面的保温层等；316L不锈钢则广泛应用于同产品直接接触的位置。

氧化反应是自然界中最基本的化学反应之一，不锈钢的生锈其本质就是一种氧化反应。在自然界中，除极少数贵金属之外，几乎所有的金属都会发生氧化反应。只要金属部件有易被氧化的还原性金属单质，且在含有氧气的环境下暴露，一段时间之后必然会有锈迹的存在。

不锈钢的氧化机理比较复杂，其主要原因在于不锈钢中各元素对应的氧化物形成所需的自由能不同，对氧的亲和力也不尽相同，它可能形成两种及两种以上不同金属的氧化物，氧化物之间可能存在某种程度的固溶物，氧化物间也可能发生固相反应，从而形成尖晶石结构的复合氧化物；不同的金属离子在氧化物内迁移速度不同，其在不锈钢内迁移速度也是不同的，同时，氧溶解进入不锈钢也可能导致较活泼的未反应不锈钢中元素氧化物在表面下析出。

在制药行业，红锈是一种常见的工程现象。企业工作人员常在泵腔、管壁、喷淋球、膜片等位置发现各种颜色的红锈。锈迹的颜色可能是黄色、红色甚至黑色，各种颜色的锈斑统称为红锈。

4.1 红锈的分类

目前，ISPE指南《水与蒸汽系统（第二版）》与ASME BPE（2014）都将红锈分为三类，分别为Ⅰ类红锈、Ⅱ类红锈与Ⅲ类红锈。

4.1.1 ISPE分类法

（1）Ⅰ类红锈（迁移型红锈） 包含多种金属所衍生的氧化物和氢氧化物（最多的是Fe_2O_3或FeO）。主要是橘黄色到橘红色，为颗粒型，有从源金属表面生成点迁移的趋势。这些沉淀的颗粒可以从表面清除掉，而不会导致不锈钢的组成发生改变。

Ⅰ类红锈颗粒附着于不锈钢表面（图4-1），并没有对不锈钢造成结构性、组分性的破坏，此类红锈工程风险较低，其生成时间很短，属于工程正常现象，从投入产出比的概念来说，不建议对Ⅰ类红

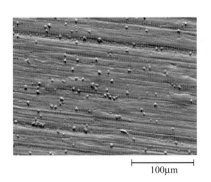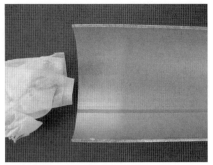

100μm

图 4-1　Ⅰ类红锈

锈进行频繁的去除与再钝化。

（2）Ⅱ类红锈（非钝化表面的氧化）　局部形成的活性腐蚀（Fe_2O_3 或 FeO，最多的是 Fe_2O_3）。存在多种不同颜色（橘色、红色、蓝色、紫色、灰色和黑色）。最常见的是因为氯化物或其他卤化物对不锈钢表面的侵蚀而造成的。它与表面结合为一体，更常见于机械抛光的表面或因金属和流体产品间相互作用而损害到了钝化层的地方。

Ⅱ类红锈破坏不锈钢表面粗糙度（图 4-2），因而会导致微生物滋生的风险。建议企业通过周期性的清洗除锈机制，降低Ⅱ类红锈的风险。

20μm

图 4-2　Ⅱ类红锈

（3）Ⅲ类红锈（加热氧化后产生的黑色氧化物）　发生在纯蒸汽系统等高温环境中的表面氧化。随着红锈层的增厚，系统颜色会从金黄色变到蓝色，然后变成深浅不一的黑色。这种表面氧化以一种稳定的膜的形式开始，并且几乎不成颗粒态。化学组成为磁铁矿石（Fe_3O_4）具有稳定的优学特性。

Ⅲ类红锈的危害主要集中于微生物的滋生（图 4-3）。由于此类红锈的主要成分是俗称磁铁矿的四氧化三铁，故极难清除。企业一般采用氢氟酸或者改造的方法解决这一问题。一般系统运行时间较长后会出现全面性的Ⅲ类红锈，此时若使用氢氟酸除锈，需要考虑到氢氟酸极强的腐蚀性，很可能导致泄漏，甚至发生严重的安全事故；另外一种解决办法，是将整个系统进行升级改造，其投资会比较高。因此，建议在第Ⅱ类红锈阶段对红锈进行去除。

4.1.2　ASME BPE 分类法

Ⅰ类红锈主要轻微附着于材料表面，相对较易去除和溶解。此类红锈主要成分为赤铁矿（Fe_2O_3），或者红色的三价铁氧化物和其他较低含量的氧化物或一定量的碳。磷酸可有效去除此类轻附着型红锈，且可与其他酸（如柠檬酸、硝酸、甲酸及有机酸）及化合物（如表面活性剂）混合使用以增加除锈效能。柠檬酸系化学试剂加有机酸试剂也具有较高的除锈效率。次硫酸钠也是快速高效的

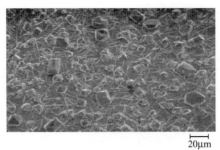

图 4-3 Ⅲ类红锈

Ⅰ类红锈清除剂。

Ⅱ类红锈的去除与Ⅰ类红锈的除锈方法类似，不同的是需要使用草酸试剂才能达到较高的Ⅱ类红锈去除效率。此类红锈主要由赤铁矿（Fe_2O_3）或者三价氧化铁同一定量的铬、镍氧化物，微量的碳组分构成。除草酸外，上述试剂除锈过程中对表面粗糙度无害，在一定使用环境及浓度下，草酸可能会腐蚀表面。Ⅱ类红锈同Ⅰ类红锈相比，较难去除。去除Ⅱ类红锈往往需要更长的清洗时间，甚至需要更高的温度和试剂浓度。

Ⅲ类红锈比前述两类红锈都更难除去。铁氧化物在高温下沉积并伴随铬、镍或者硅原子在组分结构中的置换形成磁铁矿。同时，由于工艺流体中有机物的碳化，大量碳元素也出现在这些氧化沉积物中，这些碳在除锈过程中会产出黑色膜。清除此类红锈的化学试剂具有极强的化学腐蚀性，并在一定程度上对表面粗糙度造成损伤。磷酸类除锈剂只对微量集聚的此类红锈有效，而强有机酸配合甲酸及草酸对去除某些高温Ⅲ类红锈具有显著效果，且其腐蚀性不强，大大减少损害表面粗糙度的风险。

当设备或系统中发现有红锈的存在后，需判断红锈发生的源头。以红锈的产生根源为依据，红锈可分为外源型红锈与内源型红锈两大类。任何不锈钢流体工艺系统都会有红锈的滋生，"杜绝外源型红锈，抑制内源型红锈"是制药企业控制红锈的重点。外源型红锈产生的原因为系统外的因素，例如：卤素离子环境、外界迁移或机加工等质量缺陷等，这些因素需在设计、安装和运行阶段进行关注并明确杜绝。内源型红锈发生的原因与系统本身的运行参数或环境有关。

4.2 外源型红锈

外源型红锈是指由外部环境或因素引入而导致的红锈现象。外源型红锈的主要原因包含外部迁移、环境腐蚀、机加工缺陷、焊接与钝化操作不当等。

4.2.1 上游迁移

由于上游迁移导致的外源型红锈可称为上游迁移型红锈。例如，静电吸附会导致膜片、垫圈或滤芯上面会吸附一层红褐色的红锈。这些部件的材质以聚四氟乙烯（PTFE）、聚偏二氟乙烯（PVDF）和聚醚砜（PES）为主，这些塑料材质本身是不可能产生红锈的，其锈迹来自于部件之外，因此，这些红锈对于膜片、垫圈或滤芯来说就是迁移导致的外源型红锈。另外一个例子，在一些制药企业的配液罐中常常会发现有黄色、红色和黑色的颗粒状物质附着在罐体内表面上，采用人工物理擦拭的方法可以快速去除，但是过几日后又会反复出现。配液罐是由不锈钢组成的，在没有进行外界加速腐蚀破坏的前提下，如此快速的锈蚀是不大可能出现的，因此，通常可以判断为是由于注射用水分配系统或纯蒸汽分配系统所带来的红锈，进而"带来"配液罐的生锈，这些可见的黄色、红色和黑色颗粒物质，对于配液罐而言，就属于迁移导致的外源型红锈。

4.2.2 机械加工

机械加工型红锈的主要原因可分为管道切割处理不当、表面抛光不当与不锈钢焊接不当等。

由于管道切割或表面抛光导致的外源型红锈可称为机械加工型红锈，其主要原理为"管道切割粉末氧化"。例如，在管道的配管加工过程中，为了实现具体的尺寸要求，工人必须对管道进行切割，切割会不可避免地导致出现不锈钢的粉末颗粒，如果在切割之后对粉末处理不当而使之残留在系统内部，因铁屑粉末的大表面积所带来的氧化速度会加速，铁屑会被氧化成为铁的氧化物。因此，洁净流体系统的管路切割需要注意以下细节：切割推荐使用专用锯片；切割的结果必须是直面而不能有斜角；切割不允许使用砂轮；为满足标准要求，管子的断面应该用专用的管口断面平口机进行整平加工，同时除去毛刺；管子内外表面的毛刺可以用高级钢刀去除（可换刀刃）；彻底清洁的管子和管件才能焊接。开始焊接前，应清除管子表面的各种杂质，如油污、灰尘、泥土、油漆、研磨的碎屑等。不得用手触摸已经清洁好的管子焊接端面；所有的工具、器具和机械都应该进行适当的保护和保管，以使其避免环境的污染，满足日常工作的要求。

另外一种机械加工型红锈是机械抛光所带来的粉末氧化现象。机械抛光是指在专业的抛光机上进行抛光，靠极细的抛光粉和磨面间产生的相对磨削和滚压作用来消除磨痕，机械抛光分为粗抛光和细抛光。同"管道切割粉末氧化"原理类似，在机械抛光完成之后，需要对粉末进行彻底的清洗，以避免表面积很大的金属颗粒快速被氧化并形成氧化物颗粒。

4.2.3 焊接

焊接是不锈钢系统加工中最为普遍、最为重要的工序之一。笔者在多个除锈案例中发现，焊接质量不合格是系统快速出现红锈的最主要原因。对于卫生型的不锈钢管道、管件和其他工艺部件的焊接工作，要求强制执行轨迹焊接，在无法执行轨迹焊接的位置需要得到业主或第三方管理公司批准后，才可以使用手工焊接。对于手工焊接的焊口要进行严格的质量控制措施。对焊接质量的控制是决定制药流体工艺系统能否达到工艺设计要求的重要因素，因此对焊接设备、氩气质量、焊缝成型、焊缝颜色、焊缝光洁度、坡度、死角等方面的要求也非常严格，焊接质量的控制需要施工单位投入一定的人力、物力予以支持，作为建设单位也应该派专人对焊接质量进行监督和检查。

必须设置符合要求的专用洁净预制间用于洁净管道的材料放置和管道焊接预制，所有用于切割和不锈钢表面处理的器具应是 316L 不锈钢工作专用的，并与用于切割其他材料的工具分开；切割管道的程序不应带入其他杂质（例如灰尘、油、油脂等）或造成使管道遭到破坏的情形或使管道变得不圆等；要求施工单位的专业工、机具配备齐全，如 GF 切割锯、钨针打磨机、对口夹具、洁净充气管、倒角器、不锈钢刮刀、平口机、不锈钢锉刀（或者合金锉刀）、万用角度尺（隔膜阀安装角度控制）、专业工业内窥镜、专业不锈钢自动焊机等。

操作焊工必须经相关劳动部门培训合格并持有焊接特种作业操作证，尤其对自动焊接作业的人员，不但要持有焊接作业操作证书，还应当对自动焊接设备有非常全面的了解，并且根据不同的洁净流体工艺系统需要进行专门的技术交底和质量培训。因为我国对使用自动焊接设备进行焊接的人员没有强制性的资格评审制度，所以自动焊接人员的培训工作多由焊机设备厂家进行或者施工单位自己组织进行，建议施工单位内部建立针对焊接人员的职级评价机制，包括手工焊接人员和自动焊接人员，并且每年对焊接人员能力进行评定，对不符合要求的焊工应该禁止其焊接工作。

316L不锈钢材质的焊接应采用氩气保护，焊材的内外侧均需要充氩气进行焊接保护。焊接过程中使用的氩气必须提供完整的质量证书，包括氧含量、水分含量和纯度。高纯的保护气体是焊接作业成功与否的重要因素，保护氩气的纯度要求不得低于99.99%，建议使用99.999%以上的氩气，通过制作焊样也可对氩气纯度进行确认，氩气最佳保护效果为焊接后的焊样内壁的焊缝和热影响区不变色。

焊接过程中需要严格控制焊接质量。管道切口完成后，必须用专用锉刀处理管口毛刺，并对管道焊口内外壁进行清洁处理（最好用无尘布蘸酒精进行擦拭），完成后进行对口工作；焊口偏差量不得超过标准要求，内外壁偏差量不得超过管道壁厚的15%（图4-4）。

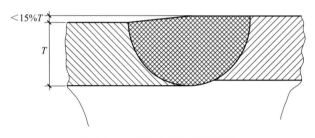

图 4-4　焊口偏差量的检测标准

焊口点焊时的焊点应尽量小，并且不得出现连续的点焊现象，点焊应为尽量小的熔点，直径不能大于2.0mm（图4-5）。对于直径小于4in（10.16cm）的管道，建议临时焊点的数量不超过6个。对于不能进行自动焊接的焊缝，在业主和焊接工程师同意的情况下，可选择优秀焊工实施手工焊接。手工焊工在上岗作业前同样要通过技能考核（持证上岗）并做焊接试样确认。

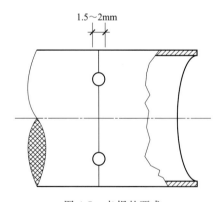

图 4-5　点焊的要求

自动焊接前，必须在同等的环境进行焊接试样确认，样品焊缝检验合格后，该焊接工艺参数即可用于正式焊接，要注意焊样的存储，待施工完成后一并交予业主（图4-6），焊样所采用的焊接参数必须和现场操作相一致。上述工作完成后即可进行正式的焊接作业，正式焊接作业完成后，需要对完成的焊缝进行清理，将焊缝外部涂上酸膏，采用百洁布和清水（氯离子含量小于25mg/L）将焊缝处清理干净。

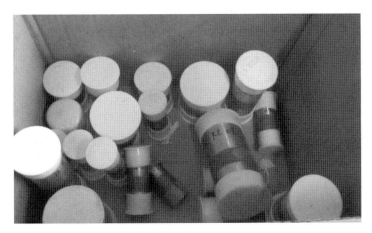

图 4-6　焊样的管理

焊接完成后，焊工应对其焊接完成的焊口进行 100％ 自检，并需要相关的人员进行互检，对发现问题的焊口必须及时进行返修或采取相应措施。焊接质量的放行需要通过内窥镜检查（图 4-7），建议自动焊口内窥镜检查的抽检比例不低于 20％，手工焊口需要使用内窥镜 100％ 检查。

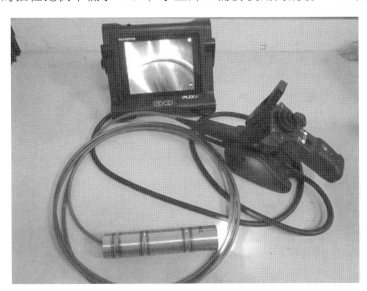

图 4-7　内窥镜检测仪

焊缝外观应没有明显的内外凹凸（图 4-8），没有严重的成型不均匀（图 4-9）、没有蚀损斑、针孔、腐蚀标记和点固焊缝印记等。

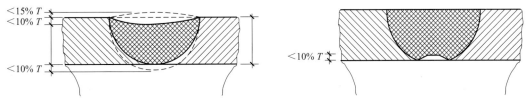

图 4-8　焊缝凹凸要求

在焊接过程中，焊接气孔、未焊透与未熔合、固体夹杂、焊接变形与收缩、表面撕裂和磨痕等缺陷也应得到有效控制。

① 焊接气孔。气孔是熔池中的气泡在凝固时未能逸出而残留下来的气孔。焊接气孔主要有两类；一类是来自外部的溶解度有限的气体（如氢气、氮气等）；另一类是熔池中的冶金产物所产生的气体

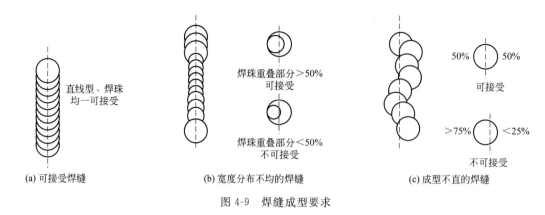

图 4-9　焊缝成型要求

（如 CO、HO 等）。防止气孔产生主要是要控制气体来源以及控制焊接熔池冶金产物生成的条件。

② 未焊透与未熔合。未焊透是指焊接时接头根部未完全熔透或者焊缝深度不够的现象。其主要影响因素有焊接电流过小、焊接速度过快、采用填丝时焊丝未对准焊缝中心或采用非熔化极氩弧焊时钨极未对准焊缝中心。未熔合是焊道与母材金属之间或焊道之间没有完全熔化结合的部分，其形成原因有焊接速度过快等。

③ 固体夹杂。固体夹杂主要是因在对焊接接头表面预处理不到位或者在进行手工氩弧焊的时候操作不当而造成夹渣、夹杂物、夹钨等，如未对切割管口进行打磨抛光处理或者处理不到位等。焊接接头中固体夹杂的存在将可能会带来应力集中、应力腐蚀和焊缝表面粗糙等一系列问题，不能满足医药工程中内壁光洁的要求。

④ 焊接变形与收缩。奥氏体不锈钢因其热导率低，只有碳钢的 1/3；热量传递慢，热变形大；其线膨胀系数比碳钢大 40%，加热时热膨胀量和冷却时收缩量的增加，使得焊后的变形量更加突出。为控制焊接变形与收缩问题，应在焊接时将管道的每条环形焊缝放长 2~3mm。

⑤ 表面撕裂和磨痕。表面撕裂主要出现在管道初装完成后，因操作不当或对初装管道未实施保护将点焊的焊接接头撕裂，造成母材金属表面的损伤。表面磨痕是不按操作规程对洁净管道进行打磨时引起的表面损伤。

必须采用至少 99.99% 的充氩保护，才能得到光亮有效的焊缝颜色。根据图 4-10 的颜色对比，至少为 3 级以上（含 3 级）的回火色才符合使用的要求，否则内窥镜检查将判定该焊口为不合格焊口并需要做重新焊接处理。

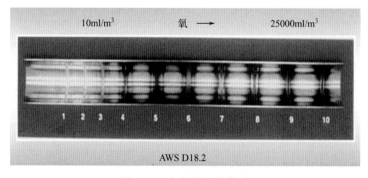

图 4-10　内窥镜氧化辨别

焊接日志记录是焊接过程的客观证据，焊接日志记录应包含如下内容：焊接日期（月/日/年）；两种对焊材料描述信息，包括材料种类、类型、规格（外径、壁厚）；焊缝种类是自动轨迹焊或手动焊接；焊机焊接程序编号；焊工签名；所用焊机型号和施工方统一编号；焊接气体资料，如气体种类和纯度描述；成形气体的资料，如气体种类和纯度描述；内充惰性气体的资料，如气体种类和纯度描述；焊机打印的记录必须粘贴在附件纸上。

4.2.4　钝化

钝化是使一种活性金属或合金表面转化为不易被氧化的状态的方法，该金属或合金的化学活性会大大降低并呈现出贵金属的惰性状态。即便不锈钢表面会自生一层钝化膜，但是在焊接过程中，焊缝及热影响区的位置会由于焊接的影响，铁元素含量提高，铬元素含量降低，即已形成的钝化膜会被破坏，这样的话这些位置就成为了风险源。除此之外，在对管道进行制作、切割、弯曲等过程中，也会产生一些污物，比如可能引入铁屑、热印、焊剂、电弧击伤等，酸洗和钝化可对其进行去除。必须要进行钝化的时机为：不锈钢部件制作完成或焊接完成之后，已焊接元件在焊接后进行电解抛光的元件需要钝化处理；新系统的元件焊接完成之后，需要进行钝化处理。

钝化膜的形成会因为不锈钢的表面处理而得到加强。钝化可以减少铁离子浓度，并增加表面的铬含量。钝化机理主要可用薄膜理论来解释，即认为钝化是由于金属与氧化性介质作用，作用时在金属表面生成一种非常薄的、致密的、覆盖性能良好的、能坚固地附在金属表面上的钝化膜。这层膜成独立相存在，通常是氧和金属的化合物。它起着把金属与腐蚀介质完全隔开的作用，防止金属与腐蚀介质直接接触，从而使金属基本停止溶解形成钝态达到防止腐蚀的效果。

详细的钝化标准可从 ASTM A380 和 ASTM A967 等规范中查悉。需要注意的是，钝化效果与多因素相关，比如钝化的时间、温度、化学品的浓度、机械力等，这几个参数缺一不可、相互依存，企业可根据不同情况合理选择。

钝化膜可有效抑制不锈钢表面腐蚀的发展。钝化效果的评价方法包括钝化深度和表面金属元素的优化分布，这些将决定金属钝化后的抗腐蚀性和腐蚀速率。

铬铁比（Cr/Fe）是指钝化膜表层铬与铁元素的物质的量之比。如果钝化工艺使用得当，316L 不锈钢表面钝化后的铬铁比应有显著提高。测量铬铁比升高程度可选用 AES（俄歇电子光谱）、GD-EDS（X 线能谱仪）或者 ESCA/XPS（X 线光电子能谱）等方法，虽然这些方法都有助于判断钝化效果，为钝化方案的改善提供依据，但这些方法均不适用于现场检测。目前，尚未出现便携式且可准确定量测定钝化膜铬铁比的成熟工业设备。

根据钝化的定义，铬铁比自然越高越好。铬铁比的验收标准值无论用何种方法检测都不应小于1，所以在工程上认为钝化膜的铬铁比等于1是良好钝化膜和较差钝化膜之间的临界点。需要注意的是，由于精确性的不稳定性，不同检测方法可能得出不同的数值。

钝化膜的厚度也可以通过 ESCA/XPS 方法检测。一般认为钝化膜的厚度在 1.5nm（15 埃米，即15Å）为符合钝化要求。需要注意的是，在执行钝化结束后，需要进行钝化效果的表征。在 ASME BPE 标准中，对钝化效果的表征也给出了详细的分类（表 8-14）。

钝化效果的表征分 4 类，分别为目视检测、高精度检测、电化学现场或实验室检验以及表面化学分析测试。现有情况下，游离铁测试法以其便携性和精确性的优势，得到了钝化行业的广泛认可与推广，用于判断元件或系统是否已经进行钝化处理或处于钝态。

4.2.5　死角

死角检查是系统进行安装确认时的一项重要内容。在制药流体工艺系统中，死角过大所带来的质量风险主要包含：制药配液系统的产品残留量增加，影响产品收率；为微生物繁殖提供了"温床"并导致"生物膜"的形成，引起微生物指标、TOC 指标或内毒素指标超标，导致最终成品不符合质量要求；系统消毒或灭菌不彻底导致的二次微生物污染；系统清洗不彻底导致的污染或交叉污染；系统锈渣残留所带来的红锈风险等。在制药流体工艺系统中，任何死角的存在均可能导致整个系统的微生物或颗粒物污染。因此，中国 GMP 2010 年版要求"**管道的设计和安装应避免死角、盲管**"。

ASME BPE（2014）对于死角有准确的定义，"**死角是指当管路或容器使用时，能导致产品污染的区域**"。1976 年，美国 FDA 在 CFR212 法规上第一次采用量化方法进行死角的质量管理，工程上俗称"6D"规则，其含义为"当 $L/D<6$ 时，证明此处无死角"，其中 L 指"流动侧主管网中心到支路盲板（或用点阀门中心）的距离"，D 为支路的直径。现代清洗学和微生物学研究表明，"3D"规则更符合洁净流体工艺系统的微生物控制要求，其中 L 的含义变更为"流动侧主管网管壁到支路盲板（或用点阀门中心）的距离"（图 4-11）。

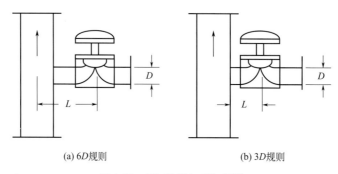

(a) 6D规则　　　　　　(b) 3D规则

图 4-11　6D 规则与 3D 规则

更加准确的死角量化定义来自于 ASME BPE（图 4-12），该定义表明：L 是指"流动侧主管网内壁到支路盲板（或用点阀门中心）的距离"，D 是指"非流动侧支路管道的内径"。本书中所提到的各种死角数据均遵从 ASME BPE 的准确定义。

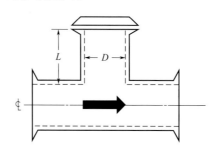

图 4-12　死角的准确量化定义

中国 GMP 2010 年版规定：设备的设计、选型、安装、改造和维护必须符合预定用途，应当尽可能降低产生污染、交叉污染、混淆和差错的风险。制药配液系统的死角过大很有可能会带来设备清洗不彻底导致的产品交叉污染。死角的清洗验证模型（图 4-13）有助于对系统死角、流速与清洗学的相互关系进行科学准确的分析，该模型从理论数据上为死角的危害提供了佐证。

图 4-13(a) 为采用 ASME BPE 定义模拟的死角模型，该死角处 L/D 等于 6，死角处预先放置 10^5 个可检测颗粒，清洗合格的标准为最终残留颗粒数$<10^2$ 个。从图中可以看出，当清洗流速为 0.5m/s 时，死角处的残留颗粒数在清洗初期会有明显下降，但当清洗时间超过 10min 后，残留颗粒数将维持在$>10^4$ 个的较高水平，且颗粒数不再降低；增加清洗流速至 1.0m/s，在 20min 的清洗时间内，死角处的残留颗粒数可从 10^5 降低至接近 10^3 个；当清洗流速增加 2.0m/s 和 2.5m/s 时，其清洗验证的数据曲线基本一致，即在很短的清洗时间内（1~2min），死角处的残留颗粒数可从 10^5 个

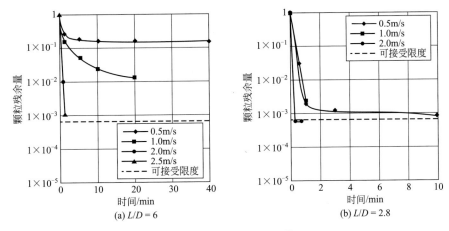

图 4-13　死角的清洗验证模型

降低至接近 10^2 个，但无法达到可接受的清洗标准。

　　图 4-13(b) 的死角 L/D 等于 2.8，采用同样的工况和可接受清洗标准。从图中可以看出，当清洗流速为 0.5m/s 时，死角处的残留颗粒数在清洗初期会有明显下降，但当清洗时间超过 1min 后，残留颗粒数下降幅度不大，当清洗时间超过 10min 后，残留颗粒数将维持在接近 10^2 个且未达到可接受清洗标准的水平；增加清洗流速至 1.0m/s，在很短的清洗时间内，死角处的残留颗粒数会有显著下降；当清洗流速增加 2.0m/s 时，在极短的清洗时间内（10~20s），死角处的残留颗粒数可从 10^5 个降低至可接受的清洗标准之下，之后的时间内也维持在此低水平。

　　制药企业生产时，降低清洗时间和清洗流速、提高工作效率、节省清洗运行费用是提高企业竞争力的有效手段。清洗验证模型表明：在同样的工况下，系统死角越大，达到相同清洗效果所需的清洗流速和清洗时间均会增加，且很有可能最终的清洗结果无法达到可接受的清洗标准；降低系统死角，在适当的清洗流速下，清洗时间能得到显著降低，且清洗效果符合清洗验证标准。因此，从死角的清洗验证可以看出，死角是影响清洗效果的关键因素，而流速和时间是影响清洗效果的次关键因素。死角的存在会导致红锈滋生源的不断扩散，最终带来整个系统的红锈风险，同时，为了获得良好的清洗效果、降低清洗时间、降低运行费用，企业应严格控制制药配液系统的死角。

　　死角的"3D"规则主要适用于液态的洁净流体工艺系统，包括纯化水系统、注射用水系统、配料系统和在线清洗与灭菌系统。对于气态的洁净流体工艺系统，如纯蒸汽系统、洁净氮气和洁净压缩空气系统等，"3D"规则并非强制的安装确认标准，GEP 建议上述气体系统的死角应尽可能短。对于新建的制药流体工艺系统，尽量做到全系统满足"3D"规则，对控制整个系统的颗粒物污染与微生物污染风险将非常有益，在安装确认时应严格执行，当制药流体工艺系统的局部区域死角控制不够理想时（如超过 3D），可采用适当增加冲洗频次和消毒频次加以弥补。

　　很多方法均能实现流体工艺系统的死角控制，例如，ASME BPE 推荐两种制药用水用点阀门的安装方式：第一种方法为 U 形弯与两通路用水点阀门采用焊接方式进行连接；第二种方法为安装 T 形零死角用水点阀门，上述方法均可满足 3D 死角要求（图 4-14）。

　　虽然 U 形弯与两通路用水点阀门的安装方式较 T 形零死角用水点阀门的安装方式节省项目投资，但其微生物污染的风险会相应增加。因此，ISPE 推荐：如果用一个有着较大口径的两通路隔膜阀替代 T 形零死角隔膜阀门，则需要考虑用增加最低速度的方式来弥补其微生物污染的风险。

　　自动氩弧焊接是最安全的不锈钢组件连接方式，采用 U 形弯与两通路用水点隔膜阀自动焊接并不会影响隔膜阀膜片的更换和维修。通过对制药行业隔膜阀标准尺寸的比对发现：采用经特殊切割加

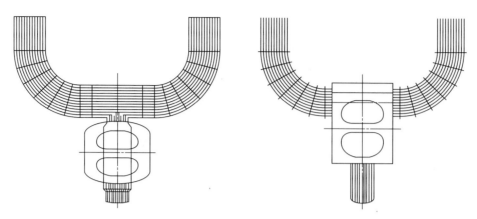

图 4-14　用水点阀门的死角控制

工的 DN25 规格的两通路隔膜阀（图 4-15）与 U 形弯自动氩弧焊接组合时，可有效满足用水点的"3D"死角要求；采用 DN25 阀门与 U 形弯卡接连接会造成用点死角超过"3D"；理论上讲，采用 DN20 或 DN15 阀门与 U 形弯手工焊接也能达到"3D"标准，但其手工焊接的焊口质量非常不稳定，内窥镜影像质量往往不是很理想，其出现红锈的风险非常大，在工程实际安装时并不可取。

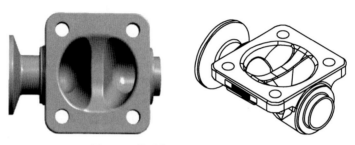

图 4-15　特殊加工的用水点隔膜阀

在制药配液系统的中，为降低系统死角、减少高附加值药液的残留、防止交叉污染、防止红锈的滋生，采用无菌转换板、无菌罐底阀、GMP 阀、多通路一体阀、NA 卡接连接件和快接弹簧卡套连接件等系统组件均是理想的控制死角手段，制药企业可结合实际情况合理选用。

4.2.6　坡度

重力作用是促进系统排尽的有效途径，坡度检查是系统进行安装确认时的另一项主要内容，制药配液系统的坡度需符合相关法规的要求。若发生坡度不够或无坡度，制药配液系统存在的质量风险主要包括：系统残存药液，影响收率；药液和清洗用水不可自排尽，影响系统清洗效果；同时，在水分的作用下，这些位置容易导致溶氧增加，从而发生氧化还原反应，导致红锈滋生；纯蒸汽灭菌后的冷凝水残留，系统灭菌不彻底，从而引发制药配液系统的污染与交叉污染；系统初次清洗时，焊接锈渣无法排净导致的红锈现象等。

对于采用纯蒸汽灭菌的流体工艺系统，ISPE 建议整个系统需满足"重力全排尽"原则，以确保冷凝水能依靠重力完全排尽。绝大多数制药配液系统采用纯蒸汽进行系统的 SIP，整个系统的设计和安装需遵循"重力全排尽"原则。ASME BPE 将流体工艺系统的管道坡度分为 GSD0、GSD1、GSD2 和 GSD3 四个级别（表 4-1），该标准关于管道坡度的要求主要包括如下内容：对于制药配液系统的药液工艺系统，其输送管道的坡度不应低于 GSD2（相当于 1%）；对于 CIP 供给和回流系统，其输送管道的坡度不应低于 GSD2（相当于 1%）；对于进入无菌工艺范围的洁净气体系统，其输送管道的坡度不应低于 GSD3（相当于 2%）；对于排出无菌工艺范围的废气排放系统，其输送管道的坡度不应低于

GSD3（相当于 2%）。

表 4-1　坡度等级对照表

坡度等级	最小坡度/(in/ft)	最小坡度/(mm/m)	最小坡度/%	最小坡度
GSD1	1/16	5	0.5	0.29°
GSD2	1/8	10	1.0	0.57°
GSD3	1/4	20	2.0	1.15°
GSD0		管道坡度无要求		

4.2.7　pH

电化学腐蚀是不锈钢腐蚀和红锈产生的最主要原因和机理，而电化学腐蚀的要素之一便是材料要出在电解质溶液中，因此，流体的电解程度同不锈钢的腐蚀紧密相关。

如果流体呈酸性，则腐蚀的机理为析氢腐蚀，即不锈钢的表面构成无数个以铁为负极、碳为正极、酸性流体为电解质溶液的微小原电池。析氢腐蚀发生的反应如下：

负极（铁）　铁被氧化 $Fe-2e \Longrightarrow Fe^{2+}$

正极（碳）　溶液中的 H^+ 被还原 $2H^+ + 2e \Longrightarrow H_2 \uparrow$

总反应　$Fe + 2H^+ \longrightarrow Fe^{2+} + H_2 \uparrow$

析氢腐蚀的最终产物为可溶性的铁盐和氢气。

如果流体呈弱酸性、中性或碱性，则腐蚀的机理为吸氧腐蚀。不锈钢生锈的电化学腐蚀机理就是吸氧腐蚀。吸氧腐蚀发生的反应如下：

负极（铁）　铁被氧化 $2Fe-4e \Longrightarrow 2Fe^{2+}$

正极（碳）　氧气被还原 $2H_2O + O_2 + 4e \Longrightarrow 4OH^-$

总反应　$2Fe + O_2 + 2H_2O \Longrightarrow 2Fe(OH)_2$

吸氧腐蚀的最终产物为不溶性的氢氧化亚铁，即红锈的最早产物。

根据化学反应的规律，总反应的反应物浓度越高，反应会向正方向推进。所以，制药流体中如果加入某些物质，增加了流体的电解程度，使 pH 值或高（氢离子浓度增高）或过低（氢氧根离子浓度增高），都会促进吸氧腐蚀或析氢腐蚀。

4.2.8　卤素离子

卤素离子中，在制药行业最常见的是氯离子（Cl^-）。分子氯（Cl_2）对纯化水系统中的元件有不利影响，它会导致超滤和 RO 中使用的膜变质，尤其是聚酰胺膜。同时，它还可以导致去离子树脂的降解、脆化和失去产能（氧化率随树脂类型不同）等。氯能腐蚀不锈钢，尤其是高温环境下，同时，它还可能在蒸馏系统中被携带到产品中并污染产品。

中国 GMP 2010 年版指南在水系统 3.4.4 建造材料章节中明确，不锈钢管道的保温应当不能含有氯化物，支架要有隔离装置来防止电流腐蚀；在 3.4.9 周期性消毒/灭菌中提及，氯溶液（100mg/L）能非常有效地杀死微生物，但是因为对不锈钢的腐蚀问题，一般不用于分配系统。

氯离子作为卤素离子，对不锈钢的腐蚀机理主要分为成相膜理论与吸附理论。成相膜理论的观点认为，由于氯离子半径小，穿透能力强，故它最容易穿透氧化皮内极小的孔隙，到达金属表面，并与金属相互作用形成了可溶性化合物，使氧化皮的结构发生变化，金属产生腐蚀。吸附理论则认为，氯离子破坏氧化皮的根本原因是由于氯离子有很强的可被金属吸附的能力，它们优先被金属吸附，并从金属表面把氧排掉，因为氧决定着金属的钝化状态，氯离子和氧争夺金属表面上的吸附点，甚至可以取代吸附中的钝化离子与金属形成氯化物，氯化物与金属表面的吸附并不稳定，形成了可溶性物质，这样导致了腐蚀的加速。无论是成相膜理论还是吸附理论，它们都可以通过事实得出一个结论：包含氯离子在内的卤素离子对于钝化膜的破坏相当致命，其表现形式就是形成点腐蚀。

4.2.9　强酸处理

除锈的本质机理是酸性溶液与红锈发生化学反应，目前，很多企业采用强酸对红锈进行定期的处理，但是其选用的方法的优劣性却参差不齐。硝酸、硫酸甚至于氢氟酸均属于强酸，采用强酸对洁净流体系统进行定期除锈处理，管道内部会与强酸发生强烈的腐蚀，图 4-16 为笔者采用硝酸处理过的系统内部情况。

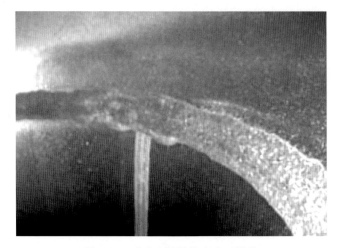

图 4-16　硝酸法除锈的内表面影像

由图 4-16 可见，强酸处理过的系统管道内部腐蚀点很多，由于腐蚀点的存在，可以导致电化学反应的加剧，从而使得系统内部红锈再生速度的加快。因此，应该尽量使用非强酸（即弱酸或中度酸）来定期对系统内部进行清洗除锈。

4.3　内源型红锈

内源型红锈是指系统或部件上所产生的红锈是由系统自身生成的。内源型红锈的生成主要就是因为以铬氧化物（Cr_2O_3）为主的钝化膜被破坏，导致内部富铁层和外部氧化层相接触并发生氧化还原反应生成了铁的氧化物。

制药行业常见的促进红锈滋生的因素主要包括系统的运行参数（如温度、压力、流速等）、长时间停机、臭氧消毒、不锈钢材质不合规、喷淋球存在喷淋死角与干磨、消毒/灭菌周期过于频繁、罐体液位长时间过高等。

4.3.1　温度

温度对红锈生成速度的影响与电化学腐蚀有关，电化学腐蚀发生有两个必要的前提条件：一是材质要包含至少两种电极电位不同的物质；二是材质必须处于电解质环境下（图 4-17）。

在电化学腐蚀过程中，电极电位相差越多，电解程度越高，则电化学腐蚀速率就越快。众所周知，水是一种极弱的电解质，而温度对于水的电解影响甚大，对于水的离子积常数而言，$K_w = c_{H^+} \times$

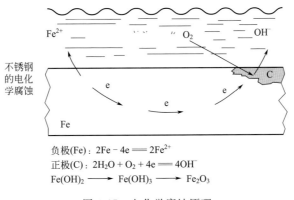

负极(Fe)：$2Fe - 4e = 2Fe^{2+}$
正极(C)：$2H_2O + O_2 + 4e = 4OH^-$
$Fe(OH)_2 \longrightarrow Fe(OH)_3 \longrightarrow Fe_2O_3$

图 4-17　电化学腐蚀原理

c_{OH^-}，当没有外接酸碱介入的时候，温度一定时，K_w 是个固定值。由于电离为吸热反应（Q 为热量），即：

$$H_2O + Q \rightleftharpoons c_{H^+} \times c_{OH^-}$$

作为吸热反应的水的电离反应，随着温度的增高，会促进正反应方向的进行，即 K_w 会逐渐地增加，例如，22℃时，水的 K_w 为 1.0×10^{-14}；50℃时，水的 K_w 为 5.6×10^{-14}；80℃时，水的 K_w 为 34.0×10^{-14}；100℃时，水的 K_w 为 74.0×10^{-14}。

在 80℃时，氢氧根离子的浓度是 24℃时的 5 倍以上；85℃时浓度则是 24℃的 6 倍左右，因此，温度越高，水的电解程度越强。对于本质是电化学腐蚀的红锈滋生而言，温度越高，则电化学腐蚀越严重，红锈便会滋生越快。实际生产中，高温储存、高温循环的注射用水系统始终处于巴氏消毒状态，它比常温储存、常温循环的纯化水系统红锈滋生的更快、更强烈，也进一步验证了上述观点。

中国 GMP 2010 年版第九十九条规定："纯化水、注射用水的制备、贮存和分配应能够防止微生物的滋生。"纯化水可采用循环，注射水可采用 70℃以上保温循环。考虑 GMP 对于注射用水的微生物抑制的建议，工程上推荐注射用水高温储存、高温循环分配系统的温度介于 75~85℃为宜。不过，结合药品性质本身的要求和各地的环境、水源等环境等，制药企业需要根据自身的情况来确认该循环温度是否合适。例如，部分生物制品企业也可选择低温储存、低温循环系统，或者高温储存、旁路冷循环系统等。通常情况下，在保证微生物能够得到有效控制的前提下，注射用水高温储存、高温循环系统的温度控制不宜太高，这对抑制红锈的快速滋生尤为关键。

4.3.2　压力

本书所探讨的压力因素导致的红锈增长，主要是指蒸馏水机、纯蒸汽发生器或者纯蒸汽分配系统。这 3 种设备/系统有一个共同的特点是在设备内部会产生高压蒸汽。中国 GMP 2010 年版指南在水系统 3.2.3 多效蒸馏水机 M. 风险分析中指出，高压运行可能带来高汽速的蒸汽摩擦使内筒体和螺旋板造成奥氏体不锈钢的晶间腐蚀，出现龟裂现象，蒸发器渗漏将导致产品注射用水中的热原不合格。

理论上来说，钢材合金（如，316L 不锈钢）在蒸汽中的氧化速度比在干燥氧气中快，其氧化皮更容易发生破坏。高压蒸汽对包括不锈钢在内的铁基合金产生巨大影响的原因为：在干燥氧气中容易形成保护性氧化皮（即通常所说的钝化膜，主要成分是致密的 Cr_2O_3），不易在含有高浓度蒸汽的氧气氛围中形成，即便形成了也极容易发生破裂。另外，在干燥环境中，不锈钢表层形成的具有保护性的钝化膜成分由 Cr_2O_3、$\alpha\text{-}Fe_2O_3$ 和 $(FeCr)_2O_3$ 组成。随着蒸汽含量的增加与压力的增强，氧化皮会变厚并逐渐分层，分别为 $Fe_2O_3/Fe_3O_4/$铁铬氧化物，而且随着压力的增加，该类氧化速度随之增加，从而形成黑色的Ⅲ类红锈。

高压蒸汽对钝化膜的破坏以及导致铁氧化物生成的机理表明，高压蒸汽除了可破坏不锈钢原有保护性抗氧化膜（钝化膜），它还可催化加速不利于不锈钢防腐的复杂铁氧化物的生成。尽管上述两种机理得到业界的广泛认可，但是其根源性机理并未统一。不过，更多的观点认为：高压水蒸气（H_2O）中的氢元素在高温下会失去电子，以直径仅 1.7×10^{-15} m 的质子穿透不锈钢原有的致密氧化皮，从而导致原有稳定的 Fe-Cr-O 形式的保护膜被破坏，替代成带正电的 Fe 和 Cr，使游离的 Fe 和 Cr 分别形成单一的氧化物，不再对不锈钢表面起到保护作用。

4.3.3　流速

国外有研究显示，流速为 $10 \sim 40 m/s$ 的高温水在 316L 不锈钢系统中循环 1804h 后，采用俄歇电子能谱（AES）对不锈钢内表面进行检测，发现其钝化膜厚度减少了约 $0.9 \mu m$。上述实验表明，流速对于不锈钢的钝化膜是有一定程度破坏的。流速对腐蚀的影响机理较复杂，一方面是由于腐蚀疲劳（Corrosion fatigue），另一方面是由于较强的横向剪切力可以使已形成并吸附在不锈钢表层的红锈颗粒脱离，随后进入流体系统中并对水质或产品质量造成影响。

腐蚀疲劳是指金属材料构件都工作在腐蚀的环境中，同时还承受着交变载荷的作用。与惰性环境中承受交变载荷的情况相比，交变载荷与侵蚀性环境的联合作用往往会显著降低构件疲劳性能。

腐蚀疲劳主要同应力腐蚀相关，而在制药行业所使用的 316L 奥氏体不锈钢的腐蚀机理主要是同晶间腐蚀相关。尽管流速的变化，会导致腐蚀疲劳的降低，从而钝化膜更易受到破坏，但洁净流体系统的流速往往都不会太大，因此其影响也相对较小。

流速对管道的破坏，还可以从气蚀的概念加以解释。气蚀（Cavitation erosion）又称穴蚀，是指流体在高速流动和压力变化条件下，与流体接触的金属表面上发生洞穴状腐蚀破坏的现象。气蚀常发生在离心泵叶片叶端的高速减压区或者喷淋球的内表面，流体在此会形成空穴，空穴在高压区被压破并产生冲击压力，破坏金属表面上的保护膜，从而使腐蚀速度加快。气蚀的特征是先会在金属表面形成许多细小的麻点，然后逐渐扩大成洞穴。

气蚀的机理是液体在与固体表面接触处的压力低于它的蒸汽压力时，将在固体表面附近形成气泡，溶解在液体中的气体也可能析出而形成气泡，随后，当气泡流动到液体压力超过气泡压力的地方时，气泡便溃灭，在溃灭瞬时产生极大的冲击力和高温。固体表面经受这种冲击力的多次反复作用，材料发生疲劳脱落，使表面出现小凹坑，进而发展成海绵状，严重的气蚀可在表面形成大片的凹坑，其深度可达 20mm。气蚀虽然并非流速单一作用而形成，但流速是导致气蚀的重要因素。由于气蚀原因导致的点腐蚀，在电化学机理的作用下，会呈现出红锈的现象。在制药行业洁净流体工艺系统中，泵腔和喷淋球是最易发生红锈且发生程度较为严重的位置。

除了气蚀的影响，高流速导致流体具有极强的湍流流动状态。流速越快，雷诺数会越大，横向的剪切力也会越大，表面附着的红锈颗粒更易迁移进入产品中。雷诺数：$Re = 1000 \rho v d / \mu$，其中 Re 为雷诺数（无量纲）；ρ 为流体的密度（g/ml）；v 为流体流速（m/s）；d 为管道内经（m）；μ 为流体黏度（Pa·s）。工程上，$Re > 4000$ 为湍流状态；$Re > 10000$ 为完全湍流状态。

从抑制微生物的角度来说，湍流有助于提高横向的剪切力，以抑制微生物的集聚和细菌在表面的附着，中国 GMP 2010 年版指南在水系统 3.4.7 微生物控制设计考虑中对循环流速的技术要求为，"常见的做法是设计循环环路最小返回流速为 3ft/s（0.91m/s）或更高，在湍流区雷诺数大于 2100"。然而，从另一方面考虑，过高的流速、过大的雷诺数，除了工程运行的安全风险外，对于气蚀也是有促进作用的，湍流越强烈，在泵腔和喷淋球的位置，气蚀的程度也就越深，因此，企业需选择合适的流速，在微生物能够得到抑制的前提下，流速不宜太高。

4.3.4　残留水渍

当企业生产任务不紧张，为了节能，有时需要对系统进行计划性停机处理，比如注射用水系统。停机时，系统的动力关闭，将系统内的水靠重力通过低点排放排尽，洁净流体系统的设计、建造与验证都非常强调系统的可排放性，当系统残留的液体被"排放干净"后即认为可以做停机处理了。然而，即便系统坡度完全符合 ASME BPE 标准，洁净流体工艺系统的各位置均可以通过附近的低点排放排尽，系统内部依然会存在少量的液体残留，整个系统不可能排放到绝对干净（图 4-18）。

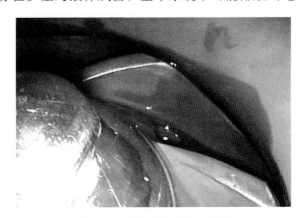

图 4-18　停机后的泵腔内残液

从图 4-18 可以清晰地看出，系统在停机 3 年之后，泵腔内部仍然残留水滴。同时，在泵腔内潮湿的位置，红锈的腐蚀程度高于较干燥的位置。这主要是因为在潮湿的环境下，电化学腐蚀过程中电子更易迁移，且在不锈钢表层附着的水膜中溶氧含量较持续循环的水系统中要高。对于因节能而采取的计划性停产活动，推荐企业可以采取 10.4.3 中"停机处理"的措施来避免或降低红锈对洁净流体工艺系统的滋生与危害。

不常使用的纯蒸汽用点也存在红锈发生的风险。ASME BPE 标准有关纯蒸汽用点位置的描述如下，在纯蒸汽系统中，高流速部分可有效吹洗管壁使该部分管壁避免氧化铁等污物的持续积累并将氧化碎块带入下游，成为下游管路被腐蚀的潜在风险。

纯蒸汽用点处的疏水阀是否能正常工作是必须要考虑的风险。如果疏水不及时，则红锈发生的风险会更大。由于疏水阀靠近纯蒸汽用点，其质量问题会导致用点管网来不及疏水，该位置会残留大量的冷凝水。在纯蒸汽系统中，尽管氧化层随着年限推移而逐渐稳定，但它们在逐渐变厚的同时也会在高流速部分发生氧化层颗粒脱落的现象，腐蚀疲劳由此发生。纯蒸汽用点在使用时处于高温、高压状态；在非使用状态下，则处于次高温状态，该位置在温度和压力方面承担着较大的交变载荷。纯蒸汽系统本身就是一个腐蚀性的高温、高压环境，因此，在交变载荷过大的纯蒸汽用点位置，腐蚀情况会格外严重。

在纯蒸汽分配系统中，热静力疏水阀是纯蒸汽系统的首选疏水阀，为保证纯蒸汽系统的安全性，该疏水器为 316L 的材质设计，卫生型卡接连接。热静力疏水阀是利用蒸汽和凝结水的温差引起感温元件的变型或膨胀带动阀心启闭阀门。热静力疏水阀的过冷度比较大，一般过冷度为 15～40℃，它能利用凝结水中的一部分显热，阀前始终存有高温凝结水，无蒸汽泄漏且节能效果显著。热静力疏水阀有膜盒式、波纹管式、双金属片式等多种。

为了尽可能地降低纯蒸汽用点红锈的滋生速度，建议的措施如下：使用之前操作要规范：先排掉冷凝水，以降低环境的腐蚀性程度；如果用点不常用，则应在纯蒸汽分配系统的标准操作规程中，明确注明定期对用点的冷凝水进行排放处理；制定纯蒸汽分配系统例行维护检查制度，重点检查疏水阀的疏水能力。

4.3.5　臭氧消毒

臭氧是一种广谱杀菌剂，通过氧化作用破坏微生物膜的结构而达到杀菌效果，可有效杀灭细菌繁殖体、芽孢、病毒和真菌等，并可破坏肉毒杆菌毒素。灭菌消毒技术是控制微生物指标的最普通也是最重要的技术，臭氧消毒技术现已被广泛用于纯化水的微生物控制。消毒是指用物理或化学方法杀灭或清除传播媒介上的病原微生物，使其达到无害化。通常是指杀死病原微生物的繁殖体，但不能破坏其芽孢，所以消毒是不彻底的，不能代替灭菌。

红锈滋生的本质是氧化还原反应（铁的氧化，氧的还原），所以当系统中氧化环境越强，铁的氧化程度可能就会越严重。臭氧杀菌机制通过氧化作用破坏微生物膜的结构而实现杀菌效果。臭氧灭活病毒机理：首先作用于细胞膜，使膜构成成分受损伤而导致新陈代谢障碍，臭氧继续渗透穿透膜并破坏膜内脂蛋白和脂多糖，改变细胞的通透性，通过氧化作用破坏其核糖核酸（RNA）或脱氧核糖核酸（DNA），从而导致细胞溶解、死亡。臭氧的半衰期仅为 $30\sim60min$，高浓度臭氧水的杀菌速度极快，$100\mu g/m^3$ 臭氧浓度在 1min 内能杀死 60000 个微生物。研究表明，水中臭氧浓度超过 $8\mu g/m^3$ 时，微生物即停止繁殖，水中臭氧浓度超过 $50\mu g/m^3$ 时，系统能有效杀菌微生物和细菌。

臭氧杀菌在纯化水储存与分配系统中使用非常广泛。图 4-19 为连续型臭氧消毒系统，整个系统采用 3 个在线臭氧探头对储罐、管网入口端和管网回水端的臭氧浓度进行实时监测，呼吸器出口采用活性炭吸附或加热的方式进行臭氧破除。正常生产时，臭氧发生器和紫外灯均处于开启状态，纯化水储存系统始终处于臭氧保护状态，用点管网采用 253.7nm 波长的紫外灯将臭氧从循环管网系统中完全破除，以保证使用时纯化水中无残留臭氧；间歇性杀菌时，将紫外灯关闭，维持水中臭氧浓度并保存一定时间，杀菌即可结束。

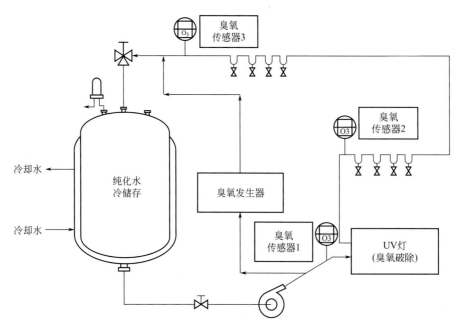

图 4-19　连续型臭氧消毒系统

不可否认的是，臭氧灭菌有其巨大的优势，比如操作简单、水温无波动、消毒时间短、降解生物膜和管道材质选择余地较大。然而，从管道腐蚀角度来说，臭氧同时也具有很强的氧化性，除了金和铂外，臭氧化空气几乎对所有的金属都有腐蚀作用。铝、锌、铅与臭氧接触会被强烈氧化，尽管含铬铁合金基本上不受臭氧腐蚀，但臭氧消毒的纯化水系统还是普遍存在红锈风险，其可能的原因就是臭氧极强的氧化性。

臭氧之所以具有强氧化性，是因为分子中的氧原子具有强烈的亲原子或亲质子性，臭氧分解产生的新生态氧原子具有很高的氧化活性，这也是人们应用它进行化学氧化和杀菌消毒的主要依据。臭氧的氧化还原电位为 2.07V，仅次于氟（2.87V），位居化学杀菌剂的第二位，表 4-2 是常用氧化剂的氧化还原电位。

表 4-2　氧化剂的氧化还原电位

名称	分子式	标准电极电位/V
氟	F_2	2.87
臭氧	O_3	2.07
双氧水	H_2O_2	1.78
高锰酸离子	MnO_4^-	1.67
二氧化氯	ClO_2	1.50
氯	Cl_2	1.36
氧气	O_2	1.23

4.3.6　管道材质与抛光度

中国 GMP 2010 年版指南在水系统 5.2 材质中规定，对于《中华人民共和国药典》（简称《中国药典》）规定用水（纯化水、注射用水、灭菌注射用水）的储罐和管道应用广泛的材料是 3×× 系列的不锈钢（一般为 316L）。有更高抗热性的聚偏氟乙烯（PVDF），也适用于药典规定用水。如果需要定期钝化操作，那么在整个分配、储存和处理系统中，材料的选择应当一致（均是 316L 或均是 304L 等）。内源型红锈的发生与不锈钢本身的理化性质密切相关，表 4-3 是几种常用不锈钢材料的组成成分。

表 4-3　不锈钢的组成成分　　　　单位：%

型号	C	Mn	P	C	Si	Cr	Ni	Mo	其他
304	≤0.08	≤2.0	≤0.045	≤0.03	≤1.0	18~20	8~12	—	—
304L	≤0.03	≤2.0	≤0.045	≤0.03	≤1.0	18~20	8~12	—	—
316	≤0.08	≤2.0	≤0.045	≤0.03	≤1.0	16~18	10~14	2~3	—
316L	≤0.03	≤2.0	≤0.045	≤0.03	≤1.0	16~18	10~14	2~3	—

304L 和 316L 不锈钢因其较高的镍铬含量及便于自动氩弧焊接的优点，已经成为金属管道系统的首选，低于 0.04% 的含硫量对于焊接来说是最理想的。与 304L 不锈钢相比，316L 不锈钢具有含碳量和含硫量更低、更易获得优质焊接质量的特性，因此在国内外制药用水系统、配液系统和 CIP 系统中获得了广泛的使用。按管道标准划分，制药行业的国内管道工业标准有：BS 4825、DIN、ISO 1127、ISO 2037（SMS 3008）、JIS、ASME BPE 和 3A 等多个标准。目前国内通常采用的是 ISO 2037 和 ASME BPE 两个标准的不锈钢管道管件，表 4-4 为 ISO 2037/SMS 3008 标准和 ASME BPE 标准管道管件的区别。

表 4-4 管道标准的对比

类别	ISO 2037/SMS 3008	ASME BPE
标准	来自国际标准组织,参见 ISO 2037	来自 ASME 组织,详见 ASME BPE(2009)
公差	公差由生产企业自行确定	公差有严格的区分
表面粗糙度	$Ra<0.8\mu m$;$Ra<0.6\mu m$;$Ra<0.4\mu m$ 等	SFF1～SFF6 详见 ASME BPE(2009)
含硫量	S 含量较低	严格控制 S 含量
检查	抽检	全检
材质	316L(1.4404/1.4435),材质证书符合 3.1B 标准,完全符合 GMP 要求;多用于制药/食品/乳品行业	316L(1.4404/1.4435),材质证书符合 3.1B 标准,完全符合 GMP 要求;多用于生物制药行业

同样是 316L 奥氏体不锈钢母材,加工工艺控制的不同,其抗腐蚀能力也是不同的。因此,在材料采购阶段,需进行供应商审计,审查其生产资质是否符合相关规定;在验证阶段,对材质证书和表面粗糙度进行检查,对应炉号和序列号是否正确。

显而易见,表面粗糙度好的不锈钢材料,金属表面的金属毛刺少,钝化后钝化膜形成的充分,红锈滋生的氧化还原反应发生难;相反,表面粗糙度差的不锈钢材料,金属表面的金属毛刺多,酸洗钝化后的钝化膜无法充分形成,红锈滋生的氧化还原反应发生非常容易。

4.3.7 喷淋死角

药品 GMP 2010 年版指南在水系统中规定:喷淋球可以装在返回环路上用来润湿储罐顶部空间。在热系统中,使用喷淋球可以用来保持罐的顶部和水一样的温度,以避免腐蚀不锈钢和导致微生物生长出现的交替湿润和干燥的表面。目前,喷淋球清洗效果验证已得到制药企业的广泛重视,良好的喷淋效果不仅对微生物生长的抑制有帮助,也可避免腐蚀不锈钢。

ASME BPE 标准明确提到,"滞留区域"是影响红锈生成的因素之一。在一定范围内,流动的氧化性流体可以保护钝化膜,如果流速过快,压力过大,则会导致点蚀等问题。喷淋球喷淋死角处于绝对的滞留区域内,钝化膜容易受到湿润环境的破坏,该位置会存在相对固定的富氧液膜,在此环境下,钝化膜的破坏和铁的氧化均是比较快速的;反之,如果喷淋球喷淋效果良好,则各位置均是处于流动的环境中,这些风险则可以相对降低。

水罐的液位淹没喷淋球,会使喷淋球失去喷淋效果。通常情况下,液位自控参数设置不合理,高液位报警设置过高;液位计故障或不准确;自控线路或模块故障便可能会导致液位过高的情况(图 4-20)。

可以清晰地看出,在喷淋球连杆的位置,出现了严重的黑色锈迹(Ⅲ类红锈)。这种红锈一旦出现,极难去除,其红锈滋生原因同喷淋球存在喷淋死角一样,即因为该位置会存在相对固定的富氧液膜,如此环境下,钝化层的破坏和铁的氧化均是比较快速的。因此,推荐企业应定期查看液位计的校验状态。

4.3.8 消毒/灭菌频次

部分企业为了保证无菌状态,在 PQ 阶段会制定相对频繁的消毒/灭菌频率,且此消毒灭菌周期在 PQ 阶段确定之后,一直会延续多年。系统所处环境的温度与压力的突变性会导致系统承受交变载荷过载,钝化膜腐蚀疲劳加剧,从而导致钝化膜的物理强度与微观紧密性恶化,钝化膜易受外界机械

图 4-20　液位过高的注射用水罐

作用和化学作用的破坏。通常情况下，制药用水系统的消毒/灭菌频次频繁的制药企业，红锈的滋生也会相对较快。

4.3.9　运行时间

图 4-21 是一个典型的材质良好、钝化良好且运行良好系统金属表层变化情况。横轴是指设备或系统的运行时间，纵轴是不锈钢的表面状态，表层钝化膜和红锈厚度变化、铬铁比的变化、红锈是否出现以及其颜色变化等信息均有包含。

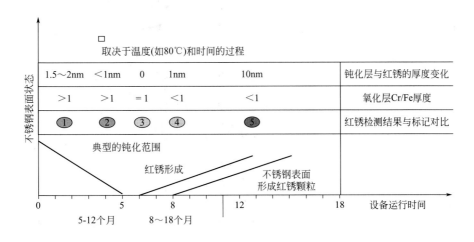

图 4-21　金属表层的变化

由图 4-21 可以看出，不锈钢钝化膜初始厚度为 1.5～2nm，铬铁比大于 1；随着时间的推移，钝化膜厚度变薄，运行时间大约为 5 个月时，逐渐小于 1nm，铬铁比略有下降，但仍大于 1；大约运行至 6 个月时，不锈钢表面有效铬氧化成分膜基本消失，形成独立氧化铬与氧化铁成分，铁氧化物次生层开始形成，铬铁比此时为 1，此时出现黄色或橙黄色的一类红锈；至第 8 个月，次生层厚度达到 1nm，随着铁氧化物的积累，加之管壁表面与流体之间的横向剪切力，开始有可见的红色的宏观氧化铁（俗称赤铁矿）颗粒出现，铬铁比小于 1（实际发生周期为 8～18 个月）；运行至 12 个月，红锈颗粒已有一定量的分布并发生迁移，红锈厚度达到 10nm，铬铁比小于 1。

在半年之内的没有红锈的状态以及 1 年之内以黄色的红锈为主的状态，对系统的风险较低，且基本上没有破坏不锈钢表层的物理结构，此时系统并无红锈风险。一旦形成Ⅱ类的红色锈迹，则流体中将会出现较多的游离铁和铁氧化物胶粒，从而会对系统产生实质上的风险。

对于完全相同的一套流体工艺系统，不同的地域、不同的环境、不同的原水质量以及不同的运行状态或因素都会导致红锈出现时间的差异性。目前，部分企业已经制定了定期的除锈机制，图4-21比较形象的描述了红锈的生成历程，有助于制药行业在设备维护中重视红锈滋生的抑制。

第5章

红锈的风险

5.1 红锈与法规

在无菌制品的生产中，微生物污染的机理与控制措施已得到了制药界的广泛研究。对于制药洁净流体工艺系统而言，微生物污染与颗粒物污染均是药品生产过程中至关重要的风险控制点，红锈作为一种可能导致颗粒物污染的污染物，理应被广大制药企业所认识。

在中国 GMP 2010 年版中，"风险"一词被反复提及达 24 次，可见对药品生产过程中的风险控制极为关注，例如：

"第三条 本规范作为质量管理体系的一部分，是药品生产管理和质量控制的基本要求，旨在最大限度地降低药品生产过程中污染、交叉污染，以及混淆、差错等风险，确保持续稳定地生产出符合用途和注册要求的药品；

第十三条 质量风险管理是在整个产品生命周期中采用前瞻或回顾的方式，对质量风险进行评估、控制、沟通、审核的过程；

第十四条 应当根据科学知识及经验对质量风险进行评估，以保证产品质量；

第十五条 质量风险管理过程所采用的方法、措施、形式及形成的文件应当与存在风险的级别相适应；

第七十一条 设备的设计、选型、安装、改造和维护必须符合预定用途，应当尽可能降低产生污染、交叉污染、混淆和差错的风险，便于操作、清洁、维护，以及必要时进行的消毒或灭菌；

第一百三十八条 企业应当确定需要进行的确认或验证工作，以证明有关操作的关键要素能够得到有效控制。确认或验证的范围和程度应当经过风险评估来确定；"

除此之外，在中国 GMP 2010 年版中关于纯化水和注射用水系统也有如下描述：

"第一百零一条 应当按照操作规程对纯化水、注射用水管道进行清洗消毒，并有相关记录。发现制药用水微生物污染达到警戒限度、纠偏限度时应当按照操作规程处理。"

中国 GMP 2010 年版要求对制药用水系统定期进行清洗，其主要目的除了避免微生物污染的风险，同时也包含了避免红锈对于制药用水系统的影响，从而降低颗粒物污染的风险。

美国食品药品管理局（FDA）对红锈以及红锈在高纯水、蒸汽和工艺系统中的存在并没有书面上的明确要求，其标准是需要满足针对这些系统所建立的质量标准。美国《联邦法典》（CFR）第 21

卷，第1章，第211部分，D-设备，211.65（a）"设备的建造"中写道"设备的建造应保证其与部件、工艺内物料或药品接触的表面的反应性、添加性或吸收性不得改变药品的安全性、鉴别、效力、质量或是纯度使其超出官方或其他已经建立的要求。""设备的清洁和维护"中写道"设备和器具需要按照适宜的时间间隔定期清洁、维护和消毒，来避免能够改变药品的安全、鉴别、效力、质量或是纯度使其超出官方或其他已经建立的要求的故障或污染。"

2004年12月31日的《美国食品、药品和化妆品法》（修订版）第501（a）（2）（B）节"劣质的药品和器械"中写道"如果……其生产、加工、包装或储存过程中所使用的方法、或厂房设施或控制，不符合现行药品生产质量管理规范的要求或是未能遵照现行药品生产质量管理规范来进行运行和管理，来保证这种药品符合该法有关安全性的规定以并具有相应的鉴别和效力，符合其声称或声明所具有的质量和纯度特性，即认定为该药品和器械为伪劣产品。"

红锈的本质是铁的氧化物，而铁元素并不属于重金属，因此，《美国药典》既没有把红锈定义为污染，也没有对其含量提出警戒限、行动限或产品生产线中红锈检测的方法；《美国药典》通常不直接规定设计和材料的标准问题，而是通过界定最终将进入人体的成分的限值的方法来对它们进行间接的规定。

《美国药典》的范围涵盖了所用水的最终检测质量，而不是用来制备水的系统质量，红锈现象是和系统选材相关的问题；与此相反，设计标准的目的是为了降低水的风险。《美国药典》要求采集代表性样品，因此，可以推断出样品需要代表整个系统的水的质量和不同取样期之间水的质量情况；《美国药典》只规定了这种质量的标准。而设计标准则是为了保证这种质量，并保持工艺长时间可控（即使不是药典用水也一样）。所有者/使用者应该判断已经有红锈的系统产生的水的质量是否依然满足《美国药典》以及工艺内控要求。

《欧洲药典》各论中没有提到红锈，也未给出相关指南。仅有一篇描述用于合成原料药时因使用金属催化剂而产生的金属残留物的最大可接受限度的文章（《金属催化剂残留限度质量标准指南说明》，EMEA，2002年12月）。这个指南适用于所有剂型，但是口服和注射给药适用不同的限度；它可以被用作产品和/或水系统中重金属风险评估的指导性文件。

目前，世界各地的制药企业都在关注红锈现象，虽然没有任何强制法规或药典明确将其纳入日程检测指标，但基于FDA质量度量理念的推广，制药企业需定期关注洁净流体工艺系统的红锈滋生状况及程度，以免出现不可逆转的成品质量缺陷。红锈对制药行业的风险主要体现在质量、工程、安全和投资等4个方面，本书将对这几个方面的风险做详细介绍。

5.2 质量风险

质量与满足或超出消费者需求相关，由消费者驱动。对于医药产品，意味着提供符合产品标签所述功效且纯正的产品。公众希望医药产品实现预期功效，希望产品不发生意外，无未知的不良反应或质量问题。当然，对于制药企业来说，发生质量事故的直接损失是事故赔偿费，间接损失是公司品牌形象的下滑，导致市场信誉度的下降，间接损失较直接损失对药企的影响更大。

过去，FDA一直通过发布《483报告》来对药企的质量问题开出"罚单"。这种手段只发现了具体显现的质量问题，它无法识别深层次的根源问题，这就误使生产商认为他们的目标是符合FDA的相关规定，而忽略了企业的责任本应是制造符合功效的、质量可靠的产品。因此，FDA计划"从根本上改变"其质量监管的做法，撬起"正确行为的杠杆"，以推动整个行业到达其本应达到的水平。

良好的质量文化是所谓正确行为中的重要部分，其遵循的理念，不是传统的 GMP 合规性，而是超越 GMP 的要求。思维决定行动，企业看待质量的方式，决定了企业采取什么样的质量管理理念。

问题管理理念在于"质量等于合规性"，而质量度量管理理念认为"质量需大于合规性"。GMP 的更新伴随着企业的改造和更新，传统遵循的理念是"质量等于合规性"，相当于产品的质量处于"行动限"的边缘，存在较大的浮动风险，即有可能会低于合规性。目前 FDA 推崇的质量度量核心，则是"质量大于合规性"。也只有这样，药企的质量才能充分处理"行动限"以下，充分保证产品的质量。

"质量度量"的概念最早是由 FDA 提出来的，其目的是将制药企业质量体系具体化和定量化。主要内容包括：

① 通过采集和分析企业上报的质量度量数据，预测药品缺陷。

② 制订基于风险的检查计划。

③ 为药品买方和支付方的采购和报销决策提供有意义的生产质量指标支持。

红锈对注射剂的可见异物检测会有较大的影响。《中国药典》（2010 年版）附录"Ⅸ H 可见异物检查法"中提到：可见异物是指存在于注射剂、滴眼剂中，在规定条件下目视可以观测到的不溶性物质，其粒径或长度通常大于 $50\mu m$。注射剂、滴眼剂应在符合药品生产质量管理规范（GMP）的条件下生产，产品在出厂前应采用适宜的方法进行检查并同时剔除不合格产品。临用前，应在自然光下目视检查（避免阳光直射），如有可见异物，不得使用。

对于大容量注射剂，其可见异物有可能来自生产过程与生产环境两方面。在生产过程方面，会导致产生可见异物的因素主要有包装容器残留可见异物、洁净更衣不符合规定、来自原料药的可见异物、不锈钢表面脱落物质（如红锈）、与产品接触的设备表面清洗处理不当、包装材料同内容物不相容、生产过程中混入了不洁净的空气等；在生产环境方面，会导致产生可见异物的因素包括设计不合理导致的洁净端和非洁净端互串、产品的交叉污染、空气洁净度不合格、墙体材质可能会发生脱落等。

制药行业不锈钢流体工艺系统主要有不锈钢或金属合金进行建造。当系统中红锈较为严重时，游离铁与铁的氧化物胶粒会相对较多，若系统本身无法使用除菌级终端过滤器或终端除菌级过滤器的完整性测试不合格，均有可能导致注射剂中出现可见异物。即便在质量检查过程中，能够发现相应批次的产品中存在可见异物，使其不会流向市场，但是对于制药企业本身来说，存在质量问题的整批产品均要做报废处理，企业损失不可估量。

一些有机基团对铁离子都有较强螯合作用，例如氨基磷酸酯盐、氨基磷酸盐、酚类、EDTA（乙二胺四乙酸）等。对于成分明确的西药产品，此风险相对可控；但对于成分不是完全明确的中药产品，尤其是中药注射剂而言，则很有可能存在与铁离子发生反应的有机基团，从而导致产品存在质量风险。

上述内容是对产品质量的影响。另外，红锈对于水质也与一定的危害。在我国，被《中国药典》（2010 年版）收录的制药用水包括纯化水、注射用水和灭菌注射用水。红锈对于制药用水水质中的电导率、不挥发物与微生物等指标均会产生不同程度的影响。

红锈其实是一种由不同的铁氧化物构成的混合物，在高温流体工艺系统中存在的不锈钢设备或系统，其表面的游离铁首先会同水中的氢氧根离子发生反应，整个反应过程较为复杂，最终可能生成氧化亚铁、三氧化二铁、氢氧化亚铁以及四氧化三铁的混合物，具体成分的不同将决定红锈颜色的不同。图 5-1 是一种较为常见的红锈发生机理，虽然该机理还存在学术上的争议，但能较为直观地解释红锈发生的化学过程。

$$2Fe+2H_2O+O_2 \Longrightarrow 2Fe(OH)_2 \downarrow (白色,极不稳定)$$

$$Fe(OH)_2 \Longrightarrow FeO \downarrow (黑色,极不稳定)+H_2O$$

$$2Fe(OH)_2+O_2+H_2O \Longrightarrow 2Fe(OH)_3 \downarrow (红棕色,不稳定)$$

$$2Fe(OH)_3 \Longrightarrow Fe_2O_3 \downarrow (红棕色,较稳定)+3H_2O$$

$$6FeO+O_2 \Longrightarrow 2Fe_3O_4 \downarrow (黑色,最稳定)$$

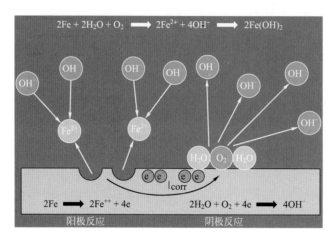

图 5-1　红锈发生的机理

水的离子积常数 K_w 是指氢根离子浓度与氢氧根离子浓度的乘积,随温度增高而递增。在 80℃ 时,氢氧根离子浓度是 24℃ 时的 5 倍;在 90℃ 时,氢氧根离子浓度则是 24℃ 的 6 倍。通常情况下,制药行业注射用水高温循环系统一般会维持在 75～85℃,由此可见,相比于常温循环的纯化水系统,采用热处理进行灭菌/消毒的注射用水系统,其发生红锈反应的速度要快得多,本章也将主要以注射用水为例进行重点分析。

① 电导率。铁氧化物会以 0.02～5μm 的粒径,以金属胶粒的形式在流体中扩散。铁氧化物会吸附正电离子,故而表现出带正电的特征。如果水中的铁氧化物胶颗粒过多的话,水中电导率会有一定的增加。

② 不挥发物。不挥发物是指在特定的情况下,物质中的液体或固体不能蒸发或升华变为气体排出的部分。《中国药典》(2010 年版)中不挥发物方面的规定为:取 100ml 水,置于 105℃ 恒重的蒸发皿中,在水浴上蒸干,并在 105℃ 干燥至恒重,遗留残渣不得过 1mg。

当水系统出现不挥发物超标时,需要考虑的因素包括:制备端是否出现功能性问题;检测人员(检验员)是否具备资质;天平、水浴锅和恒温干燥箱是否经过校验,并在校验期内;执行过程是否符合标准作业程序(如干燥时间是否足够、水浴锅中水是否过少或者不洁净、干燥箱中水浴锅是否放置过多);水质的其他质量指标是否合格;水系统运行时间,管道附着物情况(此项内容即考虑分配系统管道脱落物有可能导致不挥发物超标)。红锈可以通过管道脱落物和以胶粒形式迁移至流体中的形式,间接影响水中的不挥发物含量。

③ 微生物。微生物是一些看不见的微小生物的总称,包括原核类的细菌、放线菌、支原体、立克次体、衣原体和蓝细菌(过去称为蓝藻或蓝绿藻),真核类的真菌(酵母菌和霉菌)、原生生物和显微藻类,以及属于非细胞类的病毒、类病毒和朊病毒等。《中国药典》规定,纯化水的微生物限度为需氧菌总数不超过 100 CFU/ml;注射用水的微生物限度为需氧菌总数不超过 10 CFU/100ml。通常,制药用水系统中的微生物多为革兰阴性菌和嗜热菌,内毒素为它们释放出来的代谢产物。

制药用水系统中的微生物主要是以生物膜的形式存在于系统的内表面,部分微生物也会游离在液态水中，很多因素都可能导致微生物的超标。例如，制水系统存在着由原水及制水系统外部原因所导致的外部污染的可能，原水的污染则是制药用水系统最主要的外部污染源。《美国药典》、《欧洲药典》及《中国药典》均明确要求制药用水的原水至少要达到饮用水的质量标准，若达不到饮用水标准，则需采取预净化措施。由于大肠杆菌是水质遭受明显污染的标志，因此，国际上对饮用水中大肠杆菌含量均有明确的要求；其他污染菌不做细分，在标准中以"细菌总数"表示，而危及制水系统的污染菌主要是革兰阴性菌。

另一个污染源存在于贮存与分配系统中，微生物在管道表面、阀门和其他区域能够生成菌落并在那里大量繁殖，进而形成生物膜并成为持久性的污染源。制药用水系统的表面粗糙度与微生物污染风险息息相关。红锈的滋生会对不锈钢的表面粗糙度带来很大的破坏，给微生物提供滋生的温床，从而导致生物膜形成，并引发微生物指标超标或内毒素超标。

ASME BPE 规定：为了保证清洁效果，表面粗糙度需满足要求（详见表 5-1），清洗对象包括生物膜，产品附着物等。

表 5-1　ASME BPE 对于表面粗糙度的要求

抛光度等级	机械抛光	
	Ra 最大值	
	μin	μm
SF0	无抛光要求	无抛光要求
SF1	20	0.51
SF2	25	0.64
SF3	30	0.76
	电解抛光	
	Ra 最大值	
	μin	μm
SF4	15	0.38
SF5	20	0.51
SF6	25	0.64

如果红锈滋生导致表面不平整，粗糙度甚至可能超过肉眼可见的最小粒径（50μm）。图 5-2 为采用电子显微镜得出的 II 类红锈金属表面，微观状态下存在很多的凹凸和清洗死角，为微生物附着提供了天然屏障，清洗效果很难保证。

由于红锈会导致不锈钢表面粗糙度变大，表面状态持续恶劣，从而很可能存在微生物超标的风险。微生物新陈代谢会产生复杂的代谢产物，紧随其后可能会导致总有机碳的增高，当系统进行灭菌之后，大量微生物尸体若未及时得到彻底清除，将会在不锈钢表面残留内毒素，从而引起内毒素超标。

红锈作为一种产品质量的风险源，亦需要进行质量度量管理。红锈的质量风险主要体现在导致药品出现可见异物、导致不溶性微粒数的增加、影响水质（电导率、不挥发物、微生物、TOC 和内毒素等）、影响产品的清洗效果、与产品发生理化反应等方面。

5.2.1　红锈与可见异物

《中国药典》（2010 年版）附录"IX H 可见异物检查法"中提到："可见异物存系指存在于注射剂、眼用液体制剂中，在规定条件下目视可以观测到的不溶性物质，其粒径或长度通常大于 50μm。"

注射剂中的可见异物按类别可分为可溶性和不可溶性两种。可溶性可见异物是由于过饱和溶液在

20μm

图 5-2   Ⅱ类红锈的金属表面状态

一定温度下结晶析出。按《中国药典》规定，在适宜的温度下，可以溶解后使用。例如甘露醇注射液析出的甘露醇结晶。不可溶性可见异物则包括玻璃屑、纤维、橡胶、昆虫、红锈颗粒等。根据可见异物的来源不同，其可能携带大量的微生物，给药品造成严重的污染。微生物导致热原出现，使患者出现发冷、发热、大汗淋漓、虚脱等现象，严重的还会危及生命；不溶性微粒会造成微循环障碍和毛细血管阻塞，使机体内出现肉芽肿，特别是肺部肉芽肿。

注射剂可见异物的来源，一是生产过程中产生的，二是生产环境造成的。生产过程中主要是由于车间空气净化不符合规定，微粒超标，洗瓶不彻底，包装容器上的可见异物没有除去，人员不按照规定穿戴工作服、帽、手套、口罩；设备老化、过滤原材料不符合要求或损坏，使药品过滤不精细；管道使用材质容易产生脱落物；生产过程中洁净区门窗关闭不严，一般区未经净化的空气进入，污染药品和与药品接触的设备、材料；胶塞、涤纶处理不当；塑料瓶（袋）制作不在洁净区或净化级别不符合要求，微粒和可见异物直接进入瓶中，塑料瓶用的接口盖被污染，沾有可见异物或微粒；塑料瓶的材质和药品不相容，灭菌或贮存过程中产生了可见异物、微粒；没有有效地防止可见异物、昆虫和小动物进入生产区或没有杀灭设备等。生产环境不符合要求，输液中出现的可见异物主要是厂房建设布局不合理或使用的墙体材料可产生微粒和脱落物，洁净区与外界相通的管道密封不严，异物由管道缝隙流入洁净区造成空气微粒和可见异物增多，进入药品中的机会加大，从而使注射剂中出现可见异物和不溶性微粒。由此可见注射剂中可见异物和微粒的来源甚广，必须加强生产过程中的质量控制和生产环境检测。

上述提到的管道使用材质产生的脱落物，即包含红锈颗粒。铁氧化物并不会一成不变附着于不锈钢表面，而是会在流体中发生迁移，即发生脱落。对于注射剂来说，存在终端除菌单元是相对安全的，但根据上述的讨论结果，滤芯存在堵塞或被穿透的风险。

5.2.2   红锈与不溶性微粒

《中国药典》（2010年版）附录"ⅨC不溶性微粒检查法"中提到："本法系在可见异物检查符合规定后，用以检查静脉用注射剂（溶液型注射液、注射用无菌粉末、注射用浓溶液）及供静脉滴注注射用无菌原料药中不溶性微粒的大小及数量。"

检测手段分为光阻法和显微计数法。当光阻法测定结果不符合规定或供试品不适于用光阻法测定时，应采用显微技术法进行测定，并以显微计数法的测定结果作为判定依据。

微粒检测用水首先需要进行检测，光阻法要求每 10ml 中含 $10\mu m$ 及 $10\mu m$ 以上的不溶性微粒应在 10 粒以下，含 $25\mu m$ 及 $25\mu m$ 以上的不溶性微粒应在 2 粒以下。显微计数法要求每 50ml 中含 $10\mu m$ 及 $10\mu m$ 以上的不溶性微粒应在 5 粒以下。否则表明微粒检查用水（或其他适宜试剂）、玻璃仪器或者试验环境不适于进行微粒检查，检测符合规定之后方可进行供试品试验。

（1）光阻法

① 标示装量为 100ml 或 100ml 以上的静脉用注射液。除另有规定外，每 1ml 含 $10\mu m$ 及 $10\mu m$ 以上的微粒不得超过 25 粒，含 $25\mu m$ 及 $25\mu m$ 以上的微粒不得过 3 粒。

② 标示装量为 100ml 以下的静脉用注射液、静脉注射用无菌粉末、注射用浓溶液及供注射用无菌原料药。除另有规定外，每个供试品容器（份）中含 $10\mu m$ 及 $10\mu m$ 以上的微粒不得超过 6000 粒，含 $25\mu m$ 及 $25\mu m$ 以上的微粒不得过 600 粒。

（2）显微计数法

① 标示装量为 100ml 或 100ml 以上的静脉用注射液。除另有规定外，每 1ml 含 $10\mu m$ 及 $10\mu m$ 以上的微粒不得超过 12 粒，含 $25\mu m$ 及 $25\mu m$ 以上的微粒不得过 2 粒。

② 标示装量为 100ml 以下的静脉用注射液、静脉注射用无菌粉末、注射用浓溶液及供注射用无菌原料药。除另有规定外，每个供试品容器（份）中含 $10\mu m$ 及 $10\mu m$ 以上的微粒不得超过 3000 粒，含 $25\mu m$ 及 $25\mu m$ 以上的微粒不得过 300 粒。

不溶性微粒的来源很多，并类似于可见异物的来源。一方面要提高生产环境的空气洁净度，同时需要严格把控原辅料的质量、强化玻璃输液瓶的清洗、准确选择和处理丁基胶塞，另一方面对不锈钢表面的脱落物进行及时处理。

倘若出现较小的 $50\mu m$ 以下的红锈颗粒，肉眼无法看到，但会导致不溶性微粒数的增加，甚至可能超标。

不溶性微粒会给患者造成严重危害，可引发热原反应、过敏反应，造成肺功能损伤，也可引起各种栓塞、静脉炎，使局部肉芽肿大及组织坏死。因此药企需要对可能导致不溶性微粒数量增加的因素进行严格控制。

5.2.3　红锈与制药用水水质

（1）电导率　电导率是表征物体导电能力的物理量，其值为物体电阻率的倒数，单位是 S/cm 或 $\mu S/cm$。纯水中的水分子也会发生某种程度的电离而产生氢离子与氢氧根例子，所以纯化水的导电能力尽管很弱，但也具有可测定的电导率。水的电导率同水的纯度密切相关，水的纯度越高，电导率越小，反之亦然。当空气中的二氧化碳等气体溶于水并与水发生相互作用后，便可形成相应的离子，从而使水的电导率增高。水中含有其他杂质离子时，也会使水的电导率增高。另外，水的电导率还同水的 pH 值和温度有关。

红锈的主要成分是铁的氧化物和铁的氢氧化物，附着于不锈钢表面的红锈会不断地脱落进入流体中，脱落的红锈颗粒有大有小，大的可能肉眼可见，小的可能在 $5\mu m$ 以下。这种在 $5\mu m$ 以下的红锈颗粒，由于其本身的性质会吸附一定的负电荷，形成带负电的胶粒。整个胶体是电中性的，其负离子数量增多，正离子的数量也会相应的增加。这样就导致了整个流体中的离子数量增加。

另外，红锈会导致表面粗糙度的下降，表层的不光洁可能导致微生物的滋生，微生物新陈代谢会生成一些可溶性的盐类，也会导致电导率的增加。

（2）不挥发物　倘若系统运行时间过长（一般 5 年以上），红锈情况一般是比较严重的，它可从管道上自行脱落，并以肉眼可见的大颗粒或胶粒形式迁移至流体中，从而导致水的不挥发物超标。因为1mg是非常小的质量单位，丝毫的偏差均有可能会导致水的不挥发物超标。

（3）微生物超标　红锈会导致表面粗糙度变差，不光洁的金属表面有利于微生物的滋生，从而导致微生物的超标。之所以对粗糙度有极高的要求，其目的就对清洗不彻底和微生物滋生的风险考虑。

国内市场常见的 ASME BPE 标准管道管件主要为 SF1 ［机械抛光、Ra（表面粗糙度衡量参数）$<0.51\mu m$］和 SF4（电解抛光、$Ra<0.38\mu m$）两个等级，而国内常见的 ISO2037 标准（部分供应商也称之为 SMS3008 标准）管道管件主要为 Ra 不高于 $0.8\mu m$、$0.6\mu m$、$0.5\mu m$、$0.4\mu m$ 等 4 个等级。ISPE 推荐制药用水系统表面粗糙度 $Ra<0.76\mu m$，ASME BPE 标准推荐注射用水系统表面粗糙度 $Ra<0.6\mu m$ 并尽可能电解抛光。无菌级的制药配液系统直接接触最终的产品，其生产工艺和清洗要求相对更高，故工程上一般建议无菌配料罐体内表面粗糙度 $Ra<0.4\mu m$ 并尽可能电解抛光，无菌药液分配管道系统的表面粗糙度 Ra 值$<0.6\mu m$ 并尽可能电解抛光。

（4）红锈与TOC指标　TOC是指总有机碳（Total organic carbon）。碳在水中的存在形式有有机碳（OC）和无机碳（IC）两种，其中无机碳包括：HCO_3^-、CO_3^{2-}、CO_2 等，其来源主要是空气中的二氧化碳溶解；有机碳的来源就比较广泛了，来自动植物的腐烂、工业排放、农业化学品的污染、家庭用清洁剂和人畜的排泄物等。

图 5-3 解释了红锈为何会导致有机碳的增加。

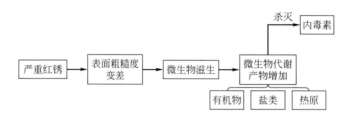

图 5-3　红锈和微生物代谢产物的关系

（5）红锈与内毒素指标　内毒素是革兰阴性细菌细胞壁中的一种成分，叫做脂多糖。脂多糖对宿主是有毒性的。内毒素只有当细菌死亡溶解或用人工方法破坏菌细胞后才释放出来，所以叫做内毒素。其毒性成分主要为类脂质 A。内毒素位于细胞壁的最外层、覆盖于细胞壁的黏肽上。

内毒素不是蛋白质，因此非常耐热。在 100℃ 的高温下加热 1h 也不会被破坏，只有在 160℃ 以上加热 2～4h，或用强碱、强酸或强氧化剂加热煮沸 30min 才能破坏它的生物活性。与外毒素不同之处在于：内毒素不能被稀甲醛溶液脱去毒性成为类毒素；把内毒素注射到机体内虽可产生一定量的特异免疫产物（称为抗体），但这种抗体抵消内毒素毒性的作用微弱。

各种细菌的内毒素的毒性作用较弱，大致相同，可引起发热、微循环障碍、内毒素休克及播散性血管内凝血等。内毒素耐热而稳定，抗原性弱。

对于水系统来说，药企都会进行周期性的消毒或灭菌，这样便会产生大量的微生物尸体，内毒素便会得到释放。因此红锈通过影响表面粗糙度，导致微生物滋生，最终会导致内毒素的增加。

（6）红锈与清洁验证　清洗是指通过物理作用或化学作用去除被清洗表面上可见与不可见杂质的过程。在药品生产环节清洗是最为关键的工艺操作之一，任何设备或系统进行工艺生产前后都应得到及时的清洗。从 GMP 角度来看，清洗时预防污染和交叉污染的有效手段；从微生物污染角度来看，虽然清洁并不能代替消毒或灭菌，但良好的清洁可有效抑制微生物的繁殖，同时，干净的设备表面比污浊的表面更容易彻底灭菌。

在同等情况下，设备内表面粗糙度越低，系统所需清洗的时间越短、清洗效果越好，反之亦然。

红锈通过对表面粗糙度的影响，而影响设备的清洁验证。

（7）红锈与理化反应　红锈破坏产品的制备过程，主要是由于铁离子可以同化学基团进行络合反应。

与铁可能发生络合反应的氨基酸、多糖、羧酸类、芳烃等在制药系统中均有可能出现，如果系统中存在较多的红锈，便可能发生反应，从而影响药品的制备，影响药品的质量。其中尤其以中药行业风险最大，因为中药制剂的具体成分不明，且中药产品黏度较大，更容易将配制系统不锈钢表面的红锈带到流体中，从而进行潜在的反应。

另外，在生物制药行业，铁或铁离子对药品的制备也存在影响。比如，铁离子的存在会对 SH-SY5Y 细胞增殖及 tau 蛋白磷酸化有所影响；铁质异物容易导致眼部的结构和功能的破坏，除机械损伤和炎症作用外，其分解物还可产生迟发性化学作用，引起视网膜病变等。

5.3 工程风险

工程风险已成为当前建设领域的热门话题之一，项目的规模越大、技术越新颖、越复杂，其风险程度越高。

以注射剂产品为例，作为腐蚀的直接产物，红锈更直观的危害往往是在工程方面。红锈常见于高温、高压的系统中，在制药行业以注射用水和纯蒸汽系统为典型。红锈对于工程方面的影响可从过滤器、工艺设备与表面粗糙度等方面进行分析。

5.3.1　过滤器的风险

过滤是保证注射液澄明度、无热原与无菌性的重要操作，一般分为粗滤和精滤。当药液中沉淀物较多时（特别是添加活性炭处理的药液），需先进行粗滤后才能进行精滤，以免沉淀物堵塞精过滤器滤膜。常用于粗滤滤材有滤纸、长纤维脱脂棉、绸布、绒布和尼龙布等。助滤剂具有多孔性和不可压缩性，可阻止沉淀物接触并堵塞过滤介质，如纸浆、硅藻土、滑石粉和活性炭等均是常用的助滤剂。常用的过滤器有三角玻璃漏斗、布氏漏斗、钛棒过滤器和板框压滤机。常用的精过滤器有垂熔玻璃漏斗和微孔膜滤器等。

除菌过滤器作为非最终灭菌的无菌药品的终端灭菌手段，所承载的风险压力是非常大的。生产操作上，低风险的措施为一只滤芯仅生产一批产品，但考虑到成本因素，制药企业一般会将过滤滤芯多次重复使用，且这种做法是过滤器供应商认可且经过验证的。实际操作中，很多制药企业发现，除菌级滤芯在未达到供应商默认的过滤次数之前就已通量不足甚至堵塞，拆开滤芯发现有微红色现象（图5-4）。

当除菌滤芯发生变色后，采用常规注射用水离线清洗的方式基本无效，清洗之后滤芯仍然有色，如果继续使用，随着过滤的工艺过程进行，滤孔中吸附的有色颗粒物可能会随着过滤产品进入后端，从而进入产品中，导致可见异物的出现。一般而言，导致滤芯变红的主要污物便是红锈颗粒。

当除菌滤芯发生堵塞后，整个生产流程将被迫中止。经验表明，流体中存在的颗粒可能是导致除菌滤芯发生堵塞的原因之一，这些颗粒包括不可变形颗粒，比如树脂粒、药物晶体、碳粒、硅藻土、红锈等；可变形颗粒，包括蛋白质、脂肪、糖类，以及产品等。堵塞的形式分为形成滤饼、完全堵塞和逐渐堵塞 3 种情况。一般而言，不可变形颗粒容易导致形成滤饼的堵塞情况；可变型颗粒则会导致

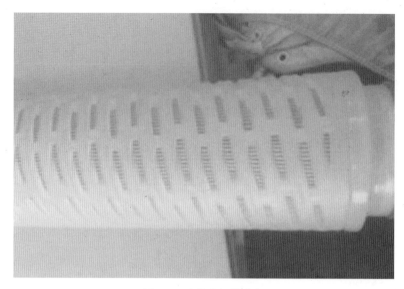

图 5-4　滤芯的红锈现象

完全堵塞，出现完全堵塞的前提是缺少预过滤或者颗粒略大于孔径；而制药企业见到最多的，则是随着过滤进程不断发展导致的逐渐堵塞（图 5-5）。

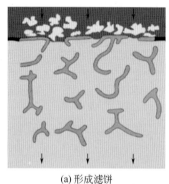

(a) 形成滤饼

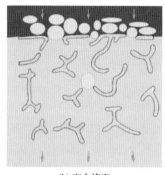

(b) 完全堵塞

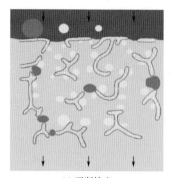

(c) 逐渐堵塞

图 5-5　滤芯的堵塞

除菌级过滤器也称终端过滤器，常用材质为 PVDF、PES 和尼龙等，当然也有少数使用 PTFE 材质，这些非金属材质由于流体的流动摩擦，会产生带负电的静电，对于红锈颗粒，无论过滤材质为聚四氟乙烯（PTFE）、聚丙烯（PP）还是聚偏氟乙烯（PVDF），它都有很强的静电吸附作用。过滤过程中，粒径较大的可能堵塞在膜外；粒径较小的则有可能进入滤孔内部并发生吸附。随着过滤的进行，吸附的红锈会逐渐增加并发生逐渐堵塞。

无论是上述提到的可变形颗粒还是不可变形颗粒，都可能堵塞在孔道或滤芯的表面，形成逐渐堵塞。过滤器发生堵塞现象将会带来较多的工程与生产风险，具体如下。

① 过滤流速下降。可能低于要求的流速。

② 过滤压力上升。可能超过过滤系统能够承受的压差。

③ 澄明度不合格。颗粒物可能穿过过滤器污染下游。

④ 过滤成本增加。堵塞会导致时间、产品和过滤的成本增加。

⑤ 生产工艺中止。工艺停止或中途更换过滤器。

对于终端除菌级过滤器，随批更换滤芯是最为安全的处理方式。出于运营成本的考虑，企业也可以采用验证的手段，证明滤芯可以在保证截留率和完整性等前提条件下重复使用。随着不锈钢系统的长期运行，红锈发生的程度与不锈钢的表面特征也会逐渐变化，原有的验证基础得到破坏，这就需要企业对系统进行定期除锈与再钝化，并做好除菌级过滤器使用次数的再验证工作。

5.3.2　工艺设备的风险

(1) 洗瓶机　洗瓶机是无菌制品生产中的核心工艺设备之一。对于注射剂来说，洗瓶机必不可少。洗瓶机的清洗介质包含纯化水、注射用水等。如果注射用水分配管网中存在较为严重的红锈，则可能会发生进水压力不足导致洗瓶机开机困难，从而影响整个生产线的正常运转，导致企业发生非计划性停机。

当制药用水系统中存在红锈颗粒时，洗瓶机采用纯化水或注射用水对西林瓶、安瓿瓶和玻璃瓶等容器进行清洗后，容器内残留的少量红锈颗粒无法去除，当完成药液灌装后，在灯检工段将发生澄明度不合格的质量问题，为了避免红锈等颗粒对药品澄明度的影响，洗瓶机的进水端常需安装一组终端过滤器，其主要目的并非除菌，而是截留红锈等颗粒污物。

(2) 蒸馏水机　蒸馏水机是无菌制品生产中的核心公用工程设备之一，其主要功能为去除水中的热原。在整个洁净流体工艺系统中，作为原水制备设备的蒸馏水机是处于整个无菌工艺系统的最上游，一旦蒸馏水机红锈严重，将导致红锈颗粒快速扩散至下游分配系统和整个生产工艺过程，进而可能会带来成品报废的风险（图 5-6）。红锈对于蒸馏水机产水能力的影响主要体现在导热效率与水质两方面。

图 5-6　蒸馏水机的红锈现象

由于铁氧化物的导热主要依靠晶格震动来导热，而金属单质则是通过电子导热，故氧化物的导热系数要远远小于金属单质。如果红锈现象较为严重，将会大大降低导热系数，降低蒸馏水机产水率并导致能耗增加。并可能导致铁氧化物颗粒扩散至下游分配系统，进入配液系统等终端设备，并极有可能会被扩散到最终产品中。

（3）注射用水分配系统　为了更好地抑制微生物，GMP推荐注射用水储存与分配系统的循环温度在70℃以上，但是，高温条件也会快速诱发红锈，其工程方面的风险主要是对系统内表面组件的腐蚀，例如，对表面粗糙度的破坏、对泵腔的破坏、对喷淋球的影响等。

以注射用水循环泵为例，由于此处存在气蚀的风险，即便注射用水储罐液位较高、泵的选型合理，由于泵腔叶轮的高速搅拌会产生低压空穴，势必会发生气泡的破裂，从而导致对叶轮和泵腔内表面发生猛烈的物理冲击，此处的钝化膜将遭到破坏，故泵腔常被认为是在注射用水系统中最容易滋生红锈的位置。因此，当企业灭菌频繁或者循环温度偏高（超过85℃）时，极有可能在系统正式运行2个月左右就会发生泵腔处的Ⅱ类红锈（图4-2）。

在药品生产和生物技术领域，容器类的清洗是制药配液系统中最为关键的清洗任务，喷淋装置主要用于发酵罐、储罐和配料罐等容器类设备的在线清洗，其主要功能包括：

- 提供足够的喷淋压力，实现设备清洗的机械作用。
- 保证清洗剂与设备表面有充分的接触时间，实现设备清洗的化学作用。
- 实现罐体内表面的完全润湿，并保证罐体内部温度均一。

目前，自动清洗制药配液罐体的在线清洗技术已得到现代制药行业的广泛认可，如何正确选择和安装罐体喷淋装置对配液罐体的清洗验证至关重要。由于注射用水的高速冲击，喷淋球是继离心泵之外的第二个红锈高发区，图5-7是某企业注射用水喷淋器连续运行12个月后的红锈状态，从外观上来看，已属于Ⅱ类红锈初期。

图 5-7　喷淋器的红锈现象

制药企业洁净流体系统中，纯化水系统、注射用水系统、CIP在线清洗系统、配液系统等系统不允许存在死角，洁净端的阀门不允许使用球阀等会产生死水的阀门。因此无死角的隔膜阀便得到了广泛的应用。隔膜阀是一种特殊形式的截断阀，它的启闭件是一块用软质材料制成的隔膜，把阀体内腔、阀盖内腔及驱动部件隔开，突出特点是隔膜把下部阀体内腔与上部阀盖内腔隔开，使位于隔膜上方的阀杆、阀瓣等零件不受介质腐蚀，省去了填料密封结构，且不会产生介质外漏。

流体在洁净管路中流动，会在隔膜的表层产生摩擦，由于聚偏氟乙烯、聚丙烯或者聚醚砜均属于绝缘性物质，故会产生带负电荷的静电，而氧化物或者金属氢氧化物在流体中会以胶粒形式存在，这种胶粒是带正电荷的。金属氧化物或金属氢氧化物胶粒在流经隔膜阀的膜片时，便会发生静电吸附，因此，系统运行一段时间，膜片上会发生严重的红锈颗粒聚集（图 5-8），聚集程度甚至比不锈钢管路内表面还要严重。

图 5-8 膜片的红锈现象

（4）配液系统 某些药企在生产时，会发现罐体内壁经常性出现黄色、红色或者黑色的颗粒物，该颗粒物经过擦拭可以去除，但会反复出现，经分析，发生的可能原因如下。

一则是 CIP 未清洗干净，在罐壁残留活性炭颗粒或者产品颗粒。这种情况的出现，可能是由于药企清洗过程的验证不太完善，清洗使用溶剂的温度、成分或清洗时间不够充分，也有可能是由于罐体内表面抛光不当，或者未进行抛光导致。

二则是由于上游注射用水系统、CIP 系统或者纯蒸汽管网中红锈较多，导致罐体表面附着黑色的颗粒物。罐体本身由于不可避免的腐蚀，也会产生红锈，但是不可能在几日之内出现大量红锈。配液过程中有可能会加入含卤素离子的物质，比如氯化钠。而卤素离子是导致不锈钢表面点蚀的最主要原因，含卤素离子的配液工艺环境在运行数年之后，不锈钢的腐蚀以及红锈情况均比较严重。

（5）无菌工衣用湿热灭菌柜 很多企业会发现，白色的无菌服在清洗和灭菌之后，会发黄或者发红。一个可能的原因是灭菌用纯蒸汽分配管网中红锈情况比较严重，红锈会随高压纯蒸汽分散到洁净服上，从而发生附着。红锈是一种可见颗粒物，附着到无菌服上，便有可能对空气洁净度造成不良影响，严重的还会进入产品中，导致可见异物的出现。

5.3.3 表面粗糙度的风险

表面粗糙度是指加工表面上具有的较小间距和峰谷所组成的微观几何形状特性（图 5-9），它是原材料材质证书的重要组成部分，属于原材料入库时的一项主要检查内容。制药配液系统的表面粗糙度需符合药液生产、清洗和灭菌时的实际要求。制药配液系统内表面粗糙度的处理，对无菌系统生成工艺来说有着十分重要的影响。通过抛光处理，可以大大减少系统内表面的接触面积，这将有助于提高药液混合的均匀度；有助于降低药液输送的残留量和产品附着的风险；有助于制药配液系统内表面更加光滑、易于清洗；有助于预防微生物的沉降与繁殖，为无菌生产提供了可靠的保证。

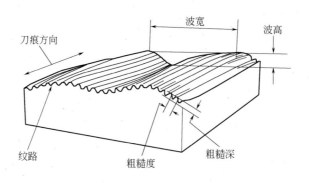

图 5-9　表面粗糙度

在制药工程行业，流体工艺系统对内表面的处理主要通过机械抛光和电解抛光两种方式实现。机械抛光指在专用的抛光机上进行抛光，靠极细的抛光粉和磨面间产生的相对磨削和滚压作用来消除磨痕，它可分为粗抛光和细抛光。电解抛光是在机械抛光的基础上，以被抛工件为阳极、不溶性金属为阴极，两极同时浸入到施加 2～25V 电压的电解槽中，通过电流的作用引发一个强化学反应并发生选择性的阳极溶解。通常，金属表面的最高点在电解抛光时最先被消解，从而达到工件表面光亮度增大的效果。

与机械抛光相比，电解抛光能增加不锈钢管道表面抗腐蚀性、保证内外色泽一致；电解抛光可有效减小不锈钢内表面积、优化表面粗糙度、有利于实现设备的快速高效清洗，并能有效去除由机械抛光引起的铁氧化和脱色的表面突出；同时，电解抛光将表面游离的铁离子去除，有助于增加表面的 Cr/Fe 比、增强钝化保护层、降低系统发生红锈的风险。图 5-10 是机械抛光和电解抛光在扫描电镜下的影像，可以明显看出，电解抛光比机械抛光的表面更加光滑、平整。

图 5-10　机械抛光和电解抛光

腐蚀机理认为，焊接处理不当、材料选择不当、强酸处理与红锈滋生等因素均会导致不锈钢的表面粗糙度变差；同时，不锈钢表面粗糙度的恶化也会反过来促进红锈的滋生，基于电化学腐蚀和点腐蚀的机理，这是相互促进的恶性循环过程。

在同等情况下，设备内表面越光滑，系统所需清洗的时间越短、清洗效果越好。一旦表面由于腐蚀导致严重破坏，清洗效果会大打折扣。红锈会破坏不锈钢表面粗糙度，导致表面不平整，图 5-11 是连续运行 12 个月后的注射用水分配系统管道处的红锈现象。除了难以清洁外，还容易滋生微生物，从而导致微生物超标。

图 5-11　管道的红锈现象

5.4　EHS 风险

洁净流体工艺系统使用的压力容器多为不锈钢材料建造。在制药行业洁净流体系统系统中，常见的压力容器包含反应釜、无菌结晶罐、发酵罐、注射用水储罐、换热器和工艺配制罐等。

在压力容器的安全状况等级评定中，腐蚀（包括点腐蚀、应力腐蚀等）和表面缺陷（比如红锈导致的表面缺陷）是主要检查项，且对这类表面缺陷的管控要严于其他埋藏缺陷。由于晶间腐蚀、应力腐蚀等导致的不可修复的损伤，都属于 4 或者 5 级安全状况。红锈作为一种腐蚀产物，对于压力容器的表面状态有着直接的影响，较严重的红锈有可能会导致安全隐患，定期的除锈、防腐与再钝化对压力容器的维护保养至关重要。本节对水系统中产生红锈引起的设备腐蚀、产品质量问题和去除红锈过程对 EHS 的影响进行了综合阐述。

5.4.1　EHS 含义

EHS 是环境（environment）、健康（health）、安全（safety）的缩写。EHS 管理体系是基于环境管理体系（EMS）和职业健康安全管理体系（OHSMS）两体系基础之上，并加以提高的新型管理体系。

（1）环境　ISO 4001 在术语和定义部分指出：环境是指组织运行活动的外部存在，包括水、空气、土地、自然资源、植物、动物（包括人）以及各因素之间的相互关系。制药产业是一个需要无污染或污染程度极低的产业。在药品生产加工的过程中，将会减少大量的废液、废气、固体废物，其中含有强酸、强碱、有机溶剂、甚至含有工程菌等物质。企业需对"三废"的排放加以处理，以避免对外部环境产生破坏，处理措施包括废水处理、固体废弃物定点处理、对粉尘收集、回收，对废气收集、过滤等。制药行业不仅要考虑药品生产过程对外部自然环境的影响，还应考虑环境对产品和生产工艺的影响。与其他行业相比，制药生产过程对环境除了具有直接的危害性又有着依赖性。制药设备的选择与操作规定等方面必须以环境为依托，减少制药过程中产生的噪声、"三废"对周围环境的影响。

（2）健康　健康是指人身体上没有疾病，在心理上保持一种良好的状态。EHS管理体系中可以将健康理解为职业健康。药品生产要求员工身体健康，保证员工的身体不对药品质量产生影响，然而药品生产过程中的粉尘、噪声污染、"跑、冒、滴、漏"现象等都容易对职工健康产生伤害。药品生产企业对于厂内人员、周边人员和环境都有着高危害性，应制定相关应对措施进行预防或改进。同时我国药厂大多分布在人口密度较高的开发区内，所以我国制药行业的健康管理还应涵盖药厂周边社区、来访者、外包供应商等相关方的健康保障和信息沟通措施。

（3）安全　安全是指在生产过程中对于劳动者工作的环境和安全因素进行的监控，保障生产人员在工作期间的健康受到保护、企业的财产不受损失、环境和人民的安全有保障，同时避免安全事故的发生。我国的药品生产相对其他行业对安全的期望也更为苛刻，在生物制药、化学原料药及中间体的制造过程中，需要使用大量易燃、易爆、有毒的有机溶剂和腐蚀性、还原性、氧化性等较强的化学制品，这些物质在运输、装卸、贮存、周转、使用和回收等环节，始终潜伏安全隐患。在生产过程中，极易产生有毒有害废气、废渣、废液等，生产设备又极易产生"跑、冒、滴、漏"现象；此外，药品生产过程工艺复杂，反应条件苛刻，生产连续性强，容易发生安全事故，因此，安全工作更是制药企业日常管理活动的重中之重。

5.4.2　EHS体系

在药品生产的各个环节都几乎涉及环境、健康及安全问题，尤其是生物制药、化学原料药及中间体的制造、设备的清洗过程中，将会使用大量有机溶剂、强酸强碱、压力储罐等，不但数量大，而且品种繁多。生产过程中经常会产生有毒有害气体、废液、废渣等，同时设备腐蚀和带压操作直接影响着周围环境以及生产人员的身体健康和安全。为了把事故和质量风险降到最低，建立和实施有效的EHS管理很有必要。

目前我国经济正在高速发展，虽然取得了令人瞩目的成就，随着创建和谐社会的呼声和意识逐渐增加，政府和人民已经高度重视环境保护、职业健康安全等问题。在法规方面我国对保护和改善环境、保障人体健康、促进经济与社会可持续发展制定了多项法律法规，例如：《中华人民共和国环境保护法》、《中华人民共和国大气污染防治法》、《中华人民共和国水污染防治法》、《中华人民共和国固体废弃物污染环境防治法》、《中华人民共和国环境噪声污染防治法》、《中华人民共和国清洁生产促进法》《污水综合排放标准》等。对员工职业安全健康、保护劳动者的合法权益方法制定了《中华人民共和国安全生产法》、《中华人民共和国劳动法》、《中华人民共和国职业病防治法》、《危险化学品安全管理条例》、《特种设备质量监督与安全监察规定》等。制药行业是环境污染较严重的一个行业，随着我国对于制药企业的大力关注和扶持，制药企业得到快速发展，规模不断扩大，集约化程度不断提高，制药企业应当提高EHS方面认识，在综合质量管理方面加大力度和提高要求，履行企业的社会责任。加之我国自身对能源问题、环境问题、员工安全问题的日益关注，企业在提高产品质量的同时，应对环境的影响、员工的健康安全影响、企业的社会形象、商业的连续性方面进行重点关注。

同时在全球经济一体化的背景下，环境、安全和健康问题已成为全球化的问题，尤其是欧美等发达国家。中国原料药大量出口欧美等发达国家，除了通过当地的相关认证外，企业还必须满足EHS要求，才能进行合法的医药交易。而且越来越多的国际制药巨头正在更多地关注环境、职业健康及安全问题，在寻找供应商或合作伙伴时都首先要求对合作方进行企业EHS体系现场审查，合作中还要开展例行复查。EHS审查不通过的企业，就很难或无法进行合作。中国制药企业结合当地GMP建立和实施可以有效保障药品生产环境清洁和保障人员健康、安全的EHS管理体系是走向国际市场的最好选择。

EHS 的建立实质上遵循 PDCA 管理循环。PDCA 循环又叫戴明环（图 5-12），是美国质量管理专家戴明博士提出的，它是全面质量管理所应遵循的科学程序。全面质量管理活动的全部过程，就是按照计划、实施、检查、改进 4 个阶段进行周而复始地综合性循环。4 个阶段是相对的，阶段与阶段之间并无明显分界。每循环一周，质量就提高一步。

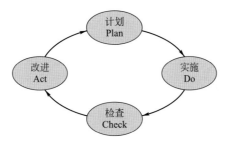

图 5-12　PDCA 循环

（1）计划　制药企业根据相关国家法律法规，结合 ISO 9001、ISO 14001、OHSASI 8001 以及 GMP 管理体系，考虑自身技术条件和资源经营情况，制定 EHS 管理体系。

① 制定管理方针、目标指标以及管理方案。方针是引导企业质量前进的方向和目标，是 EHS 体系执行的纲领。目标和指标应根据国家相关法律法规和公司自身情况制定，要做到切实可行。管理方案即是 EHS 目标和指标的具体实施计划和方案。制药企业施行 EHS 管理体系的目的包括：减少人员伤害、事故、污染物、废物、经营成本和潜在的不利因素，提高生产的可靠性、经济效益、企业信誉和可信度。在工艺研究、厂房设计、施工、生产安排、业务规划前期阶段把生产管理和 EHS 管理结合到一起，推动生产目标和 EHS 目标统一着眼于整个过程的效果和效率，提高 EHS 业绩和管理水平带来的长期利益。

② 建立风险识别和评估机制。风险包括源于物的不安全状态、人的不安全行为、管理的缺陷以及环境方面的因素。在计划制定过程中就要求对危险源和环境因子进行识别，对风险进行分析评估。在风险评估时可以使用多种定性与定量的评价方法，方法包括：类比法、作业条件危险评法（LEC）、事故树（FTA）、事件树（ETA）、预先危险性分析（PHA）、故障类型和影响分析（FMEA）、故障类型和影响危险性分析（FMECA）、危险和可操作性研究（HAZOP）、安全检查表（SCA）、危险指数方法（RR）、故障假设分析方法（WI）等。其中常用的安全评价方法是 SCA、RR、PHA、WI、HAZOP、FMEA。风险只有被识别和正确评估，EHS 管理者才能明确建立相应的预防和解决措施。评估的对象包括工艺、设备、设施、环境、人员和管理等。

③ 建立相关标准和操作程序。风险评估完成后，就应采用相应的预防和解决措施，制定相关标准和操作程序，它们包括标准管理规程（SMP）和标准操作规程（SOP）。程序文件的建立应根据不同车间、工艺、岗位分别进行制定，程序文件要可操作性强、系统化。

（2）实施　在 EHS 管理文件制定完成后，企业需要在 EHS 体系下，配置相关资源和严格控制执行过程。

① 配置相关硬件设施。配置安全及消防有关的设施：逃生、防电、防盗、防火、防坠落、防爆、相关潜在危险源的识别设施；危险物品、易燃易爆、有毒物品的仓储和管理设施；环境污染源识别、检测和处理设施；废气、废液和固体废弃物的处理设施；突发性环境事件的应急处理设施；人员劳保、急救、防护设施等。对以上硬件设施还要进行统一、有效的管理和综合利用。

② 配置相关组织机构和人员。建立一个独立的 EHS 职能部门，与生产部、质检部门相平行，以保证 EHS 运作效率和质量。EHS 管理体系是企业实现持续发展的一个有效的结构化运行机制和内部

管理工具，其实施必须全员参与，上至领导层、中层干部，下至基层的操作员，需要企业每个岗位每位员工都认识到 EHS 的重要性，知道每个人的职责所在，知道操作中如何贯彻并符合 EHS 体系的要求。这要求企业对员工进行系统、有效、反复的培训和指导，提升员工的专业素质和认知水平。员工能将 EHS 的具体要求落实到实际的各个生产操作环节中去，才算是真正投入到了 EHS 体系中。

③ 严格控制执行过程。EHS 体系不是强制标准，这与 GMP 管理体系完全不同，目前没有任何部门和法规强制企业实施。EHS 体系的建立和实施完全取决于企业主体的认识。企业只有深入认识到实施 EHS 的必要性，才能自觉地、积极地在实践中施行 EHS 体系。在 EHS 体系实施过程中，要注重与员工进行沟通、交流，收集 EHS 信息，对信息进行全面控制、动态管理和及时处理，实现对员工的提醒或预警，控制可能的、潜在的环境风险、最大限度地降低或杜绝环境污染、工伤事故和职业病的发生。

(3) 检查　企业根据制定的措施计划、检查进度对实际执行效果进行检测，确认是否达到预期目的。检查结果可用直方图法、排量图法、控制图法、系统图法进行分析和验证。检查的结果要根据 EHS 实施措施中的规定目的来进行。结果要求实事求是，不得夸大、缩小，对为达到的目标进行分析和方法改进，同时对企业的 EHS 方针、政策、文件、解决措施进行符合性检查，对不符合的制度、文件、措施应进行废止或改进。

(4) 改进　持续改进是 GMP 体系与 EHS 体系的共同要求，企业应根据检查结果定期对 EHS 体系的实施情况进行内审。内审的程序应包括审核的范围、审核频次、审核方法、审核能力以及实施审核和报告结果的职责与要求。内审需按照一定的程序有组织、有计划、有方法地进行，识别审核的重要过程、特殊过程和关键过程，并进行策划和安排，找出体系运行中存在的问题，积极采取纠正与预防措施，不断提高体系运行的有效性，提高企业抵御风险和防止事故的能力。内审需保留审核计划表、检查表、不符合报告、审核记录、审核报告等，以确保过程的可追溯性，这些积累的经验教训将提高企业分析和决策能力。内审的完成并不意味着体系运行的终结，而是下一个运行过程的开始。在内审中形成新的目标和指标，新的管理方案，并对确定的危害与影响因素进行控制和管理，以实现新一轮的持续改进促进，企业 EHS 管理体系在 PDCA 循环中不断得以完善和提升。

5.4.3　EHS 危害

红锈是不锈钢发生腐蚀后的产物，不锈钢发生腐蚀必将引起设备的安全隐患，同时红锈产生以后，也将会引起的其他危害。在去除红锈过程中，将用到强酸、强碱，去除完成后产生大量废液，制药企业的 EHS 体系需对此部分加以统筹管理。

(1) 腐蚀的危害　制药企业中水系统是非常重要的洁净公用工程，例如纯化水、注射用水、纯蒸汽。制药用水和纯蒸汽是制药生产过程的重要原料，参与了整个生产工艺过程。同时从 GMP 和产品质量要求出发，为了防止交叉污染，所有的工艺使用容器和设备在使用完毕后都要进行在线清洗或离线清洗、在线灭菌或离线灭菌。除了工艺用水外，大部分制药用水还用于设备表面、容器、地面的清洗。因此一旦因红锈造成制药用水系统的停车，整个制药车间也将会停止生产，因此产生的经济损失不可估量，尤其是生物制品车间。

腐蚀不仅造成经济上的损失，还存在很大的安全隐患。例如应力腐蚀和点蚀，由此导致的"跑、冒、滴、漏"的发生常常是突发性的，极易引起安全事故。制药用水系统通常要连续运行，系统压力在 3～6bar❶，甚至更高，系统内液体流速通常不低于 1m/s，一旦发生泄漏，高速水流极易对操作人

---

❶ 1bar=10⁵Pa。

员身体产生伤害。尤其是注射用水系统，其运行温度通常不低于 70℃，存在烫伤安全隐患。

对于压力容器来说，压力容器在设计之时压力容器的厚度为有效厚度、腐蚀余量与钢材厚度负偏差之和，加入腐蚀余量的目的，即为了防止红锈的危害。

（2）强酸、强碱的危害　强酸是指硫酸、盐酸、硝酸等化学品。强碱是指氢氧化钠、氢氧化钾、氧化钾、碳酸钾等化学品，接触这些化学品，稍有不慎极易发生烧伤、中毒事故，若应急处理不及时，又容易扩大事故，造成更大的伤害。

在红锈的去除过程中传统的做法是使用氢氧化钠作为清洗剂，清除红锈表面的有机物和生物膜。再使用硝酸作为清洗和钝化剂，去除不锈钢表面的红锈，然后重新形成钝化膜。

① 氢氧化钠，又名苛性钠，其本身有强烈刺激性和腐蚀性。与皮肤接触引起皮肤化学性烧伤，烧伤部位可见皮肤充血、水肿、糜烂。开始为白色，后变为红或棕色，并形成溃疡，局部伴有剧痛。氢氧化钠固体片或颗粒在搬运过程中将会产生粉尘或烟雾，由于氢氧化钠可渗透进入组织，使组织蛋白发生溶解，因此对眼和呼吸道有着强烈的刺激性和腐蚀性。眼烧伤可引起严重的角膜损伤，以致失明。误服可出现口唇、口腔、咽部、舌、食管、胃肠烧伤。烧伤部位剧痛，伴有恶心、呕吐，呕吐物为褐红色黏液状物，并有腹痛、腹泻、血样便、口渴、脱水等症状。重者可发生消化道穿孔，出现休克，还可发生急性肾功能衰竭及碱中毒等。氢氧化钠在溶解过程中大量放热，形成腐蚀性溶液。这些对操作员身体危害极大，因此在氢氧化钠使用过程中应做好防护措施和急救措施。

防护措施包括：佩带防毒口罩、化学安全防护眼镜、穿防护服、戴橡皮手套。使用过程中小心谨慎，防止溅落到衣物、口鼻中，使用后淋浴更衣，注意个人清洁卫生。

急救措施包括：对于皮肤接触引起的皮肤化学性烧伤，应立即擦去皮肤上的氢氧化钠颗粒或液滴，再使用食醋、硫酸镁或清水清洗 20min，然后就医。切不可直接用水清洗，因为氢氧化钠遇水将产生大量热量灼伤皮肤。同时不可不加处理而急急忙忙就医。氢氧化钠颗粒或溶液进入眼睛后应立即提起眼睑，用 3％硼酸溶液冲洗，然后就医。当吸入氢氧化钠粉尘或烟雾后，应迅速脱离现场至空气新鲜处，必要时进行人工呼吸，然后就医。如果误食氢氧化钠，应立即口服牛奶、蛋清、豆浆、食用植物油等，每次 200ml；或者可口服 2.5％氧化镁溶液或氢氧化铝凝胶 100ml，以保护胃黏膜。严禁催吐或洗胃，以免消化道穿孔；严禁口服碳酸氢钠，以免因产生二氧化碳而导致消化道穿孔。

氢氧化钠在使用过程中出现泄露，应立即隔离泄漏污染区，周围设警告标志；应急处理人员戴好防毒面具，穿化学防护服。处理氢氧化钠不要直接接触泄漏物，应使用清洁的铲子收集于干燥洁净有盖的容器中，然后调节至中性再废弃。也可以用大量水冲洗，经稀释后排放。

② 硝酸是一种强氧化性、腐蚀性的强酸，易溶于水，常温下其溶液为无色透明液体。硝酸在溶解过程中大量放热，形成腐蚀性溶液，甚至酸雾。与皮肤接触引起皮肤化学性烧伤，烧伤部位呈灰白、黄竭或棕黑色，四周皮肤发红，界限分明，局部剧痛，面积大者可发生休克。酸雾对眼和呼吸道有着强烈的刺激性和腐蚀性。眼烧伤可见角膜混浊，甚至穿孔，以至完全失明。误服可见口唇、口腔、咽部、舌烧伤，口腔、咽部、胸骨后及腹上区剧烈灼痛，并有恶心、呕吐，呕吐物为大量褐色物及食管、胃黏膜碎片，还可出现胃穿孔、腹膜炎、喉头痉挛或水肿、肾损害、休克以及窒息。长期接触可引起牙齿酸蚀症。因此在使用过程应做好防护措施和急救措施。

防护措施包括：佩带防毒口罩、化学安全防护眼镜、穿防护服、戴橡皮手套。使用过程中小心谨慎，防止溅落到衣物、口鼻中，使用后淋浴更衣，注意个人清洁卫生。

急救措施包括：对于皮肤接触引起的皮肤化学性烧伤，应立即擦净皮肤上的硝酸液滴，再使用大量清水清洗 20min，然后就医。切不可直接清洗，因为硝酸遇水将产生大量热量灼伤皮肤。同时不可不加处理急急忙忙就医。当吸入酸雾后，应迅速脱离现场至空气新鲜处，必要时进行人工呼吸，然后就医。如果误食硝酸溶液，应立即口服牛奶、蛋清、豆浆、食用植物油等，每次 200ml，然后就医。

硝酸在使用过程中出现泄漏，应根据液体流动和蒸气扩散的影响区域划定警戒区，无关人员从侧风、上风向撤离至安全区。应急处理人员戴正压自给式呼吸器，穿防酸碱服，穿上适当的防护服前严禁接触破裂的容器和泄漏物。作业时使用的所有设备应接地，尽可能切断泄漏源，防止泄漏物进入水体、下水道、地下室或密闭性空间。喷雾状水抑制蒸气或改变蒸气云流向，避免水流接触泄漏物。小量泄漏：用干燥的砂土或其他不燃材料覆盖泄漏物。大量泄漏：构筑围堤或挖坑收容。用石灰或碎石灰石中和后废弃。同时用抗溶性泡沫覆盖，减少蒸发。

（3）环境的危害　废酸、废碱是我国危险废物名录中的典型危险废物，随着我国社会经济的日益发展，其产生量也不断增加，随之带来的环境风险也与日俱增，对其在贮存、运输等过程所可能带来的危害，特别是对人体的危害进行环境风险评价十分必要。在去除红锈的过程中产生大量废酸废碱，环境危害性极大，一旦管理不善、处置不当，极易造成环境污染，影响环境安全。制药企业应当以保障环境安全为出发点，以防范危险废物环境风险和控制污染为目标，从产生、收集、贮存、转移、处置和利用等各个环节实行全过程管理，注重危险废物的综合利用和无害化处置力度，防止污染事件发生。

① 废酸液分为有机酸和无机酸。对有机废酸的处理可以采用离子交换树脂、盐析循环使用、厌氧-兼氧-好氧生物组合法等方法。

离子交换树脂法处理有机酸废液原理是利用某些离子交换树脂从废酸溶液中吸收有机酸而排除无机酸和金属盐的功能，实现不同酸及盐之间分离的一种方法。盐析法就是使用大量饱和食盐水将废酸中的各种有机杂质几乎全部析出，同时又可把净化后的废酸重新投入生产的一种方法。厌氧-兼氧-好氧生物组合法等方法是先采用厌氧法使大部分有机污染物得到降解，再用兼氧-好氧法进一步处理，充分利用厌氧法处理能力大和好氧法处理去除率高的优点，使出水水质达到国家规定的排放标准的一种方法。国内对柠檬酸废水的处理主要使用此种方法。

无机废酸的处理可以采用离子交换树脂法、焙烧法、浓缩除杂法、中和氧化法、萃取法等。

离子交换树脂法是利用某些离子交换树脂从废酸溶液中吸收金属盐的功能，实现酸和盐分离的一种方法。焙烧法是对废酸液进行加热，然后在特定容器内进行闪蒸，实现酸液气体和金属盐之间分离的一种方法。酸液气体再重新吸收，制作酸液，实现废酸的再利用。浓缩除杂法是在废酸浓度降低的情况下，对废酸进行蒸发浓缩，使废液中的金属盐达到饱和，进而析出结晶，实现废酸和盐分离的一种方法。中和氧化法是对盐酸、硫酸酸洗废液进行酸碱中和处理的同时，加入其他氧化还原剂，使废液达标排放要求，同时减少废液处理成本的一种方法。萃取法处理废酸是利用相似相溶原理，使废酸中的有机物转移到萃取剂中，从而使酸分离出来的一种方法。

② 废碱液的处理工艺主要有湿式空气氧化技术、生物处理技术、催化氧化技术、中和法、焚烧法等。

湿式空气氧化技术是在高温高压条件下，以空气中的氧为氧化介质，将废碱液中的硫化物和有机物氧化分解，达到除硫、脱臭的目的，是一种有效的处理高浓度、有毒有害、生物难降解废水的高级氧化技术。生物处理技术是通过微生物的新陈代谢作用，利用微生物的分解、氧化、转化功能，在适宜的介质、温度、湿度、酸碱度、氧、营养物质等条件下，通过多种微生物共同作用，将废水中的污染物完全分解氧化，最终完成无害化处理的过程。催化氧化技术是利用催化剂的催化效果，降低反应的活化能，实现在常温、常压条件下对硫化物和挥发酚的空气氧化处理，达到在常温、常压条件下空气催化氧化脱硫和脱酚的目的的一种方法。中和法是指向废碱液中投加酸性物质，将废水 pH 值调至要求的范围，然后排放至污水处理厂。废碱焚烧工艺是在高温和常压下使硫化物氧化生成硫酸盐，有机碳氢化合物分解成二氧化碳和水蒸气，氢氧化钠转化成碳酸钠的一种方法，焚烧后可满足达标排放要求，并且硫酸盐和碳酸盐仍溶解在处理过的废液中。

5.5 投资风险

如果系统中存在较为严重的红锈，其不锈钢表面的状态将相对较差，流体流动需要克服的表面阻力变大，换热效率也会大大降低。虽然在短期内看起来影响不大，但是长此以往，由红锈导致的能耗和维护费用也是一笔不容忽视的损失。

为控制注射用水系统的微生物风险，部分企业会刻意提高注射用水的循环温度，这将导致红锈在极短的时间内大范围爆发。该风险可从制药用水水质检测、产品澄明度、洗瓶机开机困难和过滤器堵塞等多种现象得以验证，从而影响了整个生产线的正常运行，这对制药企业来说损失是相当大的。同时，红锈的较快滋生会大大影响不锈钢系统的使用寿命，对人员安全和企业投资都有相对较大的隐患。

5.5.1 效能降低的风险

生产过程中，红锈滋生后无法立刻发现，当某些关键部件由于红锈的长期积存，由Ⅰ类红锈发展成为Ⅱ类红锈或者Ⅲ类红锈时，该设备的生产效能会明显降低，而为了达到生产的需求，生产能耗往往会有明显的增加。

由泵的特性曲线（图 5-13）可知，泵的效率往往在最适生产流量下内有最高点，若在非最适生产条件下运行，泵效率下降非常快。使用者若想达到所需的生产状况，往往需要额外增加很大的生产能耗，由此带来的效果不仅不明显，对水泵的使用寿命也会产生很大的影响。

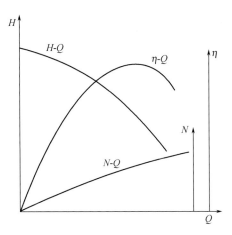

图 5-13 泵的特性曲线

5.5.2 设备停产的损失

因红锈的危害，设备运行寿命往往会降低到原来的 80% 甚至更低。纯化水系统、注射用水系统、纯蒸汽系统、CIP 系统、冻干机、罐体、高压灭菌柜等往往是红锈产生的高发区域，这些系统及设备的一次性投入往往是非常大的，因红锈维护管理不当造成设备有效使用寿命显著降低，对企业来说，重新维护或新建这些系统所需要的费用也是相当可观的。

更大的成本支出则是生产流水线停车造成的停产损失。停产造成的损失，根据不同制药企业产品的不同而各不相同。一般计算较为复杂，通常涉及如下 7 个方面。

(1) 生产收入　根据以往两年收入估算每年平均生产收入。

(2) 生产成本　根据产量，自行核算。

(3) 生产利润　根据每年平均生产收入及生产成本，确定其平均生产利润为：

$$平均生产利润＝平均生产收入－生产成本$$

(4) 纯利润　平均纯利润为：

$$平均纯利润＝平均生产利润×(1－税率\%)$$

$$平均每天的纯利润＝年平均纯利润÷(12 月/年×30 天/月)$$

(5) 停产期间的支出　停产期间，为确保药厂财物安全及能早日恢复生产，需保安人员、维护人员、管理人员负责日常事务，根据药厂两年来工资待遇及同类行业工资收入情况，综合分析，确定停产期间每月支出的保安、维护人员、管理人员工资、差旅费，机器设备维护费，停产期间平均每天支出为（人员工资＋差旅费＋机器设备维护费）30

(6) 停产期间的平均每天员工工资为

$$平均每天的工资＝员工工资总额÷(12 月/年×30 天/月)$$

(7) 停产经济损失　药厂停产期间每天的经济损失即为持续、正常生产条件下的纯利润和停产期间的支出及员工工资之和。

由此可见，除锈的效果及周期对系统使用维护过程中的投资是不可小觑的。

此外，红锈的产生是不锈钢腐蚀产生的最主要的直接产物。来自全国腐蚀大会的数据显示，2013年，我国每年因腐蚀造成的经济损失已超过 1.5 万亿元。因腐蚀造成的环境污染和人员伤亡损失更是无法估量；2012 年，我国 GDP 已接近 52 万亿元，腐蚀损失则在（1.56～2.6）万亿元之间。

有关专家认为，目前我国的表面处理行业每年至少可以挽回 30% 的腐蚀损失，大力发展防腐蚀技术，提高表面处理工艺，已成为减少腐蚀损失、推进资源节约的迫切需要。

近几年，我国每年因腐蚀造成的损失基本占国民生产总值的 4%。以此类推，我们进行一个大概的计算：一个制剂车间的年经济效益如果按 1 亿元计算，那么一年腐蚀造成的损失约为 1 亿×4%＝400 万元，而车间内的腐蚀主要发生在自来纯化水管网、注射用水系统、纯蒸汽系统、配液系统、自来水管网。腐蚀损失按纯化水 10%、注射用水管网 30%、纯蒸汽管网 30%、配液系统 20%、自来水管网 10% 分配，以上几种系统每年的损失分别为纯化水管网 40 万、注射用水管网 120 万、纯蒸汽管网 120 万、配液系统 80 万、自来水管网 40 万。

5.5.3　安全事故的风险

人的生命高于一切，生命健康从来都是社会和谐进步的前提。近年来，我国政府高度重视药品质量安全，国家卫生部、食品药品监督管理局等相关职能部门不断加大药品质量安全监管的力度，获得了良好的效果。然而，仍然有一些企业对产品质量问题不够重视。

对于药企来说，发生质量事故本身会导致直接损失和间接损失。直接损失是我们能够看得到的，即具体的赔偿损失。间接损失就无法估量了，发生质量事故对一个以质量和声誉为本的企业来说，后果甚至可能是毁灭性的。

第6章

清洁验证

6.1 清洁验证概述

众所周知，预防污染与交叉污染是 GMP 实施过程中非常重要的一个内容。在无菌制品的生产过程中，微生物、红锈颗粒与中间品/产品残留等均是清洁验证中非常关注的指标。

随着中国 GMP2010 年版的实施以及其他 GMP 相关法规和指南的更新，对制药行业清洁验证的要求越来越严格。本章将针对清洁验证的具体实施、风险评估、计划制定等进行介绍，并结合产品生命周期理论对清洁验证在生命周期各阶段需要进行的工作进行分析。为了更好地理解清洁验证，本书将对"什么是清洁验证"、"为什么要进行清洁验证"以及"清洁验证的范围"做一些简单阐述。

首先，什么是清洁验证？2014 年 6 月，中国食品药品监督管理总局发布了 GMP 附录《确认和验证》（第二次征求意见稿），该文件中对清洁验证的定义如下："*有文件和记录证明所批准的清洁规程能有效清洁设备，使之符合药品生产的要求。*"从该定义可以了解到，清洁验证是对清洁方法的验证，验证和产品直接接触设备的清洁方法是否可以有效地清洁上批次生产的产品，使产品的各项残留低至可以接受水平的过程。设备的清洁程度，取决于残留物的性质、设备的结构和材质，以及清洁的方法。对于确定的设备和产品，清洁效果取决于清洁的方法。书面的、确定的清洁方法即所谓的清洁规程，应包括清洁方法及影响清洁效果的各项具体规定，如清洁前设备的拆卸，清洁剂的种类、浓度、温度、清洁的次序和各种参数，清洁后的检查或清洁效果的确认以及生产结束后等待清洁的最长时间及清洁后至下次生产的最长存放时间等。由此可见，设备的清洁必须按照清洁规程进行。

其次，为什么要进行清洁验证？中国 GMP 2010 年版第一百四十三条的内容："*清洁方法应当经过验证，证实其清洁的效果，以有效防止污染和交叉污染。清洁验证应当综合考虑设备使用情况、所使用的清洁剂和消毒剂、取样方法和位置以及相应的取样回收率、残留物的性质和限度、残留物检验方法的灵敏度等因素。*"只有进行了合格的清洁验证，才能够有书面的证据来证明设备的清洁方法是有效的。

无论从最初的原料药还是到最后的制剂生产，在保证产品质量方面，设备的清洁已经成为一个关键的问题。在药品生产的每道工序完成后，对制药设备进行清洁是防止药品污染和交叉污染的必要手段。产品生产后，总会残留若干原辅料和微生物。微生物在适当的温度、湿度下以残留物中的有机物为营养可大量繁殖，产生各种代谢物，从而增加残留物的复杂性和危害程度。显然，如果这些残留的原辅料、微生物和其代谢产物进入下批产品的生产过程，必然会对下批产品产生不良影响。因此，必须通过清洁将这些污染源从药品生产的循环中去除。

最后，清洁验证的范围是什么？先假设一个例子：某制药公司在清洁验证时将贴标机的清洁方法以及房间的清洁方法均进行了考虑。那么很显然，该公司对清洁验证的范围理解不够清晰，在进行清洁验证时走入了误区。那么，到底什么样的清洁方法需要进行清洁验证，或者说对什么样的清洁方法进行验证才可以称为清洁验证呢？首先，清洁验证针对的是设备的清洁方法，不是针对房间。其次，设备应是直接接触产品的设备，这类设备的清洁方法才需要进行清洁验证。另外，产品生产过程中和原辅料接触的料桶、料勺等容器具同样需要做清洁验证。

6.2 清洁的基本原理

上文已经提到，清洁方法应当经过验证，证实清洁可有效防止污染和交叉污染。对于生产多种产品的制药企业来说，这可能是非常耗时的过程。但是选择合适的清洗剂和适当的清洗参数，对于清洁验证来说属于关键的前提条件。

基于美国注射剂协会（PDA）第29号技术报告《清洁验证考虑要点（2012年版）》的最新理念，如果清洁方法没有经过适当的开发，那么后期进行的清洁验证，只能是一次次的"清洁效果确认"，并不能等同于清洁验证。因为，适当选择清洗剂和清洗参数有助于开发一种更容易验证的体系，可以极大地简化清洁验证步骤；另外，由于这些清洗剂和清洗参数一旦经过验证之后就难以更改，而且对操作步骤及生产成本都有重要的影响，所以在起始阶段对各种选项进行了解和评价是十分重要的。清洗方法一旦选择错误，将很可能引起清洁效果不合格。常用的几种清洗作用及其原理如下。

（1）溶解能力　一种物质在另一种物质中的溶解能力通常定义为在特定的温度和压力下可以溶解（呈分子或离子状态均匀地分散开）的最大量。溶剂可以为极性的（例如，水、酒精）或非极性的（例如，己烷）；根据基础化学的相似相溶原理，溶解能力对溶剂溶解溶质的能力提供了有用的信息，但没有提到动力学方面的问题和将溶质从产品接触表面除掉所需花费的时间。污物被分解成小块时并由此增加接触面积，有助于加快溶解过程。但是，通过范德华力、静电效应和机械黏附的综合作用，制药产品的污物将会附着在表面上，使清洗过程变得更加复杂。溶解能力在实际中的应用非常广泛，很多时候增加温度可以增大物料的溶解能力。

（2）增溶作用　在存在表面活性剂胶体粒子的条件下，增大难溶性药物的溶解度并形成澄清溶液的过程称为增溶。用于增溶的表面活性剂称为增溶剂，如甲酚的溶解度在水中仅3%左右，但在加入肥皂溶液后却能增大50%（即甲酚皂溶液），此处的肥皂即是增溶剂。

（3）润湿作用　在对表面进行清洗时，基质和液体的表面能以及界面能很重要。它决定了清洗液能够很好地润湿并扩散到污物和表面内，并取代微粒，渗透到污物中的能力，可提供较大的表面积，便于提高其他机理的应用，例如，增溶作用和扩散。

（4）乳化作用　由于表面活性剂的作用，使本来不能互相溶解的两种液体能够混到一起的现象称为乳化现象，具有乳化作用的表面活性剂称为乳化剂。加入表面活性剂后，由于表面活性剂的两亲性质，使之易于在油水界面上吸附并富集，降低表面张力是其影响乳状液稳定性的一个主要因素。

（5）分散作用　合成清洗剂中的分散剂用于防止微粒结块，有助于随着清洗液被输送。该机理有助于防止冲洗碱性清洗液时，硬水垢沉积在表面。

（6）水解作用　该过程采用酸或碱来"溶解"或断开化学键，因此生成更容易生成溶剂化合物的较小的分子。当采用这种机理时，分析方法能够针对分解产物做出检测。

（7）氧化作用 氧化剂（如次氯酸钠）可用于分解通过其他机理不能清洗掉的蛋白质和其他有机化合物。由于这些氧化剂也可以作用于基质，因此，只有在采用其他机理不能满足要求时，才可用于工艺清洗过程。

（8）物理作用 分散和对流原理有助于将污物分子从表面转移走，而使刚刚配制的清洗液与污物相结合。但是，活性成分通常是大分子，具有较低的扩散性，因此，需要通过对流将它们转移走。在线清洁设备通常会规定清洗压力，适当的清洗压力有助于清洗效率提升。QC 实验室做擦拭回收率时，为了将设备表面的残留尽量除净，就需要规定适当的压力，该作用同样是考虑清洗剂的物理作用。

6.3 清洁验证的法规要求

6.3.1 中国 GMP 对清洁验证的要求

中国 GMP 2010 年版中对清洁设备、清洁验证提出以下要求：

"第八十四条 应当按照详细规定的操作规程清洁生产设备。

生产设备清洁的操作规程应当规定具体而完整的清洁方法、清洁用设备或工具、清洁剂的名称和配制方法、去除前一批次标识的方法、保护已清洁设备在使用前免受污染的方法、已清洁设备最长的保存时限、使用前检查设备清洁状况的方法，使操作者能以可重现的、有效的方式对各类设备进行清洁。

如需拆装设备，还应当规定设备拆装的顺序和方法；如需对设备消毒或灭菌，还应当规定消毒或灭菌的具体方法、消毒剂的名称和配制方法。必要时，还应当规定设备生产结束至清洁前所允许的最长间隔时限。

第八十五条 已清洁的生产设备应当在清洁、干燥的条件下存放。

第一百四十三条 清洁方法应当经过验证，证实其清洁的效果，以有效防止污染和交叉污染。清洁验证应当综合考虑设备使用情况、所使用的清洁剂和消毒剂、取样方法和位置以及相应的取样回收率、残留物的性质和限度、残留物检验方法的灵敏度等因素。"

中国 GMP 附录《确认与验证》（二次征求意见稿，2014 年 6 月 17 日）中对在第八章清洁验证中要求如下：

"第三十九条 为确认与产品直接接触设备的清洁操作规程的有效性，应当进行清洁验证。应当根据所涉及的物料，合理地确定活性物质残留、清洁剂和微生物污染的限度标准。

第四十条 在清洁验证中，不能采用反复清洗"直至清洁"的方法。目视检查是一个很重要的标准，但通常不能作为单一可接受标准使用。

第四十一条 清洁验证的批次数应当根据风险评估确定。

清洁验证计划完成需要一定的时间，验证过程中每个批次后的清洁效果需及时进行确认。必要时，企业在清洁验证后应当对设备的清洁效果进行持续确认。

第四十二条 验证应当考虑清洁方法的自动化程度。当采用自动化清洁方法时，应当对所用清洁设备设定的正常操作范围进行验证；当使用人工清洁程序时，应当评估影响清洁效果的各种因素，如操作人员、清洁规程详细程度（如淋洗时间等），对于人工操作而言，如果明确了可变因素，在清洁验证过程中应当考虑相应的最差条件。

第四十三条　活性物质允许日接触量的确定应当基于毒理学的评估，以此设定活性物质残留的限度标准。允许日接触量的确定应当基于文献资料进行风险评估。所使用的清洁剂的清除方法也应当进行确认。

可接受标准应当考虑工艺设备链中多个设备潜在的累积效应。

第四十四条　应当在清洁验证过程中对潜在的微生物污染进行评价，如需要，还应当评价细菌内毒素污染。应当考虑设备使用后至清洁前的间隔时间以及设备清洁后的保存时限对清洁验证的影响。

第四十五条　当采用阶段性生产组织方式时，应当考虑阶段性生产的最长时间和最大批次数量，以作为清洁验证的评价依据。

第四十六条　当采用最差条件产品的方法进行清洁验证模式时，最差条件产品的选择依据应当进行评价，当生产线引入新产品时，需再次进行评价。如多用途设备没有单一的最差条件产品时，最差条件的确定应当考虑产品毒性、允许日接触剂量和溶解度等。每个使用的清洁方法都应当进行最差条件验证。

在同一个工艺步骤中，使用多台同型设备生产，企业可在评估后选择有代表性的设备进行清洁验证。

第四十七条　清洁验证方案应当详细描述取样的位置、所选取的取样位置的理由以及可接受标准。

第四十八条　应当采用擦拭取样和（或）对清洁最后阶段的淋洗水取样，或者根据取样位置确定的其他取样方法取样。擦拭用的材料不应当对结果有影响。如果采用淋洗的方法，应当在清洁程序的最后淋洗时进行取样。企业应当评估从设备所用各种材质进行取样的方法有效性。

第四十九条　对于处于研发阶段的药物或不经常生产的产品，可采用每批生产后确认清洁效果的方式替代清洁验证。每批后的清洁确认应当根据本附录的相关要求进行。

第五十条　如无法采用清洁验证的方式来评价设备清洁效果，则产品应当采用专用设备生产。"

6.3.2　欧盟 GMP 对清洁验证的要求

2014 年 2 月 6 日，欧盟在其官方网站上发布了欧盟 GMP，附录 15《确认与验证》（草案）中提到的清洁验证要求如下：

"第九章　清洁验证

9.1　应实施清洁验证，以便确认所有产品接触设备的清洁规程的有效性。当将不同的设备归为一类时，希望能够就进行清洁验证的特定的设备的选择原因进行论证。

9.2　对洁净度的目视检查可能会成为清洁验证可接受标准的重要组成部分，但仅此一项作为标准使用是不可接受的。"直至清洁"的重复的清洁方式也是不可接受的。

9.3　需承认清洁验证程序可能会花费一些时间来完成，并且可能需要在每个批次完成后通过持续的确证来进行验证。需要评估从确证中得到支持设备清洁这一结论的数据。

9.4　验证应考虑清洁过程的自动化程度。当使用自动化过程时，应对公用工程特定正常操作范围进行验证。当进行人工清洁时，应进行评估来确定影响清洁效果的可变因素，如操作者、规程的详尽程度，诸如冲洗次数等。对于人工清洁，如果已经辨识可变因素，应使用最坏情况作为清洁验证研究的基础。

9.5　可携带产品残留限度，应基于毒理评价确定产品特定的日允许暴露量（PDE）数值。应在风险评估中记录所选定日允许暴露量数值的论证，包括所有支持性参考文件。同样应确认所使用的任何清洁剂都被清除。

可接受标准应考虑到工艺设备链中多个设备的潜在累积影响。

9.6 应在验证期间评估潜在的微生物及，或如果相关，内毒素污染。应考虑清洁前存放时间及清洁后到使用前的间隔时间影响，以确定清洁验证中（脏设备与清洁设备）的保留时间。

9.7 当进行阶段性生产时，应考虑同品种不同批次之间的简单清洁，阶段性生产的最大间隔（间隔时间和批次数量）应该源于清洁验证。

9.8 当采用最坏情况产品的方式作为清洁验证模型，应对选择最坏情况产品的原理进行论证，并对新产品对现场的影响进行评估。当使用多用途设备而没有单个最坏情况产品时，选择最坏情况应考虑毒性、日允许暴露量（PDE）数值与溶解度。应对所使用的每种清洁方法进行最坏情况清洁验证。

9.9 清洁验证方案中应列明取样位置、取样位置选择原理，并确定可接受标准。

9.10 在清洁的最后阶段根据取样位置进行擦拭取样和/或冲淋取样或采用其他取样方法。擦拭用材质不能影响测试结果。如果采用冲淋方法，应对清洁过程的最后冲淋水进行取样。设备任何材质使用的所有取样方法的回收率必须符合要求。

9.11 通常清洁规程应基于风险评估执行适当的次数，并符合可接受标准，来证明清洁方法经过验证。

9.12 对于研究用药或不经常生产的产品，可用清洁确认代替清洁验证。如果使用，每个批次后进行的清洁确认应遵循本附录本节的原则。

9.13 当清洁验证已经证明无效或不适合某些设备，那么每种产品应使用专用的设备。"

值得注意的是，在2014年8月13日，欧盟在其官方网站上发布了欧盟《药品生产质量管理规范》(EU GMP) 第一部分"药品基本要求"中的第三章"厂房与设备"、第五章"生产"和第八章"投诉和产品召回"。其中第三章和第五章中对清洁设备、清洁验证提到的要求如下。

"第三章 厂房与设备

3.36 制造设备的设计应便于彻底清洁。应按书面的详细规程清洁设备，并在清洁、干燥的条件下存放。

3.37 应选择并使用清洗、清洁设备方式，以避免其成为污染源。

第五章 生产

5.19 如第3章所述，防止交叉污染应从厂房和设备的设计开始，并要注意工艺设计和所有相关技术或生产组织措施的实施，包括可重复的有效清洁程序，用以控制交叉污染风险。"

6.3.3 美国 FDA cGMP 对清洁验证的要求

211.67 设备清洁与保养

（a）相隔一定时间，对设备与工具进行清洁、保养和消毒，防止出现故障与污染，影响药品的安全性、均一性、效价或含量、质量或纯度。

（b）制订药品生产、加工、包装或贮存设备（包括用具）的清洁和保养的文字程序，并执行。这些程序包括，但不一定限于以下内容：（1）分配清洁，保养任务；（2）保养和清洁细目一览表，包括消毒一览表；（3）详细说明用于清洁和保养的设备、物品和方法。拆卸和装配设备的方法必须保证适合清洁和保养的要求；（4）除去或擦去前批遗留物的鉴定；（5）已清除了污染的清洁设备的保护；（6）使用前检查清洁的设备。

（c）保留保养、清洁、消毒的记录。按211.180及211.182的说明检查。

6.3.4 PDA 技术报告系列对清洁验证的要求

美国注射剂协会（Parenteral Drug Association，PDA）陆续发布了多个技术报告用于对清洁验证的指导。

（1）PDA 第 29 号技术报告《清洁验证考虑要点（2012 年版）》 该技术报告提供了一种资源，以帮助指导清洁验证计划的开发或评估，其涵盖了药品生产企业清洁验证的各个方面，包括了药物活性成分和药物制剂（关于生物制品清洁验证内容可参阅 PDA 第 49 号技术报告《生物技术清洁验证考虑要点》）。这里采用了生命周期的清洁验证方法，包括了清洁工艺的设计/开发、工艺确认（包括方案实施）和持续验证维护。

该技术报告还提到了风险分析在清洁工艺的选择和验证过程中的重要性。该风险分析包括了传统的基于对产品质量和对患者的影响的风险分析，也可包括对商业风险的考虑，例如采取措施将产品污染损失降至最低（即使有检测系统防止受污染的产品放行）。

该技术报告的目的并不是为药品生产商进行清洁验证提供详细的计划或路线图，主要提出的是"清洁验证需考虑的要点"，基于对生产和清洁工艺的理解进行工艺设备清洁验证计划的设计。在清洁验证中，对于一个给定的清洁工艺中使用的具体方法的选择应该基于对清洁工艺很好的理解，并考虑在特定情况下所选择方法的适用性。该技术报告同时结合了 ICH Q8（R2）制药开发、ICH Q9 质量风险管理和 ICH Q10 制药质量体系中要求的关于"生命周期方法"等最新观点。

（2）PDA 第 49 号技术报告《生物技术清洁验证考虑要点（2010 年版）》 该技术报告关注了生物技术生产的清洁验证，因此，该技术报告给出的案例将会支持生物技术生产。同样包含了生命周期清洁验证方法，包含了清洁工艺的设计/开发、工艺确认（方案）和持续验证维护。该技术报告也同样并不打算提供关于生物技术生产清洁验证执行的详细计划或是详细的路径。更合适的说法是，它体现了一种"考虑要点"，就像基于对一种生产和工艺的理解来进行的对生物技术生产清洁验证计划的设计。在清洁验证中，一般都会有多种方法来完成一个目标，以系统、彻底地执行清洁验证计划。

6.3.5 APIC 指南对清洁验证的要求

APIC 英文全称 Active Pharmaceutical Ingredients Committee，即欧洲原料药委员会。由来自欧盟不同国家的代表组成，主要包括 GMP&QA 工作组和法规事务工作组。APIC 发布了一系列针对原料药的 GMP 指南。

原料药生产工厂的清洁验证一直是监管人员、公司和客户等关注的问题。原料药生产企业应将清洁验证与有效的质量体系相结合，由质量风险管理来支持，了解与清洁验证相关的患者风险，评估其影响，并在必要时降低风险。重要的是，不能将对制剂生产企业的要求直接用于原料药生产商，而不考虑在此阶段所用生产工艺的差异。例如，与制剂生产相比，化学生产可以接受较高的残留限度，因为技术原因，化学生产所带入后续产品的残留风险会低很多。该指南反映了 APIC 成员公司之间关于如何满足清洁验证的要求及作为日常操作来实施的讨论结果。另外，APIC 与 ISPE 基础指南 7《"基于风险的制药产品生产》保持一致，遵守 ICH Q9 质量风险管理中的"质量风险管理流程"。目前推荐公司使用"可接受日暴露水平"标准来决定是否专用设施需要界定原料药"最大可接受残留（MACO）"，特别是针对多用途设备。对"清洁工艺的控制"中要考虑的因素进行了定义，以管理与潜在化学和微生物污染有关的风险。

6.4 清洁验证计划

清洁验证计划（CVP）是对验证总计划（VMP）的补充，主要针对制药企业生产的产品所进行的清洁验证活动制定计划。在车间所有工艺设备、HVAC 系统、水系统等完成 PQ 后，将进行特定产品的清洁验证，清洁验证可与工艺验证同步进行，清洁验证计划将对清洁验证执行的全过程进行规划，对制药车间涉及的设备清洗方式有 CIP（在线）清洗和 COP（离线）清洗以及手工清洗（具体选择哪种清洗方式应根据项目实际情况进行选择，但一般均会连续进行 3 次成功的清洁验证，在进行清洁验证前，制药企业必须完成工艺设备的清洁验证相关的分析方法验证和清洗工艺研究）。

清洁验证计划（CVP）相对于验证总计划（VMP）要更为详细，是专门针对清洁验证活动的计划安排。所有的验证活动都应该有计划地进行，清洁验证计划能够清楚地描述清洁验证执行的具体要求，在清洁验证中起着指导作用。

清洁验证计划将描述执行清洁验证的方法和原理。清洁验证计划将提供一个高水平的清洁验证活动的方针和策略，详细的清洁验证执行程序将在清洁验证方案中进行描述。

清洁验证计划中将规定清洁验证项目中的每个重要因素，这些因素应该根据特定的产品及其使用的设备的相关清洗方面的设计和清洗程序等来编写。清洁验证计划应当包括但不限于以下内容。

（1）清洁验证计划目的　本验证计划的目的是描述制药企业清洁验证计划、执行和报告清洁验证活动的过程，对产品清洁验证活动的执行和完成进行总体概述。

（2）清洁验证计划的范围　清洁验证计划通常会涵盖要清洗的设备、程序、材料、可接受标准、监测和控制参数、分析方法和取样方法，并根据验证总计划制定了制药公司在清洁验证中参与不同工作的职责、方法、组织。

（3）职责　职责部分应该明确各部门的具体职责，一般至少应明确生产部门、质量保证部门以及质量控制部门的职责。

① 生产部门职责。通常包括：

- 确保清洁验证过程中所需的设备和系统适用。
- 根据验证总计划，作为项目执行的总负责部门。
- 确保相关的清洗 SOP 已经批准并适用。
- 提供合适的有资质的并已经被培训的人员，以确保清洗计划按时完成。
- 根据批准的程序执行清洗。
- 执行清洁验证方案。
- 根据批准的清洁验证取样计划执行取样。

② 质量保证部门职责。通常包括：

- 根据验证总计划中批准的程序，批准、审核或监督验证活动和文件。
- 审核并批准所有清洁验证相关的 SOP。
- 审核清洁验证计划。
- 审核并批准清洁验证计划总结报告。
- 管理相关的变更控制和偏差。

③ 质量控制部门职责。通常包括：

- 确认在清洁验证执行前完成清洁验证相关的分析方法研究和验证工作。
- 分析样品。

- 记录测试结果，同时出具合格的验证测试报告。

（4）设备清单　应列出清洁验证产品生产线的所有设备，并进一步考虑设备是否和产品直接接触，确定清洁验证需考虑的清洁方法的范围。

（5）定义和缩略语　定义和缩略语是为了更好地指导阅读。

（6）清洁验证的先决条件　清洁验证应在车间满足条件后进行，比如空调系统的性能确认应成功完成，否则无法保证设备在清洁后不被污染。另外，水系统也应被事先证明符合要求，因为清洁过程离不开水，如果清洁用水不洁净的话也无法保证清洗的设备符合要求。

（7）清洁类型的描述　清洁类型是对现阶段各设备采取的清洁方法的基本描述，一般可以分为手工清洁、自动清洁和半自动清洁。

（8）清洁剂和机制　应描述清洁过程所用的清洁剂和基本的清洁机制。

（9）污物评估　应描述对污物进行评估的方法，并为后期进行的清洁验证风险评估制定基本原则。

（10）清洁工艺的最差条件　清洁验证计划中应描述清洁验证需考虑清洁工艺的最差条件，并考虑什么样的情况是最差条件。

（11）清洁验证相关的分析方法　分析方法验证同样是清洁验证中非常重要的一部分，如果分析方法不经过验证，所得到的任何结果均不可信。

（12）取样方法的培训和确认　取样方法需要经过培训，只有经过适当培训并且经回收率测试证明合格的人员才可以对清洁后的设备进行取样。

（13）参考文件　应该列出清洁验证计划参考的文件，比如工艺规程、标准清洁操作规程等。

（14）附录　清洁验证实施的具体时间表应在附录中列出。

6.5　清洁验证相关分析方法

在清洁验证中选择一个合适的取样方法和分析方法是非常必要的，取样方法必须具有适当的可重现的取样回收率，分析方法应能够充分检测相关残留物。因此，为了清洁验证能够得到准确、有效的结果，需要进行清洁验证相关的分析方法验证。通常清洁验证相关的分析方法验证包括了取样回收率研究和分析方法验证。

6.5.1　取样方法

美国食品药品管理局（FDA）要求对制药生产过程中接触产品表面的清洁规程进行清洁工艺验证。清洁应该是通过验证的严格工艺过程。1993年，FDA出台了目前仍在沿用的《清洁工艺验证检验指南》。

1992年的Mid-Atlantic Guide提出了3种类型的取样方式：表面直接取样、冲洗取样和安慰剂（placebo）取样。表面直接取样被认为是最理想的方式，冲洗取样次之，而安慰剂取样则通常被认为是最不可取的方式。在FDA 1993年的指南里，虽然对此没有明确说明，但相关取样方法的顺序已经被假定，即擦拭法（表面直接取样）是首选方式。淋洗液取样（冲洗取样）之所以不是最理想的方式，主要有两个原因：首先是相关设备表面残留物是否均能溶于冲洗液。无论经过清洗的容器是否干净，应考虑需要检验的是冲洗液还是容器本身。第二个原因与所使用的分析方法有关。一些制药公司早先对淋洗液的分析及检验过程仅仅针对简单的、适用于纯化水和注射用水的《美国药典》（USP）

参数来进行。FDA 提出，生产商应该制定残留物指标及测量残留物指标的方法。淋洗液符合 USP 参数要求是可能的，但适用于检测 USP 参数要求的分析方法不适用于检测淋洗液中的目标残留物，因为残余物指标可维持在一定级别，也可能以不同化学形态存在，这是很难通过 USP 中水的参数检测确定的。在表 6-1 中列出了擦拭法和淋洗法优缺点的比较。

表 6-1　擦拭法和淋洗法优缺点的比较

取样方法	优点	缺点
擦拭法	·物理法取样 ·适用于广泛不同表面 ·可直接取样 ·经济且应用广泛 ·允许指定位置的取样 ·适用于活性成分,微生物和清洁剂残留	·侵入式取样,可能引入纤维 ·结果取决于取样技术 ·拭子本身设计可能限制方法的回收率和专属性 ·对大的复杂的和难以接触区域取样困难 ·受取样位置的变化的影响
淋洗法	·能够对较大表面进行取样 ·适用于在线监测 ·容易取样 ·非侵入式取样 ·相对不依赖取样技术 ·适用于活性成分,清洁剂和辅料 ·可用于特别表面的取样	·某种程度上实际表面的清洁度信息有限 ·测验灵敏度低 ·残留物可能分布不均匀 ·不能测定残留物位置 ·淋洗体积对于保证结果准确有重要作用 ·必须明确取样方法学因取样方法和位置影响结果 ·通常使用设备的整体表面积难以准确划分和控制取样面积,减少了表面物理取样

6.5.1.1　擦拭取样

（1）一般要求　拭子以及擦拭取样一般均采用纤维材料擦拭表面。擦拭取样过程中，设备表面的残留物会转移到纤维材料中，通过适宜溶剂的提取，将残留物从纤维材料转移到溶剂中，再使用经过验证的分析方法分析溶剂中的残留物。选择拭子时应评估拭子的材料性质，以及拭子的材料是否会和残留物发生非预期化学反应。

擦拭取样的最大优点是能够对最难清洗的区域和可以进入的区域都进行有效评价，这样可以确定每一给定表面的污物或残留物的水平。另外，可以通过物理方法对溶解度较低的残留物进行取样。

擦拭取样是通过吸附方式将设备表面的残留物转移至擦拭拭子，因此经常用于各种残留成分取样。然而，这种取样方式的执行需要操作人员具有较高的文件执行性，以保证取样的重现性。如果设备易于接触，拭子取样法一般比较适用，例如，搅拌器、刮刀、捣碎机等。选用合适的材料（例如，脱脂棉，过滤材料、绷带材料）用于擦拭表面（例如 10cm×10cm），并用合适的分析方法对提取的残留物进行检测。在提取后，残留物可以根据相关的表面面积计算。需要注意的是，必须慎重选取拭子，拭子本身的材料和黏合剂不应与残留物发生化学反应，对残留物从拭子的释放也不应造成不利影响，同时提取溶剂不能对分析测试造成不利影响。

擦拭取样能对最难清洁部位直接取样，通过考察有代表性的最难清洁部位的残留物水平评价整套生产设备的最终清洁状况。通过选择适当的擦拭溶剂、擦拭工具和擦拭方法，可将清洁过程中未溶解的、已干燥凝结在设备表面或溶解度很小的物质擦拭下来，这可有效弥补淋洗取样的缺点。检验的结果能直接反映出各取样点的最终清洁状况，为优化清洁规程提供依据。擦拭取样的缺点是很多情况下必须拆卸设备后方能接触到取样部位，对取样工具、溶剂、取样人员的操作等都有一定的要求，应依据具体应用情况选择不同的擦拭程序。

（2）选择溶剂的原则　溶剂的作用是用于擦拭时溶解残留物，并将吸附在擦拭工具上的残留物萃取出来以便进行检测。选择的溶剂应当有助于残留物的溶解并考虑其与规定的分析方法的兼容性。用于擦拭和萃取的溶剂可以相同也可不同。一般为水、有机溶剂或两者的混合物，也可含有表面活性剂等以帮助残留物质溶解，例如对于有机碳和电导率分析测试，溶剂一般可选择水；对于高效液相色谱分析，溶剂也可选择分析测试用流动相。另外，对溶剂的选择还应参照以下原则：

- 溶剂不得在设备上遗留有毒物质。
- 应使擦拭取样有较高的回收率。
- 不得对随后的检测产生干扰。

（3）拭子的选择原则　常用的擦拭工具所用的拭子是一端缠有不掉纤维的织物的一定长度的塑料棒。一般情况下应优先选择使用设备加工而成的拭子，其拭子质量均一、重复性高。一般不建议使用手工加工的拭子进行取样，防止因拭子质量不均一造成取样重现性过低。拭子应耐受一般有机溶剂。某些拭子容易脱落纤维，故在使用前可使用取样用溶剂预先清洗，以免纤维遗留在取样表面。通常情况下，设备表面取样前要用溶剂湿润取样拭子，并在取样后按照规定的程序对取样部位进行清洁，防止溶剂造成设备污染。擦拭棉签的选择应遵循以下原则：

- 能被擦拭溶剂良好地润湿。
- 有一定的机械强度和韧性，足以对设备表面施加一定的压力和摩擦力，并不易脱落纤维。
- 能同擦拭和萃取溶剂相兼容，不对检测过程产生干扰。

（4）擦拭取样操作规程　计算所要擦拭表面的面积。每个擦拭部位擦拭的面积应以获取的残留物的量能满足检测方法所需的线性范围计。

用适宜的溶剂润湿擦拭棉签，并将其靠在溶剂容器上挤压以除去多余的溶剂。

将擦拭棉签按在取样表面上，用力使其稍弯曲，平稳而缓慢地擦拭取样表面。在向前移动的同时将其从一边移到另一边。擦拭过程应覆盖整个表面。翻转拭子，让拭子的另一面也进行擦拭。擦拭方向与前次擦拭移动方向垂直，见图 6-1。

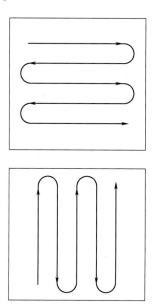

图 6-1　拭子擦拭取样示意

擦拭完成后，将拭子放入试管，并用螺旋盖旋紧密封。

按照下述方法制备对照样品：按同样的方法湿润拭子，将拭子直接放入试管并旋紧密封。

将该样品与其他样品一起送至实验室。

取样完成后应在试管上注明有关取样信息。

全部过程应按经过批准的程序执行，防止取样过程出现偏差，提高取样过程及结果的重现性。擦

拭取样也适用于设备表面微生物的取样。取样时应使用无菌的拭子，按照表面微生物取样的要求取样。

6.5.1.2 淋洗法取样

（1）一般要求 淋洗法取样是指在相关设备表面采用流动的溶剂（水、水溶液、有机溶剂或者水/有机溶剂混合物）去除残留物，之后再检测冲洗液中的目标残留。

淋洗法取样一般应根据淋洗水流经设备的线路，选择淋洗线路中一个或几个相对适宜的下游排水口作为取样点，分别按照微生物检验样品和化学检验样品的取样规程收集清洁程序中最后一步淋洗即将结束时或单独冲洗的淋洗液样品。淋洗法取样的一种取样方式是在最终冲洗过程中对最终淋洗液进行取样检测；另一种取样方式是在清洁结束后，单独进行冲洗取样。对于单独冲洗取样方式来说，应保证全部冲洗液混合均匀后再进行取样。关于这两种取样方式的优缺点比较，详见表6-2。

表6-2 两种取样方式优缺点比较

	最终淋洗液取样	单独冲洗取样
优点	• 代表正常的清洗过程 • 不需要额外的冲洗溶剂 • 不需要额外操作，设备即可进行使用	• 用于计算残留物的残留量 • 能够体现清洁完成后残留在设备表面的残留物 • 如果操作无误，可获得合格的结果 • 循环冲洗回收率较高 • 可以使用其他种类溶液，而不一定是清洁工艺清洗溶液
缺点	• 取样样品代表了残留物可能转移到下批产品的最差条件，仅仅反映了最终冲洗液的残留量，不能反映清洁完成后的设备表面残留 • 残留量计算需要用到许多假设条件	• 需要额外的操作步骤 • 需要额外的冲洗溶剂 • 额外的冲洗剂可能引入污染

（2）使用淋洗法取的理由

① 设备表面无法使用其他取样方式。

② 残留物挥发性强，不适合在干燥表面进行取样。

③ 淋洗取样能够充分检测到设备表面残留物。

（3）其他考虑 淋洗法取样的测试样品可以直接检测，也可以根据检测要求进行适当稀释后检测。如果待测样品的外观检查有异常，应直接判断不合格，并进行原因调查。

需要注意的是，微生物取样应在化学取样前进行；另外，在一次取样过程中，在同一取样点进行重复取样分别进行不同的测试项目（例如微生物检测和理化检测）是不正确的。微生物取样方式包括拭子擦拭法、接触碟法和淋洗取样。三种取样方法应视情况结合使用，最终淋洗水取样面积大，但难以反映真实的污染情况；拭子擦拭能对最难清洁部位直接取样，能弥补淋洗水取样的不足；接触碟比较直观，但是如果每碟微生物计数超过250CFU则很难计数。溶剂、培养基和培养条件的选择取决于预计的微生物的种类。清洁验证中用于分离、定量和鉴别微生物的分析方法及内毒素分析方法应与微生物实验室日常使用的分析方法相一致。

通常的淋洗法是取检测最后一次淋洗水，通过残留物在淋洗水中的浓度确定限度。这种方法的优点是适用于大面积范围的取样，尤其适用于不易接触的表面。例如：阀门和管路，难以进入的系统，或者难以拆卸的系统。淋洗的先决条件是产品对冲洗介质有良好的溶解性（溶解性测试），设备表面对冲淋介质有完全的润湿性。如果设备表面没有经过足够润湿，那么可能淋洗液中的残留物水平并不能代表设备表面的残留水平，此种情况下检测结果可能不准确。

这个方法的缺点在于它的适用范围。第一，该方法不适用于所有类型的设备。第二，它的适用范围只能应用于在溶剂中易溶的残留物，通常应是水溶性的。此外，也不适用于堵塞在设备中难以冲洗的物质残留。通常在取样中，残留物的浓度不一定与表面残留物的总量一致，因此残留物的去除仅是基于溶解的过程。设备是否完全没有残留不能从分析结果中获得，当使用有机溶剂时，必须采取必要的安全措施以防止安全事故和有机溶剂污染。

6.5.1.3　取样回收率研究

为实现可重现、可靠的清洁性能，进行取样方法验证时，应尽量保证与实际生产环境相同。取样方法应考虑环境变化因素，包括：污染残留量、冲洗水质量、设备表面材质、溶解溶剂，取样条件、不同取样人员的取样技术等。

取样回收率研究通常需要证明清洁验证中所使用的适当的分析方法和取样程序能够充分测量或者量化设备表面的残留物。这些研究为残留物的取样及分析方法建立科学的数据支持，最终目的是能够建立一个具有适当的可重现设备表面回收率的取样方法。常用的取样技术主要包括擦拭法和淋洗法，而最为理想的取样方式为擦拭法与淋洗法结合使用。取样回收率设定不同浓度下的回收率。通常取样回收率研究可以作为分析方法验证的一部分；如果可以确定分析方法能够检测待检溶液中相关残留物，则取样回收率研究可单独进行研究。

取样回收率研究一般在实验室进行，因此需要选取拟被取样设备的材质（如不锈钢、玻璃、有机玻璃、硅胶等）试样，并在模拟材质上涂布已知量的待检测残留物进行模拟测试。表面涂布的残留物应能代表清洁过程完成时设备表面存在的残留物。模拟材质选取时通常有两种方式：一种是在所有或主要设备表面材质上进行回收率研究；另一种是在一种设备表面材质进行回收率研究，但应有文件证明此种设备表面材质的回收率等于或优于其他未进行回收率研究的材质表面。

部分药品清洁过程会导致残留物比较复杂，可能包括活性成分、活性成分降解产物、辅料、清洁剂等。通常在进行活性成分的回收率研究时，可考虑只加入活性成分进行研究考察；在进行清洁剂的回收率研究时，可考虑只加入清洁剂进行研究考察；如无法单独加入活性成分时，可考虑以最终产品配方的形式加入待研究活性成分。同时，模拟材质试样的干燥等过程应能保证加入残留物的性质和数量的稳定，过于激烈的干燥程序一般是不建议使用的。

如果清洁过程中残留物会发生降解，仍可考虑使用残留物本身来进行取样回收率研究。如果清洁后残留物性质不稳定，为了防止因残留物的降解而造成的实验结果不准确，在进行取样回收率研究时，还应该考虑残留物涂布和取样之间的最大时间间隔的考察。另外，残留物和其降解产物取样回收率水平如果存在显著差别或者其降解产物存在安全或溶解性等问题，则需要考虑使用其降解产物进行回收率研究。

当取样回收率低于标准时，要调查以确定造成回收率过低的原因。

（1）擦拭取样方法回收率研究　擦拭取样方法回收率研究一般包含拭子释放度研究和擦拭回收率研究两方面。

① 拭子释放度研究。擦拭回收率研究可考虑作为擦拭取样回收率研究的一部分研究内容进行，必须确保取样介质和溶剂（用于介质的提取）符合预期要求。拭子取样要确定使用的取样材料的类型和它对试验数据的影响程度，首先对取样材料（拭子）做空白试验，例如，已经发现拭子中使用的黏合剂会干扰样品的分析。如果加入法获得的材质表面残留物回收率水平不符合预期要求，需要调查回收率过低的根本原因时，应考虑拭子释放度研究。

研究程序应将残留物直接加入到拭子头部，并按照预设的残留物提取程序进行残留物提取（即拭子上残留物的释放），通过对提取溶液的检测来确定回收量。回收量与拭子加入量之比即为拭子释放度。

② 擦拭取样回收率研究。擦拭取样回收率研究，将已知浓度的残留物溶液按照规定的方法均匀涂布于模拟材质试样表面，采取温和的干燥方式进行干燥，使用清洁验证方案中规定的擦拭方法进行取样。将擦拭取样拭子置于合适的容器中，使用规定的溶剂提取擦拭取样拭子上的残留物，并检测提取液中残留物的数量，计算回收量。回收量与模拟材质试样上的加入量之比即为取样回收率。

取样面积通常可取 25cm² 或 100cm²。擦拭方法取样过程通过将已知浓度的样品涂布在相同材质的模拟样片上的方法确定表面擦拭法的回收率。验证浓度范围一般是被测物的残留限度的 50％ 到 150％ 的。验证至少要测定 3 个浓度，每个浓度制备 3 份溶液分别参照清洗验证相关分析方法部分相应描述进行取样测试并计算回收率。由于擦拭取样属于人工取样，通常每人需要重复 3 次来进行擦拭取样回收率研究。每种残留物和表面材质类型的组合至少需要两个人进行擦拭回收率研究，同时比较不同取样人员取样操作的重复性。

（2）淋洗法取样回收率研究　淋洗法取样回收率研究证明了残留物淋洗取样的有效性，表明了设备表面如果存在残留物，其残留物能够有效地转移至淋洗液中。

① 一般步骤。淋洗法取样回收率研究与擦拭法取样回收率研究类似，将已知浓度的目的残留物溶液按照规定的方法均匀涂布于模拟材质试样表面，采取温和的干燥方式进行干燥。对于淋洗取样来说，清洁工艺中规定的清洗步骤可能无法在实验室进行完全复制，因此可在实验室中以模拟淋洗程序进行取样回收率研究。模拟淋洗条件应选择与实际的设备清洗条件相同（或最差淋洗条件），包括淋洗用溶剂、淋洗量、淋洗流速、淋洗温度等。

模拟淋洗过程一般通过 3 种方式进行：第一种方式是在收集容器上方悬挂一个已涂布目标残留物的模拟材质，使用淋洗液对涂布目标残留物的模拟材质表面进行淋洗，将淋洗液收集在目标容器中；第二种方式是将目标残留物涂布在适宜材质的容器底部，自然晾干后，向容器中加入规定量的淋洗溶液，按照规定的时间进行搅拌，程序完成后对容器内溶液进行检测；第三种方式是将涂布目标残留物的模拟材质放置于容器底部，按照第二种方式进行模拟淋洗，程序完成后对容器内溶液进行检测。

② 回收率试验设计时应考虑的因素

a. 加样溶液回收率。向已知浓度的样品中加入已知量的残留物进行回收率测定。

b. 空白溶剂冲洗回收率。使用空白溶剂进行回收率研究，以排除溶剂对回收率的影响。

c. 空白溶剂加样冲洗回收率。在空白溶剂中加入已知量的残留物制成测试浓度的样品进行回收率测定。

最终冲洗液的取样研究过程可以对后续产品中潜在污染物进行上限推算。工艺过程的改进可以通过从取样冲洗液中分离工艺冲洗液来完成。这样可生成更精确的实际推算，分析程序的选择更具有灵活性，而与工艺冲洗液不同的取样冲洗液的选择也更加灵活。这种确定程序取决于充分的冲洗液回收研究。

6.5.1.4　生物类清洁取样方法的考虑和评估

生物技术产品取样方法的原则与非生物技术产品清洁验证取样方法的本质基本类似。PDA 第 49 号技术报告讨论的取样方法包括直接表面取样、擦拭法、淋洗取样和安慰剂取样法。

生物技术制品清洁验证的取样回收率研究与非生物清洁验证不同。其残留物的表面加样的回收率试验不仅包括活性成分，也应包括早期收获步骤的培养液的代表成分，回收率研究要代表最差情况。清洁验证中采集的残留物实际上是活性成分的降解片段，其分子量更小，极性更大，在以水为溶剂的回收率研究的取样过程中更容易清除。

关于生物类清洁取样方法的评估，PDA 第 49 号技术报告给出的建议如表 6-3 所示。

表 6-3　关于评估清洁度的取样方法的主要考虑（生物类）

取样方法	主要考虑
擦拭法	定量取样方法不用于限度或检验结果校正时,回收率>70%; 用于限度或检验结果校正时,回收率>50%; 加样回收率间变异可接受限度为 RSD 在 15%～30%
淋洗法	通过在钢板上涂布残留物溶液并干燥后进行检查; 实验室需要模拟淋洗程序
视觉检查	重要观察条件包括:距离、光照、角度; 视觉检查限度取决于残留物性质,表面性质和检查者视觉; 文献报告的视觉检查限度为 $1\sim4\mu g/cm^2$
生物负荷和内毒素检查	百分回收率试验不适用

6.5.1.5　取样人员的验证

清洁验证中最大的风险是由人员带入的风险,必须由经过培训的人员按照批准的验证方案进行取样。比如进行擦拭法取样时,由于设备材质差异、设备表面的几何形状差异以及擦拭方式的差异,对取样结果可能会造成不同程度的影响。为验证不同取样人员操作差异性带来的变化,建议通过不同的取样人员进行取样验证,计算不同取样人员分别取样的回收率。

6.5.2　清洁验证分析方法

6.5.2.1　分析方法的选择

药品生产的清洁验证通常需要使用特定检验方法,而非特定检验方法常用于药品生产日常监测。表 6-4 是一些特定的和非特定的分析方法。

表 6-4　特定分析方法和非特定分析方法的比较

特定分析方法	非特定分析方法
气相色谱法(GC)	pH 测定
高效液相色谱法(HPLC)	电导测定
薄层色谱法(DC/HPTLC)	表面张力测试
电泳	TOC 测定
光谱法	

（1）特定的分析方法　特定的分析方法在不受干扰的情况下能够精确地测定某一残留物,分析方法的选择依清洗工艺中残留物的性质而定,例如,残留物在清洗工艺中不存在降解成分,那么可以选择一个特定的方法测定残留物的活性或含量。在这种情况下特定的分析方法可以精确地测量主要的残留物;如果在清洁工艺中残留物活性成分会发生降解,那么使用专属性方法检测残留物活性成分时,可能会检测不到残留物活性成分或者测定结果不准确。在这种情况下,在验证方案中应考虑使用具有专属性的分析方法测定降解物或者采用非专属性分析方法测定残留。

特定的分析方法对于制药行业比较常用,比如,口服制剂、无菌粉针等领域,只要能够精确确定产品的残留物,就可以选择特定的分析方法,如果不能明确确定残留物,可以适当选择其他方法（例如 TOC 测定、电导率测定）进行,比如,中药制剂、生物制剂等领域。

（2）非特定的分析方法　非特定的分析方法一般包括 TOC（总有机碳）、电导率和目视检查等,以下对几种方法进行介绍:

① TOC 法。TOC 检测方法一般用于生物制药的清洁验证,TOC 可以在一个很高的灵敏度条件下检测总有机碳含量。但是,这个灵敏度对于高活性的物质并不适用。TOC 分析仪可以检测所有的有机残留,包括培养基和清洗工艺中的降解物质。由于 TOC 检测的是所有有机成分,所以很难区分

检测的物质是产品有机残留还是其他有机混合物，所以，TOC 方法代表的是"最差情况"；另一方面，在取样和测试的过程中也有可能会引入污染物，因此所有的取样人员必须经过严格的培训，并具备相应的取样技术，以防止取样工具对检测结果带来干扰。

② 电导率法。电导率检测是一个比较灵敏的方法，常用于淋洗水样中的离子检测。一般用于检测清洗剂的残留和控制自动清洗工艺，比如，CIP。电导率受温度的影响很大，所以在检测时要严格规定检测温度。与 TOC 检测对比，电导率一般仅用于水样测试，电导率通常不适用于检测产品的残留。

③ 目视检查法。目视检查是一个定性的方法，用于确定设备表面的洁净度，也是一个比较简单且有效的、评估设备表面的洁净度的方法。目视检查本身存在很多的缺点，它需要有效的培训和详细的程序避免"目视洁净"在不同人员之间的差异，不同人员从不同的角度、距离和亮度评估，都会有不同的结果。一些设备的表面（比如，管道内表面）不容易进行目视检查，需要借助工具辅助执行，比如：内窥镜检测。

生物清洁工艺的主要依据是活性成分通常在清洁程序包括热、水、碱、清洁溶液中的降解。清洁程序后，残留物应以活性成分降解产物的形式存在。因此，特定的检测活性成分的分析方法作为判定清洁工艺是否有效的分析技术并不适用，生物制药清洁验证最为通用的分析方法是 TOC。

清洗溶剂残留测定分析方法常用化学滴定法、电导率法和 TOC 法（含碳清洁剂使用）进行测定。关于特定分析方法和非特定分析方法的优缺点详见表 6-5；对残留物及建议的检测方法示例，详见表 6-6。

表 6-5　特定方法与非特定方法的优缺点比较

类别	优点	缺点
特定方法	• 灵敏度高 • 能够经常在相关化合物中使用	• 不能检查更大范围的化合物 • 研究成本高 • 可能受残留物干扰
非特定方法	• 灵敏度高 • 对多成分化合物有效	• 缺乏识别具体分析物的专属性 • 受其他残留物的干扰 • 用户往往不能证明他们使用的方法

表 6-6　残留物及建议的检测方法示例

残留物	测定方法
蛋白质	酶联免疫，总有机碳，HPLC，生物学测定方法
有机化合物	总有机碳，HPLC，紫外光谱法
无机化合物	电导率，pH 值，原子吸收，电感耦合等离子体法

6.5.2.2　清洁检验方法验证的一般原则

清洁验证最重要的关键点是确定清洁后的残留限度，通过分析方法测定清洁后设备表面的残留物的残留量，其中分析方法需要进行适当的验证以保证分析结果准确有效。开发的分析方法必须经过验证，代表性的验证原则包括 ICH Q2（R1）分析方法论证，但其并未明确说明清洁验证中的分析方法。清洁验证中的分析对象是残留物，清洁检验方法的验证与杂质定量验证的原则相仿，一种方式是按照 ICH Q2（R1）的要求进行全面验证，包括准确度、精密度（重复性、中间精密度）、专属性、定量限、线性和范围等方面进行验证，在某些情况下可能对定量限/检测限也有验证的要求。定量限/检测限最好远低于测试样品的期望限度，以保证清洁程序的耐用性。但是在具体操作的时候，由于清洁验证样品的特殊性，应该有特殊的考虑，例如，取样操作和检测时间间隔较长，还应对测试样品在储存条件下的稳定性进行评估和考察；专属性考察时，应关注在清洁过程引入的其他物质可能产生的干扰。

如果采用非专属性方法进行分析时，其他物质会增加非专属性响应值，但总的响应值均会用于目的残留物的计算，那么在 ICH Q2（R1）中建议的对专属性进行补充测试的需求就不是必须的，ICH对不同类型方法的验证需求详见表 6-7。

表 6-7 ICH 对不同类型方法的验证要求

项目	类别 I	类别 II	类别 III	类别 IV
	鉴别	杂质定量	杂质限度	含量/效价/溶出度
准确度	N	Y	N	Y
精密度				
重复性	N	Y	N	Y
中间精密度	N	Y①	N	Y①
专属性②	Y	Y	Y	Y
检测限	N	N③	Y	N
定量限	N	Y	N	N
线性	N	Y	N	Y
范围	N	Y	N	Y

① 在重现性已验证的情况下，中间精密度无需验证。

② 在分析方法缺乏专属性的情况下，可用第二种分析方法予以补充。

③ 某些情况下需要验证。

注：N 表示此参数无需验证。

Y 表示此参数需加以验证。

如果在规定的参数范围内使用药典方法，则单独进行分析方法验证就不是必须的，但应证明药典方法的适用性，包括验证的范围、清洗工艺可能带来的干扰、拭子的干扰、残留物提取回收率、测试样品耐用性等。在清洁验证中使用已批准和确认的微生物检验分析方法时不需要进行额外的方法验证，但应考虑清洗工艺引入的其他物质存在时分析方法的适用性。

对于目视检查，如果目视检查作为唯一的取样/分析方法，需要通过方法验证确定可以接受的可视限度；如果目视检查作为补充的取样/分析方法，则确定可以接受的可视限度是不必要的。通常目视检查方法验证可以将不同浓度的残留物溶液涂布于试样表面，让目视检查操作者确定试样表面上存在明显可见残留的最低残留水平。

6.5.2.3 清洁分析方法验证的方法学

（1）专属性/选择性 专属性系指在其他成分可能存在的情况下，采用的分析方法能够准确测定被测物的特性的能力。对于清洁验证来说，应当证明被测物的检出不会受到其他组分的干扰。通常需评价空白溶剂、提取溶剂、分析系统、降解产物、取样拭子、取样模板、辅料、清洗剂单独及共同存在时是否对测定有干扰。

（2）精密度 精密度系指在规定的测试条件下，同一均质样品经多次取样检测所得结果之间的接近程度。精密度分为重复性、中间精密度和重现性。精密度一般以相对标准偏差（RSD）表示。

① 重复性。精密度系指在规定的条件下，从同一个均匀样品中，经多次取样测定所得结果之间的接近程度。验证方式：重复操作 6 次。化学分析的 RSD 应<5%，生物分析 RSD 应<20%。

② 中间精密度。系指在同一实验室改变其内部条件所测得的测定结果的精密度。一般情况下，清洁验证持续的时间不长，能够保证测试条件的固定，此时不必测中间精密度。如果在清洁验证期间

样品的测试条件无法固定，则需要测中间精密度。可以考虑不同的分析仪器和不同色谱柱，色谱柱最好是不同的批号，甚至来自不同供应商。对于擦拭取样，需要考察不同来源或不同批号的拭子。

③ 重现性。是指不同实验室之间不同分析人员测定结果的精密度，有可能在清洁分析方法转移时采用。

（3）准确度和回收率

准确度系指该方法测定的结果与真实值或认可的参考值之间接近的程度，有时也称为真实度，一般以回收率（%）表示。对于清洁验证来说，回收率需要尽可能地接近100%，但是有些情况下，回收率低至50%也是可以接受的。

回收率验证方式：将杂质、辅料、清洁剂与被测物一起制成溶液，模拟成最终淋洗水样，取样后证明被测物的分析结果与理论量接近。验证浓度范围一般是被测物的残留限度的50%～150%。验证至少要测定3个浓度，每个浓度制备3份溶液进行测试，并以最低的回收率作为计算验证时的校正因子。化学分析的接受标准为，平均回收率≥50%，平均回收率的RSD<20%。

对于擦拭法要考虑拭子将被测物从设备表面去除的能力，被测物从拭子中被回收的能力，以及杂质、辅料、清洁剂以及拭子材料本身可能造成的干扰。

如果回收率低于理想值，则应确定回收率低的主要原因。常用的方式是将受试溶液直接滴到拭子上，全部吸收后再浸入提取溶剂中，如果回收率仍低，那么应换用更强的提取溶剂或换用不同材料的擦拭拭子。如果回收率可以接受，应换用不同材料的拭子，换用更强的擦拭溶剂，或者改变擦拭方式（如多支拭子、或干或湿、更用力地擦拭等），观察回收率是否提高。被测物的挥发性也可能会造成回收率偏低，特别是当被测物的干燥步骤中有使用加热的或抽真空的烘箱。如果原因确实如此，则不必使用烘箱。

（4）线性和校正曲线

线性系指在设计的范围内，检测结果与试样中被测物的浓度（量）直接呈线性比例关系的能力。

线性的合格标准应该在方法验证以前予以确定。不同的分析方法，要求不同。通常杂质线性的可接受值可适用于清洁验证，为 R^2 大于 0.98。线性实验应该至少有 5 个浓度水平。每个浓度水平至少平行做两次，一般 3 次。截距是反映偏差的指标。如果截距为 0，则没有偏差。如果截距为 0 或者很小，那么化验时就可以运用单点校正。

第二种方法确定线性和范围的原理是：被测物在线性范围内的响应应该相对稳定。可将各响应值与其浓度的比值对浓度作图，理想的曲线是一条平行于 X 轴的直线。有两条线分别代表 95% 和 105% 的响应度比，超出 105% 的或者低于 95% 的点就被认为是不在线性范围内。

（5）范围　范围系指能达到一定精密度、准确度和线性，测试方法适用的高低限浓度或量的区间。

验证方式：通过对最低和最高浓度的准确性、重复性和线性关系的验证及符合规范的结果，核实检测物范围；浓度范围应达到残留物限度的 50%～150%。

（6）检测限和定量限　在常规的原料药或者制剂的分析中，被测物的量一般要远远大于检测限和定量限。但清洁验证的分析目的就是要确定痕量的残留物，所以这两个值是清洁验证非常关注的。

检测限和定量限的验证方法通常包括：直观评价法、信噪比法、根据响应值的标准偏差和斜率法。

信噪比法通过比较测得的已知低浓度的样品信号和空白样品的信号，建立能够监测的被测物的最低浓度。信噪比在 3∶1～2∶1 通常被认为可接受的作为检测限的评价。

基于空白的响应值标准偏差的方法通过分析适当数量的空白样品并计算所得响应值的标准偏差来

测量分析背景响应值的大小。检测限度＝3.3SD/S，定量限度＝10SD/S。

需要关注的是定量限、限度和取样的关联性：

- 确保限度适合于分析方法的定量限。
- 确保取样充分涵盖表面区域，从而检测样品是否符合限度。
- 确保取样方法不会稀释样品，以免超过分析方法的灵敏度。
- 定量限应低于清洁限度。

（7）耐用性　耐用性指测试条件发生小的变化时测试方法不受影响的程度。耐用性研究可以确定关键参数的合适限度来确定正常使用时的可靠性。

耐用性测试是通过特意改变若干项分析方法的条件参数，以检验方法的可容性。比如，HPLC方法的流动相 pH 值、柱温、流动相比例改变等，通过实验结果确定方法关键参数及可允许改变的条件范围。此外，对于取样规程中样品提取时间、提取溶剂浓度等的耐用性也应作考虑。

耐用性完成后将结果列表，并确定方法关键参数及可允许改变的条件范围。

（8）稳定性　化学化合物可能在进行分析前发生降解，比如，在制备样品溶液、提取、净化、相转移或贮存（在冰箱或在自动进样器里）过程中可能发生降解。在这些情况下，方法开发时应考察被分析物和标准物质的稳定性。使用同一份溶液，测定其在预先选定的时间间隔里（例如，每小时测定一次，直到预期测试时间）产生的结果偏差，以此来测定稳定性。

应评价室温下至少存放 6h 的药品和内标贮备液的稳定性。在经过一段预期时间的贮存后，通过比较该溶液与新鲜制备溶液的仪器响应值来检测稳定性。通过样品溶液的重复分析，并计算响应值的 RSD 来确定系统稳定性。当 RSD 不超过短期系统精密度相应值的 20％时，认为该系统的稳定性是适宜的。

（9）系统适用性　定量检查测定时，应制备两份对照品，对照品一致性检查应不超过 5％；对照品的 RSD 不应超过 10％。

6.5.2.4　方法转移

如果清洁验证分析方法的验证和检测实施不是同一实验室进行，则需要建立一个分析方法转移方案，以保证进行清洁验证检测实施的实验室有足够的能力进行测试样品的检验，能够得到准确有效的测试结果。分析方法验证方案在执行前应得到制药企业的批准；如果清洁验证分析方法的验证和检测实施均在委托实验室进行，则制药企业应对分析方法验证方案和最终报告进行审核和批准，同时制药企业应通过审计以保证委托实验室具有相应资质及测试能力完成清洁验证分析方法的验证和检测实施。

6.6 清洁验证风险评估

中国 GMP 2010 年版总则第三条即提到："本规范作为质量管理体系的一部分，是药品生产管理和质量控制的基本要求，旨在最大限度地降低药品生产过程中污染、交叉污染以及混淆、差错等风险，确保持续稳定地生产出符合预定用途和注册要求的药品。"从这句话中可以看到制药过程可能的风险有：污染、交叉污染以及混淆、差错等。那么，对清洁验证来说其风险是什么？在清洁验证执行的过程中，有很多影响清洁验证的因素，每个因素都存在着不同的潜在的风险，必须对每个因素进行充分的分析、评估，确保清洁验证顺利进行，下面用鱼骨图来表示所有的影响因素，详见图 6-2。

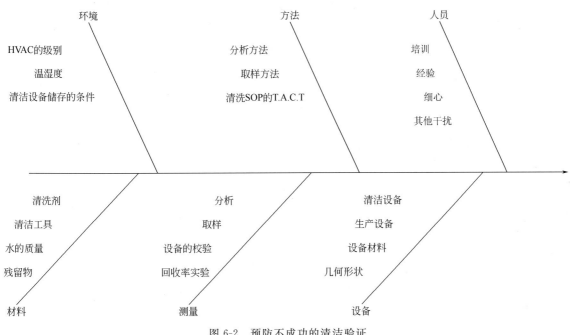

图 6-2　预防不成功的清洁验证

6.6.1　清洁验证风险评估的必要性

中国 GMP 2010 年版第一百三十八条规定：**确认或验证的范围和程度应当经过风险评估来确定。**风险管理在生产系统的设计和验证策略中是不可缺少的，风险管理是一个持续的过程，要分析和评估关键的输入和数据，以及执行的风险缓解措施，以确保设计的输出已被合适的考虑和确认。清洁和清洁验证从相关的工艺系统知识，污物和设备清洗辅助系统（例如，化学和机械特性）中进行风险评估、确认。这些系统要进行设计审核，然后根据相关的可接受标准确认，证明已经达到系统的相关要求。

6.6.2　清洁验证风险评估的方法

清洁验证常用的风险评估工具包括失败模式和影响分析（FMEA）、故障树分析（FTA）、鱼骨图法或石川图法（Fishbone/Ishikawa）、危害分析和关键控制点（HACCP）、危险与可操作性分析（HAZOP）与初步危害分析法（PHA）等。

● 失败模式和影响分析（FMEA）。FMEA 是可靠性设计分析的一个重要工作项目，是用来检查潜在失效并预防再次发生的系统性方法，也是风险管理最常用的工具之一。FMEA 是一种对工艺的失败模式及其结果或产品性能产生的潜在影响的评估，可用于工艺验证风险评估。一旦失败模式被建立。风险就被消除、减少或控制，FMEA 需要对工艺认知非常深刻。FMEA 可用来排列风险的优先次序，监控风险控制行为的效果，也可用于分析生产过程以确定高风险步骤或关键参数。比如，部件关键性风险评估（CCA）即是对设备部件按照失效模式进行风险评估的模式，可以得到在后期安装确认和运行确认过程中需要注意的测试项目。

● 故障树分析（FTA）　故障树是用来识别并分析造成特定不良事件因素的技术。因果因素可通过归纳法进行识别，也可以按合乎逻辑的方式进行编排并用树形图进行表示，树形图描述了原因因素及其与重大事件的逻辑关系。故障树分析可以对故障的潜在原因及途径进行定性分析，也可以在掌握因果事项可能性的知识后，定量计算重大事件发生的概率。

● 鱼骨图法或石川图法（Fishbone/Ishikawa） 鱼骨图是针对某一问题，采用头脑风暴法，分级列出所有可能引起问题的因素，直到发现风险的潜在原因，常用于偏差分析，另外，清洁验证也可用此方法分析具体的潜在的风险。

● 危害分析和关键控制点（HACCP） 危害分析和关键控制点是 ICH Q9 中推荐的一个系统的保证产品质量可靠性和安全性的主动预防性方法。该方法也可用于工艺验证风险评估，使用该方法可以使分析的系统按照风险等级的高低，找出最首要的控制目标和关键元素，进行定性或定量分析，然后进行总结。

● 危险与可操作性分析（HAZOP） HAZOP 是通过考虑那些可能出现的偏离设计工艺条件的和正常操作的情况，并分析这些偏离可能导致的危害后果，通过风险评价识别哪些是不可接受的风险点，提出改善措施，并通过改善措施完成消除或降低风险的活动。

● 初步危害分析法（PHA） PHA 是在每项生产活动前，特别是在设计的开始阶段，对系统存在危险类别、出现条件、事故后果等进行策略分析，尽可能评价出潜在的危险性。

风险评估工具只是为了更好地进行风险评估工作，风险评估工具应根据实际情况灵活使用。在表6-8 中提到了上述风险评估工具可能的应用范围。

表 6-8　风险评估工具的应用范围

需要考虑的方面	FMEA	FTA	鱼骨图法或石川图法	HACCP	HAZOP	PHA
如果对工艺/产品/系统的了解是有限的（如生命周期的早期阶段）	×	√①	√	×	√①②	√
如果对工艺/产品/系统的了解是丰富的（如生命周期的后期阶段）	√	√	√	√	√	×
如果问题描述简单，或者简练的评估是合适的	√②	√	√	√②	√②	√
如果问题描述高度复杂，或者要求详细的评估	√	√①	×	√	√①	×
要求风险评级	√	×	×	×	×	√
如果检测风险的能力受限	×	√	√	√	！	！
如果数据的性质更加定量化	√	√	×	√	√	√
如果要求证明风险控制的有效性	√	×	×	√	×	×
如果风险的识别是一个挑战，如果需要揭示隐藏的风险，或者如果要求结构化的头脑风暴	×	√	√	×	√	×

① 经对于这些类型的评估，这种工具的头脑风暴能力可能特别有益。

② 这种工具的能力可以缩减以适应定性的或更简单的评估。

注：√表示在这种考虑下，工具可能是合适的并且设计用于此的，或者可以按这种方式执行。

×表示在这种考虑下，工具可能很少有（或没有）能力实现或对于任务要么过分复杂或过分简单。

！表示工具可能适用，然而，由于对某些发生可能性的评级方面的挑战，证明其有效性有限。如果能在第一时间检测这些风险的方式有限，对风险可能性的评级可能受到挑战。

6.6.3　清洁验证风险评估的实施

6.6.3.1　风险评估小组成员

● 设备工程师。

● 验证工程师。

● 工程人员。

● QA 人员。

● QC 人员。

- 清洁操作人员。

6.6.3.2　风险评估前期资料

- 系统影响性评估。
- 工艺规程。
- 工艺流程图。
- 各设备清洁 SOP。
- 设备清单。

以上文件必须是现行的版本，并经业主批准。

清洁验证风险评估报告一般包括以下内容。

6.6.3.3　清洁验证风险评估报告

（1）清洁验证风险评估目的　清洁验证风险评估报告的目的是应用 ICH Q9《质量风险管理》的原则和基本风险管理简易方法（鱼骨图，检查表等）的风险管理工具评估并确定出制药车间的所有产品中需要进行清洁验证的产品，设备的相关取样点设置以及影响清洁验证的潜在危险和关键控制点等，并记录在文件中，以保证清洗过程具有适宜的控制，所有设备清洗程序的有效性。

（2）范围　清洁验证风险评估报告的范围为制药车间所有产品（或特定产品）及设备。

（3）职责　应列出参与清洁验证主要部门的职责。比如质量保证部门的职责如下：

- 信息的收集。
- 提供为报告编写所需要的所有的规程、数据、手册、图纸和文件。
- 参与风险评估。
- 报告的审核和批准。

（4）风险评估流程　清洁验证风险评估同样按照 ICH Q9 中质量风险管理流程图（图 6-3）中的风险评估部分进行介绍，从而最终确定公司产品中最终的清洁验证产品及相关设备的取样点等。对于风险控制及质量风险管理程序的输出/结果、风险评审部分，在风险评估报告中能体现部分内容，但并不详细介绍，风险评估的结果将作为清洁验证方案的一部分，从该风险评估报告到整个清洁验证结束，将一直贯穿着整个流程。

（5）系统描述　系统描述中应对工艺和产品进行介绍、对清洁方法以及产品清单和设备清单的描述，主要是对车间整体生产情况进行了解和描述。

（6）风险辨识　风险管理在生产系统的设计和验证策略中是不可缺少的，风险管理是一个持续的过程，要分析和评估关键的输入和数据，以及执行的风险缓解措施，以确保设计的输出已被合适地考虑和确认。清洗和清洁验证从相关的工艺系统知识、污染物和设备清洗辅助系统（例如，化学和机械特性）中确认。这些系统要进行设计审核，然后根据相关的可接受标准确认，证明已经达到系统的相关要求。风险辨识采用头脑风暴的方式进行，可以用鱼骨图进行记录。预防不成功的清洁验证可以从以下几方面进行分析。

① 环境。环境是指车间生产以及存放设备的环境，环境因素对清洁验证的影响至关重要，一个良好的环境能够保证清洁验证顺利进行。环境因素严重影响着清洁验证过程中的微生物残留项目，不同级别的环境有不同的微生物和尘粒数要求，在进行清洁验证之前，必须确保 HVAC 系统性能确认已经完成，环境的温湿度已经符合工艺要求。特别是对清洗后的设备的储存条件，清洗后的设备必须储存在干燥的环境中，必要时增加外来的覆盖物，因为一个潮湿的环境很容易促进微生物的滋生，在清洁验证执行的过程中，需要进行干净设备保留时间（CEHT）和脏设备保留时间（DEHT）的验证，而这两个时间的验证主要是针对微生物残留限度，所以如果环境因素不能有效控制，必定导致清

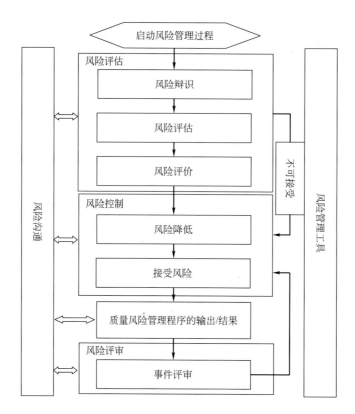

图 6-3　质量风险管理流程

洁验证的失败。环境因素中可能影响清洁验证的因素有：空调系统、房间温湿度等，这些因素可能影响到清洁验证中干净设备保留时间以及脏设备保留时间。

② 方法。在清洁验证执行之前，必须完成与清洁验证相关的分析方法验证和取样方法以及所有相关设备的清洗 SOP。在设备清洁 SOP 中必须清楚地描述 T. A. C. T（temperature，action，concentration，time）参数，确保清洁规程的可操作性。可能影响清洁验证效果的方法因素包括：各设备清洁标准操作规程、化学残留测试方法、微生物残留测试方法、棉签化学样取样方法、微生物取样方法等。

③ 人员。对于参与清洁验证的相关人员，特别是与清洁验证相关设备的清洁操作人员，必须进行相关的清洗规程进行严格的培训，保证设备清洗的一致性，必要时在清洁验证过程中可以采用不同的班组人员对设备进行清洗，从而证明清洗 SOP 的耐用性。执行清洁验证的人员必须全部通过清洁验证方案的培训，在执行过程中，尽量采用有经验的人员，尤其是取样操作人员，必须通过回收率实验的考试，否则不允许进行取样。

风险评估时应该分析可能由人员引起的风险。

④ 材料。材料是指清洁过程中用到的一切材料，比如清洁剂、产品中的物料等。

为了使设备达到一定的洁净度，设备的清洗需要采用相关的清洗剂和清洁工具，清洗剂不能采用芳香型，必须采用成分单一和制药行业允许的清洗剂，而且在清洁验证执行的过程中要测定清洗剂残留；清洁工具一定要选择没有任何脱落物质的清洁工具，重要的清洁工具的变更可能导致需重新验证清洗程序。设备清洗所采用的水的质量对于最终可接受标准的制定有着很大的影响，不同的水质清洗代表着不同洁净要求，比如，注射用水清洗一般都是在无菌制药厂房中进行，而纯化水对设备的清洗一般都在非无菌制药厂房中进行，所以，最终清洗水的质量好坏决定着清洁验证微生物的限度制订原则。

在药品生产过程中，很多公司的制药车间都会有很多品种和剂型，由于在清洁验证过程中，要耗费大量的人力和物力，通常不会针对每个品种都单独进行清洁验证，为了降低成本并将复杂的清洁验证简单化，需要对车间所有的品种和剂型进行分组分类，从中选择最差条件的产品进行清洁验证。

⑤ 测量。该部分主要考虑清洁验证分析过程用到的仪器仪表可能的风险。清洁验证过程中涉及的所有设备的仪器、仪表必须进行校准，确保获得数据的准确性。考虑不同人员操作的差异性，取样操作应由经过严格培训并能严格遵守规程的人员进行，同时为保证样品具有较好的重现性，取样操作应由完成回收率实验的人进行操作。棉签使用前用取样溶剂（水）预先清洗，以防止纤维残留在取样表面。不同材质的回收率实验在此方案进行前必须完成，应由同一个人至少进行 3 次操作，应大于或等于 50%，3 次结果的 RSD 应不大于 20%，为确保产品的安全性，在计算残留量时应以最低的回收值代入，即算得最大可能残留量。对不同材质的回收率结果进行对比，为最大程度地降低污染的风险，采取回收率最低的材质作为最终回收。回收率测试的所有工具需要记录，棉签的规格、型号、制造商等均应和实际取样时保持一致。

⑥ 设备。在制药生产中，每个公司有不同的剂型，每个剂型使用的设备也各不相同，又存在着不同的产品，在清洁验证的执行过程中，通常不可能对每个产品的设备链进行验证，如果一个公司某剂型的产品非常多，那么清洁验证的周期会很长，浪费大量的人力和物力资源。所以应根据产品使用的设备链和产品的相似性对设备链进行分组验证，对于同一类别的设备链，只需要选择最差条件的设备链验证，只要最差条件设备链通过验证，那么其余的设备链也就不需要进行验证了，大大减轻了清洁验证的负担。

制药生产过程中，设备的种类非常多，每个设备都有不同的几何形状，所以设备取样点的选定是非常重要的，所选择的取样点必须有很强的代表性，最终取样点测试结果合格应能证明该设备的清洗程序是适用的。

因为在清洁验证过程中主要的目的是证明上批产品的活性成分对下批产品没有造成污染，所以对于有些没有接触到活性成分的设备，可以适当地减少其测试项目，并不是所有设备的测试项目都是一致的。设备可能影响清洁验证结果的因素有：生产设备是否和产品接触、设备取样点选择、清洁设备、设备材质、设备几何形状、清洁设备等。

（7）风险分析　在该阶段即针对风险辨识过程中影响因素分析其可能造成的潜在危害并对危害发生的可能性和严重性进行分析，从而判断风险等级，详见表 6-9。

表 6-9　潜在危害

影响因素	潜在危害
HVAC 是否完成 PQ 且合格	HVAC 未完成 PQ 或 PQ 不合格,污染设备
温湿度	温湿度超标,利于微生物生长
清洁设备储存条件	储存条件不当,设备易污染

（8）风险控制及评价　在该阶段对风险评估过程中的高风险以及中风险制定相应的控制措施，并对采取控制措施后的风险进行判定，确定是否可以接受剩余风险。

（9）结论和建议　对整个风险评估过程进行总结，列出所评估的各设备关键取样点以及各取样点需要进行的取样工作和其他需要控制的内容。

6.7 清洁验证方案及报告

6.7.1 方案和报告

6.7.1.1 清洁验证方案

清洁验证方案可有多种形式，其共性是必须体现方案的科学性。一般而言应当包含的内容如下。

(1) 目的 明确待验证的设备和清洁方法。

(2) 清洁规程 待验证的清洁方法的 SOP 应当在验证开始前确定下来，在验证方案中列出清洁规程以表明清洁规程已经制定。

(3) 验证人员 列出参加验证人员的名单，说明参加者所属的部门和各自的职责，以及对相关操作人员的培训要求。

(4) 确定参照物和限度标准 在本部分应详细阐述确定参照物的依据，确定限度标准的计算过程和结果。一般可将相关设备列表，计算总表面积和特殊表面面积；将相关产品列表，列入主要活性成分及其相关物理化学性质，每日最低日治疗量等，确定参照物质，计算限度标准。

(5) 检验方法学 本部分应说明取样方法、工具、溶剂，主要检验仪器，取样方法和检验方法的验证情况等。

(6) 取样要求 用示意图、文字等指明取样点的具体位置和取样计划，明确规定何时、何地、取多少样品，如何给各样品标记。这部分的内容对方案的实施和保证验证结果的客观性是至关重要的。

(7) 可靠性判断标准 在本部分，应规定为证明待验证清洁规程的可靠性，验证试验须重复的次数。一般起码连续进行 3 次试验，所有数据都符合限度标准方可。

6.7.1.2 清洁验证报告

清洁验证报告是对清洁验证数据的汇总和分析，并得出清洁验证结果是否符合要求的结论，验证报告至少包括以下内容。

(1) 清洁规程的执行情况描述，附原始清洁作业记录。

(2) 检验结果及其评价，附检验原始记录和化验报告。

(3) 偏差说明，附偏差记录与调查。

(4) 验证结论。

6.7.2 验证实施

当验证方案获得批准，所有准备工作进行完毕后，按照清洁验证计划的时间进入验证实施阶段。验证实施应严格按照批准的方案执行。本阶段的关键在于清洁规程的执行和数据的采集。验证实施后应写出验证报告。应及时、准确地填写清洁规程执行记录，保证清洁过程完全按照规程进行，尤其需要注意的是不要因为清洁验证而格外严格地执行清洁规程，而应该按照平时操作进行清洁。比如，清洁规程描述使用 10L 清洁剂，但是由于是清洁验证，某操作人员使用了 15L 清洁剂。这是不允许的。

执行规程的人员应当是将来进行正式操作的那些人员，而不应由方案设计人员或其他技术人员代替。当然，有关技术人员可在旁观察规程的执行情况，以便及时发现偏差并予以纠正。取样应由经过专门培训并通过取样验证的人员进行，样品标签可在取样前贴好，根据标签的指示取样，也可在取样后立即贴上标签，无论采取何种方式，应以方案规定为准。检验应按照预先开发并验证的方法进行。

所用的试剂、对照品、仪器等都应符合预定要求。检验机构出具的化验报告及其原始记录应作为验证报告的内容或附件。

验证过程中出现的偏差均应记录在案，并由专门人员讨论并判断偏差的性质，确定是否对验证结果产生实质影响。一般如检验结果超出限度，并经证明并非化验误差所致时，该偏差应作为关键偏差。这时应进行原因调查，确定原因并采取必要措施后重新进行验证试验。验证结论应在审核了所有清洁作业记录、检验原始记录、化验报告、偏差记录后方能做出。其结果只有合格或不合格两种，不可模棱两可。

6.8 自动清洗设备的应用与确认

目前，自动清洗设备在制药企业的应用越来越多，但是由于制药企业生产品种的多样性和产品本身成分的复杂性，采购的自动清洗设备还需要制药企业根据自己产品的特性进行清洁方法开发，而现阶段很多制药企业却忽略了该过程，在采购的自动清洗设备安装后直接采用了设备制造企业提供的通用清洁方法。

6.8.1 自动清洗设备的常见失误

6.8.1.1 重复性无法保证

很多制药企业在自动清洗设备标准操作规程的编写过程中会将电导率标准作为冲洗终点或者唯一标准，反而忽略了对冲洗时间、冲洗流速、冲洗压力的控制。可以预见，在这种情况下不同的操作人员如果仅仅以电导率作为冲洗终点，那么肯定无法保证清洗参数，如冲洗时间、用水量等因素保持一致，也无法保证清洗方法的可重复性，而即使是同一个人清洗，如果没有合适的清洁方法，也无法保证达到相同的清洗效果。

"质量源于设计"（QbD），如果设计出现了错误，那么仅仅依靠后期的操作显然无法规避问题。比如，某中药提取企业就出现了如下失误：在某提取罐的清洗装置的设计过程，该公司工程人员在纯化水管路上打开了一条支路直接通到罐体内部，在排水管路加上在线的电导率检测仪检测冲洗水的电导率，并制定了相应的标准，再加上阀门控制就形成了简单的在线清洗。但是，该装置无法控制纯化水的流速、压力和冲洗时间等关键工艺参数。假设，某次清洗过程纯化水的压力不够，很显然这次清洗就会需要更长的时间，进而影响生产安排。再假设，某次清洗过程纯化水的电导率忽然超标，那么在这种情况下，这次对设备的清洗过程将没有终点。

6.8.1.2 清洁方法没有经过充分开发

对于一种指定的清洗剂和污物，决定清洗性能的最重要的参数是清洗时间、对表面的作用和冲洗强度、清洗剂的浓度和清洗液的温度等。清洗时间、作用、浓度和温度，密切相关。因此有可能用一种参数来补偿另一种参数，从而获得相同的清洗性能。这就需要制药企业根据自身产品的特性对清洗工艺进行研究，而不是直接采用供应商提供的通用方法。

6.8.1.3 清洗参数没有达到最优化

一个好的、高效率的清洗方法不仅仅能够将设备清洗干净，而且使用较短的时间、较少的人工和金钱来完成合格的清洗。

当然，谁也无法保证自己的清洗工艺已经到达"最优化"，这里提的最优化是指要有这种理念。清洗工艺不是一成不变的，同样需要在使用过程中对其进行监控，必要时对清洗工艺进行变更，变更的目的是为执行更好的清洗操作进行服务,只有这样清洗工艺才会向"最优化"发展。

6.8.1.4 采用不合适的自动清洗设备

这个问题的出现主要来自两个方面原因。

(1) 制药企业对设备的选型不明确,没有真正了解自己的需求 比如,某产品的清洗需要有足够的冲洗压力,而在选购自动清洗设备时忽略了压力的要求,最后发现设备的清洗压力不能够满足要求,出现产品残留无法有效清洁的情况,这是制药企业对自身产品的特性没有充分的认识所致。

(2) 可能来自清洗设备厂家 某些设备制造企业没有充分的 GMP 知识,其设备设计理念可能忽视了制药企业的验证要求。清洗设备最容易出现的工程问题包括:

① 喷淋球无法完全覆盖设备内表面。

② 坡度不合适。

③ 流型问题。

④ 很多影响清洗效果的因素,比如材质、裂缝、死角等因素,这里不再过多介绍。

6.8.2 自动清洗设备的确认工作

清洗设备同样需要做确认或验证,在本节中将从设计确认(DQ)、安装确认(IQ)、运行确认(OQ)以及性能确认(PQ)4 个方面对自动清洗设备的确认进行介绍。

6.8.2.1 设计确认

对清洗设备来说,设计确认的内容通常包括如下。

- 先决条件确认,主要是确认 URS 和设计文件是否齐全、文件是否是现行版本并已经批准。
- 图纸确认,确认设计图纸是否齐全并已签批,相关的工作原理图或设备构造图的信息是否完整、正确。
- 设备结构确认,确认清洗机的设备结构是否符合 URS 的要求。
- 工艺要求确认,确认清洗机的设计是否符合 URS 中的工艺要求。
- 材料材质及表面处理确认,确认清洗机的材料材质及表面粗糙度是否和 URS 中的相关要求相符合。
- 自控系统确认,确认自控系统的系统访问等级、数据完整性设计、报警和联锁、数据储存及处理和打印、自动/手动模式选择等功能是否符合用户要求。
- 仪器仪表确认,确认清洗机配制的控制系统仪器仪表是否满足 URS 中对其安装位置、数量、量程/精度的要求。
- 公用系统确认,确认清洗机的公用系统设计符合要求。
- 清洁确认,检查设备设计文件,记录设计文件对清洗机清洁相关的描述,并检查是否和企业 URS 中的要求一致。
- 安全确认,检查设计文件,记录设计文件对设备安全相关内容的描述,并检查是否和企业 URS 中对安全的要求一致。

6.8.2.2 安装确认

清洗设备安装确认的目的为检查和证明清洗设备是按照相应设计文件以及生产商/供应商提供安装手册要求进行安装,各部件安装正确,能够满足 GMP 和设计要求。

安装确认将确认支持文件、质量文件存在;仪器仪表已经过校准。对清洗设备来说,安装确认的内容通常包括如下。

- 先决条件确认,检查清洗设备的设计确认文件是否已经完成并审批,如果存在未关闭的偏差,偏差不影响 IQ 进行。

- 文件确认，确认用于检查、安装、维修所需文件的完整性、可读性是否符合要求。
- 安装检查，确认清洗设备是否在规定的地点进行安装。
- P&ID 图纸确认，检查清洗设备的 P&ID 图是否与实际安装情况一致。
- 部件确认，确认清洗设备的关键部件名称、部件编号、规格型号、技术参数、制造商等信息是否和部件清单上的描述一致。
- 材料材质确认，检查清洗设备的相关材质证明材料是否齐全。
- 仪器仪表校准确认，检查清洗设备附带的仪器仪表是否都有校准证书，校准证书是否符合要求。
- 公用系统确认，确认清洗设备的公用系统已经正确连接。
- 润滑剂确认，确认清洗设备可能接触产品的润滑剂符合相应的要求。
- 排水能力确认，排水能力对清洗设备来说非常重要，相应的管道应有一定的坡度，以防止污水集聚。
- 输入/输出确认，该确认主要是证明设备的输出和输出功能是否符合要求。
- 电控柜和电路图确认，检查设备的电控柜和电路图是否和实际情况一致。
- 软件安装确认，应记录清洗机应用系统软件是否有备份并和实际一致。

6.8.2.3　运行确认

清洗设备运行确认的目的是通过记录在案的测试，确定清洗设备所有关键组件按照设计在已定的限度和容许范围内能够正常的使用，稳定可靠，能够满足 GMP 和设计的要求。对清洗设备来说，运行确认通常包括如下。

- 先决条件确认，确认清洗设备的安装确认报告已完成并审批，如存在未完成的偏差，应不影响 OQ 的进行。
- 仪器仪表校准确认，OQ 中的仪表校准主要是检查测试仪器仪表是否在校准有效期内，且有校准证书。
- 急停功能确认，检查清洗设备的急停按钮，确认其功能是否正常。
- 权限确认，确认清洗设备只有在输入预先授权的口令后才可以进行 HMI 相应的界面；确认清洗设备只有在输入适当的密码后才能使用所使用的功能；确认未授权的密码不得访问系统；确认不同级别的密码权限不同。
- 报警确认，按照设计/功能标准确认报警系统的功能是否有效。
- 时钟准确度确认，确认清洗设备自身的时钟工作精度在要求的范围内。
- 打印功能确认，确认清洗设备的打印机打印功能是否正常。
- 喷淋球覆盖率确认，确认清洗设备的喷淋球在日常运行流量下是否可以喷淋到整个清洗槽的内表面。

6.8.2.4　性能确认

清洗设备的性能确认的目的是提供文件证据，证明所需清洗机能基于批准的工艺方法和产品标准，作为组合或分别进行有效的重复的运行。

性能测试应在真实生产条件或模拟生产条件下进行，应收集确认数据并记录在附件的测试报告上。

性能确认是正式测试的最后步骤，也是确认需求矩阵中识别为进行性能确认测试的系统正式运行前正确性能的文件证据。当最终性能确认报告批准后，系统可用于正常生产操作或用于工艺验证。

清洗设备性能确认主要是检查设备的清洗能力是否符合用户需求，可以在漂洗结束后，检测被清洗物品的清洁效果。打开取样阀门，先取微生物样品，再取 TOC 样品、电导率样品、pH 样品，同时取相关样品的空白样，当空白样品结果超出实际样品时，结果不可信。性能确认一般应连续执行 3 次成功的测试。

6.9 常见的清洁验证问题分析

6.9.1 清洁剂的选择

随着环境保护标准的日益提高，还应要求清洁剂对环境尽量无害或可被无害化处理。在满足以上要求的前提下还应尽量廉价。根据这些标准，对于水溶性残留物，水是首选的清洁剂。从验证的角度，不同批号的清洁剂应当有足够的质量稳定性。因此不宜提倡采用一般家用清洁剂，因其成分复杂、生产过程中对微生物污染不加控制、质量波动较大，且供应商不公布详细组成。使用这类清洁剂后，还会带来另一个问题，即如何证明清洁剂的残留达到了标准？应尽量选择组成简单、成分确切的清洁剂。根据残留物和设备的性质，企业还可自行配制成分简单，效果确切的清洁剂，如一定浓度的酸、碱溶液等。企业应有足够灵敏的方法检测清洁剂的残留情况，并有能力回收或对废液进行无害化处理。通常，企业采用 3 种类型的清洗剂用于 GMP 工艺，即有机溶剂、酸和碱，以及合成清洁剂。

6.9.1.1 有机溶剂

有机溶剂主要用于原料药制造业，它们主要依靠溶解能力来去除残留物，使用有机溶剂具有优点：如果溶剂与下一批生产过程中所采用的生产溶剂相同，就不会再引入外部的污染物；溶剂通常是一种单一成分的清洁剂，可以简化分析方法；与水溶液清洗剂不同，溶剂在蒸发和回流时，也具有一些清洗作用（很有限）。其主要缺点是在安全、环境、处理和费用方面存在问题，这也是生产厂家为什么尽可能选用水溶液清洗剂的原因。

6.9.1.2 酸和碱

碱的水溶液（例如，氢氧化钠或氢氧化钾）和酸类物质（例如，磷酸或柠檬酸）通常用于过程清洗。其优点是容易获得，相对来说价格不昂贵，而且属于配制简便，单一成分的清洁剂。采用溶剂化作用和水解清洗机理，但不采用上述其他清洗机理，尤其是润湿、乳化和分散作用。单就氢氧化钠来说，它属于一种非常常用的清洁剂，但具有下列缺点：硬水沉降、油悬浮能力有限；由于润湿性差，而不能够充分渗透到污物中去；通常难以清洗，因此常常需要伴随酸洗等。

6.9.1.3 合成清洁剂

合成清洗剂利用上述几种清洗机理。配方中的表面活性剂根据其化学性质和浓度不同，有利于提供更好的润湿性，以及更好的表面作用和乳化作用。多种清洗机理可对范围更广泛的污物提供更迅速和更有效的清洗。这一点很重要，因为制药残留物可能属于化学性质不同的复合制剂，其中包括活性剂和辅料。在经过一段时间后，可能出现一些其他的污染物，例如水中形成水垢或基质上形成的氧化铁。使用单一的清洗剂清除各种污物，有助于采用综合性策略，因此可以简化验证步骤。采用合成清洗剂的缺点是，它们通常属于专利配方，来源十分有限，而且它们的选择程序和作用机理通常不太容易理解。

总之清洁剂的选择应基于分析方法开发来定。

6.9.2　清洗方式的选择

工艺设备的清洁，通常可分为手工清洁方式、自动清洁方式或两者的结合。手工清洁方式主要是由人工持清洁工具，按预定的要求清洗设备，根据目测确定清洁的程度，直至清洁完成。常用的清洁工具一般有能喷洒清洁剂和淋洗水的喷枪，刷子、尼龙清洁块等，在清洁程序中，必须将所用的清洁工具明确规定。清洗前通常需要将设备拆卸到一定程度并转移到专门的清洗场所。

一般来说，手动清洗存在很多的局限性，由于某些先决条件不能得到满足，清洗的结果一般依靠人的目视检测结果和感觉，例如，在清洗程序中规定了一定的清洗时间，而实际在清洗房间内并没有钟表。手动清洗是以人为主，所以存在多变性，所以在清洗程序制定后，一定要对相关的操作人员进行严格的培训，在前期的实验室研究阶段，要有一定的粗放度。自动清洁方式的特点是由自动化的专门设备按照一定的程序自动完成整个清洁过程的方式。通常只要将清洗装置同待清洗的设备相连接，由清洗装置按预定的程序完成整个清洁过程，整个清洁过程通常不需要人工检查已清洁的程度，乃至干预程序的执行。自动清洗比手动清洗存在一定的优势，它对于过程参数，如频次、温度、时间及浓度在程序中都有明确的要求，在完成对设备的设置后，清洗程序会自动完成，清洗程序简单重现。

这两种主要的清洁方式在实际生产中应用很广，清洁方式的选择应当全面考虑设备的材料、结构、产品的性质、设备的用途及清洁方法能达到的效果等各个方面。举例来说，如果设备体积庞大且内表面光滑无死角；生产使用的物料和产品易溶于水或一定的清洁剂，这种情况下比较适合采用自动或半自动的在线清洗方式：清洁剂和淋洗水在泵的驱动下以一定的温度、压力、速度和流量流经待清洗设备的管道，或通过专门设计的喷淋头均匀喷洒在设备内表面从而达到清洗的目的。大容量注射剂的配制系统多采用这种方式。如果生产设备死角较多，难以清洁，或生产的产品易粘结在设备表面、易结块，则需要进行一定程度的拆卸并用人工或专用设备清洗。大容量注射剂的灌装机、小容量注射剂的灌装机、固体制剂的胶囊填充机及制粒机、压片机等一般都可采用人工清洗方式。

不管采取何种清洁方式，都必须制定一份详细的书面规程，规定每一台设备的清洗程序，从而保证每个操作人员都能以相同的方式实施清洗，并获得相同的清洁效果。这是进行清洁验证的前提。

6.9.3　清洁规程应包含的内容

本节提供一份清洁验证标准规程模板，供参考。

(1) 目的　此 SOP 的目的是描述某制药公司生产设备的清洁验证程序。本清洁验证程序将证明，对已经批准的或草稿状态的清洗程序能够有效并持续地去除设备表面残留的产品或清洗剂。另外，此清洁验证程序将建立化学残留和生物负荷标准。

(2) 范围

① 本程序适用于所有药品和中间体的生产、储存、包装、运输过程中同产品接触的设备的清洗过程。

② 新的或经过改变的环境下的设备清洁验证状态的影响应该通过变更控制进行评价。这些评估将确定是否需要进行清洁验证或者再验证。发生下列变更（但不局限于）时需要进行评估：

- 产品的变更。
- 产品处方变化。
- 批量变化。
- 向现有产品清单中引入新的 API。
- 设备变更。

- 新设备的安装。
- 清洗程序的变更。

（3）职责

① 验证部

- 编制清洁验证计划。
- 编制清洁验证方案及风险评估。
- 审核设备清洗程序。
- 汇集和分析批准的最终报告的测试数据。
- 编制数据和报告，清洁验证文件的编制者有责任确保相关信息的质量、精确性、内容的科学性和描述符合要求。
- 制定取样时间表。
- 对生产和 QA 人员提供或协调清洗方案和化学品安全说明书（MSDS）的培训。
- 执行方案或监督方案的执行。
- 审查和批准清洁验证主计划、方案/报告及相关程序。车间验证人员有责任确保文件技术内容的科学性，并批准同意所有验证方法/证明和/或文件的结论。

② 生产部

- 执行清洗过程来完成清洁验证。
- 根据方案的要求，记录清洗的过程，并遵守有关的标准操作程序。
- 确保所有人员能够在清洗程序变更或增加新 SOP 时能够及时得到相关培训。
- 执行方案。

③ QA

- 批准清洁验证的 SOP。
- 批准清洁验证方案。
- 批准清洁验证计划及风险评估文件。
- 监督清洁验证的执行过程。
- 参与偏差及 OOS 的调查。
- 审核清洁验证报告并批准。
- 审核并批准清洁验证分析方法验证方案和报告。

④ QC

- 检测清洁验证样品。
- 出具清洁验证样品报告。
- 参与偏差、OOS 的调查。
- 参与清洁验证方案审核。
- 清洁验证分析验证执行、方案编写。
- 清洁验证取样方法验证方案编写、执行。

（4）定义

分析方法验证　对用于检验化学残留的分析方法的研究来揭示方法的重现性、线形、专属性、检测限和擦拭法的回收率。

生物负荷　清洗后残留于设备上的微生物。

化学残留　清洗后仍然留在设备表面的残留物质。可能是 API 或者是清洗剂。

清洁验证　证明清洗程序能够有效、持续地将设备上的产品和/或清洗剂残留除去。另外，进行生物负载取样来确认清洗程序中的清洗、干燥和储存程序不会向设备中引入不能接受的生物负载。

（5）程序

① 清洁验证指导原则和要求。清洁程序的验证应当反映实际的设备使用及清洁情况。对同一设备单元生产多个药品，而该设备单元用同一个程序清洁，就要选择有代表性的药品来做清洁验证。应当根据使用清洁剂的种类划分该设备上的产品组。根据溶解度、API 的毒性强度、颜色、气味以及黏附力等方面来确定代表性的产品。清洁剂的残留在清洁验证中也应考虑，如酸、碱等可从电导率和 pH 值方面进行控制，接受标准一般和相应级别的清洗用水相同。

另外，也需要对设备清洗后的干净设备保留时间进行验证，如有必要还应验证脏设备保留时间。

清洁验证中微生物限度标准应根据车间具体产品微生物要求及相应空调级别来制定，制定的微生物限度应满足合理性和可执行性原则。

清洁验证的范围和程度应经过风险评估确定，风险评估采用 ICH Q9 中典型的风险评估流程进行。首先进行风险辨识，然后进行风险评价，再对评价出的具有高风险的方面进行风险控制，明确在清洁验证中需要检测的项目及检测类型，清洁验证过程中各控制点均符合要求则证明风险可控。

对于整个清洁验证的流程可通过图 6-4 所示进行。

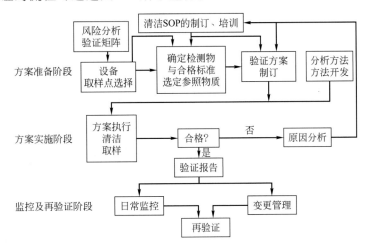

图 6-4　清洁验证流程

② 清洁验证先决条件。验证小组成员确认清洁验证的先决条件，先决条件必须满足以下。

- 将在清洁验证中使用的厂房设施、系统和设备已经经过验证。

- 所有用于清洁验证测试的分析方法已进行了充分的验证，包括检测限、定量限、专属性、回收率测试等。

- 分析方法验证应由 QC 部门完成并形成单独的文件，在验证过程还应考虑取样方法验证。清洁验证取样方法一般分为擦拭法和淋洗法，擦拭法适用于可以接触到的设备表面，淋洗法一般用于棉签难以擦拭的管路部分。在实际清洁验证过程中，应根据设备表面的具体情况做出选择。另外对于某些检测项目，如电导率和内毒素，通常使用淋洗法，在清洁验证过程取最后一次冲淋水样进行相应检测。取样方法验证即对采用的擦拭法或（和）淋洗法做回收率试验，若回收率不低于 50％，那么就证明该方法可以应用。

- 取样位置的选择应按照以下原则进行：首先明确哪些部位和产品直接接触，然后从直接接触部分选择较难清洗的部位作为取样位置，比如形状不规则、拐角处等，另外，也可根据清洗人员的经验来确定较难清洗的点。对于不和产品直接接触，但某些情况下可能间接接触的部分在风险评估中应进行分析，风险较大的点可在验证方案中进行取样。

- 在开始进行清洁验证测试样品取样之前，确保用于清洁验证的所有实验室设备和仪表均已经经过了充分的确认或校验且在有效期内。
- 确认参与清洁验证研究执行的所有相关部门人员的培训已经完成。
- 已经有与系统相关的可用清洁、操作 SOP。

③ 清洁验证方案。在进行清洁验证之前，先要拟定一个方案或计划，协调各部门完成这一工作，方案中需明确至少要包含的清洁验证内容。

④ 清洁验证执行

- 人员培训。对参与设备清洁、取样、检测、监督检查等相关人员进行培训，并做好培训记录。
- SOP 检查确认。清洁验证方案实施前需确认各设备已有清洁标准操作规程。清洁标准操作规程中需包括清洁方法的关键工艺参数（例如体积、温度、浓度、使用方法和/或清洁时间等）并列出其合格范围或容差。在清洁验证执行过程中，对这些参数进行确认并通过文件记录下来。
- 方案执行

-在药品生产过程中，当某一工序完成且该设备不再使用时，清洁人员按照设备清洁标准操作规程对设备进行清洁，清洁完成后通知取样人员进行取样。清洁人员应及时、准确地执行清洁规程并填写记录。执行规程的人员应当是将来进行正式操作的人员，而不应该由方案设计人员或其他技术人员代替。有关技术人员可在旁观察规程的执行情况，以便及时发现偏差并予以纠正。

-取样人员按照清洁验证方案对该设备进行取样。取样时应先取微生物检测样品，再取化学检测样品，二者的取样位置不能重复。取样应由经过专门培训并通过取样验证的人员进行，样品标签可在取样前做好标记，根据标签的指示取样，也可在取样后立即贴上标签，无论采取何种方式，应以方案规定为准。

-检验应按照预先验证的方法进行。所用的试剂、对照品、仪器均应符合要求。QC 出具的检验报告及其原始记录作为验证报告的内容或附录。验证过程中出现的偏差均应记录，并由专门人员讨论偏差的性质，确定是否对验证产生实质影响。一般如检验结果超出限度，并经证明非化验误差所致时，该偏差应为关键偏差。这时应进行原因调查，确定原因并采取必要措施后重新进行验证。

（6）报告

① 清洁验证报告将包括签批页、测试结果总结、偏差处理、变更控制、验证结论和建议、测试记录、附件清单和支持性附录清单组成。

② 审核所用清洁作业记录、检验原始记录、化验报告、偏差记录后，生成一份最终清洁验证报告。

③ 清洁验证分析与评价：对最终检测结果详细总结，包括失败的试验数据，当不能包括原始数据时，应说明原始数据的来历和如何找到原始资料。

④ 编写对所获得结果的总结，将结果和预设目标进行对照和审核，并根据这些结果得出结论，最后由负责验证的审核人及批准人做出正式的接受/拒绝验证结果的决定。

（7）存档　质量保证部文件管理人员进行清洁验证文件及相关图纸资料的存档。

（8）变更　在验证过程中发生的任何变更须遵循《变更控制管理程序》进行。对已验证设备、清洁规程的任何变更以及诸如改变产品处方、增加新品种等可能导致清洁规程或设备变更引起的变更，应由专门人员如部门验证负责人、部门生产负责人、QA 负责人审核变更申请后决定是否需要进行再验证。

（9）日常监控　清洁验证报告一旦批准，清洁验证即告完成，该清洁验证方法即可正式投入使用。同药品生产工艺过程一样，经验证后，清洁方法即进入了监控和再验证阶段，应当以实际生产运行的结果进一步考核清洁规程的科学性和合理性。监控的方法一般以目视检查是否有可见异物，必要时可定期取淋洗水或擦拭取样进行检验。

6.9.4　清洁验证参照物的确定

药品一般都由活性成分和辅料组成。对于复方制剂，通常含有多个活性成分。所有这些物质的残留物都是必须除去的。在清洁验证中不需要为所有残留物都制定限度标准并一一检测，这是不切实际且没有必要的。在一定意义上，清洁的过程是个溶解的过程，因此，通常的做法是从各组分中确定最难清洁（溶解）的物质，以此作为参照物质。通常，相对于辅料，人们更关注活性成分的残留，因为活性成分可能直接影响下批产品的质量、疗效和安全性。因此活性成分的残留限度必须作为验证的合格标准之一。如存在两个以上的活性成分时，其中最难溶解的成分即可作为最难清洁物质。

6.9.5　取样点的选择

清洁验证通常选择较难清洁的点作为取样点，在讨论如何确定较难清洁部位前，首先应对清洗的机制有所了解，不管何种机制，都存在残留物与清洗液接触、被润湿、脱离设备表面等共同的过程。在此以最普遍的清洗机制——溶解为例进行详细讨论。以溶解为机制的清洗过程主要是通过溶剂（清洗液）对残留物的溶解作用以及流动的清洗液对残留物的冲击而使附着在设备表面的残留物进入溶剂中。微观上看溶解的速度取决于单位时间内由溶质表面进入溶液的溶质分子数与从溶液中回到溶质表面的分子数之差。一旦差值为零，表面溶解过程达到动态平衡，此溶液即为饱和溶液。溶解过程中从溶质表面很快形成一层薄薄的饱和溶液，饱和溶液中的溶质分子不断向溶液深处扩散，形成从溶质表面到溶液深处的一个递减的浓度梯度。如果饱和层的溶质分子不能迅速进入非饱和的溶液深处，就会降低溶解的速度。因此即使是溶解度很大的物质，如蔗糖的块状结晶（俗称冰糖）在无搅拌的静止状态下的溶解速度也非常缓慢。提高溶解速度的方法是提高溶液流动速度。在清洗过程中，必须使清洁剂在不断的运动中与残留物接触。选择较难清洁的点或较难取样的位置可以参照图 6-5。

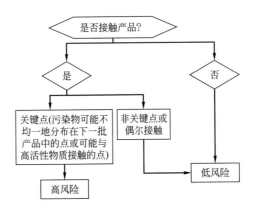

图 6-5　取样点选择

对于采用自动清洗的设备，其内部较难清洗的点可以通过核黄素覆盖率测试进行模拟。核黄素覆盖率测试可以很明显地测试出喷淋球的覆盖率，对于覆盖不到的位置其清洁效果肯定很差，可以另外增加人工清洁对该部位进行清洁，在清洁验证时需要取样检测。

6.9.6 化学残留限度的计算

如何确定残留物限度是个非常复杂，但却是清洁验证无法回避、必须解决的问题。FDA 在其《清洁规程验证检查指南》中指出："FDA 不打算为清洁验证设立一个通用方法或限度标准。那是不切实际的，因为原料和制剂生产企业使用的设备和生产的产品千差万别，确立残留物限度不仅必须对所有有关物质有足够的了解，而且所定的限度必须是现实的、能达到和可被验证的。"也就是说，鉴于生产设备和产品性质的多样性，由药品监督机构设立统一的限度标准和检验方法是不现实的。企业应当根据其生产设备和产品的实际情况，制定科学合理的，能实现并能通过适当方法检验的限度标准。目前企业普遍接受的限度标准可以参考以下原则。

6.9.6.1 10mg/kg 标准

$$R = \frac{10\text{mg/kg} \times \text{SBS}}{\text{SF} \times S} \tag{6-1}$$

式中，R 为单位面积残留限度；SBS 为下批产品最小批量；SF 为安全因子；S 为共用接触面积。

6.9.6.2 基于毒理的限度标准

$$R = \frac{\text{NOEL} \times \text{SBS}}{\text{SF} \times \text{TDD}_{\text{next}} \times S} = \frac{\text{LD}_{50} \times \text{BW} \times \text{SBS}}{\text{MF} \times \text{SF} \times \text{TDD}_{\text{next}} \times S} \tag{6-2}$$

式中，R 为单位面积残留限度；NOEL 为最大无作用剂量；LD_{50} 为半数致死量；BW 为服用下一产品患者体重；SBS 为下批次最小批量；MF 为基于毒理的因子；SF 为安全因子；TDD_{next} 为下批产品最大日服用量；S 为共用接触面积。

6.9.6.3 日治疗剂量的千分之一标准

$$R = \frac{\text{MTDD} \times \text{SBS}}{\text{SF} \times \text{LDSD} \times S} \tag{6-3}$$

式中，R 为单位面积残留；MTDD 为最低日治疗剂量的千分之一；SBS 为下一产品最小批量；SF 为安全因子；LDSD 为下一产品最大日服用量；S 为共用接触面积。

根据上述三种方式计算出清洁验证限度后，一般情况下会选择其中最小的一个作为限度，但是应该考虑其"是否可实现及能否验证"。在进行清洁验证取样前必须要保证设备表面"目视洁净"，因为，如果连目视都不能通过，也就没必要再使用仪器进行检测了。

6.10 基于生命周期的清洁验证应用

从 2004 年 ICH Q8 制药开发提出产品生命周期理念到现在已有 11 年的时间，但是生命周期理论在清洁验证中的应用才刚刚起步。本节将产品生命周期概念应用到清洁验证领域，并进行描述。

6.10.1 清洁验证的生命周期

国家食品药品监督管理总局在 2014 年 6 月 17 日发布了 GMP 附录《确认与验证》（第二次征求意见稿），其中提到"确认与验证应当贯穿于产品生命周期的全过程"。产品生命周期包括产品研发、技术转移、商业生产、产品退市这 4 个阶段。本节将清洁验证生命周期分为：清洁方法开发、技术转移、验证和持续维护，其中各阶段需要重点关注的方面，详见图 6-6。

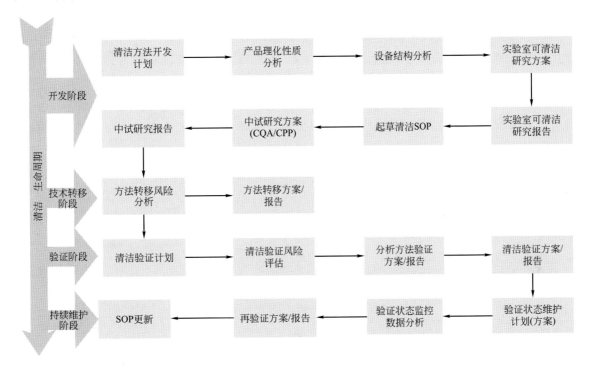

图 6-6　清洁验证的生命周期

6.10.1.1　清洁方法开发阶段

目前，制药企业清洁方法的开发相对薄弱，很多制药企业的清洁方法都是经验主义或者拿来主义的产物，没有经过系统的开发，这样的清洁工艺有很多问题，并不一定能够解决清洁问题。

6.10.1.2　技术转移阶段

制药企业的清洁工艺的技术转移同样比较薄弱，清洁工艺如果需要转移，那么必须要有完善的研发体系，没有经过适当研究、开发的清洁工艺就相当于无根之萍。严格来说，清洁工艺是在研发部门开发出来的，这些技术需要转移到车间使用部门，才能使清洁技术产生应有的价值。而在转移过程中企业经常会遇到某些障碍，比如技术转移的时机、参与技术转移的人员，以及技术转移过程中技术输出方和接收方的沟通和组织形式、相关的文件等。

6.10.1.3　验证阶段

验证阶段对制药企业来说比较熟悉，该阶段经过 GMP 2010 年版的实施已经深入人心，但是很多制药企业在某些方面还是做得不够好，比如清洁验证计划，很多公司没有制订该计划或者验证计划不够完善，以至于后期执行过程中出现较多的偏差。

6.10.1.4　持续维护阶段

验证维护是清洁验证的关键点，已验证状态的偏离、漂移或变更对后续生产的纯度、安全、质量等存在潜在不良影响。变更控制、定期监测和数据趋势分析是保证验证处于持续维护状态的主要工具。此外，培训是清洁工艺的重要控制方法，尤其是对保证手工清洁一致性的主要机制。

6.10.2　"方法开发"在清洁验证中的应用

方法开发总体来说应根据产品性质、设备特点、生产工艺及所使用的原辅料等因素进行实验室模拟，拟定清洁方法并制定清洁规程，对清洁人员进行操作培训。

6.10.2.1　方法开发计划

方法开发的第一步：制订清洁方法开发计划，需要由清洁方法开发小组根据实际情况制订该计划。清洁方法开发计划中要列出方法开发所需的各种资源。

(1) 人员　清洁方法开发需要投入人力资源。在方法开发计划中应列明由哪个部门主导清洁方法开发工作，一般由研发部或 QC 人员进行。另外，可能的需要其他部门的支持，比如 QA 人员的介入。

(2) 设备　清洁方法开发需要的设备资源需要列出。

必要的分析仪器，如高效液相仪、总有机碳分析仪、紫外色谱分析仪等，应注明其厂家、型号、色谱柱类型等。

清洁验证涉及的设备名称、设备用途需要列出。应对该产品生产过程中直接接触设备、各设备的材质进行介绍。

(3) 物料　清洁方法开发计划中应列出需要使用的物料、溶液等资源，包括但不限于以下内容：

- 清洁剂的类型。
- 流动相需要的溶剂。
- 产品的物料组成。

(4) 方法　清洁方法开发计划中应列出可能用到的方法，比如：

- 方法开发过程中的取样方法。
- 各设备的清洁方法类型。
- 残留取样之后的分析方法。

(5) 环境　清洁方法开发需要一定的环境要求，因为环境不合格可能影响清洁的效果，因此方法开发实验室应事先进行环境监测并确认合格。

(6) 测量　测量对清洁方法开发来说至关重要，因为除了目视检查外，还必须对清洁后的设备表面进行取样检测。对方法开发阶段来说，可能是对不同的材质表面进行取样并检测，在开发计划中需要提到必要的测试方法。

6.10.2.2　产品理化性质分析

应根据产品各组分的具体理化性质进行特定的方法开发工作。各物料的溶解度可能不同，有的易溶于水、有的易溶于酸或碱，因此对各物料进行理化性质分析是非常重要的。

产品理化性质分析包括公司产品所有的原料和辅料，在产品分析时需关注各原辅料的溶解度、毒理、药理等方面，通过对产品的理化性质分析，将有助于提高公司对产品的认识，有助于选择合适的清洁剂，并为制定合理有效的清洁方法提供帮助。

6.10.2.3　设备结构分析

"质量源于设计"，如果一个设备在设计之初就没有进行好的设计，存在很多清洁死角或者材质粗糙，那么对清洗来说就是一个灾难。因此，无论对药品生产企业还是对设备制造企业来说这一点都是非常重要的，尤其是设备制造企业，如果设备没有经过良好的设计，那么以后的销量肯定是个大问题。对药品生产企业来说，选购设备之前应制定 URS，并在 URS 中对设备的基本要求标示清楚，这样才能够避免将来的设备清洗出现大的问题。

在清洁方法开发时，需要考虑设备的结构，对可能的清洁难点位置进行标记，并在清洁方法试验中对此进行重点关注，一旦发现该位置确实是清洁难点，那么一定要在清洁 SOP 中注明。

设备结构分析主要针对和产品直接接触的设备表面，主要从设备是否有死角、设备是否有特殊材质，以及具体材质和产品的反应、材质和清洗剂是否有化学反应等方面进行考虑。

6.10.2.4　实验室可清洁研究

该步骤是根据产品理化性质分析、设备结构分析选定几个待定的清洁剂，在实验室针对和产品接触的不同材质的模块进行模拟污染以及清洁参数研究的过程。

对被清洗的污物的化学性质和清洗剂的机理的深入理解，有助于筛选清洗剂和清洗参数。可通过实验室清洗研究来评价清洗剂和确定一些参数，如：清洗时间，温度和浓度。将需要清洗的污物涂在一个平板上，之后进行风干（吹干）或者自然晾干，从而模拟在清洗过程中可能出现的最坏情况。该步骤要求尽量模拟生产过程。然后用选择的拟定清洗剂按照期望的清洗步骤对试验材质进行清洗，例如，在实验室玻璃器皿中进行搅拌浸泡，或在所模拟过程的流速条件下进行清洗。上述工作完成后，采用适当的方法对清洗过的平板进行残留物分析和检测。实验室研究应对不同的问题提供有用的信息，包括：清洗效果、污物沉淀或再沉积在设备表面的可能性。实验室研究可以为清洗剂和清洗参数的选择提供一个经证明的理论基础。但是，清洗效果的最终确认必须来自现场清洗试验的实际结果。由于这些实验室研究非常耗费时间，初步的筛选可以交给清洗剂的供应商，清洗剂供应商通常具有做这些研究的经验。在上文中曾提出，清洗参数，如：时间、作用力、温度和浓度等在一定程度上相互影响。例如，可以在增加清洗剂的浓度的同时减少清洗时间，这样可能达到相同的清洗效果。但是，上面讨论过的各种清洗参数和因素中，有些很容易控制，而另一些却不容易控制。下面将进一步介绍如何完成对清洗过程的研究，并设计一个合适的清洗程序。

对某些清洗参数或影响因素来说，在清洗过程中，要达到最佳的清洗效果可能存在很多限制。这可能包括清洗过程的时间方面的限制、温度限制，或在处理现有清洗过程时，对最难以清洗位置的冲击或作用力限制。另外，很重要的一点是，应考虑到工艺系统中最难以清洗的情况。例如：如果用清洗液对一台混合容器冲洗，并使用一个简便的搅拌器混合处理（经搅拌的浸泡过程），上盖处可能是最难以清洁的地方。与清洗效果有关的参数，也可能存在最低值的限制。例如，对某种类型的污物来说，静态浸泡如果达不到预期的浸泡时间，无论其他参数值如何选择，都不会有效的洗掉残留物。清洗所需的任何参数的最低值可以根据实验室清洗研究或以往的经验来确定。无论是上限还是下限，通常具有很广的范围供这些参数选择，因此，参数值的多重组合可能提供相同的清洗效果。

为了取得一致的清洗效果，令影响清洗过程的参数和因素保持一致性是非常重要的。某些参数可能比其他参数更容易控制和监测。这取决于所采用的清洗工艺。例如：将手动擦洗储罐与静态浸泡作比较。为了简便起见，仅以四个参数——时间、作用力、浓度和温度来考虑清洗过程循环。表 6-10 中给出了清洗过程对各种参数所施加的限制。

表 6-10　手动擦洗和静态浸泡对比

项目	清洗时间	作用力	浓度	温度
手动擦洗	由于整个表面不能被一起擦洗,需要限定对每单位表面积的清洗时间	很高,但是不一致	考虑到工人的安全,需要限定浓度	由安全性和热量损失限定
静态浸泡(浸没)	整个储罐可以被浸泡,所以可提供总的清洗时间	很低,但是一致	根据基质的兼容性而有所限定	只能由热损失来限定

通过适当的选择清洗参数，这两种清洗方法都可以提供相同的清洗效果。从表 6-10 中可以看出，手动擦洗法需要依靠整体的作用/冲击，而在其他参数值比较低的情况下操作。由于作用很低或冲击程度很低，因此静态浸泡清洗法并不十分有效。但是，这种很低的作用程度可以被其他参数较高的数值所补偿。例如：浓度或清洗时间。这里的关键问题是，在手动清洗的情况下，可能不容易取得具有重现性的效果。整个过程几乎完全依靠一种在系统中不能被持续监测或保持的参数。另外，如果属于

静态浸泡，虽作用缓慢，但结果很一致。为了补偿这种低作用，可以应用其他参数，例如，清洗剂浓度和清洗时间，这两者都可以很容易监测和控制。而该过程相对来说具有更好的重现性，因为可以借助可重现的参数。

手工清洗工艺同样可以被验证，但不是通过残留量的测量而获得一致的清洗效果。不同的清洗方法在清洗之后产生的残留量可能不是一种恒定的水平，但是一定会低于可接受标准。很重要的一点是，这些参数对清洗工艺和清洗原理来说非常关键，并且需要选择总可以实现的容易控制的清洗参数。

清洁方法所选择的每种参数，例如，清洗时间、作用力、清洗剂浓度和温度，需要附带一定的成本。有些参数可能具有与它们相关的很高的固定成本，而其他参数可能是操作成本或可变成本。例如：投资固定成本提高，可提供更好的清洗冲击力和自动操作，可能会降低操作成本，比如清洗剂浓度降低将减少相应的成本。清洗时间具有直接和间接（或机会）成本，而且通常属于最昂贵的参数。在生产能力高的工厂，时间的成本可能使所有其他参数的综合成本降低。

如果已经明确清洗剂的名称和浓度以及目标污物，那么决定清洗性能的最重要的参数是清洗时间、清洗过程对表面的作用力和冲洗强度以及清洗剂的温度。清洗时间、作用力、清洗剂浓度和温度，这几个清洗参数密切相关，因为有可能用一种参数来补偿另一种参数，从而获得相同的清洗效果。

(1) 清洗时间　如果其他清洗参数设定之后，清洗效果将随着清洗时间的延长而得到有效提高。为了有助于设计和理解一种清洗方法，应将清洗时间分成几个不同的时间段，例如：有效清洗时间、浸泡时间、漂洗时间或其他消耗时间。应当评价这些时间对最终清洗效果的影响。下面举例说明：如用刷子对储罐进行0.5h的手动擦洗，刷子在任何表面擦洗所花费的时间可能只占对储罐清洗所花费总时间的一小部分（通常只有几秒）。根据清洗步骤不同，对于储罐的不同区域，从擦洗到最后漂洗所花费的时间也不同。如果使用旋转喷淋装置，由于喷淋装置的旋转特点，对任何指定表面都要冲洗一定的时间，这个时间只占总消耗时间的一部分。当使用喷淋装置清洗复杂的容器时，如果喷淋装置不能够完全覆盖所有的表面，那么可能在难以到达的位置被润湿之前，设定的喷淋时间已经结束。这是由于设计方面的缺陷所造成的。在这种情况下，虽然通过缓慢进行的润湿过程，比如0.5h的清洗循环中有可能将污物清洗掉，但随后进行的很短的漂洗循环（3～4min）可能不足以提供足够的时间来接触和润湿那些区域，并漂洗掉清洗剂，即使是很容易漂洗的清洗剂。因此，如果没有很好的设计，那么在自动清洗中，某些设备部位的清洗时间可能为零。

(2) 作用力　作用力或冲洗力是指清洗时作用于设备表面的剪切力。该参数属于受监控最少，而且最难以理解的参数，通常是造成清洗不充分的原因。在一系列过程中，由于设计或流量方面的约束，如果作用力或冲击力随区域的不同而发生变化，那么应该识别最低的作用程度及作用位置（对应于最不易清洗的位置）。与此同时，其他的清洗参数的选择应当足以补偿作用力水平不足的情况，而且参数的设定应能够满足验收标准，甚至对于那些最不易清洗的位置。一个最佳化的清洗程序应能使整个系统达到相似的有效的清洗程度。

(3) 清洗剂浓度　一般来说，水溶液清洗剂的浓度越高，清洗效果越好。较高的浓度可以提高反应速度，提高增溶作用，将表面张力降低到限定值。需要高于临界水平的浓度来形成乳状液。基质的兼容性和安全性可能会限制采用高浓度的清洗剂。但是，高浓度意味着高成本，因此在清洁方法开发中应该寻找最佳的清洗剂浓度。

(4) 清洗温度　提高温度对增强清洗效果具有很大的作用，因为几种作用机理，例如：溶解能力、分散作用、某些表面活性剂的活性，以及水解反应和氧化反应等，对温度都具有很强的依赖性。

但是，对于某些蛋白质来说，超出一定的温度，变性作用会导致清洗效果下降。因此，清洁研究应格外注意清洗温度对清洗效果的影响，并在研究中寻找到合适的清洗温度，通常情况下，为了避免加热或冷却，室温是最常应用的温度，当然温度并不是一个点，而是一个范围。

（5）清洁表面　设备表面的化学性质和特点可以影响残留物在表面上的附着程度，以及润湿程度和清洗液除污物能力。洁净的金属和氧化物的表面能很高。因此流体很容易润湿表面，并在表面分布开，扩展到微观不规则粒子中。表面对污物的反应性取决于表面原子作为电子接受体或电子给体的倾向性。表面的粗糙程度也可以作为一个重要因素。粗糙的表面可增加污物和基质的接触表面，例如，裂纹和缝隙，可被视为微型死角，设计和设备制造过程应尽量避免该类缺陷。对制药设备来说，很多企业都会在安装确认中检查设备的表面粗糙度或者检查供应商的响应的文件材料，以证明其符合预定用途。

（6）污染程度　高污染程度会使溶剂饱和，或使清洗配方中的表面活性剂或其他成分消耗完，使一种或几种清洗机理失去作用。尤其是将少量清洗液用于大面积清洗时，而且在一个在线清洗（CIP）系统中使用喷淋装置，或使用相同的清洗液连续清洗一系列容器时，容易出现这种情况。评估一个容器内部污染程度的典型方法是，测试验证过程中使用过的清洗液中表面活性剂或污物的数量。这种评估结果常被用于确定最差条件情况下污物与清洗液的比例，用于实验室清洗研究。难以接受的高比值会导致如下问题，如：清洗不充分、污物再沉积；如果是固体物质，会导致喷淋装置被堵塞。如果初始污染程度过高，可以采用预冲洗，将大量的污物通过物理冲击力冲洗掉，再进行下面的清洁操作相对更容易清洁。

（7）污物状况　污物在设备表面的分布情况是影响清洗效果的重要因素。大多数情况下，保持湿润或刚刚污染的情况下，污物的清洗要比干燥之后更容易。因此，清洗开始之前的时间很重要，应该记录下来。这也是清洁验证中对"脏设备保留时间"的验证原因。在一些情况下，也需要考虑生产时间或工艺周期时间，因为在工艺系统中存在某些区域，例如：管道，在生产过程的一开始，就已经与原材料、中间产品或产品接触。生产过程中或生产完成之后，某些位置污物可能干结在设备表面，使之更难以清洗。在其他情况下，例如，对压片机来说，所采用的很高的压片压力可能是影响污物状况的重要因素，因此压片机的冲头一直是污物的高度聚集地，也是清洗的难点和清洁验证的常见取样点。

（8）漂洗　在水溶液清洗循环完成之后的水漂洗循环是确定临界清洗效果的重要因素。漂洗与清洗过程类似，不同之处在于漂洗时残留物更容易除掉，并可以溶解在水中。这样允许在一个或多个参数中做出让步，例如降低漂洗时间或温度。但是，漂洗的时间应能够保证整个表面全部被覆盖，并将所有清洗液除掉。如果清洗剂很容易冲洗掉，在将清洗剂从系统中漂洗出去的过程中所遇到的任何困难，常常可以认为是溶液出现滞留或没有完全覆盖。因此，这样的情况通常也可以认为是污物清洗状况不容乐观。在清洗步骤完成之后，应尽可能迅速地进行漂洗，防止污物干燥及重新返回表面。最后漂洗阶段采用的水质应该至少与生产过程中采用的水质相同。

6.10.2.5　实验室可清洁研究报告

在执行完实验室可清洁研究后应形成一份报告，报告应对实验的整个过程和结果进行介绍，应至少包括以下方面。

- 选定产品的目标残留物。
- 选定的清洁剂名称、浓度和使用方法。
- 各设备不同材质的清洁情况。
- 各设备的基本的清洗参数，如清洗时间、压力、温度和流速等。

6.10.2.6 编制清洁标准操作规程（SOP）

可根据实验室可清洁研究报告的内容，针对性地对各设备编制标准清洁规程草案。

6.10.2.7 中试研究

中试研究是根据企业开发的清洁规程（SOP）在中试车间进行中试规模的试验，从而明确清洁工艺的关键工艺参数，以及清洁完成后取样检测设备表面是否达到预期效果，以明确关键质量属性。

中试研究可以伴随产品的中试活动进行，并形成方案和记录。

6.10.3 "技术转移"在清洁验证中的应用

清洁工艺的转移有其特殊性，由于转出方和接受方的设备可能存在差距，因此转移过程需要评估双方设备的差距，包括设备形状、材质、自动清洗程度等因素。清洁工艺的技术转移应基于产品特性并结合设备现状进行适当的再次开发。

6.10.3.1 清洁工艺技术转移风险评估

一般来说清洁工艺技术转移前应进行风险评估，以生产线发生变化为例，风险评估的内容可以包含以下内容。

（1）目的　对公司具体产品在技术转移过程中的清洁工艺进行评估，确定各工序使用的清洁工艺是否与技术转移之前的清洁工艺相一致，是否能符合技术转移后相应的工艺要求，并对其进行相应的风险控制，最终确保设备清洁及产品质量符合预期要求。

（2）范围　对清洁工艺技术转移的适用范围进行介绍，比如针对的产品名称，涉及的清洁方法、清洁设备等。

（3）职责　应规定各部门在清洁工艺技术转移风险评估过程中的具体作用，一般来说各部门的职责可以规定如下。

① 质量保证部。

• 负责组织质量控制部、生产部、设备部和车间的相关人员组成风险评估小组，对清洁工艺的转移过程进行风险评估。

• 负责完成清洁工艺技术转移风险评估报告。

② 质量控制部。

• 负责参与质量保证部组织的清洁工艺技术转移的风险评估活动。

• 负责确认清洁工艺中的分析方法。

• 负责对清洁工艺中的清洁结果进行检测，并及时出具检测报告。

③ 生产管理部。负责参与质量保证部组织的清洁工艺技术转移的风险评估活动。

④ 工程部。

• 负责参与质量保证部组织的清洁工艺技术转移的风险评估活动。

• 负责在评估活动中对待评估设备的清洁工艺的可行性进行评估。

⑤ 生产车间。负责参与质量保证部组织的清洁工艺技术转移的风险评估活动。

⑥ 生产负责人。负责本方案的审批，监督、检查本方案的执行情况。

⑦ 质量负责人。负责本方案的审批，监督、检查本方案的执行情况。

（4）技术转移程序　技术转移清洁工艺风险评估是指公司将原生产线建立的所有清洁操作规程、所有清洁验证方案和报告以及所有与原生产线清洁相关的技术资料转移到新生产线，并根据新生产线的实际情况对技术转移中接收的清洁工艺资料进行风险评估，确定两者之间的差距（当然也可以是从研发到生产的转移）。转出方是指原生产线；接收方是指新生产线。

适用于转出方已经将清洁工艺的技术转移资料全部转交给接收方，接收方已经进行了转移资料完整性的核对工作，开始准备进行转移技术资料与新建生产线适用性的评估工作。

（5）清洁工艺风险评估工具和方法

① 清洁工艺风险评估工具。风险评估采用定性描述。

a. 严重性（S）。发生危害后对产品质量的影响程度。

- 高：对产品质量有影响，必须严格控制才能保证质量，参数偏离范围为重大偏差。
- 中：对产品质量有影响，不严格控制会出现主要偏差。
- 低：对产品质量影响很小，参数偏离范围为次要偏差。

b. 可能性（P）。发生偏差或缺陷等维护的可能性。

- 高。操作范围接近于设定范围，或参数范围较窄，参数本身较难控制。正常情况下也可能会偏离范围。
- 中。操作范围接近于设定范围，或参数范围设定较宽，参数本身比较容易控制。异常情况下才会偏离范围。
- 低。操作范围远比设定范围窄，或参数范围比较宽，紧急情况下才会偏离设定范围。

② 风险评估的方法采用表格法。风险评估小组将需要进行风险评估的岗位或设备的基本资料进行收集、汇总，并组织评估会议，对其风险进行评估。

（6）结论和建议　技术转移清洁工艺风险评估遵循 ICH Q9 的描述，使用简单的风险评估工具，来确定某产品生产线清洁工艺技术转移的风险。

对清洁工艺技术转移风险评估的执行时间进行介绍，并对风险评估过程中发现的风险及控制措施进行汇总以便后期执行时得到实施。

6.10.3.2　清洁工艺技术转移方案

清洁工艺技术转移风险评估报告完成后即可以进行技术转移工作，技术转移的整体流程应该形成清洁工艺技术转移方案，可能包含以下内容。

（1）目的　制订某产品生产线的清洁工艺部分的技术转方案，督促转出方完成与生产工艺相关的所有清洁工艺资料的收集、整理，对产品残留限度信息以及限度选择的合理性进行论述，并采取合适的方式将其转移给接收方；接收方能够根据接收的清洁工艺资料，完成符合新车间工艺要求的清洁工艺，并对其进行相应的风险控制，确保新车间生产的设备清洁及产品质量符合预期要求。

（2）范围　描述清洁工艺技术转移的范围，包括涉及的产品清洁方法及设备。

（3）职责　应明确公司各部门在清洁工艺技术转移中的具体职责。

（4）法规要求　在进行技术转移之前，转出方需要核实原有生产线在 GMP 法规方面的符合性，并进行明确，如果存在药监部门检查发现的问题，需要详细列出，为接收方在新生产线实施生产和进行清洁验证工作时提供法规符合性方面的依据。接收方接收技术转移的资料后，需要根据接收方必须遵循的 GMP 法规要求对转移资料的法规符合性进行评估，并根据 GMP 法规要求和新生产线的实际情况，对转移资料进行补充、完善，确保符合 GMP 法规和新生产线的实际要求。

（5）EHS 方面的要求　在清洁工艺技术转移中，EHS 仅指转出方需要将原生产线在生产过程中对环境有重大影响的工序、对操作人员的健康和安全有重大影响的工序或物料，以及需要进行特殊防护的岗位和防护用品进行明确，为接收方进行组织生产的准备工作以及清洁工作提供依据。

（6）变更管理　在技术转移清洁工艺部分的执行过程中，若出现变更，必须及时记录，并按照企业相应的变更管理规程进行处理。

（7）偏差管理　在技术转移清洁工艺部分的执行过程中，若出现偏差，必须及时记录，并按照企业相应的偏差管理规程进行处理。

（8）结论　最后应对清洁工艺技术转移的完成时间、完成情况等进行总结。

6.10.4 "验证阶段"在清洁验证中的应用

该阶段的内容包括：清洁验证计划、清洁验证风险评估、清洁验证分析方法验证，以及清洁验证方案和报告。该阶段的内容为目前大多数药企所执行的内容，在本章的其他部分已经做了较为详细的介绍，本处不再赘述。

6.10.5 "持续维护"在清洁验证中的应用

产品生命周期的第四阶段为"产品退役"，本书将清洁验证的第四阶段定为"持续维护"并不是为了说明清洁验证不存在"退役"阶段，只是相对于目前的 GMP 发展来说，"持续维护"更有详细介绍的价值或者意义。因此，在本书中将清洁验证生命周期的第四阶段定为：持续维护。

6.10.5.1 验证状态维护计划

验证状态维护计划是在清洁验证完成之后进行的计划，该计划主要是为了保证清洁验证可以保持持续的验证状态，应制定监控措施、监控周期以及出现偏差或变更后的处理措施。在验证状态维护计划中还应规定监控数据的分析周期、何时进行再验证以及 SOP 在什么条件下需要更新等内容。

验证状态的维护对于设备、工艺或系统始终处于"验证的"和"受控的"状态是非常关键的，也是 GMP 所要求的。

验证状态维护计划中，应对产品生产线所涉及的所有设备的清洁方法进行记录，并定期监测清洁效果。监测方法、监测周期、相应的可接受标准均应该在维护计划中列明，并应有相应的记录表格。

6.10.5.2 再验证方案

再验证方案，再验证周期一般根据产品的特性或工艺的稳定性来规定，清洁验证的再验证周期一般可定为每年一次。如果对清洁工艺有充分的认识，那么再验证时可以只验证一个批次。

中国 GMP 附录《确认和验证》（第二次征求意见稿）对此的相关规定如下：

"*第五十一条　对设施、设备和工艺，包括清洁方法应当进行定期评估，以确认它们持续保持验证状态。*

第五十二条　关键的生产工艺和操作规程应当定期进行再验证，确保其能够达到预期效果。"

GMP 2010 年版认证热潮已过大半，很多企业都已经通过了新版认证，那么认证前进行的清洁验证、工艺验证等也有很大一部分需要进行再验证。

清洁验证应该类似于可持续工艺确认的内容，在认证结束后进行监控。监控不是简单的监督，而是需要采用电导率检测、TOC 检测等手段进行定期分析汇总数据的过程。是否进行再验证，可以根据这些数据进行分析，如果通过监控数据发现，以往的清洁效果一直维持在较好的清洁效果，那么清洁再验证甚至可以只做一个批次，再验证周期可以先定为 1 年。如果数据确实非常稳定，该周期还可以延长。但是通常来说，如果发生以下情况，那么就需要分析是否马上进行再验证。

① 车间清洁人员发生大量变化。首次清洁验证时的清洁人员如果大量变更，虽然后来人员经过了培训，还是建议进行再验证。

② 生产设备发生变化。如果和产品直接接触的设备发生变更，需要进行再验证。

③ 清洁方法变更。如果某产品的清洁方法发生变化，如清洁剂成分变化等，需要进行再验证。

④ 产品主要成分变更供应商。如果产品的某个主要成分的供应商发生变化，那么需要重新进行

清洁验证。

⑤ 增加其他产品。如果在验证过的生产线上增加新的品种，需要重新评估新增加品种对原清洁验证的影响，必要时需要重新进行清洁验证。

6.10.5.3　SOP 更新

SOP 更新的目的是为了更好地清洗设备。由于人员对清洗方法的认识加深、自动清洗设备的引入都可能引起 SOP 更新，该变化需要经由质量保证部的确认才可生效，且生效后需要重新进行清洁验证风险评估及执行清洁验证。

第7章 洁净流体工艺系统

在洁净流体工艺系统中，因涉及大量不锈钢材料的应用，因此，长时间的运行与工作将不可避免地导致红锈颗粒的产生，为了更好地理解与预防红锈，本书将对洁净流体工艺系统中的主要内容进行阐述。

7.1 概述

在制药行业中，洁净流体工艺系统特指服务于化学药、中药或生物制品的原料/原液与制剂生产工艺过程的洁净公用工程与生产工艺系统，包含制药用水系统、制药用蒸汽系统、制药配液系统、在线清洗系统以及在线灭菌系统等（图 7-1）。洁净流体工艺系统是由蒸馏、加热、冷却、混合、搅拌、定容、过滤、输送、纯化与离心等单元操作有机组合的系统，它在药品生产环节中具有不可替代的重要作用，因其与产品直接接触，各系统在正式投入应用之前均需得到验证。

制药用水系统特指纯化水系统、高纯水系统与注射用水系统等，它们所产的制药用水均是相关药典收录且应用最为广泛的工艺原料，其质量标准在药典中有着明确的规定。欧盟和世界卫生组织将制药用水中的杂质列为潜在杂质来源之一，制备制药用水的本质是控制制药生产过程中的颗粒物负荷与微生物负荷。因此，制药用水的水质关系到最终产品的质量与品质。

制药用蒸汽在制药工业中是应用最为广泛的加热介质，参与了整个生产工艺过程，包括原料生产、分离纯化、成品制备与无菌保证等过程，同时，制药用蒸汽是良好的灭菌介质，具有极强的灭菌能力和极少的杂质，主要应用于制药设备和系统的灭菌。制药用蒸汽的主要作用是实现药品生产过程中的加热、加湿和湿热灭菌等工艺。

制药配液系统特指药品生产工艺中的物料配制与过滤工艺系统，无论化学药、中药，还是生物制品，制药配液系统均可分为原料/原液生产工艺与制剂生产工艺。原料/原液生产工艺的目标是制备高纯度的制剂用原料药或浓缩母液；制剂生产工艺的目标是生产用于消费的各种药品。

在无菌原料/原液生产环节中，以生物原液工艺系统为例，它包含上游工艺系统和下游工艺系统，上游工艺系统包括培养基和缓冲液配制、发酵罐/生物反应器系统与收获系统等；下游工艺系统包括层析、过滤、超滤与除病毒等单元操作系统，上述系统广泛应用于胰岛素、单克隆抗体、疫苗、血液制品等生物制品的生产。

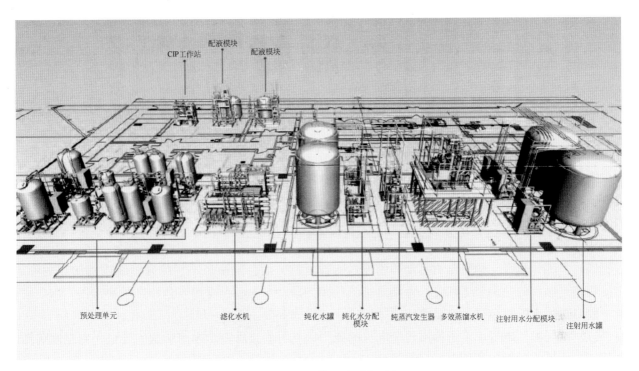

图 7-1 制药流体工艺系统示意

在无菌制剂生产环节中，水溶性大输液、水针、无菌粉针、冻干粉针、脂肪乳注射剂等各种剂型已得到广泛研究与应用，例如，脂肪乳注射剂生产的核心工艺包括油相和水相按比例进料的控制、系统残液量的控制、均质机的保护和均质过程的控制，以及生产系统的清洗/灭菌；而膏霜/栓剂系统主要包括原料预处理、灭菌、均质乳化、储存输送与分装等单元。企业需针对不同产品的特点，提供有针对性的洁净流体工艺系统解决方案。

在线清洗（CIP）与在线灭菌（SIP）是整个生产工艺结束后，预防交叉污染与无菌工艺保证的重要单元操作，在线清洗系统与在线灭菌系统需符合制药行业法律法规要求，根据企业产品的实际特征进行设计、制作、测试，使被清洗的工艺系统满足清洗验证和消毒验证需求。

7.2 制药用水系统

7.2.1 常用水质指标

水质是指水和水中杂质共同表现出来的综合特征，衡量水质好坏的标准和尺度称为水质指标。水质指标是判断水质是否满足某种特定要求的具体衡量尺度，表示水中杂质的种类和数量。水质的质量标准是指针对水质存在的具体杂质或污染物提出相应的最低数量或浓度的限制和要求。常用水质指标包括物理指标、化学指标和生物指标。

7.2.1.1 物理指标

主要由固体物质、浊度、污染指数、温度、臭和味、色度和色泽、电导率 7 个方面组成。

（1）固体物质　水中固体物质包括悬浮固体和溶解固体两大类。悬浮固体和溶解固体之和称为总固体物质。悬浮固体也称悬浮物质，以 SS 表示，是指悬浮于水中的固体物质。悬浮物质无法通过过滤器，它是反映水中固体物质含量的一个常用的重要水质指标，单位为 mg/L；溶解固体也称溶解物，是指溶于水的各种无机物质和有机物质总和，可通过过滤水样并蒸干滤液测得其含量。

（2）浊度　指水中悬浮物对光线透过时所发生的阻碍程度。水中的悬浮物一般是泥土、砂粒、微细的有机物和无机物、浮游生物、微生物和胶体物质等。水的浊度不仅与水中悬浮物质的含量有关，而且与它们的大小、形状及折射系数等有关。

（3）污染指数　它是水质指标的重要参数之一，常用 SDI 或 FI 表示。污染指数代表了水中颗粒、胶体和其他能阻塞各种水净化设备的物体含量。

（4）温度　温度是最常用的水质物理指标之一。由于水的许多物理特性、水中进行的化学过程和微生物过程都同温度有关，所以它经常是必须加以测定的。

（5）臭和味　臭和味是判断水质优劣的感官指标之一。水的臭和味主要来源于生活污水和工业废水中的污染物、天然物质的分解或与之有关的微生物活动。测定臭的方法有定性描述和臭强度的近似定量法（臭阈值法）。

（6）色度和色泽　颜色是由亮度和色度共同表示的，而色度则是不包括亮度在内的颜色的性质，它反映的是颜色的色调和饱和度；色泽是指颜色和光泽，水的颜色可用表色和真色来描述，水质分析中一般对饮用水的真色进行定量测定。

（7）电导率　电导率表示物质传导电流的能力，它可间接反映水中溶解盐的含量，它是制药用水水质检测中最为关键的指标之一。

7.2.1.2　化学指标

主要由 pH、酸碱度、硬度、总含盐量、总需氧量、生化需氧量、化学需氧量、总氮和有机氮、有毒物指标组成。

（1）pH　水溶液中酸、碱度的一种表示方法，不同性质的水对 pH 有一定的要求，例如饮用水的 pH 为 6.5～8.5；纯化水的 pH 为 5.0～7.0，锅炉用水的 pH 为 7.0～8.5。

（2）酸碱度　可反映水源水质的变化情况。水的酸度是它与强碱定量作用至一定 pH 的能力，以 $CaCO_3$ 计，用 mg/L 表示，水的酸度是水中给出质子物质的总量；水的碱度是它与强酸定量作用至一定 pH 的能力，也以 $CaCO_3$ 计，用 mg/L 表示，水的碱度是水中接受质子物质的总量。

（3）硬度　用于反映水中的钙、镁离子含量，是指 1L 水中所含钙盐与镁盐折合成 CaO 和 MgO 的总量（将 MgO 也换算成 CaO）。水的硬度是水质的重要指标，硬度较大的水容易引起结垢。

（4）总含盐量　单位体积水中所含盐类的总量，即单位体积水中总阳离子的含量和总阴离子的含量之和。钾离子、钠离子、钙离子、镁离子、碳酸氢根离子、硝酸根离子、氯离子和硫酸根离子为水中常见的八大离子，占水中离子总量的 95%～99%，因此，水中常见主要离子总量可以粗略地作为水中的总含盐量。

（5）总需氧量　以 TOD 表示，是指水中能被氧化的物质（主要是有机物质）在燃烧中变成稳定的氧化物时所需要的氧量，结果以 O_2 的 mg/L 表示，用 TOD 测定仪测定。TOD 测定仪的原理是将一定量水样注入装有铂催化剂的石英燃烧管，通入含已知氧浓度的载气（氮气）作为原料气，则水样中的还原性物质在 900℃ 下被瞬间燃烧氧化，测定燃烧前后原料气中氧浓度的减少量，便可求得水样的总需氧量。TOD 能反映几乎全部有机物质经燃烧所需要的氧量，它比 BOD、COD 和高锰酸盐指数更接近于理论需氧量值，但它们之间也没有固定的比例关系。

（6）生化需氧量　以 BOD 表示，是指水体中的好氧微生物在一定温度下将水中有机物分解成无机质，这一特定时间内的氧化过程中所需要的溶解氧量。虽然生化需氧量并非一项精确定量的检测，但是由于其间接反映了水中有机物质的相对含量，故而 BOD 长期以来作为一项环境监测指标被广泛使用。

（7）化学需氧量　以 COD 表示，是指以化学方法测量水样中需要被氧化的还原性物质的量。水样在一定条件下，以氧化 1L 水样中还原性物质所消耗的氧化剂的量为指标，折算成每升水样全部被氧化后，需要的氧的毫克数，以 mg/L 表示。它反映了水中受还原性物质污染的程度，该指标也作为有机物相对含量的综合指标之一。化学需氧量还可与生化需氧量比较，BOD/COD 的比可反映水的生物降解能力。

（8）总氮和有机氮　水中的总氮含量是衡量水质的重要指标之一，其测定有助于评价水体被污染和自净状况。当地表水中氮、磷物质超标时，微生物大量繁殖，浮游生物生长旺盛，出现富营养化状态。有机氮是表示水中蛋白质、氨基酸和尿素等含氮有机物总量的一个水质指标。

（9）有毒物指标　有毒物是指水中含有能够危害人体健康和水体中的水生生物生长的某些物质，有毒物可分为无机有毒物和有机有毒物。对人体健康危害较大的有毒物质有氰化物、汞化物、甲基汞、砷化物、铜、铅和六价铬等，酚也是一种常见的有机有毒物。

7.2.1.3　生物指标

主要由细菌总数和总大肠菌群等组成。

（1）细菌总数　评定水质污染程度指标之一，其检验方法是：在玻璃平皿内，接种 1ml 水样或稀释水样于加热液化的营养琼脂培养基中，冷却凝固后在 37℃ 培养 24h，培养基上的菌落数（或乘以水样的稀释倍数）即为细菌总数。

（2）总大肠菌群　大肠菌群并非细菌学分类命名，而是卫生细菌领域的用语，它不代表某一个或某一属细菌，而指的是具有某些特性的一组与粪便污染有关的细菌，这些细菌在生化及血清学方面并非完全一致，其定义为：需氧及兼性厌氧、在 37℃ 能分解乳糖，产酸产气的革兰阴性无芽孢杆菌。一般认为该菌群细菌可包括大肠杆菌、柠檬酸杆菌、产气克雷白菌和阴沟肠杆菌等。总大肠菌群系指一群在 37℃ 培养 24h 能发酵乳酸、产酸产气、需氧和兼性厌氧的革兰阴性无芽孢杆菌，其测定方法有多管发酵技术和滤膜技术。

7.2.2　制药用水的分类

从使用角度分类，制药用水主要分为散装水与包装水两大类。散装水也称原料水，特指制药生产工艺过程中使用的水。例如，中国 GMP 认可的散装水包括饮用水、纯化水和注射用水等；欧盟 GMP 和 WHO GMP 认可的散装水包括饮用水、纯化水、高纯水和注射用水等；美国 cGMP 认可的散装水包括饮用水、纯化水、血液透析用水和注射用水等。包装水也称产品水，特指按制药工艺生产的包装成品水。

灭菌注射用水为注射用水按照注射剂生产工艺制备所得，主要用于注射用灭菌粉末的溶剂、注射剂的稀释剂和检测溶剂等。例如，在细菌内毒素检查过程中，检查用水需使用内毒素含量小于 0.015 EU/ml（用于凝胶法）或 0.005 EU/ml（用于光度测定法）且对内毒素试验无干扰作用的灭菌注射用水。

纯蒸汽是灭菌的一种介质，主要应用于湿热灭菌柜、生物反应器、配液罐、管路系统、过滤器等重要设备与系统的灭菌。同时，部分企业也将纯蒸汽用于 A/B 级区域的空调加湿。纯蒸汽的冷凝水直接与设备或物品表面接触，或者接触到用以分析物品性质的物料，因此，纯蒸汽冷凝后的水质需满足注射用水指标，它也是医药生产工艺过程中一个非常重要的洁净公用工程系统。

从药典角度分类，制药用水分为药典水和非药典水两大类。药典水特指被国家或组织收录的制药用水，例如，《中国药典》收录了纯化水、注射用水和灭菌注射用水；《欧洲药典》收录了散装纯化水、包装纯化水、高纯水、注射用水和灭菌注射用水等；美国 cGMP 收录了纯化水、血液透析用水、注射用水、纯蒸汽、抑菌注射用水、灭菌吸入用水、灭菌注射用水、灭菌冲洗用水和灭菌纯化水等多种药典水。非药典水特指未被药典收录，但可用于制药生产的制药用水，例如饮用水、蒸馏水和反渗透水等。非药典水至少要符合饮用水的要求，通常还需要进行其他的加工以符合工艺要求。非药典水中可能会包含一些用于控制微生物而添加的物质，因而不必符合所有的药典要求。有时，非药典水会用其所采用的最终操作单元或关键纯化工艺来命名，如反渗透水；在其他情况下，非药典水可以用水的特殊质量属性来命名，如低内毒素水。值得注意的是，非药典水不一定比药典水的质量差，事实上，如果应用需要，非药典水的质量可能比药典水的质量更高。常见的非药典水有以下几种。

① 饮用水。天然水经净化处理所得的水，其质量必须符合官方标准，它是可用于制药生产的最低标准的非药典水。例如，中华人民共和国 GB 5749—2006《生活饮用水卫生标准》规定，饮用水的微生物指标必须符合如下标准：总大肠菌群（MPN/100ml 或 CFU/100ml）不得检出；耐热大肠菌群（MPN/100ml 或 CFU/100ml）不得检出；大肠杆菌（MPN/100ml 或 CFU/100ml）不得检出；菌落总数（CFU/ml）小于等于100。饮用水可作为药材浸制时的漂洗、制药用具的粗洗用水。除另有规定外，饮用水也可作为药材的提取溶剂。

② 软化水。经过去硬度处理的饮用水，将软化处理作为最终操作单元或最重要操作单元，以降低通常由钙和镁等离子所致的硬度。

③ 反渗透水。指将反渗透作为最终操作单元或最重要操作单元的水。

④ 超滤水。指将超滤作为最终操作单元或最重要操作单元的水。

⑤ 去离子水。指将离子去除或离子交换过程作最终操作单元或最重要操作单元的水，当去离子过程是特定的电去离子法时，则称为电去离子水。

⑥ 蒸馏水。指将蒸馏作为最终单元操作或最重要单元操作的水。

⑦ 实验室用水。指经过特殊加工的饮用水，使其符合实验室用水要求。

通过合理的说明，非药典水也可应用到整个制药操作中，包括生产设备的清洗、实验室应用，以及作为原料药生产或合成的原料。但是，药典制剂的配制必须使用药典水。无论是药典水还是非药典水，用户均应制定适宜的微生物限度标准，应根据产品的用途、产品本身的性质以及对用户潜在的危害来评估微生物在非无菌制剂中的重要性，并期望生产者根据所用制药用水的类型来制定适当的微生物数量的警戒限和行动限，这些限度的制定应基于工艺要求和讨论的系统的历史记录。

7.2.3　制药用水系统的组成

制药生产企业关心的制药用水主要是原料水，即饮用水、纯化水、高纯水和注射用水等。从功能角度分类，制药用水系统主要由制备单元和储存与分配单元两部分组成（图7-2）；纯蒸汽系统主要由制备单元和分配单元两部分组成。

制备单元主要包括纯化水机、高纯水机、蒸馏水机和纯蒸汽发生器。其主要功能为连续、稳定地将原水"净化"成符合药典要求的制药用水。储存与分配单元主要包括储存单元、分配单元和用点管网单元。其主要功能为以一定缓冲能力，将制药用水输送到所需的工艺岗位，满足其流量、压力和温度等需求，并维持水质符合药典要求。

制药用水极易滋生微生物，微生物指标是其最重要的质量指标。在制药用水系统的设计、安装、验证、运行和维护中需采取各种措施抑制其微生物的繁殖。鉴于制药用水在制药工业中既作为原料又作为清洗剂，且极易滋生微生物，各国药典对制药用水的质量标准和用途都有明确的定义和要求。制药用水与产品直接接触，其对药品的质量有着直接的影响，各个国家和组织的GMP将制药用水的制备和储存分配系统视为制药生产的关键系统，对其设计、安装、验证、运行和维护等提出了明确

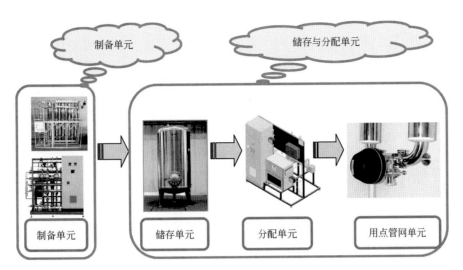

图 7-2　制药用水系统的组成

要求。

7.2.4　制药用水与药典

(1)《美国药典》《美国药典》(United States Pharmacopoeia，USP) 是指导生产美国国内消费药品的生产指南。《美国药典》说明了很多关于制药用水的质量、纯度、包装和贴签的详细标准，其中包括原料水（纯化水、血液透析用水、注射用水）和产品水（抑菌注射用水、灭菌吸入用水、灭菌注射用水、灭菌冲洗用水和灭菌纯化水）两大类，图 7-3 为《美国药典》对制药用水的使用原则。

在美国，饮用水需符合环境保护局发布的国家基本饮用水规定，欧盟或日本的有关饮用水规定也可适用，这些规定保证水中不存在大肠杆菌。饮用水可来自不同的水源，包括公共用水生产设施、私人供水设施和混合供水源。饮用水是生产制药用水的规定水源，在制药生产的初期阶段可用于药液配制或清洗，饮用水的质量随季节变化而变化，制药用水在生产工序设计时必须考虑这一特点。

①《美国药典》纯化水。主要用于非肠道给药制剂以外的制剂配料或制药生产上的其他应用，如清洗某些设备或清洗非肠道给药制剂以外的产品组分，其标准主要包含如下内容：纯化水的原水必须至少为饮用水；无任何外源性添加物；采用适当的工艺制备；符合《美国药典》关于纯化水的电导率要求；符合《美国药典》关于纯化水的总有机碳要求。《美国药典》严禁将纯化水用作非肠道给药制剂的溶剂。纯化水系统必须经过验证，以证明能稳定可靠地生产、储存和分配符合药典质量要求的制药用水。

②《美国药典》注射用水。主要用于对细菌内毒素含量有严格要求的制剂产品，如非肠道给药制剂等，其标准主要包含如下内容：注射用水的原水必须至少为饮用水；无任何外源性添加物；采用适当的工艺制备（如蒸馏法或纯化法，该纯化法在去除微生物和化合物方面的作用应不低于蒸馏法）并减少微生物的滋生；符合《美国药典》关于注射用水的电导率要求；符合《美国药典》关于注射用水的总有机碳要求；商业用途的原料注射用水需满足细菌内毒素的要求，即每毫升少于 0.25 EU 的内毒素。《美国药典》规定注射用水可用作非肠道给药制剂的溶剂，注射用水生产、储存和分配系统的设计必须能抑制微生物污染和细菌内毒素的形成，且该系统必须经过验证。

③《美国药典》血液透析用水。用于生产血液透析产品，如血液透析浓溶液的稀释等。血液透析用水可被密封储存在惰性容器中并阻止细菌的进入，其标准主要包含如下内容：血液透析用水的原水必须至少为饮用水；水中不含防腐剂；采用适当的工艺制备；符合《美国药典》关于血液透析用水的

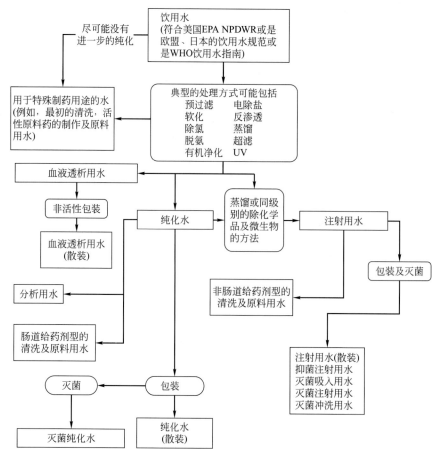

图 7-3 USP 制药用水的使用原则

电导率要求；符合血液透析用水总有机碳或易氧化物的含量要求（其中总有机碳和易氧化物两项可选做一项）；符合血液透析用水的细菌内毒素要求；符合血液透析用水的微生物指标要求。《美国药典》严禁将血液透析用水用作注射剂的溶剂。

④《美国药典》纯蒸汽。标准主要包含如下内容：纯蒸汽为原水被加热到超过 100℃ 并通过蒸馏法制备而得，该蒸馏法需防止原水水滴被夹带到纯蒸汽产品中。纯蒸汽的原水必须至少为饮用水；无任何外源性添加物；纯蒸汽的饱和度、干度和不凝性气体含量需满足要求；纯蒸汽的冷凝水需满足《美国药典》关于注射用水的质量要求，冷凝水的收集方法不能影响纯蒸汽的质量；若纯蒸汽用于非肠道给药制剂的生产，其冷凝水需满足细菌内毒素的要求，即每毫升少于 0.25 EU 的内毒素。

⑤《美国药典》灭菌纯化水。是指包装并灭菌的纯化水，主要用于非肠道给药制剂以外的制剂配料。灭菌纯化水还可用于分析应用领域，当纯化水系统无法得到验证、纯化水用量很少、需要用灭菌纯化水或者包装的原料纯化水中微生物限度不符合要求时，可采用灭菌纯化水。

⑥《美国药典》灭菌注射用水。是指包装并灭菌的注射用水，主要用于临时处方配料和非肠道给药制剂的稀释剂。灭菌注射用水以单一剂量容器包装，每件不超过 1L。

⑦《美国药典》抑菌注射用水。是指添加有一种或一种以上抑菌剂的灭菌注射用水，主要用于非肠道给药制剂的稀释剂，其包装可以为单一剂量或多剂量容器，容器容积不超过 30ml。

⑧《美国药典》灭菌冲洗用水。是指用容量超过 1L 的单一剂量容器包装的注射用水，目的是可以快速分发并保证其无菌。灭菌冲洗用水不需要符合小容量注射剂的颗粒物含量要求。

⑨《美国药典》灭菌吸入用水。是指经包装并保证其无菌的用于吸入疗法的注射用水，在吸入器

中使用并用于吸入溶液的配制。

1996 年 11 月 15 日，《美国药典》正式采用电导率仪测试法取代原有的微量离子浓度分析法。表 7-1 为《美国药典》关于制药用水检测指标的变化过程。

表 7-1　USP 制药用水检测的发展

项目	USP 24 开始要求的变化	项目	USP 24 开始要求的变化
pH	删除	易氧化物	删除，采用 TOC 代替
内毒素	保留	重金属	删除
钙盐		总固体含量	删除
硫酸盐			
氯化物	删除，采用电导率代替	大肠杆菌	删除
氨			
二氧化碳		微生物含量	增加

（2）《欧洲药典》　《欧洲药典》收录的制药用水有纯化水、高纯水、注射用水和灭菌注射用水。其中，《欧洲药典》收录的纯化水分为原料纯化水（Purified water in bulk）和产品纯化水（Purified water in containers）两种。

① 欧洲药典原料纯化水。其标准主要包含如下内容：原料纯化水为符合官方标准的饮用水经蒸馏法、离子交换法、反渗透法或其他适宜的方法制备的制药用水；符合纯化水电导率要求；符合纯化水总有机碳或易氧化物的含量要求（其中总有机碳和易氧化物两项可选做一项）；正常条件下，微生物限度为需氧菌总数不高于 100 CFU/ml（在 30～35℃环境下，使用琼脂培养基 S 培养 5d，采用膜过滤法处理）；硝酸盐含量不高于 0.2μg/ml；重金属含量不高于 0.1μg/ml；铝盐含量不高于 10μg/L（仅适用于透析液的生产）；细菌内毒素含量低于 0.25 EU/ml（仅适用于透析液的生产）。

②《欧洲药典》产品纯化水。是指纯化水被灌装或储存在特定的容器中，并保证符合微生物指标要求，其标准要求除满足原料纯化水的所有指标要求外，还需满足如下内容：无色澄清液体；无任何外源性添加物；符合酸碱度要求；符合易氧化物含量要求；符合氯化物含量要求；符合硫酸盐含量要求；氨含量不高于 0.2μg/ml；符合钙、镁含量要求；不挥发物含量不高于 1mg/100ml；正常条件下，微生物限度为需氧菌总数不高于 100 CFU/ml（使用琼脂培养基 B，采用膜过滤法处理）。

③《欧洲药典》高纯水。仅为欧盟与世界卫生组织认可的原料类型，于 2002 年 1 月 1 日收录在《欧洲药典》（第 4 版）中。当系统中无需采用注射用水进行配制，但对水中微生物指标需严格控制时，可使用高纯水。高纯水的使用范围包含滴眼剂溶液、耳鼻药品溶液、皮肤用药品、喷雾剂、无菌产品容器的初次淋洗、注射用非无菌原料药等。其标准主要包含如下内容：高纯水通过符合官方标准的饮用水制备；本品为无色澄清液体；符合高纯水电导率要求；符合高纯水总有机碳的含量要求，其 TOC 含量不高于 500μg/L；正常条件下，微生物限度为需氧菌总数不高于 10 CFU/100ml（在 30～35℃环境下，使用琼脂培养基 S 培养 5d，采用膜过滤法处理，取样量不低于 200ml）；硝酸盐含量不高于 0.2μg/ml；重金属含量不高于 0.1μg/ml；铝盐含量不高于 10μg/L（仅适用于透析液的生产）；细菌内毒素含量低于 0.25 EU/ml。高纯水可采用反渗透技术与超滤或去离子等技术相结合的方法进行制备，正确的操作和维护管理对高纯水系统至关重要。

④《欧洲药典》注射用水。注射用水通过符合官方标准的饮用水制备，或者通过纯化水经蒸馏制备，蒸馏设备接触水的材质应为中性玻璃、石英或合适的金属，并装备有预防液滴夹带的装置。《欧洲药典》注射用水标准主要包含如下内容：无色澄清液体；符合注射用水电导率要求；符合注射用水

173

总有机碳的含量要求；正常条件下，微生物限度为需氧菌总数不高于 10 CFU/100ml（在 30～35℃环境下，使用琼脂培养基 S 培养 5d，采用膜过滤法处理，取样量不低于 200ml）；硝酸盐含量不高于 $0.2\mu g/ml$；重金属含量不高于 $0.1\mu g/ml$；铝盐含量不高于 $10\mu g/L$（仅适用于透析液的生产）；细菌内毒素含量低于 0.25 EU/ml。

（3）《中国药典》《中国药典》（2010 年版）中所收载的制药用水包括纯化水、注射用水及灭菌注射用水。2015 年版在 2010 年版的基础上进行了大幅度的标准修订和新增工作，并即将在年内完成颁布。

①《中国药典》纯化水。质量应符合二部中关于纯化水的相关规定，纯化水可作为配制普通药物制剂用的溶剂或实验用水；可作为中药注射剂、滴眼剂等灭菌制剂所用药材的提取溶剂；口服、外用制剂配制用溶剂或稀释剂；非灭菌制剂用器具的精洗用水；也可用作为非灭菌制剂所用药材的提取溶剂。纯化水不得用于注射剂的配制与稀释。纯化水有多种制备方法，应严格监测各生产环节、防止微生物污染、确保用点的水质。《中国药典》纯化水标准主要包含如下内容：纯化水为符合官方标准的饮用水经蒸馏法、离子交换法、反渗透法或其他适宜的方法制备的制药用水；无色的澄清液体，无臭、无味；符合纯化水电导率要求；符合纯化水总有机碳或易氧化物的含量要求（其中总有机碳和易氧化物两项可选做一项，TOC 含量不高于 $500\mu g/L$）；《中国药典》（2010 年版）的微生物限度为细菌、霉菌和酵母菌总数不高于 100 CFU/ml（采用膜过滤法处理，参考《中国药典》附录"ⅪJ 微生物限度检查法"），而《中国药典》（2015 年版）的纯化水微生物限度改为了需氧菌总数不高于 100 CFU/ml；硝酸盐含量不高于 $0.06\mu g/ml$；亚硝酸盐含量不高于 $0.02\mu g/ml$；符合酸碱度要求；氨含量不高于 $0.3\mu g/ml$；重金属含量不高于 $0.1\mu g/ml$；不挥发物含量不高于 1mg/100ml。

②《中国药典》注射用水。质量应符合二部中关于注射用水的相关规定，注射用水必须在抑制细菌内毒素产生的条件下制备、储存与分配。注射用水可作为配制注射剂、滴眼剂等无菌剂型的溶剂或稀释剂，以及容器的精洗。为保证注射用水的质量，应减少原水中的细菌内毒素，监控蒸馏法制备注射用水的各生产环节并防止微生物的污染，应定期清洗与消毒注射用水系统。注射用水的储存方式应经过验证，确保水质符合质量要求，例如可以在 70℃以上保温循环。《中国药典》注射用水标准主要包含如下内容：注射用水为纯化水经蒸馏所得的水；无色的澄清液体，无臭、无味；符合注射用水电导率要求；符合注射用水总有机碳的含量要求，TOC 含量不高于 $500\mu g/L$；《中国药典》（2010 年版）的微生物限度为细菌、霉菌和酵母菌总数不高于 10 CFU/100ml（采用膜过滤法处理，参考《中国药典》附录"ⅪJ 的微生物限度检查法"），而 2015 版中的注射用水微生物限度改为了需氧菌总数不高于 10 CFU/100ml；硝酸盐含量不高于 $0.06\mu g/ml$；亚硝酸盐含量不高于 $0.02\mu g/ml$；pH 值为 5.0～7.0；氨含量不高于 $0.2\mu g/ml$；重金属含量不高于 $0.1\mu g/ml$；不挥发物含量不高于 1mg/100ml；细菌内毒素含量低于 0.25EU/ml。

③《中国药典》灭菌注射用水。不含任何添加剂，主要用于注射用灭菌粉末的溶剂或注射剂的稀释剂，其质量符合《中国药典》关于灭菌注射用水的相关规定。灭菌注射用水灌装规格应适应临床需要，避免大规格、多次使用造成的污染。《中国药典》灭菌注射用水标准主要包含如下内容：灭菌注射用水为注射用水按照注射剂生产工艺制备所得；无色的澄清液体，无臭、无味；符合灭菌注射用水电导率要求；符合灭菌注射用水总有机碳的含量要求，TOC 含量不高于 $500\mu g/L$；硝酸盐含量不高于 $0.06\mu g/ml$；亚硝酸盐含量不高于 $0.02\mu g/ml$；pH 值 5.0～7.0；氨含量不高于 $0.2\mu g/ml$；重金属含量不高于 $0.1\mu g/ml$；不挥发物含量不高于 1mg/100ml；细菌内毒素含量低于 0.25EU/ml；符合易氧化物含量要求；符合氯化物含量要求；符合硫酸盐含量要求；符合钙含量要求；符合二氧化碳含量要求；其他要求需符合注射剂的有关各项规定（《中国药典》附录"ⅠB 注射剂"）。

　　值得注意的是，2005 年版药典与 2010 年版药典关于原料纯化水与原料注射用水检测指标的变化与《美国药典》的发展历程非常相似，中国药典对原料纯化水与原料注射用水的水质要求与《欧洲药典》基本一致（表 7-2，表 7-3），《中国药典》的变化表明我国最新版药典对制药用水水质指标的法规要求已经与国际基本接轨。2015 年版药典已将纯化水和注射用水的微生物限度指标从 2010 年版的"细菌、霉菌和酵母菌总数"改为了"需氧菌总数"，表明我国即将颁布的 2015 年版药典更加贴近《欧洲药典》的标准。

表 7-2　纯化水的质量对照表

项目	《中国药典》(2015 年版)	《欧洲药典》(8.0 版)	《美国药典》(37 版)
制备方法	纯化水为符合官方标准的饮用水经蒸馏法、离子交换法、反渗透法或其他适宜的方法制备的制药用水	纯化水为符合官方标准的饮用水经蒸馏法、离子交换法、反渗透法或其他适宜的方法制备的制药用水	纯化水的原水必须为饮用水；无任何外源性添加物；采用适当的工艺制备
性状	无色澄明液体、无臭、无味	—	
pH/酸碱度	酸碱度符合要求	—	
氨	≤0.3μg/ml	—	
不挥发物	≤1mg/100ml	—	
硝酸盐	≤0.06μg/ml	≤0.2μg/ml	
亚硝酸盐	≤0.02μg/ml		
重金属	≤0.1μg/ml	≤0.1μg/ml	
铝盐	—	不高于 10μg/L 用于生产渗析液时需控制此项目	
易氧化物	符合规定①	符合规定①	
总有机碳	≤0.5mg/L①	≤0.5mg/L①	≤0.5mg/L
电导率	符合规定	符合规定	符合规定(三步法测定)
细菌内毒素	—	<0.25EU/ml 用于生产渗析液时需控制此项目	
微生物限度	需氧菌总数≤100CFU/ml	需氧菌总数≤100CFU/ml	菌落总数≤100CFU/ml

① 纯化水 TOC 检测法和易氧化物检测法两项可选做一项。

表 7-3　注射用水的质量对照表

项目	《中国药典》(2015 年版)	《欧洲药典》(8.0 版)	《美国药典》(37 版)
制备方法	注射用水为纯化水经蒸馏所得的水	注射用水通过符合官方标准的饮用水制备，或者通过纯化水蒸馏制备	注射用水的原水必须为饮用水；无任何外源性添加物；采用适当的工艺制备(如蒸馏法或纯化法)，制备法需得到验证
性状	无色澄明液体、无臭、无味	无色澄明液体	—
pH/酸碱度	pH 5.0～7.0	—	
氨	≤0.2μg/ml	—	
不挥发物	≤1mg/100ml	—	
硝酸盐	≤0.06μg/ml	≤0.2μg/ml	
亚硝酸盐	≤0.02μg/ml		
重金属	≤0.1μg/ml	≤0.1μg/ml	
铝盐	—	最高 10μg/L 用于生产渗析液时需控制此项目	
易氧化物			
总有机碳	≤0.5mg/L	≤0.5mg/L	≤0.5mg/L
电导率	符合规定(三步法测定)	符合规定(三步法测定)	符合规定(三步法测定)
细菌内毒素	<0.25EU/ml	<0.25EU/ml	0.25EU/ml①
微生物限度	需氧菌总数≤10CFU/100ml	需氧菌总数≤10CFU/100ml	菌落总数≤10CFU/100ml

① 商业用途的原料注射用水。

　　(4) 关键水质指标　制药用水的关键水质指标包含电导率、总有机碳、微生物限度和细菌内毒素等。

① 电导率。电导率是表征物体导电能力的物理量，其值为物体电阻率的倒数，单位是 S/cm 或 μS/cm。纯水中的水分子也会发生某种程度的电离而产生氢离子与氢氧根离子，所以纯水的导电能力尽管很弱，但也具有可测定的电导率。水的电导率与水的纯度密切相关，水的纯度越高，电导率越小，反之亦然。当空气中的二氧化碳等气体溶于水并与水相互作用后，便可形成相应的离子，从而使水的电导率增高。

电导率测定法是用于检查制药用水的电导率进而控制水中电解质总量的一种测定方法。测定水的电导率必须使用精密的并经校正的电导率仪，电导率仪的电导池包括两个平行电极，这两个电极通常由玻璃管保护，也可以使用其他形式的电导池。根据仪器设计功能和使用程度应对电导率仪定期进行校正，电导池常数可使用电导标准溶液直接校正，或间接进行仪器比对，电导池常数必须在仪器规定数值的±2%范围内。进行仪器校正时，电导率仪的每个量程都需要进行单独校正。仪器最小分辨率应达到 0.1μS/cm，仪器精度应达到±0.1μS/cm。

温度对样品的电导率测定值有较大影响（图7-4），电导率仪可根据测定样品的温度自动补偿测定值并显示补偿后读数。水的电导率采用温度修正的计算方法所得数值误差较大，因此电导率测定法需采用非温度补偿模式，温度测量的精确度应在±2%以内。在线电导率仪的正确安装位置需能反映使用水的真实质量，在线检测的最佳位置一般为管路中最后一个"用点"阀后，且在回储罐之前的主管网上。

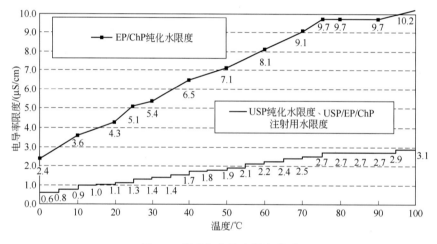

图7-4　温度与电导率限度关系

《中国药典》和《欧洲药典》的纯化水可使用在线或离线电导率仪测定，记录测定温度。在温度与电导率限度表中，找到测定温度对应的电导率值即为限度值，如测定温度未在表中列出，采用线性内插法计算得到限度值，如测定的电导率值不大于限度值，则判为符合规定；如测定的电导率值大于限度值，则判为不符合规定。

内插法的计算公式为：

$$\kappa = (T - T_0)(\kappa_1 - \kappa_0)/(T_1 - T_0) + \kappa_0 \tag{7-1}$$

式中，κ 为测定温度下的电导率限度值；κ_1 为图中高于测定温度的最接近温度对应的电导率限度值；κ_0 为图中低于测定温度的最接近温度对应的电导率限度值；T 为测定温度；T_1 为图中高于测定温度的最接近温度；T_0 为图中低于测定温度的最接近温度。

《美国药典》纯化水和注射用水、《欧洲药典》注射用水和《中国药典》注射用水需采用"三步法"进行电导率的测试，可使用在线或离线电导率仪完成。

第一步：在温度与电导率限度图（图7-4）中找到不大于测定温度的最接近温度值，图中对应的电导率值即为限度值，如测定的电导率值不大于表中对应的限度值，则判为符合规定；如测定的电导率值大于表中对应的限度值，则继续进行下一步测定。

第二步：取足够量的水样（不少于 100ml）至适当容器中，搅拌，调节温度至 25℃，剧烈搅拌，每隔 5min 测定电导率，当电导率值的变化小于 0.1μS/cm 时，记录电导率值，如测定的电导率不大于 2.1μS/cm，则判为符合规定；如测定的电导率大于 2.1μS/cm，继续进行下一步测定。

第三步：应在上一步测定后 5min 内进行，调节温度至 25℃，在同一水样中加入饱和氯化钾溶液（每 100ml 水样中加入 0.3ml），测定 pH 值，精确至 0.1pH 单位，在 pH 与电导率限度表（表 7-4）中找到对应的电导率限度，并与第二步中测得的电导率比较，如第二步中测得的电导率不大于该限度值，则判为符合规定；如第二步中测得的电导率超出该限度值或 pH 值不在 5.0～7.0 范围内，则判为不符合规定。

表 7-4　pH 与电导率限度表

pH	电导率/(μS/cm)	pH	电导率/(μS/cm)
5.0	4.7	6.1	2.4
5.1	4.1	6.2	2.5
5.2	3.6	6.3	2.4
5.3	3.3	6.4	2.3
5.4	3.0	6.5	2.2
5.5	2.8	6.6	2.1
5.6	2.6	6.7	2.6
5.7	2.5	6.8	3.1
5.8	2.4	6.9	3.8
5.9	2.4	7.0	4.6
6.0	2.4		

《中国药典》灭菌注射用水采用如下方法进行电导率测定：调节温度至 25℃，使用离线电导率仪进行测定。标示装量为 10ml 或 10ml 以下时，电导率限度为 25μS/cm；标示装量为 10ml 以上时，电导率限度为 5μS/cm。测定的电导率不大于限度值，则判为符合规定；如电导率大于限度值，则判为不符合规定。

② 总有机碳。总有机碳是指水体中溶解性和悬浮性有机物含碳的总量。水中有机物的种类很多，目前还不能全部进行分离鉴定，常以 TOC 表示。TOC 是一个快速鉴定的综合指标，它以碳的数量表示水中含有机物的总量。但由于 TOC 不能反映水中有机物的种类和组成，因而不能反映总量相同的总有机碳所造成的不同污染后果。总有机碳测定法用于检查制药用水中有机碳总量，用以间接控制水中的有机物含量。TOC 通常作为评价水体有机物污染程度的重要依据。总有机碳检查也被用于制水系统的流程控制，如监控净化和输水等单元操作的效能。

TOC 测定的主要原理：首先将样品进行氧化，使水中有机物分解成 CO_2，然后检测 CO_2 来间接得到 TOC 值。氧化技术主要有：高温氧化、超临界氧化、加热的过硫酸盐氧化、紫外线加过硫酸盐氧化、紫外线氧化、紫外线加二氧化钛氧化。CO_2 检测技术主要有：非分散红外探测（NDIR）、直接电导率探测和选择性薄膜电导率探测。基于研究结果和对行业中制药用水系统的广泛调查，《美国药典》将限制线定为 0.5mg/L。1998 年 5 月 15 日，《美国药典》正式采用 TOC 测试方法，并在 USP 23 的第 8 增补本中正式去除了易氧化物法。

制药用水中的有机物质一般来自原水和制药用水制备、储存与分配系统中细菌的生长，通常采用蔗糖作为易氧化的有机物，1,4-对苯醌作为难氧化的有机物，按规定制备各自的标准溶液，在总有机碳测定仪上分别测定相应的响应值，以考察所采用技术的氧化能力和仪器的系统适用性。

③ 微生物限度。制药生产过程中使用的制药用水属于洁净要求非常严格的水，但它并不是无菌

的，它被广泛应用于料液配制、在线清洗、器具清洗等多个岗位。其质量直接影响产品质量，为降低无菌生产过程中的微生物负荷，需对制药用水中的微生物数量进行控制。

对制药用水系统来说，革兰阴性菌危害最大，因为它很易形成生物膜并由此成为内毒素的污染源。美国食品药物管理局（FDA）的建议原则是注射用水微生物指标不高于 10 CFU/100ml，纯化水微生物指标不高于 100 CFU/ml，但这不是合格或不合格的标准，这仅是警戒限量，若超过该限量，企业必须调查原因，采取措施整改，并分析超标水对产品微生物污染的影响，调查情况应做出记录。

规定警戒限量的目的是保证水系统在可控状态下运行。水系统警戒限量的规定取决于系统的制水情况、成品制剂生产工艺和产品用途，如抗酸剂配方中不含有效的防腐剂，水质容易发生污染，其水系统的微生物警戒限量就不应低于 100 CFU/ml。每个制药企业都必须对自己的产品和生产方法进行评估，根据危险性最大的品种制定水系统可接受的企业内控微生物限度，同时，企业内控微生物限度不能超过药典规定的最大警戒限量。

水系统中的微生物一般浮游于水中或附着在罐壁或管壁上。附着于罐壁或管壁时称其为"生物膜"，它能持续脱落微生物。因此，当系统产生生物膜后，其污染呈不均匀性，样品也就有可能不能代表污染的菌型或数量。比如，一个样品的细菌数为 10 CFU/ml，另外一个样品为 1000 CFU/ml，这样的测定结果没有实际的意义，因此，FDA 在《微生物学化验室的检查指南》中指出：微生物检测应包括对细菌总数测试中发现的菌落进行鉴别。

制药用水系统中的微生物指标测试一般采用离线取样进行分析，由于水样采集常在非无菌区域进行，无法保证无菌操作，可能会因取样误差而偶有少量的菌数；同时，注射用水为无菌生产工艺的主要原料，过滤除菌法要求药液在除菌过滤前的微生物负荷不高于 10 CFU/100ml，因此，注射用水微生物限度控制在不高于 10 CFU/100ml 是综合了经济、质量控制与安全操作等多个因素的结果。

④ 细菌内毒素。注射剂产品最为关心的是细菌内毒素指标，细菌内毒素超标可能会引发严重的热原反应，药典规定注射用水的内毒素指标需低于 0.25 EU/ml。水系统中的细菌内毒素指标测试一般采用离线取样进行分析。

细菌内毒素检查包括两种方法，即凝胶法和光度测定法。供试品在进行检测时，可使用其中任何一种方法进行试验，当测定结果有争议时，除另有规定外，以凝胶法结果为准。

凝胶法是指通过鲎试剂与内毒素产生凝集反应的原理来检测或半定量内毒素的方法。鲎试剂是从栖生于海洋的节肢动物"鲎"的蓝色血液中提取变形细胞溶解物，经低温冷冻干燥而成，且专用于细菌内毒素检测的生物试剂。鲎试验法是国际上至今为止检测内毒素最好的方法，它简单、快速、灵敏、准确，因而被欧美药典及我国药典定为法定内毒素检查法，并已被世界各国所采用。

光度测定法分为浊度法和显色基质法两种，浊度法是指利用检测鲎试剂与内毒素反应过程中的浊度变化而测定内毒素含量的方法；显色基质法是指利用检测鲎试剂与内毒素反应过程中产生的凝固酶使特定底物释放出显色团的多少来测定内毒素含量的方法。

在细菌内毒素检查过程中，应防止微生物和内毒素的污染。细菌内毒素检查用水是指内毒素含量小于 0.015 EU/ml（用于凝胶法）或 0.005 EU/ml（用于光度测定法）且对内毒素试验无干扰作用的灭菌注射用水；所用的器皿需经处理，以去除可能存在的外源性内毒素，耐热器皿常用干热灭菌法（250℃ 30min 以上）去除，也可采用其他确认不干扰细菌内毒素检查的适宜方法。若使用塑料器械（如微孔板和微量加样器配套的吸头等）应选用标明无内毒素并且对试验无干扰的器械。

7.2.5　制药用水与GMP

(1) 中国 GMP　中国 GMP 2010 年版在第五章"设备"的第六节中对制药用水有明确的规定，

具体如下：

"第九十六条　制药用水应当适合其用途，并符合《中华人民共和国药典》的质量标准及相关要求。制药用水至少应当采用饮用水。

第九十七条　水处理设备及其输送系统的设计、安装、运行和维护应当确保制药用水达到设定的质量标准。水处理设备的运行不得超出其设计能力。

第九十八条　纯化水、注射用水储罐和输送管道所用材料应当无毒、耐腐蚀；储罐的通气口应当安装不脱落纤维的疏水性除菌滤器；管道的设计和安装应当避免死角、盲管。

第九十九条　纯化水、注射用水的制备、储存和分配应当能够防止微生物的滋生。纯化水可采用循环，注射用水可采用 70℃ 以上保温循环。

第一百条　应当对制药用水及原水的水质进行定期监测，并有相应的记录。

第一百零一条　应当按照操作规程对纯化水、注射用水管道进行清洗消毒，并有相关记录。发现制药用水微生物污染达到警戒限度、纠偏限度时应当按照操作规程处理。"

同时，在中国 GMP 2010 年版《附录 1　无菌药品》中，对制药用水细菌内毒素的监测要求如下：

"第五十条　必要时，应当定期监测制药用水的细菌内毒素，保存监测结果及所采取纠偏措施的相关记录。"

与 1998 版，中国 GMP 2010 年版对制药用水的要求更加接近欧盟 GMP 对制药用水的要求，新版药典采用更科学的方法来检测水质质量，引入电导和 TOC 等国外流行的检测指标。同时，中国 GMP 2010 年版采用"过程控制"分析理念，强调纯化水、注射用水的制备、储存和分配应当能够防止微生物的滋生，取消了对水温的强制约束；另外，中国 GMP 2010 年版建议采用便于趋势分析的方法保存数据，如制药用水的电导、TOC、温度和微生物监测数据等，强调自动化控制与记录等方法的重要性，强调文件系统和整个系统的可追溯性。

（2）欧盟 GMP　欧盟 GMP 规定：水处理设施及其分配系统的设计、安装和维护应能确保供水达到适当的质量标准；水系统的运行不应超越其设计能力；注射用水的生产、储存和分配方式应能防止微生物生长，例如，在 70℃ 以上保温循环。

欧盟 GMP 对制药用水的要求主要体现在如下 3 个方面：

① 强调制药用水水质需满足《欧洲药典》的相关要求。

② 强调"质量源于设计"，制药用水的设计能力需匹配其运行能力。

③ 强调"过程控制"的重要性，并明确"防止微生物生长"是制药用水系统设计、施工、运行与管理中最为重要的内容。

（3）FDA cGMP　美国 FDA cGMP 并没有关于制药用水的直接要求，且很少涉及制药用水的设计要求。美国 FDA cGMP 要求"接触药品成分、工艺原料或药物产品的表面不应与物料发生反应、附着或吸附而改变药物的安全、均一性、强度、质量或纯度"。如下几点是美国 FDA cGMP 对于制药用水系统的一些默认要求：

① 排放口需满足空气阻断的要求。

② 制药用水用换热器需采用防止交叉污染的双板管式换热器。

③ 储罐需安装呼吸器。

④ 需要有日常维护计划。

⑤ 需要有清洗和消毒的书面规程并保有记录。

⑥ 需要有制药用水系统标准操作规程。

在美国，制药用水系统除需满足 FDA cGMP 的要求外，同时还需符合政府颁布的其他法律法规，制药企业需根据《高纯度水系统检查指南》建立合适的质量标准，该指南对制药用水有如下关键性要求：

① 要求死角最少。

② 要求注射用水回路的用点处无过滤器。

③ 多数注射用水分配系统管道材质为 316L 不锈钢。

④ 换热器采用双端板设计或采用压差监测。

⑤ 要求储罐采用呼吸器，防止外界污染。

⑥ 管道坡度需符合要求。

⑦ 使用卫生型密封泵。

⑧ 静止保存时 24h 内使用。

⑨ 生产无菌药品时，最后冲洗用水质量需达到注射用水标准。

⑩ 纯蒸汽中不含挥发性添加物。

（4）WHO GMP 2012 年，世界卫生组织在《WHO Good Manufacturing Practices：Water For Pharmaceutical Use》中对制药用水有明确要求，其主要内容包含制药用水的一般要求、制药用水的质量标准、制药用水在工艺和剂型中的应用、制药用水的纯化方法、制药用水的储存与分配系统、制药用水系统运行中的考虑因素、制药用水系统的其他指导和要求等。具体内容如下。

① 制药用水的一般要求。WHO GMP 主要关注系统能否稳定、持续的生产符合预期质量的制药用水；水系统的使用（如预防性维护计划）需要 QA 部门的批准；水系统的水源和制备得到的纯化水和注射用水中的电导率、TOC、微生物、内毒素和一定的物理属性（如温度）需定期检测并将结果进行记录；使用化学消毒剂的地方，需要证明已被完全去除。

② 制药用水的质量标准。WHO GMP 主要对饮用水、纯化水、高纯水、注射用水和其他级别的制药用水（如分析用水）的质量标准进行了明确的描述。

③ 制药用水在工艺和剂型中的应用。WHO GMP 明确药品药监机构将确立各自工艺和剂型中制药用水的使用标准和原则，对制药用水的质量要求需考虑中间品或最终产品的特性，对高纯水有明确说明，同时，纯蒸汽的冷凝水水质指标与注射用水质量标准一致。

④ 制药用水的纯化、储存与分配系统。在 WHO GMP 中明确介绍了饮用水、纯化水、高纯水和注射用水的纯化方法。储存与分配系统为制药用水系统中的重要组成部分，因储存与分配系统无任何纯化处理功能，避免储存与分配系统中制药用水的水质发生二次污染尤为关键。储存与分配系统所用的材质需适用于任何质量的制药用水并保证不对水质产生负面影响。储存与分配系统需要设计良好的消毒或杀菌方式，以便有效控制生物负荷。水温最好控制在 70～80℃ 为宜，同时，15～20℃ 也是认可的。对于纯化水和注射用水储罐，需要安装呼吸器、压力监控和爆破片，并具备缓冲能力以满足连续运行和间歇生产的需求。保持管网系统的湍流状态、避免系统出现死角、热消毒（温度大于 70℃）和化学试剂消毒（臭氧消毒，使用前去除）均是控制微生物指标的良好方法。

⑤ 制药用水系统运行中的考虑因素。需要有效的工厂测试报告（FAT）和现场测试报告（SAT），需要有验证计划并遵循设计确认（DQ）、安装确认（IQ）和运行确认（OQ）原则，性能确认（PQ）采用三阶段法进行。

⑥ 制药用水系统的指导要求。通过在线或离线方法进行水质质量的监测，在给定的周期内按照既定程序进行系统维护，定期对系统各个部分进行检查。

7.2.6　制水设备

（1）纯化水机　纯化水的制备应以饮用水作为原水，并采用合适的单元操作或组合的方法。常用的纯化水制备方法包括膜过滤、离子交换、电去离子（EDI）、蒸馏等，其中膜过滤法又可细分为微滤、超滤、纳滤和反渗透（RO）等。

纯化水的水质指标要求主要和其使用用途有关，不同行业对于纯化水水质指标要求的不同，可能会衍生出不同的纯化水制备工艺流程。例如，半导体和电子行业需要使用大量的超纯水冲洗芯片，对于超纯水的颗粒度及电导率要求非常严格，其水的电阻率需达到 $15M\Omega \cdot cm$ 以上，即电导率值不高于 $0.067\mu S/cm$。制药行业虽然对纯化水的电导率要求不如半导体和电子行业苛刻，但其对纯化水的 TOC、微生物和内毒素指标等有着严格的要求。为保证制药用水质量标准符合药典要求，需要选择合适的工艺加以控制。例如，水系统主管网过滤器很可能因管理不当成为微生物繁殖的温床，故不推荐纯化水储罐出口安装主管网过滤器。制药行业因其产品的特殊性，在制水设备设计方面需要对水中无机物、有机物、微生物和内毒素等指标采取足够的措施，并进行合理有效的风险预防和纠偏处理。

纯化水制备工艺流程的选择需要考虑到以下一些因素：原水水质；产水水质；设备工艺运行的可靠性；系统微生物污染预防措施和消毒措施；设备运行及操作人员的专业素质；适应不同原水水质变化的适应能力和可靠性；设备日常维护的方便性；设备的产水回收率及废液排放的处理；日常的运行维护成本；系统的监控能力。纯化水机的主要功能是将原水通过各种"净化"工艺转化为纯化水，图 7-5 为不同过滤方法的对比。由于纯化水储存与分配单元无任何净化功能，因此纯化水制备系统的产水水质均需高于药典质量要求。如 USP 规定纯化水的电导率极限值为 $1.3\mu S/cm$（25℃），纯化水机的出水水质要求一般均会优于 $0.5\mu S/cm$（25℃）。

制药行业纯化水制备系统一般由预处理系统和纯化系统两部分组成。预处理系统的主要目的是去除原水中的不溶性杂质、可溶性杂质、有机物、微生物，使其主要水质参数达到后续纯化系统的进水要求，从而有效减轻后续纯化系统的杂质负荷。预处理系统一般包括原水箱、多介质过滤器、微滤、超滤、纳滤、活性炭过滤器、软化器等多个单元。预处理系统的出水水质主要取决于工艺的选择和原水水质，预处理的出水水质需满足后续纯化系统的进水水质要求。纯化系统的主要目的是将预处理系统的产水净化为符合药典要求的纯化水。纯化系统一般分为 RO/RO、RO/EDI、RO/RO/EDI 等多种净化工艺，其主要目的是将预处理水"净化"为符合药典要求的纯化水。

（2）蒸馏水机　注射用水可通过蒸馏法、反渗透法、超滤法等获得，各国对注射用水的生产方法作了十分明确的规定。

● 《美国药典》规定"注射用水经蒸馏法，或比蒸馏法在移除化学物质和微生物水平方面相当或更优的纯化工艺制得"。

● 《中国药典》规定"注射用水为纯化水经蒸馏所得的水"。

● 《欧洲药典》规定"注射用水通过符合官方标准的饮用水制备，或者通过纯化水蒸馏制备，蒸馏设备接触水的材质是中性玻璃、石英或合适的金属，装有有效预防液滴夹带的设备"。

在国外，只要能够通过验证被证明如同蒸馏法一样有效且可靠，某些纯化技术（如超滤和反渗透技术）可以用于注射用水的生产，制备后的注射用水采用高温储存、高温配循环来进行微生物的控制。不过，由于反渗透法和超滤法制备过程为常温工况，其微生物繁殖的抑制作用不如蒸馏法，所以企业必须做大量的维护工作并重点关注在制备过程中微生物污染的风险。注射剂若含有细菌内毒素将会产生热原反应，蒸馏水机的主要功能是去除水中的细菌内毒素。由于细菌内毒素不具有挥发性，因此深度去除细菌内毒素最有效的方法是蒸馏法。蒸馏法是采用气液相变法和分离法的原理对原料水进

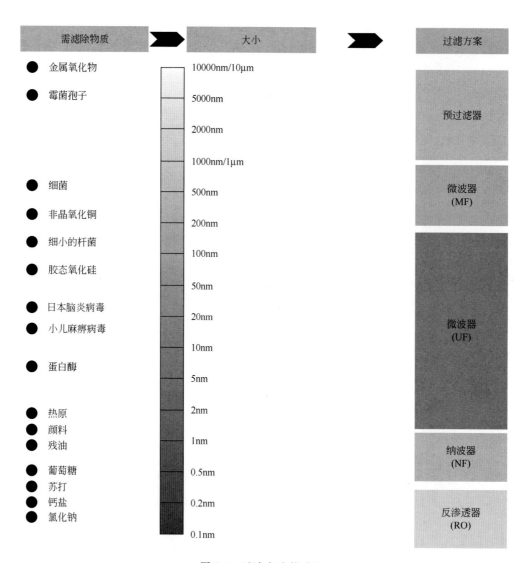

图 7-5　过滤方法的对比

行化学和微生物纯化的工艺过程，通过蒸馏法至少能减少原料水中的 99.99％内毒素含量。

　　采用饮用水或纯化水为原水经蒸馏法制备注射用水是世界公认的首选方法，《中国药典》和《欧洲药典》要求蒸馏水机的原水必须为纯化水，《美国药典》要求蒸馏水机的原水至少为饮用水。蒸馏水机是基于相变、在某些情况下高温运行的可靠设备，纯蒸汽则可采用同一台蒸馏水机或单独的纯蒸汽发生器获得。蒸馏水机形式多样，但基本结构均相似，一般由蒸发装置、分离装置、冷凝装置等组成。

　　目前，蒸馏水机主要有塔式蒸馏水机、蒸汽压缩式蒸馏水机和多效蒸馏水机。20 世纪 50 年代以前，国外主要使用塔式蒸馏水机，这种装置的能耗指标高，资源浪费严重，而且由于其生产工艺和除沫器的技术落后，生产出来的蒸馏水质量不高。60 年代以后，国外研制出气压式蒸馏水机，与塔式蒸馏水机相比，它具有明显的节能节水等优点，在国外应用较广泛。1971 年，芬兰 FINN-AQUA 公司成功研发出全球第一台多效蒸馏水机，这种设备具有技术工艺先进、操作简便、使用可靠、噪声低、节能等优点，得到了全世界制药企业的广泛认同。

7.2.7　储存与分配系统

　　储存与分配系统的正确设计对制药用水系统成功与否至关重要。任何制药用水储存与分配系统都必须达到下列 3 个目的。

　　① 保持制药用水水质在药典要求的范围之内。

　　② 将制药用水以符合生产要求的流量、压力和温度输送到各工艺用点。

　　③ 保证初期投资和运行费用的合理匹配。

　　制药用水储存与分配系统的设计形式多种多样的，选择何种设计形式主要取决于用户需求与生产要求。过度设计是制药用水储存与分配系统中经常碰到的一个问题。例如，GMP 要求制药用水用点的水质保持在药典要求的范围之内，虽然通过呼吸器会有少量二氧化碳溶入并导致注射用水电导率有所升高，但其电导率指标还是非常安全的。对于普通制药产品，如果我们采用氮气保护的方法来避免二氧化碳对电导率的影响，虽然能起到一定的效果，但其运行费用非常高，从投资的角度来看，也是一种浪费。而对于氨基酸大输液等厌氧性"特殊制药产品"，加入氮气保护是另外的工艺考虑。另外一个例子是纯化水罐体呼吸器的灭菌，风险分析表明，纯化水罐体呼吸器并不需要设计在线纯蒸汽灭菌程序，采用定期更换纯化水储罐呼吸器滤芯的方式也是一个非常安全的方式；但是，对于安装在注射用水系统的呼吸器，其风险等级要高于纯化水系统，建议设计为在线灭菌和在线完整性检测方式，以降低注射用水呼吸器的污染风险。

　　随着技术的改进和企业对制药用水重视的不断加深，许多设计特性已被大家广泛接受并应用。如高温储存、连续湍流循环、卫生型连接、抛光管道、自动轨道焊接技术、定期消毒或灭菌、使用隔膜阀等。当所有设计特性均融入一个新设计方案中时，其系统安全性往往很高，但其投资成本会升高。虽然每个良好的组件和设计思路都有安全等级，但把所有优秀的设计思路均置于每个系统也是错误的。许多系统，即使删去 1 个或多个设计特性，也能成功地运行，在这种情况下，其他设计特性的累计效应足以保证系统的整体质量安全。比如，采用高温储存、连续湍流循环、卫生型连接、机械抛光管道、自动轨道焊接技术、定期消毒或灭菌、使用隔膜阀的储存与分配系统，系统质量安全风险已经控制得非常好，就没有必要再采用电解抛光的 316L 管道来进一步增加其安全系数，这样企业会增加非常多的投资，所带来的系统安全反而不会非常明显。

　　一个良好的储存与分配系统的设计需兼顾法规、系统质量安全、投资和实用性等多方面的综合考虑，并杜绝设计不足和设计过度的发生。在最合理的成本投入下，采用能最大限度降低运行风险和微生物污染风险的设计特性。设计特性的选择应基于"投资回报"理念，其中的"回报"主要是指对风险的降低，采用这种理念将有助于控制系统成本和评估不同的设计形式。系统将符合药典要求的水连续输送到用点的能力可用来衡量系统的设计是否成功。因此，选择哪些设计特性才能以最高的投资回报率达到要求的水质标准是制药工程所面临的挑战。

　　储存与分配管网系统包括储存单元、分配单元和用点管网单元（图 7-2）。

　　对于储存与分配系统，储罐容积与输送泵的流量之比称之为储罐周转或循环周转，例如，注射用水储罐为 5m³，注射用水泵体为 10m³/h，则储罐周转时间为 30min；对于生产、储存与分配系统，储罐容积与制水设备产能之比称之为系统周转或置换周转，例如，注射用水储罐为 5m³，蒸馏水机产能为 0.5m³/h，则系统周转时间为 10h（图 7-6）。

　　（1）储存单元　储存单元用来储存符合药典要求的制药用水并满足系统的最大峰值用量要求。储存系统必须保持供水质量，以便保证产品终端使用的质量合格。储存系统允许使用产量较小、成本较少并满足最大生产要求的制备系统。储罐的内表面存在水流缓慢的区域，易附着疏松的生物膜，因此对储罐的消毒和保证罐内水的连续循环是非常重要的。通过安装罐体喷淋球使水连续流通并润湿储罐顶部内表面，可进一步降低生物膜的形成。从控制细菌繁殖的角度看，储罐越小越好，因为这样系统循环率会较高，降低了细菌快速繁殖的可能性。较小的制备系统运行比较接近连续的动态湍流状态，

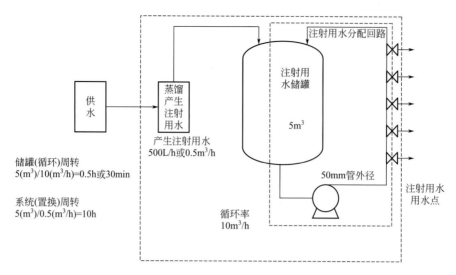

图 7-6　系统周转与储罐周转

一般而言，储存系统的腾空次数需满足 1～5 次/h，推荐为 2～3 次/h，相当于储罐周转时间为 20～30min。对于臭氧消毒的储存与分配系统，罐体容量降低有利于缩减罐体内表面积，这样更有利于臭氧在水中的快速溶解。

储罐大小的选择一般依据经济考虑以及预处理量。同一个生产车间，采用稍小的制备单元配备稍大的储罐与采用稍大的制备单元配备稍小的储罐均能满足生产需求，一般而言，系统周转时间控制在 1～2h 为宜。水机产量选择过大，则投资增加显著；储罐容积选择过大，则罐体腾空次数受限，微生物污染的风险升高。有效容积比是指罐体的有效容积与实际总容积的占比。制药用水系统的储罐可按照有效容积比 0.8～0.85 来考虑。例如，当企业需要纯化水罐体储存 8000L 纯化水时，可考虑罐体总体积为 10000L。

当储存与分配系统设计为巴氏消毒时，罐体一般采用材质 316L 的常压或压力设计，按 ASME BPE 标准进行设计和加工，罐体外壁带保温层以维持温度并防止人员烫伤。罐体附件包含：喷淋球、压力传感器、温度传感器、带电加热夹套的呼吸器、液位传感器、罐底排放阀。

当储存与分配系统设计为臭氧杀菌时，罐体一般采用材质 316L 的常压或压力设计，按 ASME BPE 标准进行设计和加工，罐体外壁的保温层可以取消，罐体附件包含：压力传感器、温度传感器、呼吸器、液位传感器和罐底排放阀等，同时，呼吸器出口建议安装臭氧破除器以保护环境和人员安全。

当储存与分配系统设计为采用压力大于 0.1MPa 的饱和蒸汽灭菌时，储罐应按压力容器设计，如系统采用纯蒸汽或过热水进行灭菌时，罐体一般采用材质 316L 的 －1～3bar 压力设计，按 ASME BPE 标准进行设计和加工，将由当地锅炉压力容器审批组织提供整套的文件。罐体外壁带保温层以维持温度并防止人员烫伤。罐体附件包含：喷淋球、爆破片、压力传感器、温度传感器、带电加热夹套的呼吸器、液位传感器、罐底排放阀。呼吸器能实现在线灭菌和在线完整性检测。对于需采用罐体自身加热来维持水温的储存单元，其罐体还需设计工业蒸汽夹套。

喷淋球的主要目的是保证罐体始终处于自清洗和全润湿状态，并保证巴氏消毒及过热水灭菌状态下全系统温度均一。除呼吸器接口外，储罐上封头的罐体附件接口（泄压装置接口、仪表接口等）应尽可能靠近顶部，以简化喷淋球的设计并获得更好的喷淋效果。罐体呼吸器应尽可能远离储罐，防止喷淋球的喷淋水堵塞过滤器滤芯。如果有导管或仪器从罐体上封头垂直插到罐体内部，那么可能会需要采取多个喷淋球来避免在喷淋方式上的"死角"；对于臭氧消毒的系统，由于喷淋球的喷淋作用会加速臭氧气体的析出，因此通常不用喷淋球。作为替代方案，回水进口应设计在液位的合适位置，使臭氧接触最大化。

罐体压力传感器主要是检测罐内实时压力，同时为罐体灭菌时呼吸器开启或关闭的指令提供依据，罐内的压力将通过 PLC 控制和监控。国内部分企业对常压罐体的纯化水系统或不耐负压的注射用水罐体采用纯蒸汽灭菌操作，实际上存在非常大的"瘪罐"风险。因此，当系统采用纯蒸汽或过热水灭菌时，一定要选择耐受负压的压力罐体设计，以避免不必要的安全隐患。

罐体温度传感器主要是为了实时监控罐体水温，为有效控制微生物滋生，罐内的温度将通过 PLC 监测和控制。推荐纯化水罐体水温维持在 18～25℃，注射用水水温维持在 75～85℃ 为宜。纯化水水温超过 25℃，系统微生物滋生的风险较大，注射用水水温高于 85℃，系统发生红锈的风险较大。

爆破片（图 7-7）主要用在需要承压的压力罐体上。它是传统安全阀门的替代品，一般为反拱形设计，其优点是卫生型卡接连接，316L 材质设计，有效解决了老式安全阀存在的死角风险，为保护常压罐体发生瘪罐，部分企业还会安装负压型爆破片。WHO GMP 要求爆破片带报警装置，以便系统发生爆破时能及时发现。

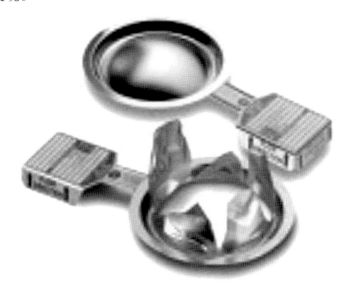

图 7-7　爆破装置

罐体呼吸器为所有 GMP 均明确提及的基本要求之一，其主要目的是有效阻断外界颗粒物和微生物对罐体水质的影响，滤芯孔径为 $0.22\mu m$，材质为聚四氟乙烯（PTFE）。当系统处于高温状态时（如巴氏消毒的纯化水储罐、纯蒸汽或过热水灭菌的注射用水储罐），冷凝水容易聚集在滤膜上并导致呼吸器堵塞，采用带电加热夹套或蒸汽伴热并设自排口的呼吸器，它能有效防止"瘪罐"发生，并能有效降低呼吸器的染菌概率。而对于臭氧消毒的纯化水系统，因没有任何呼吸器堵塞的风险，且呼吸器长时间处于臭氧保护下，故无需安装电加热夹套。

为满足系统的运行要求，制药用水储罐的呼吸器设计可以很简单，也可以很复杂。例如可设计为采用一次性滤芯与滤壳的简单组合，也可以设计为同时配备在线灭菌和完整性测试功能的带电加热夹套的呼吸器。应考虑安装冗余的呼吸器与阀门，以便更换和进行完整性测试时防止储罐内的水暴露于外界或接触到检测试剂。呼吸器的设计主要取决于储罐的运行参数和定期维护的灵活性，结合风险分析考虑，纯化水呼吸器可采用离线灭菌或定期更换滤芯的方式来防止微生物的滋生；而注射用水系统推荐采用在线灭菌的方式来防止微生物的滋生。当呼吸器采用在线灭菌时，需重点关注正向或反向灭菌时，膜内外实际压差不能高于膜本身的最大耐受压差。如果储罐内吸入的二氧化碳气体对水的电导率产生不良影响，可以从几个方面考虑解决，包括通过电去离子来提纯、在储罐的上封头充入惰性气体（如氮气）、采用带二氧化碳吸收器的呼吸器、注入或更换新水。

用于制药用水系统储罐上的呼吸器，滤芯安装后要进行完整性测试，但无需像无菌过滤器那样进行验证。测试和目视检查是必需的，还包括系统运行结束时的完整性测试，完整性测试的目的是验证呼吸器从系统中移除时没有出现堵塞或泄漏现象，证明所采取的预防性维护计划是正确的，常用的过滤器完整性检测方法包括泡点法、扩散流法和水侵入法，这些方法根据过滤器生产商、应用和滤芯类型的不同而不同。应该对使用后的滤芯在测试中可能出现的失败情况，建立足够多的规程。

液位传感器是罐体的另外一个重要附件，罐内的液位将通过 PLC 监测和控制。其功能主要是为水机提供启停信号，并防止后端离心泵发生空转。传统设计中，液位传感器采用 4～20mA 信号输出的方式，将信号分为高高液位、高液位、低液位、低低液位和停泵液位等几个档次。水机的启停主要通过高液位和低液位两个信号进行，而停泵液位主要是为了保护后端的水系统输送用离心泵，防止其发生空转。适用于制药用水系统的液位传感器主要有静压式液位传感器、电容式液位传感器和差压式液位传感器等，3 种液位传感器均为卫生型卡接连接，并能耐受高温消毒或灭菌。

因储罐中的制药用水处于"相对静止"状态，罐体是整个储存与分配系统中微生物滋生风险最大的地方，因此，除周期性对储存系统进行消毒或灭菌外，罐体内壁还需有合适的表面粗糙度，以有效阻断微生物附着在罐壁上形成难以去除的生物膜。一般推荐罐体表面粗糙度 Ra 不高于 $0.6\mu m$，以 Ra 为 $0.4\mu m$ 且电解抛光为佳。有些车间的多套分配管网系统可能会共用一个储存单元，以节省占地面积和投资。例如某制剂车间为二层设计，其一楼为原液车间，二楼为制剂车间，对于这样的系统，其纯化水系统可采用一个共用的纯化水罐和两套独立的分配输送系统分别给一楼、二楼单独供水。为防止输送泵之间发生"抢水"现象，每套分配系统的输送泵与纯化水罐底连接口最好也为独立的接口。

（2）分配单元　制药用水系统分配单元是整个储存与分配系统中的核心单元。分配系统的主要功能是将符合药典要求的制药用水输送到工艺用点，并保证其压力、流量和温度符合工艺生产或清洗等的需求。分配系统采用流量、压力、温度、TOC、电导率、臭氧等在线检测仪器来进行水质的实时监测和趋势分析，并通过周期性消毒或灭菌的方式来有效控制水中微生物负荷，按照质量检测的有关要求，整个分配系统的总供与总回管网处还需安装取样阀进行水质的取样分析。图 7-8 是注射用水储存与分配系统的基本原理。

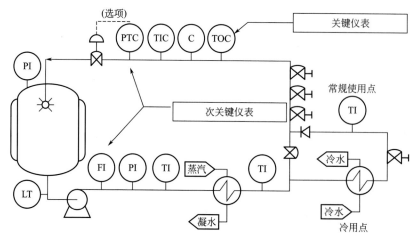

图 7-8　注射用水储存与分配系统

分配系统主要由如下元器件组成：带变频控制的输送泵、换热器及其加热或冷却调节装置、取样阀、隔膜阀、316L 材质的管道管件、温度传感器、压力传感器、电导率传感器与变送器、TOC 传感器及其配套的集成控制系统（含控制柜、I/O 模块、触摸屏、有纸记录仪等）。图 7-9 是一个典型的分配系统案例。

图 7-9 典型的分配系统案例

取样是制药用水系统进行性能确认的一种关键措施，FDA 规定，注射用水取样量不得小于 100ml，以 100～300ml 为宜。取样阀主要安装于制水设备出口、分配系统总供/总回管网以及无法随时拆卸的硬连接用点处。

过程分析技术（简称 PAT）在制药用水系统中应用广泛，分配系统上一般安装温度传感器、压力传感器、流量传感器、臭氧传感器、电导率传感器和 TOC 传感器用于监测水质和运行状况。

① 温度传感器。一般置于主换热器前后，与加热或冷却用的比例调节阀进行联动控制，为管网温度的实时监测和周期性消毒或灭菌提供帮助。纯化水系统采用巴氏消毒时，系统温度维持在 85℃并保持 1～2h；注射用水系统采用纯蒸汽或过热水灭菌时，系统温度维持在 121℃并保持 30min。温度传感器需采用卫生型设计，满足 4～20mA 信号输出功能，Tri-Clamp 卫生型卡接连接，其测量范围一般为 0～150℃，对于注射用水储存与分配系统，温度是除电导和 TOC 外的另外一个关键参数。

② 压力传感器。一般置于回水末端，主要用于监测回水管网压力，当回水压力低于设定值时，系统进行报警，操作人员需查看是否有用水点发生不恰当的用水情况。风险分析表明，回水压力偏低对系统污染风险较大，当用水点开启某个大用点时，很可能发生空气倒吸而引发水系统污染。为保证回水喷淋球能正常开启，一般回水压力需控制在 1～2bar 为宜，其报警压力可设置为 0.5bar 左右。某些制药用水系统会采用背压阀调节回水压力，其目的也是为了保证系统始终处于正压状态。压力传感器需采用卫生型设计，满足 4～20mA 信号输出功能，Tri-Clamp 卫生型卡接连接，其测量范围一般为 0～6bar 或 -1～5bar。

③ 流量传感器。一般置于回水末端，主要用于监测回水管网流量。系统流速与压力有一定的关系，制药用水系统离心泵可同回水流量或回水压力变频联动，其中泵体变频采用流量来进行联动控制的居多。正常情况下，保持系统末端回水流量不低于 1m/s，可将泵体变频流量始终设定为 1.2～

1.5m/s。流速对水质的长期稳定运行非常关键，当系统处于峰值用量时，短时期内回水流速低于1m/s并不会引起系统微生物的快速滋生，但过低的流速将有可能增大系统污染的风险，因此，常采用0.6m/s作为回水管网的报警流速（图7-10）。流量传感器需采用卫生型设计，满足4~20mA信号输出功能，Tri-Clamp卫生型卡接连接，其测量范围一般为与泵体流量相匹配。分配系统中，常用的流量传感器形式有全金属转子流量传感器、涡街流量传感器等。

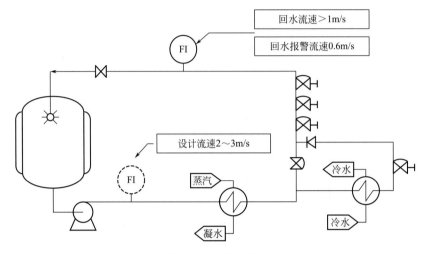

图 7-10　专用取样阀

制药用水系统设计流速是指泵出口主管网处的实际流速。为保证系统管网的运行安全，工程上建议最大设计流速不超过3.5m/s，以2~3m/s为宜。设计流速可通过泵体流量与主管网管径之间的比例关系换算获得。表7-5为ASME BPE标准和SMS3008标准管道的不同管径在1m/s流速下对应的流量值。以ASME BPE标准管道为例，当离心泵设计流量为10m³/h，管径选择DN40，则主管网设计流速为2.92m/s；如果离心泵流量升高到18m³/h，管径仍然选择DN40，则主管网的设计流速达到了5.26m/s，这样的设计并不合理，因此，当泵体流速为18m³/h，推荐选择DN50规格的管道，此时设计流速为2.82m/s。

表 7-5　流量与流速对照表

公称直径	ASME BPE 标准		SMS 3008 标准	
	管道规格/mm	1m/s时的流量/(m³/h)	管道规格/mm	1m/s时的流量/(m³/h)
DN25	25.4×1.65	1.38	25.0×1.2	1.44
DN40	38.1×1.65	3.42	38.0×1.2	3.58
DN50	50.8×1.65	6.38	51.0×1.2	6.67
DN65	63.5×1.65	10.24	63.5×1.6	10.28
DN80	76.2×1.65	15.01	76.1×1.6	15.69

④ 电导率传感器。电导率仪的安装位置必须能反映使用水的质量，在线检测的最佳位置一般为管路中最后一个"用点"阀后，且在回储罐之前的主管网上。电导率仪传感器虽然属非离子特性，但电导率仍是测定水的总离子强度的一种重要指标，因而对许多水系统来说是一个关键参数。纯化水和注射用水的电导指标要求在药典中有详细说明，因此，在线电导检测仪为整个分配系统中的"关键"仪表之一。气泡将导致电导率读数低于预期值，固体颗粒也会严重影响系统的电导率值，为了能正常工作，可采用L形卡接三通来安装电导率仪探头，保证水能不断流过电导率探头，从而避免气泡或固体颗粒在电极里变成截留物质。

⑤ TOC 传感器。与电导率仪安装位置一样，分配系统的在线 TOC 传感器常安装在管路中最后一个"用点"阀后，且在回储罐之前的主管网上。纯化水和注射用的 TOC 指标要求在药典中有详细说明，它属于整个分配系统中另外一个"关键"的仪表。药典要求 TOC 指标不能高于 $500\mu g/L$，一般程序上设定的 TOC 报警值为 $100\mu g/L$，TOC 行动值为 $250\mu g/L$。使用 TOC 分析仪指示内毒素污染意义重大，但当内毒素污染导致更高的 TOC 含量时，内毒素与 TOC 之间的线性关系就不存在了。另外，TOC 测试结果不能代替微生物或内毒素试验。

TOC 可采用在线检测（图 7-11）和离线取样分析两种方法。是否安装 TOC 在线分析仪可依据企业自身情况而定，安装在线 TOC 检测仪后，有利于企业实现水质的实时监测并进行合理的趋势分析。

图 7-11　TOC 在线分析仪

⑥ 臭氧传感器。在臭氧消毒的纯化水系统中，常安装在线臭氧传感器实时监测水中臭氧浓度。臭氧传感器采用溶氧池的方式进行在线臭氧浓度的测定。ORP 分析仪无法分辨水中的臭氧与其他氧化剂，故水系统用的臭氧传感器不能用 ORP 分析仪代替。

制药用水储存与分配单元拥有一套独立的电器控制系统，包括一套可编程逻辑控制器（简称 PLC），彩色触摸屏等控制元器件，以及电源、开关、按钮、接触器、继电器、变频器、指示灯等电气元器件、柜体、端子排、线缆和线槽、DP 通信模块等必需的元器件。该控制系统的用途是对回路的运行状况进行控制，使之能够正确运行。该系统直接安装在储存及分配系统支架上，便于操作人员对设备操作、监测和控制。操作人员界面终端是一个监测面板（简称 OIT），可对设备的操作参数进行显示和设置。报警、行动、灭菌步骤、工艺设定点和工艺数值均在操作人员界面终端上显示。

在系统运行一个周期后，可以启动消毒程序对整个系统进行灭菌，此时系统通过传感器把温度或臭氧浓度信号反馈到可编程逻辑控制器，使其维持在某设定温度或浓度，并按设定的消毒时间运行。

控制系统常规功能如下。

① 输送泵的变频控制。根据回水流量对泵进行变频控制，同时具有低液位停泵、报警保护功能。

② 系统水温控制。对水系统的水温进行自动控制，可实现系统换热器的加热、冷却的自动控制和调节，使水温处于设定范围内。

③ 监测回水温度、压力、电导率、TOC、流量、储罐液位及温度等参数，并自动打印和储存数据，具有趋势分析和历史记录存储及参数超限报警功能。

④ 关键参数可进行参数设定，如电导率、TOC、回水温度、灭菌温度、回水流量等。

⑤ 可自动控制生产和灭菌操作，带有在线记录和打印功能，灭菌时间可自动计时。

⑥ 系统具有操作员、管理员、高级管理员三级或更高管理权限，分设不同的用户名和密码，防止未经授权的人进入系统，修改数据。

⑦ 可采用触摸屏或上位机进行控制。

⑧ 触摸屏上有系统流程界面、工艺及参数设定界面、历史数据查询界面等。

（3）用点管网单元 用点管网单元是指从制水间分配单元出发，经过所有工艺用水点后回到制水间的分配系统，其主要功能是通过管道将符合药典的制药用水输送到各用点。用点管网单元主要有如下元器件组成：取样阀、隔膜阀、管道管件、支架与辅材、保温材料等，对于注射用水系统，还包含冷用点降温模块。用点管网单元的管道管件主要由管道、弯头、三通、U 形弯、变径、卡接、卡盘和垫圈组成。

为控制系统质量并方便管理，典型的分配管网系统的管道总长度不建议超过 400m，如果用点非常多、管网很长，可采用图 7-12 所示的独立分配管网进行合理设计；同时，对于生物安全等级要求较高的生物原液车间，也可参考该图进行有毒区与无毒区制药用水系统的规划与管理。

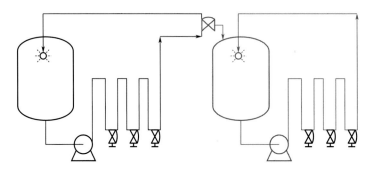

图 7-12 管网的合理分配和设计

制药用水使用点主要分为开放式用点和硬连接用点两大类。例如，洁具间的纯化水用点属于开放式用点（图 7-13），该用点阀门能兼顾取样功能；配料罐的补水阀属于硬连接用点，该用点需安装独立的用点取样阀，以便取样，取样前，需对取样阀进行冲洗。

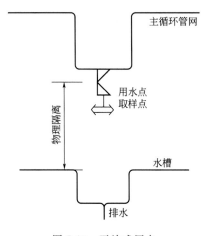

图 7-13 开放式用点

硬连接用点还可细分为直接对接型用点和间接对接型用点（图 7-14）。直接对接型用点的阀门与工艺设备距离非常短；间接对接型用点的阀门与工艺设备之间有一段较长的管道，为避免微生物污染，常采用洁净气体或纯蒸汽对该管网进行吹扫或灭菌。

常规的连接方式有法兰、卡接、焊接、丝扣和螺纹等多种形式。在有微生物控制要求的工况下，卫生型卡接和焊接是常用的连接方式，高质量的焊接是最安全的无菌连接方式，其微生物滋生的风险最小，因此，制药用水系统应尽可能采用焊接方式进行管道的安装；当系统组件需要经常拆卸或检修时（如输送泵、仪器仪表等），则可采用卫生型卡接连接（Tri-Clamp）连接方式。

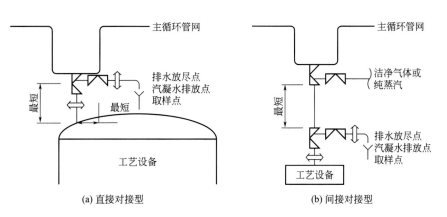

图 7-14　硬连接用点

7.2.8　决策流程图

制药用水储存与分配系统根据使用温度的不同分为高温循环、常温循环和低温循环 3 个不同的设计形式。设计方案的选择不受法规约束，企业可结合用水点的温度要求、消毒方式以及系统规模等因素选择符合自身实际需求的设计方案。同时，企业还需考虑产品剂型、投资成本、用水效率、能耗、操作维护、运行风险等其他因素。

储存与分配系统设计思路可归纳为 8 种形式，目前常规使用的设计原则均可从如下基本原理中得到印证：①批处理循环系统；②多分支/单通道系统；③单罐、平行循环系统；④热储存、热循环系统；⑤常温储存、常温循环系统；⑥热储存、冷却再加热系统；⑦热储存、独立循环系统；⑧用点降温系统。

制药用水分配的两个基本概念为"批次分配"与"动态/连续分配"。"批次分配"概念至少需要用两个储罐，当一个正在补水或检测时，另一个用于为用点提供符合药典要求的制药用水。"批次分配"的好处是采用批处理的方式来管理制药用水，在使用前进行检测，储罐上标有 QA/QC 的放行签，以证明每个生产批次的水是可以追溯和识别，上述八种设计原理中的第一种属于"批次分配"系统。

"动态/连续分配"仅需要一个储罐，采用"过程控制"理念，整个储存与分配系统处于 24h 连续运行状态，储罐液位与制水设备的补水阀门联动，保证用点的实际用水需求并维持水质满足药典要求。"动态/连续分配"的优点为系统设计简单、投资成本与运行管理成本低，并利用罐体缓冲能力有效解决生产时峰值用量的需求，8 种原理中的第 3 种到第 7 种均属于"动态/连续分配"系统，ISPE 建议以分配系统决策树的形式来合理选择储存与分配系统的设计方案（图 7-15）。

（1）批处理循环系统　批处理循环系统（图 7-16）需得到质量部门水质测定并放行后才能投入生产。当其中一个罐体在使用时，另一个罐体将进行补水并进行质量部门水质监测，该设计的主要优点为能对用于生产的批次水（一定量的水）进行跟踪。这种设计的缺点也非常明显，主要包括较高的初期投资成本（需要多个储罐）和运行成本（劳动密集型）；需要等待水样检测结果，存在潜在的延误供水的可能等。在制药行业中，批处理循环系统常用于血制品生产车间配液中心的低温注射用水系统。

（2）多分支/单通道系统　多分支/单通道系统（图 7-17）一般适用于连续用水工况的小系统。当用点数量有限且集中用水时，该构型有一定的参考价值，同时，该设计的初期投资成本相对较低；对于水是分散且无规律使用时，该构型没有优势，用点停止用水的时候可能造成微生物污染。由于很难

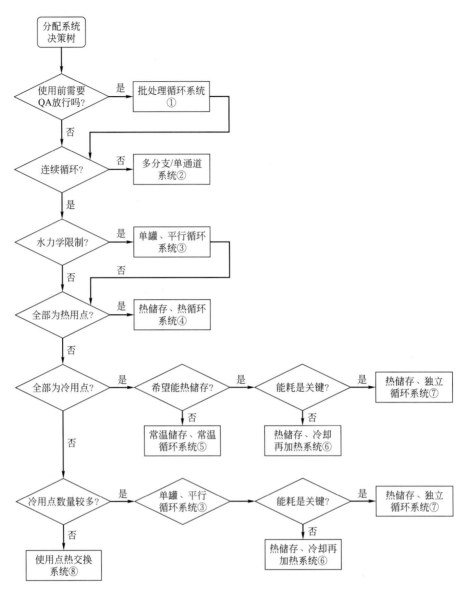

图 7-15　分配系统决策树

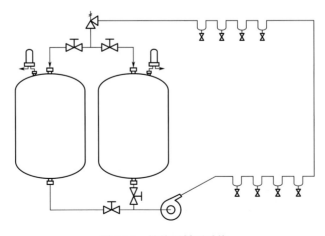

图 7-16　批处理循环系统

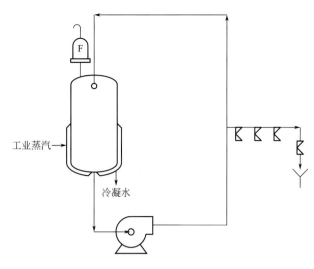

图 7-17 多分支/单通道系统

维护微生物的控制，所以必须建立回路的冲洗计划和消毒/灭菌计划，以将微生物污染控制在合格限度内。如规定系统进行每天冲洗，该系统还可能会要求更高的消毒或灭菌频率，这样就会增加运行成本，另外，在非循环系统中也很难使用在线监测来指示整个系统中水的质量。随着 GMP 与社会经济的发展，人们对制药用水系统重视程度和风险管理意识越来越高，多分支/单通道构型已很难满足人们对于纯化水和注射用水的风险管控与验证需求，因此，该设计思路已很少能被设计者和使用者所接受。

（3）单罐、平行循环系统　单罐、平行循环系统是由多个分配回路与单个储罐组成的分配系统。图 7-18 所示的是有两个单独回路的单储罐热系统，其中一个回路为热循环，另外一个回路为瞬时冷却、再加热系统。

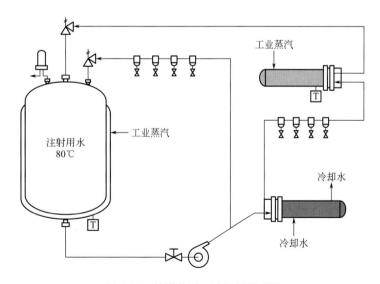

图 7-18 单罐单泵、平行循环系统

单罐、平行循环系统适用于由一个中央储罐为不同区域或一个大范围区域供水的应用。其优势为占地面积小、便于多个分配回路的集中管理和模块化设计，当系统有较多热用点和较多冷用点并存，或者整个系统的用水点非常多且单循环管网无法实现时，该系统设计的优势非常明显。与单罐单回路系统相比，该系统设计的初期投资费用相对较低，但当一套管路发生污染后，会导致整个系统受到污染，因输送泵只能与一个管路的流量或压力信号进行变频联动，单泵单罐的平行循环系统对多个回路的压力和流速实现平衡存在困难,较好的解决方法是给每个回路均安装独立的输送泵(图7-19)。

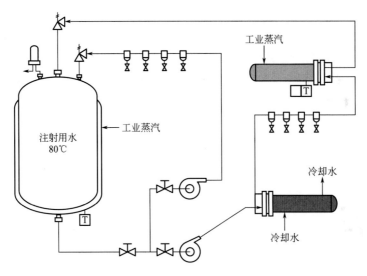

图7-19 单罐多泵、平行循环系统

(4)热储存、热循环系统 热储存、热循环系统主要用于高温注射用水系统的储存与分配(图7-20),通过罐体的夹套工业蒸汽加热或回路主管网上换热器加热的方式来实现系统的热储存与热循环。一般采用纯蒸汽灭菌或过热水灭菌的方式对该系统进行周期性杀菌。循环回水到达储罐的顶部时经过喷淋球进罐,以确保整个顶部表面湿润和系统温度的均一性,当所有的用点都需要高于65℃的热水时,该构造优势非常明显。对于采用蒸馏等高温法制备的制药用水系统,该系统能耗需求相对较低。另外,当系统温度能维持在大于65℃以上时,该系统对储存与分配管网的杀菌频次要求相对较低,有些系统甚至根本无需周期性杀菌。因为热储存、热循环系统本身处于连续巴氏消毒状态,能极好地控制系统微生物的繁殖,该构造系统已被各国GMP推荐为注射用水系统的首选方法,并得到法规机构的广泛认同。

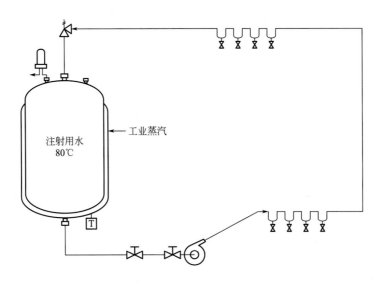

图7-20 热储存、热循环系统

对于热储存、热循环系统,需要考虑的问题包括防止工人烫伤、防止循环泵发生"气蚀现象"、防止湿气在过滤器上聚集并堵塞滤芯、防止红锈的快速形成等。可通过在较低温度下操作,或者对工人适当的培训以及配备适当的防护工具来将烫伤的可能降低到最小;采用稍低温度运行或安装诱导轮等能有效降低泵体"气蚀现象"的发生；将过滤器安装电加热或蒸汽加热夹套能有效防止滤芯发生堵塞（注意：要避免过热，以免高温损坏滤芯）；以"质量源于设计"为原则对整个系统进行全面合理的设计，同时，对系统进行有效钝化并在稍低温度下操作可有效降低红锈快速生成的风险。

（5）常温储存、常温循环系统　常温储存、常温循环系统一般用于环境温度下制备的常温制药用水系统（图 7-21），如采用 RO/EDI 或超滤等膜过滤法制备的纯化水系统。虽然在微生物控制方面，常温储存与循环系统不如热储存与循环系统优秀，但只要系统的消毒达到一定的频率并保持足够的时间，良好的微生物控制目标是完全可以实现的。该系统操作安全、能耗低，投资成本和运行成本都很低，同时，还可以考虑采用非金属的建造材料。尤其是对纯化水系统或高纯水系统，常温储存与循环系统系统能较好地控制微生物并且操作简单，该构造系统已被各国 GMP 接纳为常温纯化水系统的首选方法，并被法规机构广泛认同。常温储存、常温循环系统的微生物抑制方式主要有如下 3 种方式：维持较低的运行水温（如 18～22℃）、安装紫外杀菌装置、保持储罐内时刻处于臭氧消毒状态。常温储存、常温循环系统的消毒方式主要巴氏消毒、臭氧消毒和纯蒸汽灭菌等。

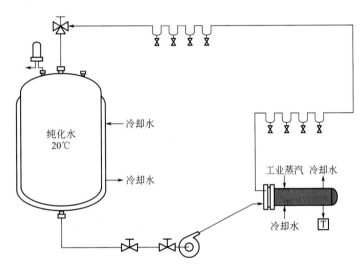

图 7-21　常温储存、常温循环系统

（6）热储存、冷却再加热系统　当制药用水系统采用高温法制备法，需要有严格的微生物防治措施且消毒时间有限时，热储存、冷却再加热系统是一个很好的选择（图 7-22），它提供了很好的微生物预防措施，且十分便于消毒。如果系统中存在多个温度一致的低温用点时，其节省投资的作用尤为明显。储罐内的热水经第一个换热器瞬时冷却并流至用点，经第二个换热器再度加热后回到储罐，其主要原理是采用高温储存方式来抑制储存系统的微生物繁殖，采用低温湍流循环的方式来抑制管网系统的微生物繁殖并满足用点水温的要求。当夜间企业停止生产时，关闭冷却介质即可实现对回路系统的巴氏消毒。同时，可采用纯蒸汽灭菌或过热水灭菌的方式对储存与分配系统进行全面的周期性杀菌。此种构造最主要的缺点是能耗非常高，这是因为不管是否从用点管网中取水，循环水都会被瞬时冷却并需要瞬时再加热。

（7）热储存、独立循环系统　当制药用水系统采用高温法制备、系统中存在多个温度一致的低温用点且能耗是关键因素时，可采用热储存、独立循环系统（图 7-23），它的最大好处是在能耗有限的情况下可实现热储存、冷却再加热系统。储罐内的热水经换热器瞬时冷却后流至各用点，并采用旁路管网重新回到输送泵入口端，通过罐体夹套工业蒸汽加热或回路主管网上换热器加热的方式，实现系统的热储存。

当用点不用水时，换热器上冷却水关闭，经比例调节阀控制下的大量回水经喷淋球进入储罐，少

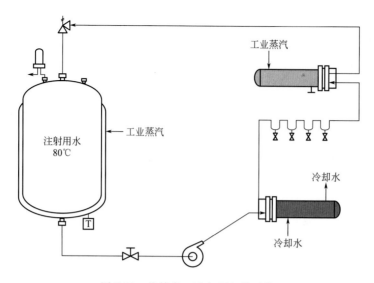

图 7-22　热储存、冷却再加热系统

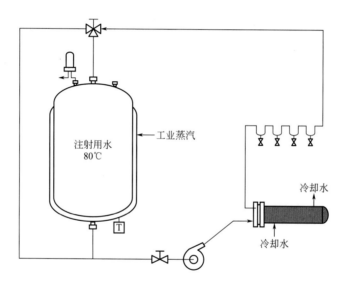

图 7-23　热储存、独立循环系统

量回水经旁路管网直接进输送泵。从而保证热水流经全系统并处于巴氏消毒状态；当用点需要用水时，换热器上冷却水开启，主循环系统处于低温循环状态，经比例调节阀控制下的大量回水经旁路管网直接进输送泵，少量回水经喷淋球进入储罐。与热储存、冷却再加热系统一样，其主要原理是采用高温储存方式来抑制储存系统的微生物繁殖，采用低温湍流循环的方式来抑制管网系统的微生物繁殖并满足用点水温的要求。需要注意的是，为保证系统有较好的微生物抑制作用，系统需定期关闭换热器的冷却状态，以保证循环管网的周期性热消毒状态。

　　另一种全管网低温设计的思路为无储存、独立循环系统（图 7-24）。虽然没有储存能力，但当企业投资预算有限、制水间空间容量受限时，该设计思路为一个有效的解决方案。该系统的上游的主循环管路必须在较低压力下运行，另外，主循环管网发生的微生物污染将导致整个系统的污染。因此，无储存、独立循环系统需要有更加可靠的自动化控制和完善的维护运行措施。

　　（8）用点热交换系统　因工艺生产的需求，有些注射用水用点需要进行降温处理，如配料用水、清洗用水和其他生产工艺用水等。当同一个循环回路中热水用点与低温水用点并存且低温用点数量较少时，使用单点热交换系统是一个不错的选择。常用的单点降温设计思路主要包括"使用点后单点降

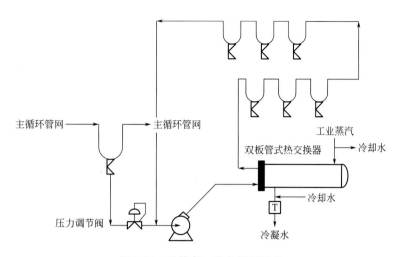

图 7-24　无储存、独立循环系统

温系统"和"Subloop 降温系统"两种。

　　用点后单点降温系统采用用点后端安装换热器的方式实现单点降温功能（图 7-25）。该系统采用双板管式换热器进行瞬时降温，为预防微生物污染，可采用纯蒸汽对交换器及下游管道进行间歇性灭菌。该设计方法的主要优点是对制药用水主系统的污染风险小，且系统交界面非常清晰，主要用于配料罐、洗瓶机等设备用点的注射用水降温，但因换热器置于用点阀门之后，换热器一般需安装到洁净房间内，对洁净房间的清洁卫生和安装空间有较高要求。

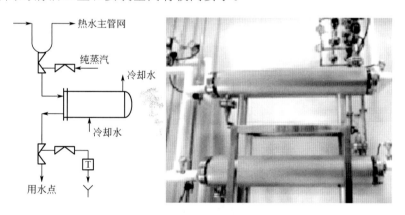

图 7-25　使用点后单点降温系统

　　Subloop 降温系统采用支管网的方式实现单点降温功能（图 7-26），该设计中换热器与主管网并联安装，当用点不需要用水时，该系统能与主循环系统进行同步纯蒸汽或过热水灭菌。该设计方法的最大优势是能实现冷用点的全自动控制，并保证对主管网系统温度的波动影响最小化。双板管式换热器一般安装于技术夹层，其对洁净房间内的清洁卫生要求和空间要求优于用点后端安装换热器的方式，尤其适用于器具清洗等开放式用点的注射用水降温。自动化程度较高的配液降温用点也可采用此设计思路，其美观的设计模式与自动化控制的方式已被大多数企业所接受。需要引起注意的是，为降低系统微生物风险，Subloop 降温系统支管网上串联的冷用点数量不宜过多，以避免支管路长度过长、冷水停留时间过久所带来的系统污染风险。

　　Subloop 降温系统需在主管网上安装一个节流孔板或隔膜阀并形成一定的背压，以保证支管网系统有足够的湍流。采用 Subloop 降温系统设计的注射用水冷用点需密切关注冷却水端对换热器使用寿命的影响。当冷用点换热器停止降温时，部分冷却水停留在换热器的壳程端，若将冷却水从换热器中

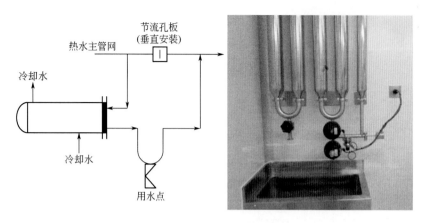

图 7-26 Subloop 单点降温系统

吹扫排掉后，壳程内残存的少量冷却水与空气结合，可能导致换热管外侧发生腐蚀，从而影响换热器使用寿命和安全。因此美国 FDA《高纯水检查指南》建议，当换热器不工作时，壳程的冷却水无须排放。

管中管降温系统属于模块化设计的 Subloop 降温系统（图 7-27）。该降温系统采用皮托管设计思路实现主管网的背压，且设计紧凑，在安装、操作与维护方面均非常方便，特别适合于水池等开放式用点的注射用水降温，目前已得到国内企业的普遍认可。

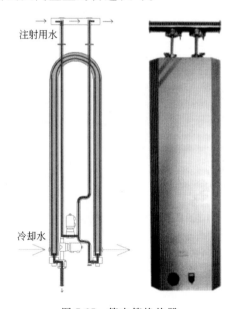

图 7-27 管中管换热器

7.2.9 制药用水的应用

制药用水在制药工业中参与了整个生产工艺过程，包括原料生产、分离纯化、成品制备等过程，可用作药品的组成成分、溶剂、稀释剂等。制药用水也是良好的溶剂，具有极强的溶解能力和极少的杂质，广泛应用于制药设备和系统的清洗，同时，制药用水也是良好的分析溶剂，在质量控制与药物研发中应用广泛（图 7-28）。

《美国药典》规定，制药生产工艺用水的选择需遵循 GMP 的相关原则（图 7-29），企业需结合不同产品与剂型的特点对制药用水用点的性质进行合理分析。生产工艺用水的选用与最终产品的性质密切相关，例如冻干粉针剂为注射剂，则必须选择药典注射用水用于接触最终产品的工艺岗位。

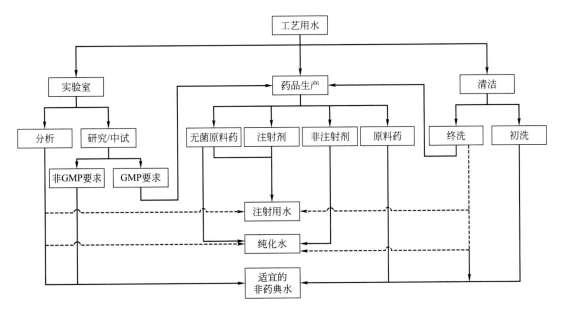

图 7-28　制药用水的用途

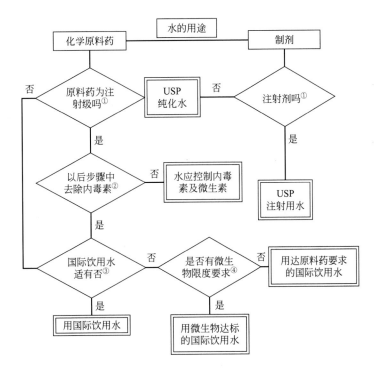

图 7-29　生产工艺用水选用原则

①如加水后不再做最终灭菌处理，无菌原料药生产或无菌制剂生产用水必须为灭菌注射用水；

②在水处理中或在化学原料药生产中去除内毒素均可；

③在水处理中或在化学原料药生产中控制微生物均可；

④符合美国环境保护署（EPA）饮用水标准。

饮用水、去离子水、蒸馏水和反渗透水等非药典水虽未被药典收录，但可用于制药生产。非药典水至少要符合饮用水的要求，通常还需要进行其他的加工以符合工艺要求。虽然制药用水的纯度要求是依照产品或工艺性质而定，但是要求在每一种情况下都生产特定的制药用水是不切实际的，结合工程管理、初期投资和质量风险等综合因素，部分企业会选择质量标准更高的药典水来代替非药典水，例如，严格来讲，洗手和预冲洗水并不需要纯化水，采用去离子水或反渗透水即可满足要求，但出于投资和管理等因素考虑，很多企业还是会采用纯化水来代替这些非药典水，因此，制造企业通常只生产和分配两或三种纯度等级的制药用水来满足整个工艺过程的需求，其中饮用水、纯化水和注射用水是应用最为广泛的3种制药用水，中国GMP 2010年版对饮用水、纯化水和注射用水均有明确的使用要求。

饮用水主要用于药品包装材料粗洗用水，中药材和中药饮片的清洗、浸润、提取等用水，药材净制时的漂洗用水，制药用具的粗洗用水，除另有规定外，饮用水也可作为药材的提取溶剂。

纯化水主要用于非无菌药品的配料，非无菌药品直接接触药品的设备、器具和包装材料最后一次洗涤用水，非无菌原料药精制工艺用水，制备注射用水和纯蒸汽的水源，直接接触非最终灭菌棉织品的包装材料粗洗用水等，纯化水可作为配制普通药物制剂用的溶剂或试验用水，可作为中药注射剂、滴眼剂等灭菌制剂所用饮片的提取溶剂，可作为口服、外用制剂配制用溶剂或稀释剂；可作为非灭菌制剂用器具的精洗用水；也用作非灭菌制剂所用饮片的提取溶剂。纯化水不得用于注射剂的配制与稀释。

注射用水主要用于直接接触无菌药品的包装材料的最后一次精洗用水，无菌原料药精制工艺用水，直接接触无菌原料药的包装材料的最后洗涤用水，注射剂、滴眼剂等无菌制剂的配料用水等。

7.3 制药用蒸汽系统

制药用蒸汽在制药工业中是应用最广泛的加热介质，参与了整个生产工艺过程，包括原料生产、分离纯化、成品制备等过程，同时，制药用蒸汽是良好的灭菌介质，具有极强的灭菌能力和极少的杂质，主要应用于制药设备和系统的灭菌。制药用蒸汽的主要作用是实现药品生产过程中的加热、加湿和灭菌等工艺。

7.3.1 蒸汽的性质

蒸汽特指水蒸气，广泛应用于加热、加湿、动力驱动、干燥等多个领域（图7-30）。根据压力和温度的不同，蒸汽分类为饱和蒸汽和过热蒸汽两大类。正压蒸汽指气压在0.1~5MPa、温度在110~250℃的蒸汽，它在工业中被广泛用于换热器和蒸汽箱等设备中来加热和加湿。蒸汽还可以用来做功，主要用于蒸汽轮机等设备，蒸汽轮机对于火力发电厂来说是不可或缺的设备，为了提高效率，一些火力发电厂在涡轮机中使用25MPa、610℃的超临界压力蒸汽，为了使涡轮设备不受冷凝水的破坏，火力发电厂主要使用过热蒸汽。

当液体在有限的密闭空间中蒸发时，液体分子通过液面进入上面空间，成为蒸汽分子，由于蒸汽分子处于紊乱的热运动之中，它们相互碰撞，并和容器壁以及液面发生碰撞，在和液面碰撞时，有的分子则被液体分子所吸引，而重新返回液体中成为液体分子，开始蒸发时，进入空间的分子数目多于返回液体中分子的数目，随着蒸发的继续进行，空间蒸汽分子的密度不断增大，因而返回液体中的分子数目也增多，当单位时间内进入空间的分子数目与返回液体中的分子数目相等时，则蒸发与凝结处于动平衡状态，这时虽然蒸发和凝结仍在进行，但空间中蒸汽分子的密度不再增大，此时的状态称为饱和状态。在饱和状态下的液体称为饱和液体，其对应的蒸汽是饱和蒸汽，但最初只是湿饱和蒸汽，待蒸汽中的水分完全蒸发后才是干饱和蒸汽，蒸汽从不饱和到湿饱和再到干饱和的过程温度是不增加的。

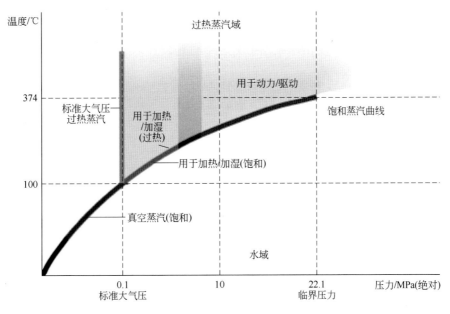

图 7-30　蒸汽的分类

饱和蒸汽的原料为水，安全、清洁且成本低廉，具有很多优点（特别是在100℃及以上），这使得它成为了出色的热源，其主要特点为利用汽化潜热实现快速、均匀的加热过程，可有效提高产品质量和生产效率；压力与温度为动态平衡状态，控制压力就可准确实现温度的控制；传热系数高，要求的换热面积相对较小，能够有效地减少初期的设备投入。

过热蒸汽是干饱和蒸汽被继续加热后，温度上升，超过饱和温度后形成的。过热蒸汽具有其特殊的优点，现已被广泛应用于热力发电、食品烹饪、污泥干燥行业。在蒸汽驱动设备时，供给和排放时都使用过热蒸汽不会产生冷凝水，这样就能有效地避免碳酸腐蚀所带来的设备危害，在低压蒸汽下的过热度达到极大的比容，甚至真空的情况，可有效提高热效率和工作能力，此外，汽轮机的理论热效率是和其出口和入口的焓值相关联的，因此提高了过热蒸汽的压力就等于提高汽轮机入口方向的焓值，从而有效提高了热效率。使用过热蒸汽进行烹饪加工具有食品受热均匀、加热速度快、食物更加美味、防止维生素流失等显著优点，同时过热蒸汽技术还可以用于食品加工厂中输送带的清洗、杀菌以及食材加热处理、食物残渣的粉末化及除臭等。过热蒸汽干燥指用过热蒸汽直接与被干燥物料接触而去除水分的干燥方式，是近年来发展起来的一种全新的干燥方法，与传统的热风干燥相比，这种干燥技术以水蒸气作为干燥介质，干燥机排出的废气全部是蒸汽，利用冷凝的方法可以回收蒸汽的潜热再加以利用。

过热蒸汽在冷凝释放汽化潜热之前必须先冷却到饱和温度，与饱和蒸汽的蒸发焓相比，过热蒸汽冷却到饱和温度释放的热量是很少的，利用过热蒸汽加热的主要缺点为传热系数低、生产效率低下、需要较大的传热面积；不能够通过压力的控制来调控蒸汽温度；需要保证较高的运输速度，不然热量会从系统中损失从而导致温度的下降；温度可能非常高，需要建设坚固的设备，因此需要较高的初期投入。基于上述原因，过热蒸汽很少用于制药行业的热量传递过程，在热交换和灭菌工艺中，饱和蒸汽比过热蒸汽更适合作为热源。

7.3.2　制药用蒸汽的分类

制药用蒸汽中，蒸汽可大致分为工业蒸汽（Plant steam）、工艺蒸汽（Process steam）和纯蒸汽（Pure steam）。

（1）工业蒸汽 主要用于非直接接触产品的加热，为非直接影响系统，又可细分为普通工业蒸汽和无化学添加蒸汽。

① 普通工业蒸汽。由市政用水软化后制备的蒸汽，非直接影响系统，用于非直接接触产品工艺的加热，一般只要考虑系统如何防止腐蚀。

② 无化学添加蒸汽。由纯化过的市政用水添加絮凝剂后制备的蒸汽，非直接影响系统。主要用于空气加湿，非直接接触产品的加热，非直接接触产品工艺设备的灭菌，废料废液的灭活等。蒸汽中不应该含有氨、肼等挥发性化合物。

（2）工艺蒸汽 一般为直接影响系统，主要用于最终灭菌产品的加热和灭菌，冷凝液最少应该满足城市饮用水的标准。

（3）纯蒸汽 属于直接影响系统，经蒸馏方法制备而成，冷凝液需满足注射用水的要求。纯蒸汽用于湿热灭菌工艺时，还需在不凝性气体、过热度和干燥度方面达到英国标准 EN 285 和 HTM 2010 标准的要求。纯蒸汽是由原水制备，所使用的原水是经过处理并至少满足饮用水要求，不少企业会采用纯化水或注射用水制备纯蒸汽，纯蒸汽不含挥发性添加剂，因此不会受到胺类或肼类杂质的污染，这对于预防注射剂产品的污染是极其重要的。

在蒸汽系统设计过程中采用哪种质量标准的蒸汽，可参考 ISPE 推荐的决策树，如图 7-31 所示。

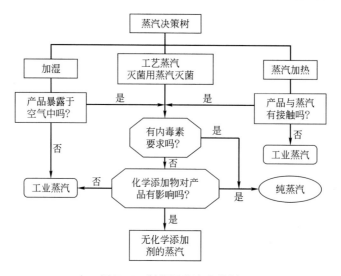

图 7-31 制药用蒸汽决策树

7.3.3 制药用蒸汽的应用

在制药行业中，蒸汽的主要功能包括加热、灭菌和加湿等。当蒸汽用于间接加湿用途时（例如在最终空气过滤前的 HVAC 空气流注入蒸汽），理论上来讲并不需要蒸汽比环境空气更纯，可采用适当的工业蒸汽。但在加湿工艺领域中，需要评估潜在的挥发性杂质对最终药物产品的影响，例如胺类和肼类杂质，而这在无菌灌装和配料等关键工艺岗位尤其重要。如果发现稀释后的蒸汽会严重污染药品，这时就需要选择更洁净的蒸汽，因此，部分企业常采用纯蒸汽进行关键工艺岗位的空调加湿。

虽然蒸汽的纯度要求是依照产品而定，但是要求在每一种情况下都生产特定的蒸汽是不切实际的，结合工程管理、初期投资和质量风险等综合因素，部分企业会选择质量标准更高的纯蒸汽来代替无化学添加蒸汽或工艺蒸汽。制造工艺中通常只生产和分配一或两种纯度等级的蒸汽。针对特定的应用中，即便纯蒸汽的冷凝水可能不需要达到注射用水的属性，但作为一般性规则，如果冷凝水没有达到规定属性就需要对蒸发器的设计、操作或分配系统进行评估。

制药企业在生产无菌制品时，常用的蒸汽主要为工业蒸汽和纯蒸汽。工业蒸汽常用于非关键岗位的空调系统加湿、罐体夹套加热、换热器加热，以及非接触产品设备的灭菌等；纯蒸汽常用于灭菌柜的灭菌、制药设备或系统的在线灭菌，以及关键工艺岗位的空调加湿等。表 7-6 列举了制药用蒸汽的典型应用和满足制药行业的常规要求，以及可接受的制备方法。

表 7-6　制药用蒸汽的应用

用　　途	类　　别
肠道和非肠道制剂应用；蒸汽直接接触产品	纯蒸汽，采用纯蒸汽发生器制备
API 产品生产过程的关键工艺过程；蒸汽直接接触 API	纯蒸汽，采用纯蒸汽发生器制备
API 产品生产工程中的非关键性工艺；所添加的杂物会在后续工艺中去除	纯蒸汽，但也可以接受无化学添加蒸汽
制药用水系统的消毒和灭菌	通常用纯蒸汽，利用无化学添加蒸汽后再进行充分的冲洗也可以接受
制剂生产关键性 HVAC 系统加湿用，且蒸汽与药品直接接触；化学添加物可能会对药品产生不利影响	纯蒸汽，采用纯蒸汽发生器制备
非关键性 HVAC 系统加湿用，且药品不直接暴露于环境中	纯蒸汽、无化学添加蒸汽或工业蒸汽
关键工艺的洁净室加湿	纯蒸汽，采用纯蒸汽发生器制备
非关键岗位的加热源，或者双管板换热器的加热源	无化学添加蒸汽或工业蒸汽

7.3.4　制药用蒸汽与法规

关于介绍制药用蒸汽技术规范、安装要求和质量保证的行业指南并不多。纯蒸汽制备和纯度的监管指导通常与注射用水的指南是一致的，但必须附加对蒸汽质量的其他特殊要求，包括不凝性气体、过热度和干燥度。英国标准 EN 285、HTM 2010 等国际标准也提供了适用于生物工艺和制药工业的纯蒸汽纯度和品质的指标，这些指南包括了材料技术规格、尺寸/公差、表面处理、材料连接以及质量保证的要求。

(1)《美国药典》《美国药典》详细阐述了纯蒸汽的制备、质量属性和用途，同时，对原水来源、添加物质、冷凝水特性的测试等都提出了详细要求。《美国药典》还规定，使用者应该根据特定的用途来决定纯蒸汽的干燥度和不凝性气体含量。《美国药典》规定，当纯蒸汽用于有热原控制要求的非肠道制剂或其他场合时，其内毒素含量必须符合注射用水指标。1976 年出版的大容量注射剂 cGMP 规定：采用锅炉产生蒸汽的原水若与组件、药品本身或药品接触表面进行接触，其原水中不应该含有胺类或肼类等挥发性添加剂。

(2) 欧洲指南　连续供给干燥、饱和的纯蒸汽是保证有效灭菌的必要条件。蒸汽里夹带的水会降低热传递，而且过热的蒸汽也没有饱和蒸汽灭菌效果好。如果蒸汽里有不凝性气体将会覆盖换热表面，起到隔热作用，这会导致部分灭菌器无法达到灭菌条件，并影响灭菌效果。在 HTM 2010 及 EN 285 标准中，对用于灭菌设备的纯蒸汽质量提出了如下额外的要求：①每 100 毫升饱和蒸汽中不凝气体体积不超过 3.5 ml（相当于体积比 3.5%）；②对金属载体进行灭菌时，干燥值不低于 0.95；对非金属载体进行灭菌时，干燥值不低于 0.9；③当纯蒸汽压力降低为大气压时，过热不超过 25℃。

(3) 中国指南　中国 GMP 2010 年版指南对于纯蒸汽的要求为：纯蒸汽通常是以纯化水为原料水，通过纯蒸汽发生器或多效蒸馏水机的第一效蒸发器产生的蒸汽，纯蒸汽冷凝时要满足注射用水的要求。软化水、去离子水和纯化水都可作为纯蒸汽发生器的原料水，经蒸发、分离（去除微粒及细菌内毒素等污染物）后，在一定压力下输送到用点。纯蒸汽可用于湿热灭菌和其他工艺，如设备和管道的灭菌，其冷凝物直接与设备或物品表面接触，或者接触到用以分析物品性质的物料。纯蒸汽还用于洁净厂房的空气加湿，在这些区域内相关物料直接暴露在相应净化等级的空气中。

（4）行业指南　ASME BPE标准详细规定了纯蒸汽发生器和分配系统的设计和制造要求，此标准给生物工艺和制药行业的纯蒸汽系统提供了良好的指导。欧洲和亚洲的类似指南分别包括DIN标准和JIS-G标准，这些指南包含材质技术规格、尺寸/公差、表面处理、材料连接和质量保证。

ISPE指南在《无菌生产设施》分册中对于蒸汽灭菌与消毒和纯蒸汽也有详细介绍。①蒸汽灭菌与消毒。位于无菌区的设备采用在线灭菌系统进行灭菌时，应将纯蒸汽引入洁净室并用管道将剩余蒸汽及冷凝水排出，为方便维护操作并将蒸汽凝结水排至洁净室外，应尽可能将纯蒸汽疏水阀及其组件安装在洁净区外，如不可避免时，应采用可以进行表面消毒的材料，安装于洁净室内的保温材料或类似组件不能有颗粒脱落。②纯蒸汽用于无菌产品的纯蒸汽组分除水外不得含有任何的添加剂及其他杂质，应使用可控的水源来制备纯蒸汽，而纯蒸汽的冷凝水水质应能达到注射用水标准。纯蒸汽系统的设计原则是应能最大限度地消除系统冷凝水中微生物生长的潜在可能性，用于灭菌的工艺用纯蒸汽在进入高压容器时应尽量减少过热。理想的纯蒸汽发生器控制不凝性气体含量的方法主要有"原水预热法"或"系统排气法"两种，当采用纯蒸汽对直接与产品接触的设备或系统组件进行灭菌时，应定期检测其不凝性气体含量、干燥度及过热度，并将其控制在HTM 2010及EN 285标准规定的范围内。

7.3.5　纯蒸汽发生器

从功能角度分类，纯蒸汽系统主要由制备单元和分配单元两部分组成。制备单元主要包括纯蒸汽发生器，其主要功能为连续、稳定地将原水蒸馏"净化"成符合药典要求的纯蒸汽；分配单元主要包括分配管网和用点，其主要功能为以一定流速将纯蒸汽输送到所需的工艺岗位，满足其流量、压力和温度等需求，并维持纯蒸汽质量符合药典与GMP要求。

市场上纯蒸汽的生产设备常采用工业蒸汽为热源，采用换热器和蒸发柱进行热交换生产蒸汽，并进行有效的汽-液分离以获取纯蒸汽。

用于湿热灭菌的纯蒸汽冷凝液必须符合注射用水的药典质量指标，其内毒素指标是一个非常重要的考察指标。在纯蒸汽发生器中，去除内毒素的原理主要是源于内毒素具有不挥发性。汽水分离的效率越高，设备产出的蒸汽就越纯净，越是稳定。倘若蒸汽中夹带着液滴，那附着于液滴中的内毒素就会污染纯蒸汽。纯蒸汽发生器在设计上对于蒸汽与所夹带的水分离需尤为谨慎。药典要求注射用水的内毒素含量低于0.25EU/ml，纯蒸汽发生器可将原水中的内毒素含量降低3~4个对数数量级。采用某国际知名品牌三级分离设计原理制备的纯蒸汽，其冷凝水中内毒素含量能达到低于0.01EU/ml的水平，它能非常好地预防纯蒸汽中内毒素污染所带来的无菌注射剂用药风险。

7.3.6　纯蒸汽分配系统

生产出来的合格纯蒸汽将通过纯蒸汽分配管道输送到各个用点。纯蒸汽主要用于给湿热灭菌柜和配料系统进行在线灭菌，也可用于关键岗位的空调加湿。纯蒸汽分配系统中的所有部件应具有可排尽性，由于纯蒸汽系统的工作温度非常高，设计合理的纯蒸汽管道系统本身具备自我灭菌功能，其微生物污染风险相对较小，因此，纯蒸汽发生器和分配管网系统可以接受机械抛光 $Ra < 0.8\mu m$ 作为最终的表面粗糙度，当然，若企业选择电解抛光级别的材料进行建造，其纯蒸汽系统质量会更有保证。为限制压降、延长管道寿命，通常纯蒸汽分配主管网的设计流速一般不超过37m/s，用点管网的设计流速一般为20~30m/s，管道管件的连接应采用自动氩弧焊接、卫生级高压卡接或法兰，仪表应首选卫生型卡接连接，位于排放管道上隔断阀之后的仪表，由于排放管道保持高温状态，可以选择合适的螺

纹连接。

当纯蒸汽用于湿热灭菌工艺时，其冷凝水水质需满足注射用水指标的相关要求。用于非肠道无菌制剂或其他特殊场合的纯蒸汽必须控制蒸汽中的内毒素含量。与注射用水系统一样，纯蒸汽管网系统也多采用不锈钢 316L 的部件进行建造。分配系统中冷凝水的聚集是纯蒸汽系统发生微生物污染的潜在风险之一，倘若纯蒸汽夹带着冷凝水，溶于冷凝水中的内毒素就很可能被带入到最终产品中。

纯蒸汽用点的设计通常包括一个便于操作的隔断阀和具有导向性的疏水阀，用点阀门的供应管道通常被设计成从顶部主管道到冷凝水疏水阀的一个分支。图 7-32 是 ASME BPE 标准推荐采用的纯蒸汽用点设计原理，该设计原理能有效保证各纯蒸汽用点的冷凝水被及时排放，从而降低系统微生物和内毒素污染的风险。

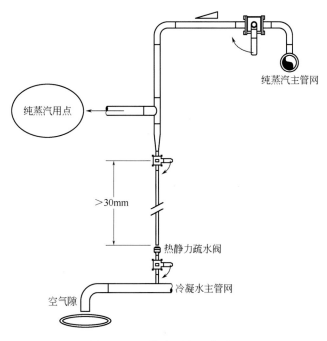

图 7-32　纯蒸汽用点设计原理

球阀、隔膜阀和疏水阀是纯蒸汽系统中广泛应用的几类阀门（图 7-33）。卫生型球阀可广泛使用于无菌气体系统，如纯蒸汽系统、无菌氮气系统、无菌压缩空气系统等，卫生型球阀的材质是SS316L，采用卫生型卡接连接，便于维修和拆卸，需要注意的是，因球阀的结构原因，它被禁止使用在无菌流体工艺系统中，因为球阀关闭时，其中央的积水极易成为微生物的滋生地而导致系统微生物污染。采用 PTFE/EPDM 复合膜片设计的隔膜阀能耐受 150℃ 以上高温，且能反复使用，因此带双膜片的隔膜阀也被广泛应用于纯蒸汽等高温系统。热静力疏水阀是纯蒸汽系统的理想疏水阀，为保

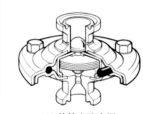

(a) 卫生型球阀　　　　　(b) 隔膜阀　　　　　(c) 热静力疏水阀

图 7-33　纯蒸汽阀门

证纯蒸汽系统的安全性，该疏水阀为 SS316L 材质设计，卫生型卡接连接。

　　与制药用水系统一样，纯蒸汽分配系统应采用轨道焊接，安装后需要钝化，分配管道坡度不应逆蒸汽流方向设计，以防蒸汽夹带水和冷凝水聚集。纯蒸汽分配系统应有充分排除空气的装置，每30～50m 处需在垂直上升管的底部安装一个热静力疏水阀，全系统中的其他任何最低点处均需安装热静力疏水阀（图7-34）。

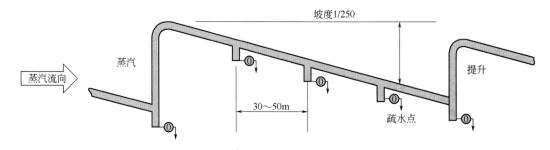

图 7-34　纯蒸汽管网的安装

　　ASME BPE 标准建议，采用空气隔断（也称空气隙，Air gap 或 Air break，图7-35）的方式能有效避免反向污染，因为排水系统可能形成背压而导致的冷凝水或废水反向流动，而对纯蒸汽系统形成污染，其中当 $d \geqslant 12.7\text{mm}$ 时，$H = 2d$；当 $d < 12.7\text{mm}$ 时，$H = 25\text{mm}$。

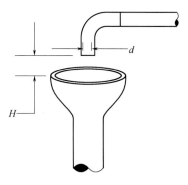

图 7-35　空气隔断

7.3.7　纯蒸汽取样

　　纯蒸汽取样主要包含纯蒸汽"纯度"取样和纯蒸汽"质量"取样两部分。气态下测定纯蒸汽电导率将导致读数低于预期值，所以，必须先将纯蒸汽进行冷却，然后再测冷凝水的电导率。纯蒸汽不能污染药品，如果取样的要求包含检测内毒素或热原，所使用的取样器、管道和阀门应是卫生级结构。在运行确认阶段，每个用点都应进行"冷凝水纯度"的取样监测，取样位置一般位于纯蒸汽发生器出口、分配管网上和各用点处。在纯蒸汽发生器出口和分配系统中的最远点可安装永久性的在线取样器，例如，制药企业通常在纯蒸汽发生器的出口上安装带有电导率监测和警报器的在线取样器。纯蒸汽的用点的取样常采用便携式取样器或集成式取样模块来进行（图7-36），其主要特点是灵活方便、易于取样。

　　高效的湿热灭菌需要使用最低过热度的干燥饱和蒸汽，用于湿热灭菌的纯蒸汽还需检测其不凝性气体含量、干燥度和过热度在可供范围内。纯蒸汽"质量"取样可用于确定纯蒸汽的饱和度、过热度以及不凝性气体含量，可通过使用蒸汽热量计、测量蒸汽的干燥度或饱和度水平来进行判定，蒸汽热量计主要用于测量汽水混合物中的蒸汽比例，英国标准 EN 285 中提供了蒸汽质量测试的详细指导

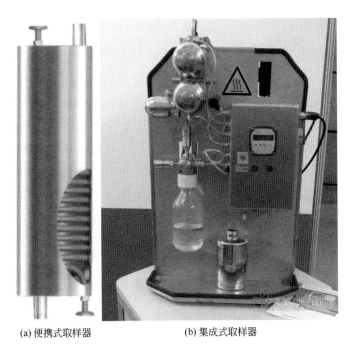

(a) 便携式取样器　　　　　(b) 集成式取样器

图 7-36　纯蒸汽"纯度"取样器

方法。

7.4　制药配液系统

　　药液配制工艺是指按工艺规程要求把各种活性成分、辅料及溶剂进行配制，按顺序进行混合并制成批配制溶液，以待进一步灌装的过程。配制可以包括固体活性成分的溶解、简单的液体混合，还可以包括更为复杂的操作，例如乳化或者脂质体的形成等。配制前，应对工艺器皿和包材进行清洁和灭菌，以最大程度降低混合操作给后续工艺带来的微生物污染和内毒素。配制操作要考虑空气洁净度的要求和交叉污染的预防。配制的准确性包括组分的准确性、最终浓度的准确性和 pH 值等，必须严格执行规范的工艺流程，保证药液得到充分、均匀的混合。同时，配制全过程应有防污染的措施，并对配制过程进行时限规定。

　　制药行业中各类药品、药液的配制在《制药流体工艺实施手册》(2013) 有关章节中有详细描述，在此不再累述。

7.5　在线清洗系统

　　在药品生产环节，任何接触产品的设备进行工艺生产后都应得到及时清洗。从被清洗物品是否需要转移的角度来看，制药行业的清洗方式可分为离线清洗和在线清洗两大类。离线清洗是指被清洗物件必须进行拆卸或转移才能得到有效清洗的方式。在线清洗是指被清洗设备或系统无须拆卸或仅存在少量拆卸的原位清洗方式。不同的被清洗物需选择合适的清洗方式，制药配液系统可通过不同清洗方式的组合来实现系统各个组分部件的完全清洗。

7.5.1 清洗技术概述

7.5.1.1 离线清洗技术

离线清洗主要包括手工清洗、浸泡清洗、机械喷淋清洗、超声波清洗和定位外清洗等多种方式，其工作对象主要为制药生产过程中的小型工具、器皿或设备零部件。

(1) 手工清洗 属于人类发明最早、使用范围最广泛的一种清洗方式。手工清洗以其化学作用充分、良好的物理搅拌和清洗成本低廉而深受使用者的青睐，毛刷、抹布等都是手工清洗常用的清洗工具。在制药生产车间，手工清洗必须在专门的清洗区域内进行，如器具清洗间或洁具间。器具清洗间主要用于清洗直接接触或辅助药品生产的工器具、设备零部件等；洁具间主要用于清洁房间卫生所需的抹布、拖把等。因清洗劳动强度大、劳动效率低、清洗重现性差等原因，部分制药生产所需的部件或设备已逐渐从手工清洗转化为自动化清洗，但仍有 10%～20% 的清洗任务必须依靠手工清洗来完成。

(2) 浸泡清洗 主要用于需要通过得到充分浸泡与渗透后才能清洗干净的物品，例如药液过滤器的滤芯、污浊程度较重的抹布等。虽然并不是所有的物品清洗均需要浸泡，但它可以作为制药生产企业其他清洗方式的有力补充。

(3) 机械喷淋清洗 主要通过高压喷淋作用实现的清洗方式，它具有操作简单、节省清洗用水和清洗效果好等特点，尤其是对滤网、设备凸缘和孔状物等清洗效果非常好。

(4) 超声波清洗 该方法具有频率高、波长短、传播的方向性好、穿透能力强的特征，它是利用超声波在液体中的空化作用、加速度作用及直进流作用对被清洗物进行直接或间接的作用，使污物层被分散、乳化、剥离而达到清洗目的。空化作用就是超声波以每秒两万次以上的压缩力和减压力通过交互性高频变换方式向液体进行透射的过程。在减压力作用时，液体中产生真空核群泡的现象，在压缩力作用时，真空核群泡受压力压碎时产生强大的冲击力，由此剥离被清洗物表面的污垢，从而达到精密洗净目的。直进流作用就是超声波在液体中沿声的传播方向产生流动的过程，通过直进流作用可加速被清洗物表面的污垢溶解。对于频率较高的超声波清洗，空化作用效果并不明显，此时的清洗过程主要靠液体粒子在超声波作用下的加速度作用，使液体粒子对污物有一个强有力的撞击。超声波清洗技术在制药行业应用广泛，例如用于西林瓶、口服液瓶、安瓿瓶、大输液瓶、丁基胶塞、天然胶塞等的清洗。

(5) 定位外清洗 (Cleaning out of place，COP) 该方法是指将待清洗物品浸入洗涤槽中，通过清洗液输送泵使洗涤槽中的洗液循环流动，进而达到清洗目的的过程。COP 的概念最早来源于乳品行业，它替代了手工清洗过程，属于机械化清洗的范畴。图 7-37 是一台应用于乳品生产的定位外清洗设备。

在制药行业，GMP 清洗机 (图 7-38) 属于制药行业新发明的定位外清洗类清洗设备，整个清洗工艺可打印记录，为清洗质量提供了检测依据。GMP 清洗机一般放在器具清洗间，它是手工清洗方式的有力补充，主要用于工器具和设备零部件的清洗，例如制药生产过程中所使用的玻璃器具、灌装线零部件、软管、不锈钢桶、软管、托盘、压片的冲头和冲模等。

7.5.1.2 在线清洗技术

在线清洗 (Clean in place，CIP) 也称原位清洗，是指不拆卸设备且在密闭的条件下采用循环清洗模式将设备清洗干净的方法，它属于典型的 TACT 型清洗设备，同时也是一种优化清洗管理技术。与传统的手工清洗方法相比，在线清洗在时间、机械能、化学能和热能的贡献比例上更加均匀 (图

图 7-37　定位外清洗设备

图 7-38　GMP 清洗机

7-39），在线清洗系统最早应用于乳制品行业，20 世纪 50 年代，美国纽约州的康宁公司将 CIP 系统用于清洗采用新型高硼硅材料制成的玻璃管道系统；1955 年，CIP 系统与自动化控制系统相结合，有效解决了清洗效果的稳定性和重现性，在随后的 15 年中，CIP 系统在乳制品行业、饮料行业、啤酒行业、葡萄酒行业和其他一些食品加工行业得到了逐步推广；最近 30 年，CIP 系统才被应用于制药行业的清洗。目前，在线清洗系统因其具有清洗效果可重复得到验证、提高生产效率安全可靠、节省清洗用水、可实现模块化生产和工厂验收测试等优势，现已广泛使用于制药、乳品、啤酒、饮料等多个行业。

　　在线清洗系统的工作原理主要是根据设置好的程序，由 CIP 清洗系统自动配制清洗液，经气动控制阀与 CIP 供给泵、CIP 回流泵等组件来完成清洗液的输送及回流，采用加热、单通路清洗、循环清洗和回收等多个步骤组成完善的清洗过程。通过流量、压力、电导率、温度和酸碱浓度等参数的设

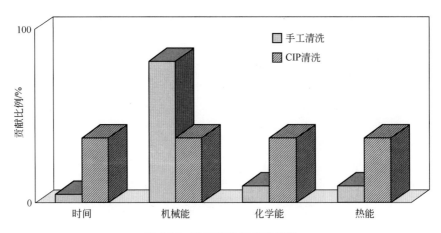

图 7-39 手工清洗与 CIP 清洗

定实现自动在线清洗。可以对每一步清洗程序的时间、流量、电导率、浓度等关键参数进行检测和打印记录，同时能确保清洗液温度和浓度在相应清洗过程中自动恒定，系统的清洗终点由在线电导率传感器进行自动判断。

在线清洗系统的主要特点包括如下内容：

① 模块化设计，安装、维护和调试方便快捷，可实现工厂验收测试。

② 自动判断清洗终点，清洗时间可调，节省清洗用水。

③ 清洗剂采用循环清洗方式，节省清洗剂，环保节能。

④ 清洗结果重复性好，有效避免了批次间的交叉污染。

⑤ 全自动操作，节省劳动力，降低操作失误，有利于生产计划合理化，提高产品质量和生产效率。

⑥ 可实现在线清洗，被清洗设备无须拆卸，安全可靠。

⑦ 程序中的设定参数可调，便于性能确认的执行与运行成本的最优化。

⑧ 完全符合 GMP 的要求，实现清洗工序的验证。

7.5.2 在线清洗系统

在线清洗系统分为开放式 CIP 和循环式 CIP 两大类。

7.5.2.1 开放式 CIP

属于比较简单的原位清洗系统，主要用于清洗任务相对简单的制药配液系统，例如可最终灭菌的大输液配液系统、水针配液系统等。开放式 CIP 的清洗用水通常会直接取自于制药用水循环管网，采用喷淋方式实现罐体内表面的清洗，清洗后残液依靠重力直接排放或自吸泵排放，排放管网上可安装取样阀或电导率传感器进行清洗终点的判断；如果配液罐体需要碱液等清洗剂清洗，可在配液罐体中直接配制清洗剂，并利用药液输送管网实现配液罐体的自身循环清洗。与循环式 CIP 相比，开放式 CIP 的最大优势为节省了 CIP 工作站，但同样实现了在线清洗功能。

7.5.2.2 循环式 CIP

采用闭式循环清洗的方式实现在线清洗功能，主要用于清洗任务相对复杂、生产操作更加苛刻的制药配液系统，例如生物制药配液系统、中药注射剂配液系统和冻干配液系统等，属于本书的重点介绍内容。循环式 CIP 主要由 CIP 工作站（也称为 CIP SKID）、CIP 供给管网、被清洗单元和 CIP 回流管网等四部分组成，图 7-40 是一个典型的闭式循环 CIP 系统。

① CIP 工作站。是一套固定的在线清洗装置，它是整个在线清洗系统的核心。CIP 工作站采用触

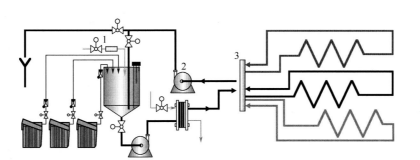

图 7-40 　CIP 系统的典型流程
1—清洗用水供应；2—CIP 回流泵；3—分配板 DP

摸操作模式，可自动调节清洗时间、清洗剂浓度、清洗温度、清洗流速等参数，所有操作均可记录在案，便于认证。清洗剂浓度、CIP 流量、CIP 压力、终淋水电导率、清洗剂温度和清洗时间等均是 CIP 工作中需打印记录的关键数据。

② CIP 供给管网。是指从 CIP 工作站出口到被清洗单元之间的管道、管件、阀门、转换板及其控制组件等。CIP 供给管网单元的主要功能是将清洗溶液从 CIP 工作站输送到被清洗单元。

③ 被清洗单元。是指 CIP 工作站的清洗目标，同一台 CIP 工作站的清洗目标往往不止一个，因此，如何控制 CIP 供给管网的流量、流速和死角是设计的在线清洗的设计要点。对配液系统而言，被清洗单元是指制药配液工艺生产中的核心组成部分，主要包括配液罐和药液输送管网两部分。配液罐包括移动罐、发酵罐、反应罐、培养基配制罐、缓冲液配制罐、浓配罐、稀配罐和各种无菌储罐等，同时还包括工艺生产、清洗和消毒所需的罐体附件，如人孔、灯视镜、取样阀、搅拌器、喷淋器、液位传感器、温度传感器、压力传感器、爆破片和呼吸器等；药液输送管网包括用于药液输送和过滤的管道、管件、阀门、钛棒过滤器、微孔膜筒式过滤器和药液输送泵等。

④ CIP 回流管网。是指从被清洗单元到 CIP 工作站之间的 CIP 回流泵、管道、管件、阀门、转换板及其控制组件等。CIP 回流管网单元的主要功能是将清洗后的回流液从被清洗单元输送到 CIP 工作站，根据清洗工艺的不同，输送到 CIP 站的回流液会被直接排放（例如预冲洗水）、循环回流（例如清洗剂）或者回收使用（例如终淋水）。一般情况下，CIP 回流泵的安装位置靠近被清洗单元为宜，根据实际需求，在某些特定工况下，也可将 CIP 回流泵集成在 CIP 工作站的分配框架中。

CIP 系统的正确设计对制药配液系统成功与否至关重要。任何制药配液系统都必须达到下列三个目的：

① 保持药液的最终产品质量符合法规要求和企业内控指标。

② 采用合适的 CIP 和 SIP 方式实现系统的清洗与消毒/灭菌。

③ 保证初期投资和运行费用的合理匹配。

随着技术的改进和企业对制药配液系统的重视程度不断加强，许多设计特性已被大家广泛接受并应用，如高温储存、连续湍流循环、卫生型连接、抛光管道、自动轨道焊接技术、定期消毒或杀菌、使用隔膜阀。当所有设计特性均融入一个新设计方案中时，其系统安全性往往很高，但其投资成本会升高。虽然每个良好的组件和设计思路都有安全等级，但把所有优秀的设计思路均置于每个系统也是错误的。许多系统，即使删去 1 个或多个设计特性，也能成功地运行。在这种情况下，其他设计特性的累计效应足以保证系统的整体质量安全。比如，采用卫生型连接、机械抛光管道、自动轨道焊接技术、定期消毒或杀菌、使用隔膜阀的 CIP 工作站，其系统质量安全风险已经控制得非常好，设计者需考虑是否有必要再采用电解抛光的 316L 罐体和管道来进一步增加其安全系数，否则企业会增加非常多的投资，所带来的系统安全反而不会非常明显。因此，一个良好的 CIP 系统设计需兼顾法规、系统质量安全、投资和实用性等多方面的综合考虑，杜绝设计不足和设计过度的发生。

7.5.3　CIP 工作站

7.5.3.1　功能

CIP 工作站的主要功能是运用 TACT 模型的基本原理、采用合理的清洗步骤且在最短的时间内将被清洗对象清洗干净。每生产批次结束后，制药配液系统可进行在线清洗，清洗对象主要包括罐体（搅拌桨叶、投料管、取样阀等）及其配件的阀门、管道管件、卫生泵、过滤器套筒等。企业在选择清洗流程时，需完全考虑清洗对象的理化性质，例如，在中药注射剂的生产中，五味子带有酸性，清洗前需要先将酸进行中和；在鸡胚流感疫苗的生产中，其残液可能会带有毒性病菌，需要先将配液罐体进行灭活，然后才能执行清洗流程。

常规的清洗流程主要分为"三步法"清洗和"五步法"清洗两大类（图 7-41），"三步法"清洗主要包含预冲洗、清洗剂清洗和终淋等 3 个步骤，主要适用于只需一种清洗剂的清洗工况；"五步法"清洗主要包含预冲洗、清洗剂清洗 1、冲洗、清洗剂清洗 2 和终淋等 5 个步骤，主要适用于需要多种清洗剂的清洗工况。

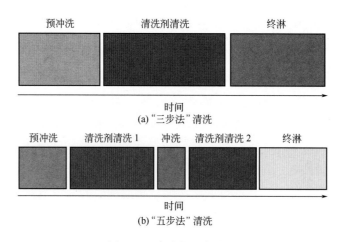

图 7-41　清洗的基本流程

任何清洗过程的第一步都是采用预冲洗水将所有松散的颗粒冲洗掉，预冲洗的目的在于清除设备内表面附着不牢的药品残液。结合污垢的性质，可选用不同温度的预冲洗水，例如，蛋白质在低温时溶解较好，可采用冷水进行蛋白质颗粒的预冲洗；脂肪在高温水中溶解度较高，可采用热水进行脂肪颗粒的预冲洗；对于蛋白质与脂肪等颗粒的混合物，最好用 40℃ 左右的温水进行预冲洗。预冲淋水的水质要求一般为饮用水、去离子水或纯化水，在 CIP 工作站的设计中，为节约用水，可将上一次 CIP 工作的终淋水作为下一次 CIP 工作的预冲洗水，为获得最佳预冲淋效果，部分企业还会考虑对预冲洗液进行加热。

清洗剂清洗的主要目的是利用 TACT 模型中的化学作用。例如，氢氧化钠可溶解蛋白质，在高温下可皂化脂肪，因此对含蛋白质较高的有机污物有很好的去除作用；硝酸可溶解无机类污物，较高浓度的强酸还有去除红锈的功能，因此，在清洗过程中必须根据污物的性质合理选择清洗剂的种类。化学作用与热能组合使用往往效果更佳，因此，CIP 工作站常采用高温碱液或高温酸液实现清洗。"三步法"清洗只需要一种清洗剂进行清洗，在无菌制药配液系统中，"三步法"清洗运用最多的清洗剂为 2% 左右的氢氧化钠；"五步法"清洗需要用到两种清洗剂进行清洗，在无菌制药配液系统中，

"五步法"清洗运用最多的清洗剂为 2% 左右的氢氧化钠和 2% 左右的硝酸，结合污垢的特性，在清洗过程中可选择先碱后酸或先酸后碱两种方式。如果需要实现多种清洗剂清洗，清洗流程数量也可随之增加，例如，可选择三种清洗剂清洗的"七步法"清洗等。

中国 GMP 2010 年版第四十九条规定："无菌原料药精制、无菌药品配制、直接接触药品的包装材料和器具等最终清洗、A / B 级洁净区内消毒剂和清洁剂配制的用水应当符合注射用水的质量标准。"终淋的目的是保证清洗效果达到清洗验证的要求，终淋水水质必须与配料用水水质一致。例如，在无菌配液系统中，终淋水必须为注射用水，终淋结果可通过在线电导率和离线取样法综合判断。

在无菌配液系统的清洗中，气体吹扫功能的引入可有效降低清洗用水和清洗剂的消耗，同时能节省清洗时间，对企业提高生产效率非常有益，因此，无菌压缩空气吹扫已成为制药配液系统 CIP 清洗时较为常规的操作步骤。节省清洗时间是企业提高生产效率的主要方向，容器类清洗与管阀件清洗的主要区别在于清洗时间的不同，不同的被清洗对象和污垢性质都会直接影响清洗时长。

一套标准的 CIP 工作站需要能实现最复杂的清洗工艺，以便企业能结合不同工况合理选择，例如，某些简单的配液罐体可能需要实现"三步法"清洗；某些复杂的配液罐体可能需要实现"五步法"清洗；而有些配液管道系统只需要实现终淋清洗即可。因此，标准的 CIP 工作界面允许用户可在"有效"与"无效"间合理选择清洗步骤。

清洗功能是一套典型 CIP 工作站的基本功能，通常情况下，清洗开始前，CIP 工作站还需具备清洗液和清洗用水的准备功能。例如，双罐 CIP 工作站在开始无菌配液系统的清洗工作之前，需提前准备好预冲洗水和终淋水；清洗工作结束后，CIP 工作站本身还需能实现清洗和灭菌/消毒功能，例如，为保证清洗效果，降低生物负荷，长时间未启用的双罐 CIP 工作站在清洗工作开启前需预先实现预冲洗罐体的冲洗与巴氏消毒，以及终淋罐体的冲洗和纯蒸汽灭菌。

7.5.3.2　分类

在制药行业，CIP 工作站种类繁多且应用广泛，没有任何一种 CIP 工作站能包罗万象，企业在选择 CIP 工作站时需综合产品种类、剂型特点、投资规模、风险控制和运行成本等综合因素合理选择。

按操作方式分类，CIP 工作站可分为移动式与固定式两大类（图 7-42）。移动式 CIP 工作站投资较低且相对灵活，可随实际的清洗需求灵活移动，需要工作时采用软管与被清洗单元相连。因需要移动，移动式 CIP 工作站需在其框架下安装滚轮，为防止对洁净厂房地面的损坏，移动式 CIP 工作站需控制设备重量，因此，该工作站一般都比较小巧；固定式 CIP 工作站主要用于完成自动化程度相对较高的清洗工作，并具有专门的房间或区域进行操作与管理，CIP 系统中所有的供给与回流管网均采用不锈钢管道进行连接，固定式 CIP 工作站在制药配液系统的清洗中应用更加广泛，本文将做重点介绍。

按清洗剂的使用方式分类，固定式 CIP 工作站可分为单批次使用 CIP 工作站和重复使用 CIP 工作站。

单批次使用 CIP 工作站的特点是：

① 避免交叉污染风险。

② 根据被清洗对象具体需要可随时调节清洗液的浓度和温度。

③ 设备结构紧凑、初期投资低。

④ 清洗剂需要实时配制，清洗时间和运行成本相对较高。

重复使用 CIP 工作站的特点是：

① 清洗液等化学品的排放量更少。

② 清洗液配制后可重复使用，节省运行成本和清洗时间。

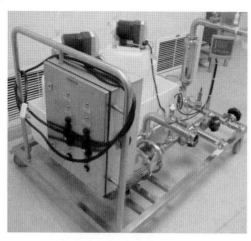 

(a) 移动式 CIP 工作站   (b) 固定式 CIP 工作站

图 7-42　CIP 工作站

③ 设备结构相对庞大、初期投资高。

清洗剂的使用方式主要取决于企业的产品种类、交叉污染的风险以及运行成本等因素。一般而言，对于生物制品、血液制品和不可最终灭菌的无菌制剂，其污染与交叉污染的风险相对较高，清洗过程中需最大程度避免污染的发生，因此，常选择"单批次清洗模式"实现碱液等清洗剂的循环清洗；对于常规的化药类制剂和中药类制剂，其污染与交叉污染的风险相对较低，处于运行成本的控制，企业可选择"重复使用 CIP 工作站"来实现碱液等清洗剂的循环清洗。

CIP 工作站的罐体数量是 CIP 工作站的主要特征，主要由企业的产品种类、无菌风险等级、初期投资与运行成本以及终淋水性质等因素决定。常用的 CIP 工作站主要分为单罐 CIP 工作站、双罐 CIP 工作站和多罐 CIP 工作站等三大类。表 7-7 是 CIP 工作站的基本选用原则。

(1) 单罐 CIP 工作站　当被清洗的配液系统为非无菌类原料药或非无菌类制剂时，其终淋水为纯化水，罐体为常压容器并可实现巴氏消毒；当被清洗的配液系统为生物制品、血液制品、化药类或中药类无菌类制剂时，其终淋水为注射用水，罐体为压力容器并可实现纯蒸汽灭菌（图 7-43）。

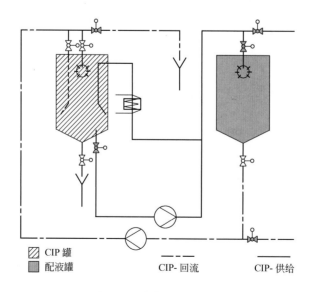

▨ CIP 罐　　　　　CIP- 回流　　　CIP- 供给
■ 配液罐

图 7-43　单罐 CIP 工作站

(2) 双罐 CIP 工作站　预冲洗罐为常压容器，可实现预冲洗水的储存和清洗剂的配制与储存这

表 7-7 CIP 工作站的基本选用原则

类型	设备结构	运用原则	特点	应用范围
单罐 CIP 工作站	由一个储罐和一个带加热功能的分配 SKID 系统组成	主要用于终淋液为纯化水的非无菌配液系统	占地面积少 初期投资低 清洗剂即配即用	非无菌原料药 非无菌制剂
		主要用于终淋液为注射用水的无菌配液系统	占地面积少 初期投资低 清洗剂即配即用 清洗时间相对较长	无菌原料药 化药类无菌制剂 中药注射剂 生物制品 血液制品
双罐 CIP 工作站	由两个储罐和一个带加热功能的分配 SKID 系统组成	主要用于终淋液为纯化水的非无菌配液系统	终淋水独立储存 终淋水回收利用 运行投资适中 清洗时间相对较短	非无菌原料药 非无菌制剂
		主要用于终淋液为注射用水的无菌配液系统	占地面积适中 初期投资适中 清洗剂即配即用 清洗时间相对较短	无菌原料药 化药类无菌制剂 中药注射剂 生物制品 血液制品
多罐 CIP 工作站	由多个储罐和一个带加热功能的分配 SKID 系统组成	主要用于终淋液为纯化水的非无菌配液系统	终淋水回收利用 清洗剂独立储存 清洗剂重复使用 运行投资低 清洗时间短	非无菌原料药 化药类口服制剂 中药口服制剂
		主要用于终淋液为注射用水的无菌配液系统	终淋水回收利用 清洗剂独立储存 清洗剂重复使用 运行投资低 清洗时间短	无菌原料药 化药类无菌制剂 中药注射剂

两个功能；双罐 CIP 工作站有一个独立的终淋水储罐，不仅有利于节约清洗用水的准备时间，还可保证终淋水水质更加稳定，同时，使用后的终淋水还可作为下一个清洗周期的预冲洗水。当被清洗的配液系统为非无菌类原料药或非无菌类制剂时，其终淋水为纯化水，终淋罐为常压容器并可实现巴氏消毒；当被清洗的配液系统为生物制品、血液制品、化药类或中药类无菌类制剂时，其终淋水为注射用水，终淋罐为压力容器并可实现纯蒸汽灭菌（图 7-44）。

（3）多罐 CIP 工作站 以三罐 CIP 工作站为例，预冲洗罐为常压容器，可实现预冲洗水的储存与终淋水的回收利用等两个功能；清洗剂罐也称为 CIP 罐，主要用于清洗剂的配制、加热与储存，可实现碱液等清洗剂的一次配料、多次重复使用，有利于缩短清洗剂的准备时间，并可降低清洗剂的运行成本；与双罐 CIP 工作站一样，多罐 CIP 工作站也有一个独立的终淋水储罐，使用后的终淋水可作为下一个清洗周期的预冲洗水（图 7-45）。当被清洗的配液系统为非无菌类原料药或非无菌类制剂时，其终淋水为纯化水，终淋罐为常压容器并可实现巴氏消毒；当被清洗的配液系统为化药类或中药类无菌类制剂时，终淋罐为注射用水，罐体为压力容器并可实现纯蒸汽灭菌；在生物制品、血液制品或具有生物活性的非最终灭菌制剂的生产中，为控制系统交叉污染的风险，清洗剂常采用"即配即用模式"，故企业常选择单罐 CIP 工作站或双罐 CIP 工作站，而较少使用多罐 CIP 工作站。

CIP 清洗过程一般为短时间、高流量的工况，因此，CIP 罐需要有一定的缓冲能力，通常情况下，CIP 罐体的体积一般由被清洗罐体的工作体积和 CIP 供给与回流距离决定。被清洗罐体体积越小、CIP 供给与回流路程越短，则 CIP 工作站所需的清洗罐体体积越小；反之，被清洗罐体体积越

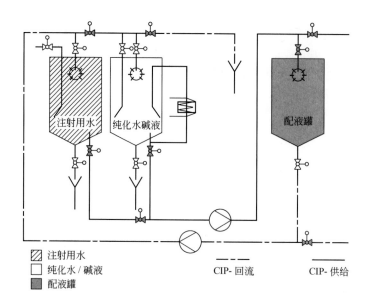

图 7-44　双罐 CIP 工作站

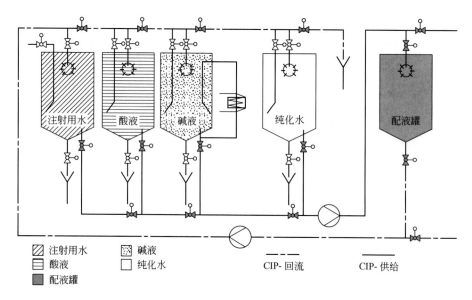

图 7-45　多罐 CIP 工作站

大、CIP 供给与回流距离越长，则 CIP 工作站所需的清洗罐体体积越大。

7.5.3.3　组成

CIP 工作站主要由冲洗水或冲洗液的储存单元、带变频控制的 CIP 供给泵、换热器及其加热调节装置、取样阀、隔膜阀、管道管件、温度传感器、压力传感器、电导率传感器、清洗剂浓度传感器、浓酸加药装置、浓碱加药装置及配套的集成控制系统（含控制柜、I/O 模块、触摸屏、有纸记录仪等）组成。图 7-46 是一个典型的 CIP 双罐工作站。

预冲洗储存单元主要用于储存 CIP 所需的预冲洗用水并满足系统的最大峰值用量要求；清洗剂储存单元用于储存符合清洗浓度和清洗温度的清洗剂；终淋水储存单元主要用于储存符合药典要求的终淋清洗用水并满足系统的最大峰值用量要求。从微生物学的角度看，储罐越小越好，因为这样系统清洗用水的使用率会较高，降低了细菌快速繁殖的可能性；从实际清洗流量的角度看，CIP 清洗过程一般为短时间、高流量的工况，储罐需要有一定的缓冲能力，因此，根据被清洗罐体的工作体积来合

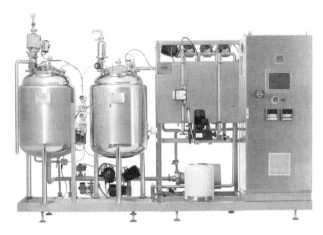

图 7-46　CIP 双罐工作站

理选择 CIP 罐体的体积至关重要。

有些企业在设计 CIP 工作站时，两个或多个 CIP 供给泵可能会共用一个储存单元，以节省占地面积和投资。例如某中药注射剂制剂车间包含独立的浓配中心和独立的稀配中心，每个配液中心均有多个配液罐体需要清洗，对于这样的系统，可采用包含 3 个贮罐、两套 CIP 供给泵的"三罐双泵 CIP 工作站"，两台独立的 CIP 供给系统分别为浓配中心和稀配中心提供在线清洗功能。因 CIP 工作站只包含一个预冲洗罐、一个碱液罐和一个终淋罐，为防止 CIP 供给泵之间发生"抢水"，每台 CIP 供给泵与每个 CIP 罐底的连接口最好也为独立的接口。

通常情况下，同一个 CIP 工作站会负责多个配液罐体的清洗，因此，需要通过分配设计来实现，在无菌配液系统中，常用的分配设计主要包含"汇流排"、"转换面板"、"GMP/SAP 阀"和"多通路阀"。

① 汇流排。汇流排也称为阀阵，对于清洗任务相对简单的制药配液系统，可采用汇流排进行系统的死角控制，CIP 分配的汇流排是指在一个环路的管道四周安装有一些特定的隔膜阀。图 7-47 是 ASME BPE 标准推荐的设计方式，选定清洗目标后，阀门上的相关阀门将进行自动切换，进入汇流排环路并处于湍流状态的清洗液将按照指定路径达到被清洗目标，并保证整个环路在 CIP 循环时得到清洗。

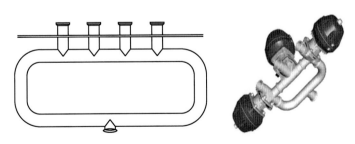

图 7-47　汇流排的设计理念

为保证系统可全排尽，设计汇流排时需注意坡度的控制，同时，汇流排上的进出口需均匀分布，以免出现"流体短路"现象并导致汇流排内清洗不彻底带来的交叉污染。汇流排设计理念的优势在于经济实用、可实现全自动操作、无需人工干预，且能有效避免死角。为保证系统死角，企业可选择短切三通或 T 形零死角阀来实现，当汇流排安装于 CIP 回流管网时，应保证水平安装。

② 转换面板。转换面板是另外一种非常有效的配液系统设计组件，依据设计的需求，转换面板上的不同接口可实现转料、CIP、SIP 和排放等多种功能，如图 7-48，转化面板背面的管道已经与配

液罐体或其他设备连接到位，操作者依据工艺的需求在操作面上灵活接入短接管，从而实现相关功能管路的连通。

图 7-48　转换面板

转换面板可依据工艺灵活设计，例如，图 7-49 为"1 进 2 出型"和"2 进 2 出型"转换面板示意图，为便于生产管理，设计者应尽可能采用最少数量的短接管来实现最多的组合功能。

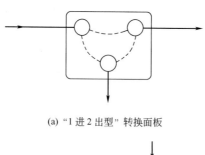

(a) "1 进 2 出型" 转换面板

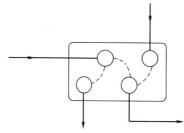

(b) "2 进 2 出型" 转换面板

图 7-49　转换面板的设计

对于生物转料等关键工艺管道的连接，可采用触点开关的方式实现风险管控，当短接管安装正确后，触点开关将得到响应，控制系统才能启动下一步生产工艺；否则，系统提示"接管错误"且不启动转料工艺。转化面板可置于房间内或镶嵌于彩钢板中，安装时需保证所有管路可实现自排尽。图 7-50是用于某生物制药生产工艺的"8 进 8 出型"转换面板，面板上有工艺转料接口、CIP 接口和 SIP 接口等。

③ GMP/SAP 阀。GMP 阀为两个单通路隔膜阀的组合型设计，有利于节省现场的安装空间，具有极佳的可清洗性，死区和焊缝数量都为最小值。SAP 阀特别适用于介质的取样、清洗液的排放或灭菌冷凝水的排放（图 7-51）。

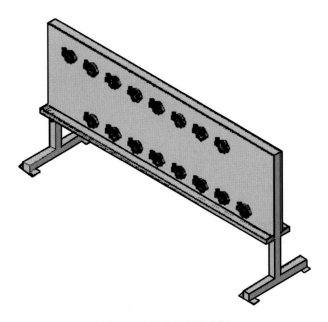

图 7-50 转换面板的应用

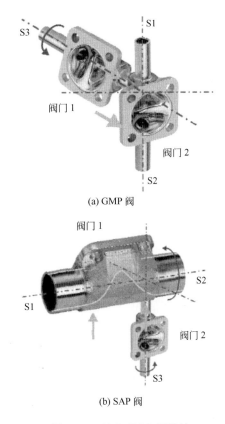

(a) GMP 阀

(b) SAP 阀

图 7-51 GMP/SAP 阀设计

④ 多通路阀。多通路阀是由一整块不锈钢材料机加工而成的,它属于"汇流排"与"GMP/SAP阀"设计的进一步优化,工程上也称为"Block 阀"。多通路阀最少可加工成 3 个通路,最多可加工成 40 个通路并加装 20 个执行机构的阀门,图 7-52 是"1 进 3 出型"多通路阀示意图。

在卫生型流体工艺系统中,多通路阀可最大限度地降低药液残留、减少安装空间、无死角、省去了众多的接头、管件和焊点,因其在优化卫生工艺和提高生产效率方便的杰出表现,多通道隔膜阀已

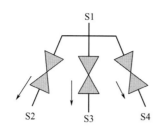

图 7-52　多通路阀

得到生物制药领域的广泛推崇与应用。

　　与 CIP 供给泵一样，CIP 回流泵的泵体设计必须满足工艺生产要求、不污染 CIP 系统且能完全自排尽，泵体的所有润湿部件采用 316L 不锈钢材质加工，离心泵需采用螺旋面型泵外壳，润湿不锈钢表面抛光至 $Ra < 0.5\mu m$ 或更好，为保证有更好的清洗效果，CIP 供给泵建议采用电解抛光处理。为保证罐体底部有一个良好的冲淋效果，CIP 回流流量选择上一般较 CIP 供给流量大 15%～25%，以便清洗液能被及时抽走。

7.6 在线灭菌系统

7.6.1　消毒法与灭菌法

　　在药品生产环节，消毒/灭菌技术是控制微生物指标最常规、最重要的技术。清洗是指通过物理作用或化学作用去除被清洗表面上可见与不可见杂质的过程，清洗过程并不能保证系统无菌，整个系统中的微生物负荷会随着时间的推移而增长。制药流体工艺系统在清洗后，还需采取合适的微生物抑制手段并进行定期消毒或灭菌，以保证系统中微生物满足药典与生产质量指标要求。消毒（Sanitation）与灭菌（Sterilization）是两种快速降低制药配液系统微生物负荷的手段。

　　消毒是指用物理或化学方法杀灭或清除传播媒介上的病原微生物，使其达到无害化。通常是指杀死病原微生物的繁殖体，但不能破坏其芽孢，所以消毒是不彻底的，不能代替灭菌。常用的消毒法主要包括巴氏消毒法、化学消毒法、煮沸消毒法、流通蒸汽消毒法和间歇蒸汽消毒法。

　　灭菌是指以化学剂或物理方法消灭所有活的微生物，包括所有细菌的繁殖体、芽孢、霉菌及病毒，从而达到完全无菌的过程。制药行业将百万分之一微生物污染率作为灭菌产品"无菌"的相对标准，它和蒸汽灭菌后产品中微生物存活的概率为 10^{-6} 是同一标准的不同表示法。在制药配液系统中，热消毒法与热力无菌法尤为关键，本书将重点介绍热消毒法与热力灭菌法的基本原理及其在制药配液系统中的应用。药典认可的灭菌方法有湿热灭菌法、干热灭菌法、辐射灭菌法、气体灭菌法和过滤除菌法。

　　高温对微生物有明显的致死作用（图 7-53），不同类型的微生物对高温的抵抗力不同，当环境温度超过微生物生长的最高温度范围时，微生物很容易死亡；超过的温度越多，或在高温条件下灭菌时间越长，微生物死亡得越快。温度是微生物繁殖的一个重要影响因素。微生物的营养体在 60℃ 以上就停止生长，大多数病原菌在 50～60℃ 以上就停止生长，大多数嗜热菌在 73℃ 时就停止生长，80℃ 时只有孢子和一些极端嗜热菌才能存活。因此，利用高温来降低微生物负荷的消毒/灭菌方法非常多，例如，巴氏消毒法、流通蒸汽消毒法、纯蒸汽灭菌法、过热水灭菌法与干热灭菌法均是利用了微生物的不耐热性。

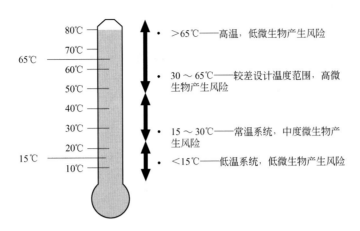

図 7-53　温度对微生物的影响

7.6.2　湿热灭菌技术

湿热灭菌属于热力灭菌的一种，广义的湿热灭菌法是指利用饱和水蒸气或过热水进行灭菌的方法，例如纯蒸汽灭菌和过热水灭菌均属于湿热灭菌法。纯蒸汽灭菌或过热水灭菌可以使微生物细胞内的一切蛋白质凝固并导致细菌致死，能有效降低微生物负荷并确保制药配液系统的无菌状态。

药典认可的湿热灭菌法特指物品置于灭菌柜内利用高压饱和蒸汽、过热水喷淋等手段使微生物菌体中的蛋白质、核酸发生变性而杀灭微生物的方法。该法灭菌能力强，为热力灭菌中最有效、应用最广泛的灭菌方法。药品、容器、培养基、无菌衣、胶塞以及其他遇高温和潮湿不发生变化或损坏的物品，均可采用本法灭菌。《中国药典》（2010 年版）规定："湿热灭菌条件通常采用 121℃×15min、121℃×30min 或 116℃×40min 的程序，也可采用其他温度和时间参数，但无论采用何种灭菌温度和时间参数，都必须证明所采用的灭菌工艺和监控措施在日常运行过程中能确保物品灭菌后的 SAL≤ 10^{-6}"。流通蒸汽不能有效杀灭细菌孢子，但可作为不耐热无菌产品的辅助灭菌手段。

在同样的温度下，湿热的灭菌效果比干热好，其原因主要为蛋白质凝固所需的温度与其含水量有关，含水量愈大，发生凝固所需的温度愈低。湿热灭菌的菌体蛋白质吸收水分，较同一温度的干热空气中易于凝固；湿热灭菌过程中蒸气放出大量潜热，加速提高湿度，因而湿热灭菌比干热灭菌所需温度低，如在同一温度下，则湿热灭菌所需时间比干热灭菌短；湿热的穿透力比干热大，使物品深部也能达到灭菌温度，故湿热灭菌比干热灭菌的收效好。

在制药行业中，常见湿热灭菌器包括脉动真空式蒸汽灭菌器、蒸汽-空气混合灭菌器和过热水灭菌器等。

脉动真空式蒸汽灭菌器也称湿热灭菌柜或预真空灭菌器，它是药品生产中应用最为广泛的高压蒸汽灭菌器，通常由灭菌腔体、密封门、控制系统、管路系统等组成，并连接压缩空气、蒸汽/纯蒸汽、真空泵等。在灭菌阶段开始之前通过真空泵或其他系统将空气从腔室移除，然后通入饱和蒸汽，反复进行真空、通入蒸汽，将空气彻底置换后进行灭菌（图 7-54）。脉动真空式蒸汽灭菌器设有真空系统和空气过滤系统，灭菌程序由计算机控制完成，腔体内冷空气排除比较彻底，具有灭菌周期短、效率高等特点。脉动真空式蒸汽灭菌器对物品包装、放置要求较宽，且由于真空状态下物品不易氧化损坏的特点，常用于对空气难以去除的多孔/坚硬装载进行灭菌，尤其适用于可以包藏或夹带空气的装载物，比如软管、过滤器和灌装机部件。

蒸汽-空气混合灭菌器（Steam-air mixture sterilizer，SAM 灭菌器）配有灭菌腔体、离心风机、

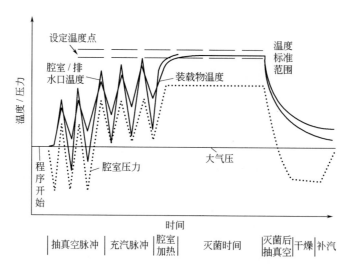

图 7-54 脉动真空式蒸汽灭菌器的温度-压力曲线

换热器、隔板，并连接压缩空气、蒸汽/纯蒸汽、真空泵等。当蒸汽进入灭菌柜时，风机将蒸汽和灭菌器内的空气混合并循环，将产品和空气同时灭菌。蒸汽中加入空气，即可产生一个高于一定温度下饱和蒸汽压的压力。与饱和蒸汽灭菌相比，蒸汽-空气混合灭菌器的热传递速率较低，通常采用风扇来使蒸汽-空气混合物循环。图 7-55 为该灭菌柜的灭菌程序，容器内部压力和温度是容器种类（例如是刚性的，还是非刚性的）、装量、顶部空间的大小和腔室温度的函数。蒸汽-空气混合物程序在灭菌后，可以使用多种方法来冷却产品。最常用的方法是向灭菌器夹套或盘管上通冷却水，保持空气循环冷却。有些蒸汽-空气灭菌器通过在产品上方的喷淋冷却水使其降温。

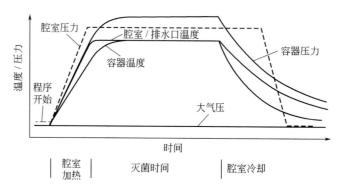

图 7-55 蒸汽-空气混合灭菌器的温度-压力曲线

高压过热水喷淋灭菌器也称水浴灭菌柜，它主要是利用过热循环水作为灭菌加热载体，对物品进行过热水喷淋的灭菌操作。在整个工作过程中，过热水运行于一个相对封闭的循环系统，该设备具有热效高、温度均匀性、温度调控范围宽等一系列优点，并且能有效防止工作过程中的二次污染。

高压过热水喷淋灭菌器配置有热水储罐、热交换单元、循环风机、循环泵、旋转装置等（图 7-56）。灭菌时，产品被固定在托盘上，灭菌水开始进入灭菌腔体，通过换热器循环加热、蒸汽直接加热等方式对灭菌水加热，喷淋灭菌；灭菌结束后，灭菌器可以对灭菌水进行回收，部分工艺还可以通入无菌空气、加热循环、除水等工艺对产品进行干燥，这类过热水循环的灭菌程序都使用空气加压，保持产品的安全所需要的压力，优点是加热和冷却的速率容易控制，非常适用于软袋制品的灭菌。高压过热水喷淋灭菌器可广泛应用于制药行业对玻璃瓶装、安瓿瓶装、塑料瓶装、软袋装等大容量注射液和小容量注射液的最终灭菌处理。

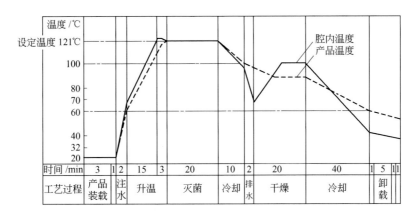

图 7-56　高压过热水喷淋灭菌器的温度-压力曲线

虽然药典认可的湿热灭菌法主要适用于制剂、原料、辅料及医疗器械等物品的灭菌，且必须在灭菌柜内进行，但在制药流体工艺系统中，为控制系统的微生物负荷，纯蒸汽灭菌法和过热水灭菌法得到了广泛的应用，例如，纯蒸汽灭菌常被用于纯化水系统、注射用水系统、CIP 系统和制药配液系统的周期性灭菌；过热水灭菌常被用于注射用水系统的周期性灭菌。

(1) 纯蒸汽灭菌　一种利用高温、高压蒸汽进行灭菌的方法，它属于湿热灭菌法。纯蒸汽的穿透力非常强，蛋白质、原生质胶体在湿热条件下容易变性凝固，其酶系统容易被破坏，蒸汽进入细胞内凝结成水，能放出潜在热量而提高温度，更增强了灭菌力。

纯蒸汽灭菌程序主要分为 4 个阶段 (图 7-57)。

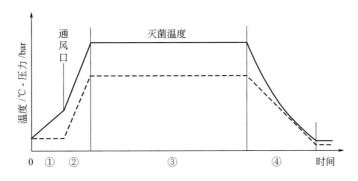

图 7-57　纯蒸汽灭菌的性能曲线

① 排气阶段。在罐体内通入纯蒸汽，置换罐体内部的不凝性气体。

② 加热阶段。关闭呼吸器，继续通入纯蒸汽，将系统温度从 90℃ 加热到 121℃。

③ 灭菌阶段。121℃ 下维持 30min，并确保罐体温度、管网温度和呼吸器灭菌温度均达到 121℃ 才能开始计时。

④ 冷却阶段。关闭纯蒸汽阀门，采用自然降温法或压缩空气降温法按预定速度降温至设定温度。

纯蒸汽灭菌的优点为时间短、气化潜热、系统简单。纯蒸汽本身具备无残留、不污染环境、不破坏产品表面，以及容易控制和重现等优点，被广泛应用于纯化水系统、注射用水系统和配液系统的灭菌过程中。纯蒸汽灭菌可以杀死一切微生物，包括细菌的芽孢、真菌的孢子或休眠体等耐高温的个体。灭菌的蒸汽温度随蒸汽压力增加而升高，增加蒸汽压力，灭菌的时间可以大大缩短。目前常以温度121℃、30min 作为制药用水系统或制药配液系统的纯蒸汽灭菌参数。

(2) 过热水灭菌　一种典型的湿热灭菌法，其原理是利用高温、高压的过热水进行灭菌处理，可杀灭一切微生物，包括细菌繁殖体、真菌、原虫、藻类、病毒和抵抗力更强的细菌芽孢。与纯蒸汽灭菌一样，过热水灭菌可引起细胞膜的结构变化、酶钝化以及蛋白质凝固，从而使细胞发生死亡。过热水灭菌在制药行业应用广泛，注射用水储存与分配系统的灭菌、灭菌注射用水的灭菌生产工艺以及大/小容量注射剂的最终灭菌工艺等均可采用过热水灭菌。

过热水灭菌程序主要分为4个阶段（图7-58）。

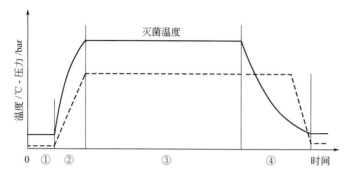

图 7-58　过热水灭菌的性能曲线

① 注水阶段。在罐体内注入一定体积的注射用水，一般以30%～40%罐体液位为宜。

② 加热阶段。启动循环系统，利用双板管式换热器或蒸汽夹套将罐体中的注射用水从80℃加热到121℃。

③ 灭菌阶段。121℃下维持30min，并确保罐体温度、管网温度和呼吸器灭菌温度均需达到121℃才能开始计时。

④ 冷却阶段。开启冷却水控制程序，循环注射用水按预定速度降温至设定温度。目前常以121℃ 30min作为过热水灭菌参数。

与纯蒸汽灭菌相比，过热水灭菌采用工业蒸汽为热源，无需另外制备纯蒸汽；灭菌过程中，无需考虑最低点冷凝水的排放问题，高压过热水循环流经整个系统，不会发生冷凝水排放不及时引起的灭菌死角；过热水灭菌时，容器内气相为高压饱和纯蒸汽，可有效实现注射用水储罐或配液罐呼吸器的反向在线灭菌。

7.6.3　在线灭菌系统

在无菌药品生产环节，任何接触产品的设备进行工艺生产并得到清洗后还需得到及时灭菌。从被灭菌物品是否需要转移的角度来看，制药行业的灭菌方式可分为离线灭菌和在线灭菌两大类。离线灭菌是指被灭菌物件必须进行拆卸或转移才能得到有效灭菌的方式；在线灭菌（SIP, Sterilazation in place）是指被灭菌设备或系统无需拆卸或仅存在少量拆卸的原位灭菌方式。现代生物制药配液系统常采用在线灭菌方式来实现系统的完全灭菌，中国GMP 2010年版在《附录3 生物制品》第二十五条中规定："管道系统、阀门和呼吸过滤器应当便于清洁和灭菌。宜采用在线清洁、在线灭菌系统；密闭容器（如发酵罐）的阀门应当能用蒸汽灭菌。"

与传统的离线灭菌方法相比，在线灭菌在微生物污染控制、验证、安全和生产效率等方面的优势都非常显著。在线灭菌系统主要是根据设置好的程序，自动开启纯蒸汽补气阀，通过温度与时间等参数的设定实现自动在线灭菌，温度检测点一般为配液罐体、呼吸器、液体过滤器、管路最末端或最低点等，系统可以对每一步灭菌程序的时间、温度等关键参数进行监测和记录，系统的灭菌终点由PLC进行自动判断。

在线灭菌系统的主要特点如下：

① 系统无需拆卸，安全节能。

② 自动判断灭菌终点，节省纯蒸汽。

③ 灭菌结果重复性好，有效避免了批次间的交叉污染。

④ 全自动操作，节省劳动力，降低操作失误，有利于生产计划合理化，提高产品质量和生产效率。

⑤ 程序中的设定参数可调，便于性能确认的执行与运行成本的最优化。

⑥ 完全符合 GMP 的要求，可实现灭菌工序的验证。

在制药流体工艺系统中，纯蒸汽灭菌法是在线灭菌系统的首选方法，纯蒸汽灭菌时，制药配液系统在进行纯蒸汽灭菌时需及时关闭呼吸器，并在系统的最低点安装疏水阀，来实现所有低点的冷凝水均需得到及时排放。热静力疏水阀是用于纯蒸汽灭菌时的理想疏水阀（图 7-59），该疏水阀采用 316L 材质进行加工，采用卫生型卡接连接方式，有效地保证了在线灭菌系统的无菌性。

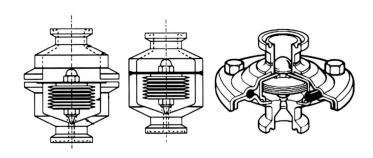

图 7-59　热静力疏水阀

空气会在待灭菌物品的表面形成一层"保护膜"阻碍饱和蒸汽接触物品表面，因此，纯蒸汽灭菌时一定要尽可能排掉容器内的不凝性空气，否则会大大降低灭菌效果，例如，湿热灭菌柜在灭菌前会采用脉动真空的方法去除腔室中的不凝性空气。为方便验证灭菌过程，可在关键设备或部件处（如罐体、呼吸器、药液过滤器）安装温度传感器或温度表进行监控，当系统最冷点的温度均达到灭菌温度时才能开始计时。温度传感器一般安装于疏水阀之前，在可能的情况下，在线灭菌截断阀与疏水阀的间距保持在 1000mm 以上为佳，疏水阀与温度传感器的间距保持在 600mm 以上为佳，以免待排放的冷凝水影响温度监测（图 7-60）。为节省安装空间，也可采用特殊设计的疏水阀来保证冷凝水的及时排除。

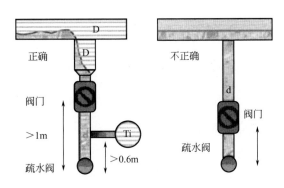

图 7-60　温度传感器的安装

任何采用纯蒸汽灭菌的流体工艺系统均需确保有 100% 的可排尽性，以便灭菌过程中的冷凝水能依靠重力及时排放，系统的"重力全排尽"可通过安装确认中的坡度检查予以验证。绝大多数制药流体工艺系统都是采用纯蒸汽进行系统的 SIP，整个系统的设计和安装需遵循"重力全排尽"原则。

225

ASME BPE 标准将流体工艺系统的管道坡度分为 GSD0、GSD1、GSD2 和 GSD3 四个级别，该标准关于管道坡度的要求主要包括如下内容：对于制药用水、CIP 或制药流体工艺系统等流体工艺系统，其输送管道的坡度不应低于 GSD2（相当于 1%）；对于进入无菌工艺范围的洁净气体系统和排出无菌工艺范围的废气排放系统，其输送管道的坡度不应低于 GSD3（相当于 2%）。制药流体工艺系统中会涉及变径的安装，为保证系统的可排尽性，对于垂直管网，可安装同心变径或偏心变径；对于水平管网，同心变径会导致冷凝水无法排尽，管网上必须安装偏心变径（图 7-61）。

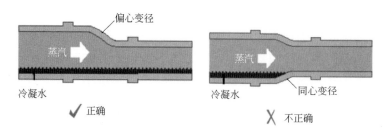

图 7-61　水平管网的变径安装

纯蒸汽灭菌时，系统温度需达到 121℃以上，系统处于正压状态，因不同部件的温度传导与系统设计与安装等原因，不同容器或管道间的压力可能会有所差异。图 7-62(a) 为两个容器或管网共用同一个疏水阀，若同时进行灭菌，很可能因为灭菌压力的不同导致灭菌失败，因此，当整个配液系统的所有部件同时进行纯蒸汽灭菌时，为保证系统灭菌彻底，每个容器底部或每段管道末端均需安装疏水阀 [图 7-62(c)]，否则，需采用分时间段的灭菌方式进行 [图 7-62(b)]。

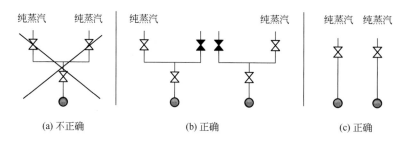

图 7-62　疏水阀数量的选择

过热水灭菌法是另外一种常用的在线灭菌方法。"气蚀现象"是制药行业在高温加热或过热水灭菌时经常发生的一个工程现象，此现象在注射用水系统和配液系统中尤为突出。如浓配岗位运行高温循环工艺时，常听到泵腔内叶轮发生空转并发出巨大的"嗡嗡"声。泵在运转中，若其过流部分的局

图 7-63　气蚀现象

部区域（通常是叶轮叶片进口稍后的某处）因为某种原因，抽送液体的绝对压力降低到当时温度下的液体汽化压力时，液体便在该处开始汽化，产生大量蒸汽并形成气泡，当含有大量气泡的液体经过叶轮内的高压区时，气泡周围的高压液体致使气泡急剧地缩小以至破裂，并形成"气蚀现象"（图7-63）。

　　诱导轮（图7-64）可有效预防注射用水储存与分配系统发生"气蚀现象"，它是一种安装于泵轴前端类似螺旋桨的装置。诱导轮的主要作用包括：增大输送泵的进口端压力；降低输送泵的气蚀余量值；在现有系统中，使用诱导轮可以将气蚀现象减小到最小；在新的系统中，使用诱导轮可以最大限度地降低部件的高度，满足现场安装空间的局限等。

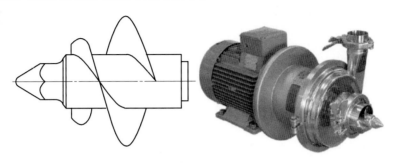

图 7-64　诱导轮

第8章

红锈的去除

8.1 清洗技术

清洗是指通过物理作用或化学作用去除被清洗表面上可见与不可见杂质的过程。在药品生产环节，清洗是最为关键的工艺操作之一，任何设备进行工艺生产后都应得到及时的清洗。从 GMP 角度而言，清洗是预防污染和交叉污染的有效手段；从微生物污染角度而言，虽然清洁并不能代替消毒或灭菌，但良好的清洁可有效抑制微生物的繁殖，同时，干净的设备表面比污浊的表面更容易灭菌彻底；从工作环境角度而言，清洁干净的设备能给使用者带来舒适与自豪感，操作人员在干净整洁的环境中工作，心情会更加愉快、工作效率也会有所提高。因此，在设备消毒或灭菌前进行有效清洗对于现代制药生产企业非常重要。红锈作为一种颗粒状污物，应得到广大制药企业和检查机构的广泛关注。

清洗所要达到的验收标准就是被清洁表面所需达到的清洁程度，它主要分为如下几类：

① 物理清洁。去除被清洗表面上肉眼可见的污物。

② 化学清洁。不仅去除被清洗表面上肉眼可见的污物，还能去除肉眼不可见的微小沉积物。

③ 微生物清洁。附着在被清洗表面的大部分细菌或致病菌被杀灭。

④ 无菌清洁。附着在被清洗表面的所有微生物均被杀灭。

8.1.1 清洗的法规要求

药品生产质量管理规范（GMP）作为质量管理体系的一部分，是药品生产管理和质量控制的基本要求，以确保持续稳定地生产出适用于预定用途、符合注册批准或规定要求和质量标准的药品，并最大限度减少药品生产过程中污染、交叉污染以及混淆、差错的风险。采用安全、可靠的清洗技术去除制药配液系统中的残留物至关重要，它是预防药品生产过程中污染和交叉污染最为关键的手段之一。系统影响性评估（SIA）表明，制药配液系统是药品生产过程中最为关键的工艺系统，该系统直接接触最终产品，属于直接影响系统，除需遵循良好工程管理规范（GEP）的相关规定之外，制药配液系统还需符合验证的相关原则。

药品的生产主要通过设备实现。按照规定的要求，规范地使用、管理设备主要包括：清洁、维护、维修、使用等，都应有相对应的文件和记录，所有活动都应由培训合格的人员完成。每次使用后及时填写设备相关记录和设备运行日志，设备使用或停用时状态应该显著标示等，这些管理措施不仅是药品生产质量得以保证的重要环节之一，也是药品生产企业质量管理和生产管理的关键要素，违背了这一要求，不仅会使药物质量得不到保证，造成质量体系和生产体系的混乱，而且会对设备安全、环境安全，甚至员工人身安全造成不良影响。

中国 GMP 对设备清洁的要求可参见中国 GMP 2010 年版的相关条款，具体如下：

"第七十一条　设备的设计、选型、安装、改造和维护必须符合预定用途，应当尽可能降低产生污染、交叉污染、混淆和差错的风险，便于操作、清洁、维护，以及必要时进行的消毒或灭菌；

第七十二条　应当建立设备使用、清洁、维护和维修的操作规程，并保存相应的操作记录；

第七十六条　应当选择适当的清洗、清洁设备，并防止这类设备成为污染源；

第八十四条　应当按照详细规定的操作规程清洁生产设备；生产设备清洁的操作规程应当规定具体而完整的清洁方法、清洁用设备或工具、清洁剂的名称和配制方法、去除前一批次标识的方法、保护已清洁设备在使用前免受污染的方法、已清洁设备最长的保存时限、使用前检查设备清洁状况的方法，使操作者能以可重现的、有效的方式对各类设备进行清洁。如需拆装设备，还应当规定设备拆装的顺序和方法；如需对设备消毒或灭菌，还应当规定消毒或灭菌的具体方法、消毒剂的名称和配制方法。必要时，还应当规定设备生产结束至清洁前所允许的最长间隔时限；

第八十五条　已清洁的生产设备应当在清洁、干燥的条件下存放；

第一百五十一条　清洁方法应经过验证，证实其清洁的效果，以有效防止污染和交叉污染。清洁验证应综合考虑设备使用情况、所使用的清洁剂和消毒剂、取样方法和位置以及相应的取样回收率、残留物的性质和限度、残留物检验方法的灵敏度等因素。"

《欧盟药品生产质量管理规范》（EU GMP）对于设备的清洁管理要求与中国 GMP 较为类似，详细规定可参见 EU GMP 有关设备的如下内容：

"3.36 生产设备的设计应易于彻底清洁。设备清洁应遵循详细的书面程序。设备应存放在清洁干燥的环境中；

3.37 选用的洗涤和清洁设备不应成为污染源；

3.43 应根据书面规程对蒸馏水管、去离子水管和其他水管进行清洁。书面规程中应描述微生物污染的超标限度和应采取的措施。"

《美国现行药品生产质量管理规范》（FDA cGMP）对于设备的详细清洁要求可参见《FDA cGMP》第 211.67 章节的如下内容：

"211.67 设备清洁与保养

（a）相隔一定时间对设备与工具进行清洁、保养和消毒，防止因故障与污染而影响药品的安全性、均一性、含量、质量或纯度。

（b）制订药品生产、加工、包装或贮存设备（包括用具）的清洁和保养文字程序，并执行。这些程序包括，但不一定限于以下内容：

（1）分配清洁、保养任务；

（2）保养和清洁细目一览表；

（3）详细说明用于清洁和保养的设备、物品和方法。拆卸和装配设备的方法必须保证适合清洁和保养的要求；

（4）除去或擦去前批遗留物的鉴定；

（5）已清除了污染的清洁设备的保护；

（6）使用前检查清洁的设备。"

自 FDA 各种文件（包括《化学原料药检查指南》、《生物技术检查指南》）首次提出清洗问题之后，清洗过程的验证已经引发了很多讨论。FDA 的文件明确指出要求对清洗过程进行验证。《FDA 清洗验证检查指南》的要求通则规定：

"（1）建立书面标准操作程序（SOP），其中必须详细规定设备各部件的清洗过程。若同一产品、不同批号的清洗使用一种方法，而更换品种时使用另一种清洗方法，应在书面规程中说明清洗方法的不同之处。同样，若水溶性残留物质与非水溶性残留物质的清洗方法不同，则书面规程中也应对两种方法进行说明，必须明确规定在什么情况下执行哪一种清洗方法。化学原料药生产中产生柏油状或黏胶状残留物质的某些生产工序，可考虑使用专用设备。流化床干燥器物料袋也是一种难以清洗的设备，通常也只用于一种产品的生产。清洗过程本身产生的所有残留物质（洗涤剂与溶剂等）也必须从设备中除去；

（2）必须建立书面的清洗方法验证通则；

（3）清洗方法验证通则应规定执行验证的负责人、批准验证工作的负责人、验证标准（合格标准）、再验证的时间；

（4）对各生产系统或各设备部件进行清洗验证之前，应制定专一特定的书面验证计划，其中应规定取样规程、分析方法（包括分析方法的灵敏度）；

（5）按上述验证计划进行验证工作，记录验证结果；

（6）做出最终的验证报告，报告应由有关管理人员批准，并说明该清洗方法是否有效。报告中的数据应支持"残留物质已经减少到了可接受的范围"的结论。"

8.1.2　清洗的基本原理

清洗系统由清洗介质、污物和被清洗物 3 部分组成。清洗介质是指水或以水为溶剂的清洗剂，如纯化水、注射用水、碱液和酸液等；污物是指希望从被清洗物表面去除的异物，包括有机物、无机物和微生物等；被清洗物是指待清洗的对象，如配液罐体、输送泵和管阀件等。清洗的基本原理是指向被清洗物的表面污物施加热能、机械能和化学能，通过溶解作用、热作用、机械作用、界面活性作用和化学作用等机理的相互作用，在一定时间内实现被清洗物的有效清洗（图 8-1）。

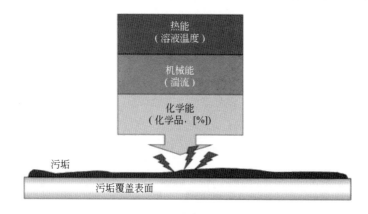

图 8-1　清洗的原理

温度（Temperature）、机械作用（Mechanical action）、化学作用（Chemical action）和时间（Time）是清洗过程中的 4 个基本要素，在清洗技术领域称为 TACT 模型（图 8-2）。温度是指清洗用水与清洗液所需的温度，清洗温度与污物的类型和粘固程度有关；机械作用主要通过流速、流量和压力来实现；化学作用与选择的清洗剂类型和浓度有关；时间是指与被清洗表面的充分接触与作用时

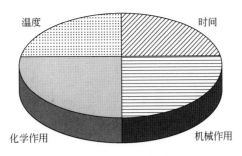

图 8-2　TACT 模型

间。为实现设备的有效清洗，上述四要素相互影响且互为补充，当某一个要素不足时，可通过增强其他要素的形式加以弥补。详细的理论公式如式 (8-1)。

$$C_R = T_i + A + C + T_e = 100\%$$ (8-1)

式中，C_R 为清洗标准（可接受的清洗结果）；T_i 为时间（清洗过程的充分接触与作用时间）；A 为机械作用（清洗过程的流速、流量与压力）；C 为化学作用（清洗剂类型和浓度）；T_e 为温度（清洗用水与清洗液的温度）。

(1) 温度　温度上升可以改变污物和清洗液的物理特性。研究表明，在一定温度范围内，温度每升高 10℃，化学反应速度会提高 1.5～2 倍，清洗速度也会相应提高。升温还会增加大部分残留药液或颗粒的溶解度，加快这些残留物质的溶解速度；同时，清洗液吸收热能后，其动力黏度也会随之升高，这将有助于加快清洗速度。但如果温度过高，将造成制药配液系统中残留的蛋白质发生变性，导致污物与设备间的结合力提高，反而增加了清洗的难度。图 8-3 显示了一定范围内清洗温度与清洗时间的关系，适当增加清洗温度有助于节省清洗时间，当温度超过 85℃ 后，清洗时间基本无变化。因此，为提高生产效率，企业常通过加热清洗用水或清洗液的方式来缩短清洗时间，清洗温度一般控制在 60～80℃ 之间。

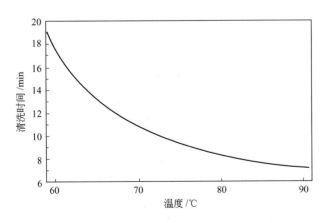

图 8-3　温度对清洗的影响

温度对于除锈效果的保证尤为关键。任何标准在提到除锈的建议方案时，均会提到温度的重要性。温度对除锈的帮助体现在如下几方面：①温度可以增加清洗剂和除锈剂的溶解性。②温度可以增加流体的湍流程度。涡流状态加剧，使表面附着物更易脱落入流体中。③除锈的过程是：$HM + Fe_xO_y \longrightarrow FeM + H_2O + Q$（热量）对于这种非可逆反应来说，升温会使反应速度加快。根据范霍夫近似规律，可知，温度增加 10K（开尔文），反应速率近似增加 2～4 倍。

如果制药企业计划在整厂大修期间执行除锈，若没有工业蒸汽，则一套可以加热并有必要的传感装置的除锈设备是必需的。

（2）机械作用　机械作用对于制药配液系统清洗过程至关重要，它主要通过流速、流量和压力来实现被清洗表面相对松散的污垢去除。对于配液罐体等容器类设备，主要是通过清洗液的带压喷淋作用去除设备内表面的残留药液；而对于阀门、管道与弯头等药液输送管路，主要是通过清洗液的湍流作用去除管道内壁的残留物。

早期的清洗实践中，清洗理论为 TAT 模型 [图 8-4(a)]，机械作用未得到重视。该模型中时间因素影响最大，其次是化学作用和温度因素。随着现代工业的发展，TAT 模型因其清洗时间太长、清洗效率低下等原因，已不能满足工业化大发展的实际需求，因此机械作用被引入到清洗理论中，从而形成了 TACT 模型 [图 8-4(b)]。在现代清洗技术中，为提高工作效率、保护环境、节省清洗时间，机械作用的影响在整个清洗过程中已占 50% 以上，其余 3 个参数的影响相对较低。在一些难于清洗的工况，TC 模型 [图 8-4(c)] 更加有效。该模型中化学作用和温度未被引入，机械作用的影响在整个清洗过程中占到 80% 以上，其余的影响为时间因素。

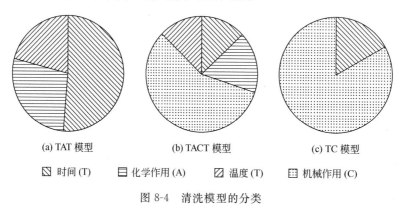

(a) TAT 模型　　(b) TACT 模型　　(c) TC 模型

▨ 时间 (T)　　▤ 化学作用 (A)　　▧ 温度 (T)　　▦ 机械作用 (C)

图 8-4　清洗模型的分类

管道内液体的流动状态分为层流、过渡流和湍流 3 种状态。从量化角度而言，雷诺实验以雷诺数作为流体状态的判断标准，当雷诺数 $Re<2000$ 时，流体的流动状态称为层流；当 $2000 \leqslant Re \leqslant 4000$ 时，流体的流动状态称为过渡流；当雷诺数 $Re>4000$ 时，流体的流动状态称为湍流；当雷诺数 $Re>10000$ 时，称为完全湍流状态，此时管道的摩擦系数只与相对粗糙度有关，而与雷诺数无关。

$$Re = \rho u d / \mu \tag{8-2}$$

式中，ρ 为密度，kg/m³；d 为管道内径，m；u 为流速，m/s；μ 为黏度，N·s/m²。

层流的流体质点沿着与管轴平行的方向作平滑直线运动，流体的流速在管中心处最大，靠近管道内部壁处最小，管道内流体的平均流速与最大流速之比约为 0.5。随着流速的增加，流体的流线开始出现波浪状的摆动，摆动的频率及振幅随流速的增加而增加，此种流动状态称为过渡流。湍流是流体的另外一种流动状态，当流速增加到足够大时，流线不再清楚可辨，流场中有许多小漩涡，层流被破坏，相邻流层间有滑动和混合现象，这时的流体做不规则运动，有垂直于流管轴线方向的分速度产生。层流与湍流的本质区别在于是否有径向脉动，湍流有"径向脉动"现象，而层流无"径向脉动"现象（图 8-5）。只有在管道内完全充满并产生湍流时才能达到理想的清洗效果，清洗过程中必须避免气泡的产生。

雷诺数与流速有一定的关系，不同管径的管道在同样的流速下，其雷诺数不同，设计流速过低，湍流无法实现，清洗效果得不到保证；设计流速过高，运行时系统管网发生震颤，存在安全隐患，表 8-1 是 ASME BPE 标准管道在雷诺数大于 30000 时流速与管径的关系。

同心变径与偏心变径是制药配液系统中经常使用到的变径管件，管道截面积的变化对流体的流动特征会产生影响。在相同的清洗流量下，DN80 管道内流体的流速为 2m/s，达到了清洗所需的湍流

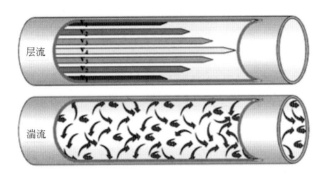

图 8-5　清洗模型的分类

表 8-1　管径、雷诺数与流速的关系

公称直径/in	管道内径/mm	1.5m/s 时流量/(L/min)	雷诺数＞30000	
			流速/(m/s)	流量/(L/min)
½	9.40	6	3.2	13
¾	15.75	18	1.9	22
1	22.10	35	1.4	31
1½	34.80	86	0.9	49
2	47.50	159	0.6	67
3	72.90	376	0.4	103
4	97.38	670	0.3	138

状态，当变径为 DN65 后，流速增加为 3m/s，雷诺数增加，湍流状态加剧，清洗效果更佳；当变径为 DN100 后，流速降低为 1.2m/s，雷诺数降低，流体状态转变为层流，从而无法达到预定的清洗效果。

机械作用还可来源于喷淋装置。喷淋装置分为喷淋球和洗罐器两大类。喷淋球主要是指处于中、低压工作状态的喷淋装置；洗罐器主要是指处于中、高压工作状态下的喷淋装置。不过在清洗除锈方面，使用较多的是喷淋球，洗罐器极少用到。喷淋球的工作压力相对较低，一般不超过 10bar。主要包括固定式喷淋球、旋转式喷淋球和切线出水喷淋球等。根据清洗角度的不同，喷淋球可分为 90°、180°向上、180°向下、270°向上、360°和 360°高流量等多种规格；按照安装方式的不同，喷淋球可分为焊接式、螺纹式和插销式等多种形式。

另外对于一些顽固的锈迹，可能需要极高机械力的设备，比如高压水枪。

① 固定喷淋球。固定喷淋球的工作原理为小股清洗液从固定喷淋球的每一个小孔持续喷向罐体内壁的固定点，从而以层流的方式将清洁液分配到储罐内表面。固定喷淋球的理论工作压力相对较低（1~5bar），常用工作压力为 2~3bar，当清洗液压力超过工作压力后，固定喷淋球将发生雾化而失去清洗功能。固定喷淋球在清洗时的冲击力相对较弱，为达到清洗效果，需要消耗更多的喷淋液，或者更长的清洗时间。不过，如果清洗对象为体积较小的罐体时，固定喷淋球的清洗效果还是非常优秀的。同时，同旋转类喷淋球相比，固定喷淋球还能耐受洁净压缩空气的直接吹扫。

② 旋转喷淋球。旋转喷淋球也属于低压力、高流量型喷淋球，它在固定喷淋球的基础上增加了喷淋球的旋转功能。旋转喷淋球的主要功能是保证罐体始终处于自清洗和全润湿状态，并可用于要求相对较低的清洗任务。与固定喷淋球相比，旋转冲洗能有效节省清洗时间，节省清洗剂和清洗用水，它在固定喷淋球上安装了一个可旋转的连接杆，连接杆内部安装有导流挡板，利用水流对导流挡板的冲击力使喷淋球快速旋转，旋转喷淋球可有效避免因少数喷淋孔堵塞而带来的清洗死角，即使旋转喷淋球停止转动，其依然可以起到固定喷淋球的表面润湿功能。

③ 切线出水喷淋球。切线出水喷淋球属于中压力、低流量型喷淋球，其特点是在切线出水球体上安装了一个可旋转的连接杆，利用水流对切线出水球体的冲击力使喷淋球快速旋转，其工作原理为清洗液采用扇形涡流方式从切线出水中持续喷出，通过振动模式与物理冲击力相结合的方式将清洁液体均匀喷淋至罐体内表面。切线出水喷淋球工作原理适中（0.5～10bar），常用工作压力为 1～6bar，清洗时的冲击力相对较强，只需要较少的清洗剂和较少的清洗时间就能获得较理想的清洗效果。

④ 高压水枪。由于清洗罐体最大的困难就在于机械作用的不足。有时仅采用喷淋球的喷淋效果是不足的。这时在清洗时需要考虑其他的手段，高压水枪便是一种方式。高压水枪是高压水射流清洗机的俗称。其原理是水通过水泵吸入，经压缩后流经水管，最后经水枪射出。水枪通过控制出水嘴的流量来控制水的分散大小，这样就构成水的喷射。

⑤ 物理机械擦拭。与高压水枪类似，清洗罐体或其他某些机械力不足的设备或位置时，需要采用其他方式弥补。物理机械擦拭是最常用的一种手段。需要注意的是，物理机械擦拭是表面红锈处理的一种增强机械作用的必要补充，但是同时，也可能会对不锈钢的表面造成划痕，导致表面粗糙度加剧。因此这种处理方法，需要多方协调处理，并且如需执行的话，尽量找专业人员完成，尽可能地降低表面划伤的风险。

（3）化学作用 化学作用的主要原理为：通过清洗剂与污物产生的化学作用来改变污物的溶解特性，使污物变成易于溶于水的物质。化学作用与所选择的清洗剂的类型和浓度有关，合适的清洗剂需具备如下特征：

- 能从被清洗物表面剥离颗粒并使其以较小颗粒形态悬浮或溶解在清洗液中；
- 能快速溶解于水；
- 具有表面活性，对污物有良好的渗透和去污能力；
- 工作浓度能被在线检测并可控；
- 成分明确、不会引起污染或交叉污染；
- 对制药配液系统的组件无任何腐蚀等负面影响；
- 方便污水处理、环境影响小；便于保存且使用成本低。

化学清洗剂主要分为中性清洗剂、碱性清洗剂和酸性清洗剂三大类，其主要包含水及酸液、碱液或表面活性剂，例如，美国 STERIS 公司生产的 CIP 100 属于典型的碱性清洗剂，CIP 200 属于典型的酸性清洗剂。化学作用包括水解、渗透、乳化、催化、皂化、螯合、氧化、分散、悬浮、溶胶和络合等多种形式，不同的污物需要不同的化学作用。

一般而言，单一清洗剂只能实现某些特定的清洗功能，没有任何一种清洗剂可同时满足所有的清洗要求。企业需结合残留污物的实际情况合理选择化学清洗剂的类型和浓度。例如，对于油脂类污物，可选择表面活性剂的渗透与乳化作用、碱液的分散作用和强碱的皂化作用；对于蛋白质类污物，可选择碱液或酸液的溶解作用、氧化剂的水解作用和蛋白酶的催化分解作用；对于糖类碳水化合物污物，可选择高温水的溶解作用；对于淀粉类碳水化合物污物，可选择酸碱液的溶解作用与淀粉酶的分解作用；对于矿物质类污物，则可选择酸性清洗剂的溶解作用和螯合剂的螯合作用。

① 表面活性剂和分散剂。表面活性剂对于制药配液系统中油脂类污物的清洗效果非常明显，它是指具有固定的亲水、亲油基团，在溶液的表面能定向排列，并能使表面张力显著下降的物质。表面活性剂（图 8-6）的分子结构具有两亲性，一端为亲水基团、另一端为疏水基团。亲水基团常为极性的基团，如羧酸、磺酸、硫酸、氨基、胺基或胺盐、羟基、酰胺基、醚键等；疏水基团常为非极性烃链，如 8 个碳原子以上烃链。表面活性剂溶解于水中以后能降低水的表面张力、提高有机化合物的可溶性。

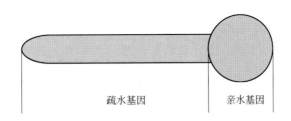

疏水基因　　　　　　　亲水基因

图 8-6　表面活性剂的结构

　　表面活性剂的工作原理主要是通过分子中不同部分对于油相与水相的亲和，使两相均将其当作本相的成分。表面活性剂的分子排列在两相之间，使两相的表面相当于转入分子内部，从而降低其表面张力。由于油相与水相都将其当作本相的一个组分，就相当于油相与水相与表面活性剂分子都没有形成界面，通过这种方式部分地消灭了两个相的界面，从而降低了表面张力和表面自由能。按作用机理划分，表面活性剂主要提供渗透作用、乳化作用和悬浮作用等（图 8-7）。按极性基团的解离性质划分，表面活性剂分为阴离子表面活性剂（如硬脂酸、十二烷基苯磺酸钠等）；阳离子表面活性剂（如季铵化物等）；两性离子表面活性剂（如卵磷脂、氨基酸型、甜菜碱型等）和非离子表面活性剂（如脂肪酸甘油酯、脂肪酸山梨坦、聚山梨酯等）。

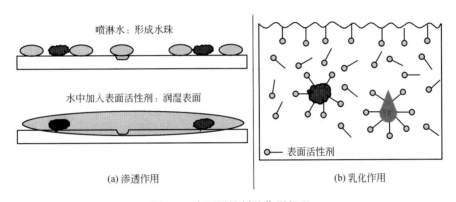

喷淋水：形成水珠

水中加入表面活性剂：润湿表面

表面活性剂

(a) 渗透作用　　　　　　　　　　　(b) 乳化作用

图 8-7　表面活性剂的作用机理

　　如前文所述，洁净管道中被红锈覆盖的表面粗糙度较大，使得污物可能存于粗糙表面的死角处，如果使用单纯的水进行冲洗，由于较大的表面张力作用，可能接触不到藏于谷底的污物，如果此时使用表面活性剂，由于降低了表面张力，则有可能接触到污物，从而提高了清洗和除锈的效果（图8-8）。

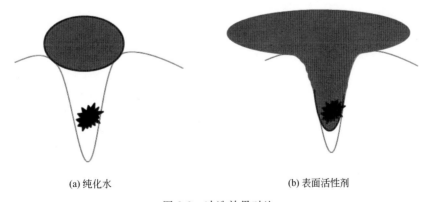

(a) 纯化水　　　　　　　　　　　(b) 表面活性剂

图 8-8　冲洗效果对比

　　分散剂也是一种常用于除锈再钝化处理的表面活性剂。分散剂可均一分散那些难于溶解于液体的无机、有机的固体及液体颗粒，同时也能防止颗粒的沉降和凝聚，是形成稳定悬浮液所需的两亲性试剂。分散剂一般分为无机分散剂和有机分散剂两大类。常用的无机分散剂有硅酸盐类（如水玻璃）和碱金属磷酸盐类（如三聚磷酸钠、六偏磷酸钠和焦磷酸钠等）。有机分散剂包括三乙基己基磷酸、十二烷基硫酸钠、甲基戊醇、纤维素衍生物、聚丙烯酰胺、古尔胶、脂肪酸聚乙二醇酯等。

　　分散剂的作用原理就是把各种颗粒合理地分散在溶剂中，通过一定的电荷排斥原理或高分子位阻效应，使各种固体很稳定地悬浮在溶剂（或分散液）中。分散剂在使用时必须溶水，它们被选择地吸附到颗粒与水的界面上。常用的是阴离子型，它们在水中电离形成阴离子，并具有一定的表面活性，被粉体表面吸附。粒子表面吸附分散剂后形成双电层。阴离子被粒子表面紧密吸附，称为表面离子。在介质中带相反电荷的离子称为反离子。它们被表面离子通过静电吸附，反离子中的一部分与粒子及表面离子结合得比较紧密，称束缚反离子。它们在介质成为运动整体，带有负电荷，另一部分反离子则包围在周围，它们称为自由反离子，形成扩散层。这样在表面离子和反离子之间就形成双电层。微粒所带负电与扩散层所带正电形成双电层称为动电电位。热力电位是指所有阴离子与阳离子之间形成的双电层相应的电位。起分散作用的是动电电位而不是热力电位，动电电位电荷不均衡，有电荷排斥现象，而热力电位属于电荷平衡现象。

　　另外，所谓高分子位阻效应是指一个稳定分散体系的形成，除了利用静电排斥（即吸附于粒子表面的负电荷互相排斥，以阻止粒子与粒子之间的吸附/聚集而最后形成大颗粒而分层/沉降）之外，当已吸附负电荷的粒子互相接近时，使它们互相滑动错开，这类起空间位阻作用的表面活性剂一般是非离子表面活性剂。灵活运用静电排斥配合空间位阻的理论，可以构成一个高度稳定的分散体系。高分子吸附层有一定的厚度，可以有效地阻挡粒子的相互吸附，另外依靠高分子的溶剂化层，当粉体表面吸附层达 8～9nm 时，它们之间的排斥力可以保护粒子不致絮凝。CIP 100与 CIP 200 试剂就是一种含有分散剂的高效清洗试剂。图 8-9 显示出其与水和常规含有表面活性剂的洗液相比的优势。

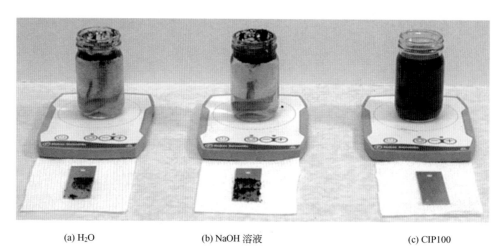

(a) H_2O　　　　　　　(b) NaOH 溶液　　　　　　　(c) CIP100

图 8-9　分散剂的作用

　　图 8-9 可以看出，分散剂的作用是非常明显的。当向 3 个洗液试样（分别为含表面活性剂的水溶液、氢氧化钠水溶液和 CIP 100 水溶液）中分别加入活性炭（模拟污物）后，将 3 种溶液以同样的转速，开启磁力搅拌器。一段时间后，前两种试样中的结果类似，即活性炭均浮在溶液表面；而含有分散剂的 CIP 100 溶液，活性炭则溶到了流体中，并分散均匀；另外，在搅拌一段时间之后，向这 3 种溶液分别浸入同样大小和同样材质的不锈钢片，观察再沉积现象，前两者均发生了再沉积，而 CIP 100 则丝毫没有发生再沉积。由此实验，我们可以明确得出分散剂的两个作用：可以使污物迅速的分

散到清洗流体中；避免分散流体中的污物发生再沉积。

②碱性清洗剂。碱性清洗剂是指 pH＞7 的清洗剂，包括苛性碱、聚磷酸盐、碳酸盐、硅酸盐、胺和碱性表面活性剂等。碱性清洗剂因具有环保无毒、安全、经济成本低、去除内毒素、分解生物膜、清洗效果好的特点而被广泛运用。碱性表面活性剂是由碱以及表面活性剂等物质构成，利用皂化作用、乳化作用、浸透润湿作用等机理来除去可皂化油脂（动植物油）和非皂化油脂（矿物油）等金属表面油脂。例如，氢氧化钠和氢氧化钾可溶解蛋白质，在高温下可皂化脂肪，因此对含蛋白质较高的有机污物有很好的去除作用；聚磷酸盐可防止形成钙的沉淀，常用于不锈钢容器、桶和搅拌器的清洗；硅酸盐可防止铝腐蚀，主要用于铝制容器、桶、搅拌器的清洗。表 8-2 是常规碱性清洗剂的性能对照表。

表 8-2　碱性清洗剂的性能对照表

分类	成分	皂化	乳化	蛋白质控制	渗透	悬浮	水处理剂	过水性	泡沫	无腐蚀性	无刺激性
基本碱	氢氧化钠	A	C	B	C	C	D	D	C	D	DD
	硅	B	B	C	C	B	D	D	C	B	D
	碳酸盐	C	C	C	C	C	D	C	C	C	C
	磷酸三钠	C	B	C	C	C	C	C	C	C	D
复合磷酸盐	磷酸四钠	C	B	C	C	B	A	A	C	A	A
	三聚磷酸钠	C	A	C	C	A	AA	A	C	A	A
	聚磷酸钠	C	A	C	C	A	AAA	A	C	A	A
	葡萄盐	C	C	C	C	C	B	C	C	A	A
有机质	乙二胺回乙酸(EDTA)	C	C	C	C	C	AA	A	C	A	A
	磷酸盐	C	C	C	C	C	AA	A	C	A	A
	聚合物	C	B	C	C	A	A	B	C	A	A
	润湿剂	C	AA	C	AA	A	C	A	A	A	A
	氯	C	C	A	C	C	C	C	C	B	B

注：A—最佳；B—良好；C—无效能；D—负效能。

由于空气中 CO_2 的影响，NaOH 会与其发生化学反应生成 Na_2CO_3 和 $NaHCO_3$，进而影响清洗效果（图 8-10）。因此，在清洗过程中，需对碱性清洗剂进行在线或离线取样分析，监测其浓度，当 NaOH 浓度达不到清洗要求时，需及时进行添加或更换。

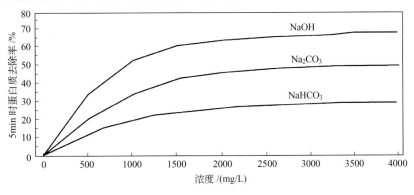

图 8-10　碱液对蛋白质清洗的影响

③ 酸性清洗剂。对于整个系统的清洗除锈来说，酸洗程序是必不可少的，这也是除锈的根本。酸性清洗剂是指 pH<7 的清洗剂，包括硝酸、磷酸和脂肪酸盐类酸性表面活性剂等。酸性清洗剂对碱性清洗剂不能去除的无机物类污物有较好的清洗效果，广泛用于玻璃、不锈钢等表面的清洗。例如，硝酸和磷酸可溶解无机类污物，较高浓度的强酸还有去除红锈的功能；脂肪酸盐可通过乳化作用降低表面张力，从而将脂肪类污物得到有效清洗。表 8-3 是常规酸性清洗剂的性能对照表。需要注意的是，酸性清洗剂对不锈钢金属有一定的腐蚀性，使用后需及时中和并用清水冲洗干净。

表 8-3　酸性清洗剂的性能对照表

分类	成分	矿物质/水垢去除	乳化	渗透	悬浮	水处理剂	泡沫	对不锈钢无腐蚀性	对软金属无腐蚀性	抗干扰	钝化
无机矿物质	盐酸	A	C	B	C	C	D	D	C	D	DD
	硫酸	B	B	C	C	B	D	D	C	B	D
	磺酸	C	C	C	C	C	D	C	C	C	C
	硝酸	C	B	C	C	C	C	C	C	C	D
	磷酸	C	B	C	C	B	A	A	A	A	A
有机酸	柠檬酸	C	A	C	C	A	AA	A	C	A	A
	乙酸	C	C	C	C	A	AAA	A	C	A	A
	葡糖酸	C	C	C	C	C	B	C	C	A	A
	润湿剂	C	C	C	C	C	AA	C	C	A	A

注：A—最佳；B—良好；C—无效能；D—负效能。

制药企业传统洁净管道除锈的试剂包括硝酸、硫酸和氢氟酸。硝酸属于强酸，具有很强的不稳定性、强氧化性，并具有较强的腐蚀性。使用硝酸进行除锈处理后的不锈钢管道内壁一般无金属光色，色泽发乌（图 4-16），如果硝酸配制浓度不当，还有可能对不锈钢表面产生侵蚀，导致红锈现象更加严重。另外，接触硝酸本身也存在较大的安全隐患。同硝酸蒸气接触有很大危险性。硝酸液及硝酸蒸气对皮肤和黏膜有强刺激和腐蚀作用。浓硝酸烟雾可释放出五氧化二氮，遇水蒸气形成酸雾，可迅速分解而形成二氧化氮，浓硝酸加热时产生硝酸蒸气，也可分解产生二氧化氮，吸入后可引起急性氮氧化物中毒。人在低于 $30mg/m^3$（12ppm）左右时未见明显的损害。吸入硝酸烟雾可引起急性中毒。误服硝酸可引起腐蚀性口腔炎和胃肠炎，严重者会出现休克或肾功能衰竭等。

硫酸除锈的化学机理同硝酸是一样的，其危险性高于硝酸，这是因为硫酸除了具备同样强大的腐蚀性之外，还具有更强的氧化性。浓硫酸具有很强的脱水性。物质被浓硫酸脱水的过程是化学变化，反应时，浓硫酸按水分子中氢氧原数 2∶1 的比例夺取被脱水物中的氢原子和氧原子或脱去非游离态的结晶水，如五水硫酸铜（$CuSO_4 \cdot 5H_2O$）。被浓硫酸脱水的物质为含氢、氧元素的有机物时，脱水后生成了黑色的炭，这种过程又称作炭化。因此采用高浓度硫酸进行除锈工作的话，务必采用全方位的安全措施，一旦其滴落在人体身上，由于脱水炭化作用，后果不堪设想。

由于氢原子和氟原子间结合的能力相对较强，使得氢氟酸在水中不能完全电离，所以理论上低浓度的氢氟酸是一种弱酸。但由于氟是最活泼的非金属，氧化能力强，而且氢氟酸中的氟离子的半径很小，这使得氢氟酸具有很强的渗透性，致密的氧化物也不能阻止它的渗透。故氢氟酸去除过红锈的表面其表面粗糙度非常高。如果单一使用氢氟酸对洁净管道进行除锈处理而无任何后续钝化程序，洁净管道表面将受到严重腐蚀，表面粗糙度远远超出行业规范（图 8-11）。

图 8-11　氢氟酸除锈效果

　　ASME BPE 2014 对制药流体工艺系统洁净管道的除锈处理进行了详细的阐述，针对洁净管道内部不同红锈种类所用常规除锈剂和专用配方的高效除锈剂进行了详细介绍，请见表 8-4。

表 8-4　ASME BPE 除锈剂介绍

红锈级别	除锈过程			
	描述	注释	化学过程	反应条件
I 类红锈	磷酸	在不腐蚀表面的前提下，可以有效去除铁氧化物	5%～25%磷酸	在 40～80℃之间，反应 2～24h
	添加增强剂的柠檬酸	在不腐蚀表面的前提下，可以有效去除铁氧化物	添加有机酸的 5%～10%柠檬酸	在 40～80℃之间，反应 2～24h
	磷酸混合物	可以运用于复杂多样的温度和环境下	5%～25%磷酸和不同浓度的柠檬酸或硝酸的混合物	在 40～80℃之间，反应 2～12h
	连二硫酸钠	在不腐蚀表面的前提下，可以有效去除铁氧化物，但是可能生成含硫气体	5%～10%连二硫酸钠	在 40～80℃之间，反应 2～12h
	电化学清洗	可以用于去除顽固的红锈，同时可以避免腐蚀产品接触表面	25%～85%磷酸	仅能用于系统容易接触的位置，主要是指容器；处理时间约为 1min/ft² (10.76min/m²)
II 类红锈	磷酸	在不腐蚀表面的前提下，可以有效去除铁氧化物	5%～25%磷酸	在 40～80℃之间，反应 2～24h
	柠檬酸和有机酸的混合物	在不腐蚀表面的前提下，可以有效去除铁氧化物	添加有机酸的 5%～10%柠檬酸	在 40～80℃之间，反应 2～24h
	磷酸混合物	可以运用于复杂多样的温度和环境下	5%～25%磷酸和不同浓度的柠檬酸或硝酸的混合物	在 40～80℃之间，反应 2～24h
	草酸	有效去除铁氧化物；可能腐蚀电解抛光的表面	2%～10%草酸	在 40～80℃之间，反应 2～24h
	电化学抛光清洗	可以用于去除顽固的红锈，同时可以避免腐蚀产品接触表面	25%～85%磷酸	仅能用于系统容易接触的位置，主要是指容器；处理时间约为 1min/ft² (10.76min/m²)

红锈级别	除锈过程			
	描述	注释	化学过程	反应条件
Ⅲ类红锈	磷酸混合物	可以运用于复杂多样的温度和环境下	5%～25%磷酸和不同浓度的柠檬酸或硝酸的混合物	在60～80℃之间,反应8～48h(或者更长时间)
	草酸	可能腐蚀电解抛光的表面	10%～20%草酸	在60～80℃之间,反应8～48h(或者更长时间)
	柠檬酸和有机酸的混合物	可能腐蚀电解抛光的表面	添加有机酸和氟化物的5%～10%柠檬酸	在60～80℃之间,反应8～48h(或者更长时间)
	硝酸+氢氟酸	会腐蚀电解抛光的表面	15%～40%硝酸和1%～5%的氢氟酸的混合物	在不超过40℃的环境下,反应1～24h
	电化学抛光清洗	可以用于去除顽固的红锈,同时可以避免腐蚀产品接触表面	25%～85%磷酸	仅能用于系统容易接触的位置,主要是指容器;处理时间约为 1min/ft²(10.76min/m²)

ASME BPE 中明确提出使用磷酸及混合物作为除锈剂,对Ⅱ类红锈、Ⅲ类红锈均具有明显除锈效果。CIP 200 酸性除清洗试剂是一种典型的以磷酸为主要成分的高效除锈剂,其成分组成包含表面活性剂、分散剂、磷酸和柠檬酸,其中磷酸主要发挥除锈功能,而柠檬酸主要发挥钝化功能。

CIP 200 是集除锈效能和钝化效能于一体的高效除锈再钝化剂,根据验证的结果,除锈的同时,即可良好地完成钝化,钝化效果优于采用17%的硝酸进行钝化的效果。如图 8-12 所示,虚线代表的 CIP 200 在除锈的同时进行钝化,形成的钝化膜的铬铁比要高于实线代表的 17%的硝酸专门进行钝化形成钝化膜的铬铁比。而且,在不锈钢的深层,采用 CIP 200 处理过的不锈钢表面,会出现不连续的富铬层。铬铁比越高,钝化膜深度越深,钝化效果越好,由此可见,CIP 200 的除锈再钝化效能较好。

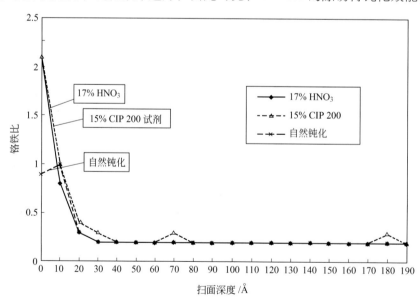

图 8-12　CIP 200 与硝酸钝化效能的对比

④ 中性清洗剂。中性清洗剂是在标准使用浓度时显示为中性的合成洗涤剂的总称,主要是指在25℃标准使用浓度时,具有 pH 6～8 的洗涤剂。中性清洗剂的主要原料是水、助洗剂和中性表面活性剂。中性清洗剂具有无异味、无气体挥发、无污染、使用安全;便于漂洗、无任何残留;对金属及

不锈钢不发生腐蚀；手工清洗较为安全等特点。

每一种清洗剂均有其最佳清洗浓度，过高或过低都会降低清洗效果，适当提高清洗剂浓度可有效促进清洗液与污物之间的化学作用力并增加清洗效果，有助于缩短系统的清洗时间、弥补清洗温度的不足。但清洗剂浓度过高会造成资源浪费并导致副作用的发生（如不锈钢腐蚀等），现代工业大发展提出了越来越苛刻的节能、环保、安全等要求，所有的清洗污水在排放前必须得到有效的环保处理。如采用中和处理方式降低污水的酸碱度；尽可能选择含磷量较低的清洗剂；控制污水中的生物耗氧量和化学耗氧量。

红锈是一种紧贴于不锈钢表面的颗粒性污物，采用单纯的热能和机械能难于得到良好的清洗效果，化学作用在红锈去除过程中至关重要。除锈前，需先采用碱性清洗剂将红锈表面附着的生物膜去除，然后采用酸性清洗剂进行除锈。

（4）时间　时间是所有清洗过程必不可少的组成部分，要使每一步清洗操作发挥最大的清洗效果必须有适当的作用时间。整个清洗过程的最终时间由温度、化学作用和机械作用的综合效应决定。每套制药配液系统所需的清洗时间均会有所不同，实际所需清洗时间将在性能确认阶段得到验证。为提高工作效率，节省清洗时间是所有企业长期追求的目标。

一般而言，适当增加温度能提高化学反应速率并节省清洗时间；适当增加喷淋压力和流速，也能节省清洗时间；为实现足够的接触反应、节省清洗液用量，降低化学品的污染风险，企业常采用循环清洗方式实现化学清洗剂的最大化学反应效应，从而节省清洗时间。不同的清洗对象，所需时间不同，例如，在保证足够湍流和化学反应的情况下，不锈钢管道的清洗时间可能较短；而对于污染程度较严重的配液罐体，其清洗时间可能相对较长。

8.1.3　清洗的影响因素

TACT 理论从清洗学的基本原理角度介绍了设备表面清洗的影响因素，对于复杂的制药配液系统，除了温度、化学作用、机械作用和时间 4 个因素外，死角、坡度、表面粗糙度等因素对整个系统的清洗效果、项目投资和运行费用均有较大影响。

（1）死角　死角检查是系统进行安装确认时的一项重要内容。关于死角的相关内容详见 4.2.5。

（2）坡度　坡度相关内容见 4.2.6。

（3）表面粗糙度　不同的标准对应不同的表面粗糙度，表 8-5 为不同标准的粒度与表面粗糙度对比结果。

表 8-5　不同标准粒度与表面粗糙度对比表

美国标准	英国标准	ISO 1302 标准 Ra	
粒度	粒度	μm	μin
	120	3.2	125
	180	2.0	85
80		1.65	70
	240	1.5	50
	320	0.75	30
180		0.62	25
240		0.45	18
	500	0.4	16
320		0.25	10

ISPE 推荐制药用水系统表面粗糙度 $Ra < 0.76 \mu m$，ASME BPE 标准推荐注射用水系统表面粗糙度 $Ra < 0.6 \mu m$ 并尽可能电解抛光。无菌级的制药配液系统直接接触最终的产品，其生产工艺和清洗要求相对更高，故工程上一般建议无菌工艺罐体内表面粗糙度 $Ra < 0.4 \mu m$ 并尽可能电解抛光，无菌药液分配管道系统的表面粗糙度 $Ra < 0.6 \mu m$ 并尽可能电解抛光。基于系统整体风险考虑和经济分析，合适的表面粗糙度完全能满足制药配液系统的生产、清洗与灭菌要求，电解抛光虽有比机械抛光更好的清洗与微生物控制优势，但其造价相对更高，企业可结合自身条件合理选择使用。

表面粗糙度对系统清洗效果有直接影响。在表面粗糙度的清洗验证模型中，不同表面粗糙度的不锈钢表面均预先放置 10^5 个可检测颗粒，清洗合格的标准为最终残留颗粒数 $< 10^2$ 个。从图 8-13 中可以看出，当表面粗糙度为机械抛光 $2.4 \mu m$ 时，不锈钢表面的残留颗粒数在清洗初期会有所下降，经过约 20min 的清洗，残留颗粒数始终维持在 $> 10^3$ 个的较高水平，清洗结果无法满足验收标准；当表面粗糙度为机械抛光 $0.65 \mu m$ 时，不锈钢表面的残留颗粒数在清洗初期会迅速下降，经过约 15min 的清洗，残留颗粒数最终维持在 $< 10^2$ 个的理想水平，清洗结果可接受；当表面粗糙度为电解抛光 $0.42 \mu m$ 时，不锈钢表面的残留颗粒数在清洗初期会急剧下降，经过约 10min 的清洗，残留颗粒数最终维持在 $< 10^1$ 个的理想水平，清洗结果完全符合验收标准。

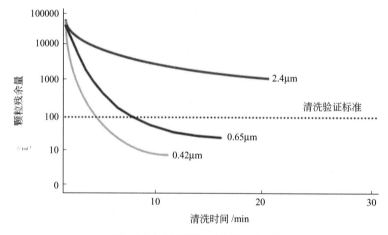

图 8-13　表面粗糙度与清洗验证

上述实验说明，在同等情况下，设备内表面粗糙度越小，系统所需清洗的时间越短、清洗效果越好。

表面粗糙度报告是洁净流体工艺系统中材质追溯证明方面的重要组成部分，例如，在供应商提供的管道、管件、隔膜阀、换热器、离心泵等主要材料的材质证书中，均会涉及到材料表面粗糙度测量的打印记录。红锈现象发生后，不锈钢系统的表面粗糙度会被严重破坏，不仅对清洗效果会产生较大影响，也会为微生物滋生提供庇护所，因此，定期除锈尤为关键。

8.2 除锈技术

8.2.1 除锈的相关法规

ASTM 对制药流体工艺系统洁净管道的清洗除锈处理作出详细的指导性规范，以下为 ASTM

A380《不锈钢零件、设备和系统的清洗、除锈和钝化标准规程》中对洁净管道清洗和除锈处理概念的解释和描述。

（1）洁净管道的清洗方法

① 碱清洗用于去除金属上的油污、半固体和固体污物。在很大程度上，使用溶液的作用和效果取决于它们的清洗时的参数。溶液的搅动和温度很重要。

② 乳化清洗是使用借助肥皂或其他乳化剂（乳化剂可以增加一种液体在另一种液体中分散的稳定性），去除金属上的油性沉积和其他普通污物。它对去除多种污物都有效，包括有颜色的和无颜色的拉拨用油和润滑剂、切削液及液体渗透检测的残留等。当要求快速表面清洗并且当轻微的残留油膜可以接受时，才使用乳化清洗。

③ 溶剂清洗是用普通的有机溶剂通过浸泡、喷淋或刷洗去除金属表面的污物，例如脂类、氯代烃类或这两种溶剂的混合物。清洗通常在室温或略高于室温下进行。除非零件有特别重的污染或有无法充分接触的区域，或两者兼有，否则充分的搅动可减少接触时间。实际上，所有金属可以使用常见的溶剂清洗，除非溶剂已经受到酸、碱、油或其他物质的污染。密闭系统、有缝隙或中空产品不推荐使用含氯溶剂。

④ 蒸汽脱脂是一种使用易挥发的含氯溶剂的热蒸汽去除污物的清洗工艺，对油、腊和脂等特别有效。脱脂溶剂的洁净度和化学稳定性是评价蒸汽脱脂效果和产生风险的重要因素。脱脂槽中的水或清洗后产品上的水会与溶剂反应生成盐酸，可能对金属有害，故在脱脂槽和清洗后产品中不应有水。必须防止酸、氧化剂和氰化物污染溶剂。密闭系统、有缝隙或中空产品不推荐使用含氯溶剂。

⑤ 超声清洗经常与某些溶剂或洗涤剂联合使用，这种方法可松动并去除深凹处和其他不易接触区域的污物，尤其是小的工件。高频声波在液体中产生的气穴引起工件微小凹处的溶剂微观扰动，该方法特别适用于清洗有复杂结构的零件或组件。对于表面洁净度要求极高的表面，应选用高纯度的洗剂。

⑥ 合成洗涤剂中最常用的是表面活性剂，因为它们比肥皂更易冲洗，有助于污物的分散和防止二次污染。它们可以有效地软化水，并降低表面张力。

⑦ 螯合物清洗。螯合物是一种化学试剂，它可与溶液中的金属离子形成可溶的复杂分子，并可降低溶液中某些杂质离子的化学活性，使其无法与溶液中其他元素发生反应而生成沉淀物或污物。它们能增强水垢和一些其他污物的可溶性，可用于清洗剂无明显效果的情况。如果使用恰当（螯合剂必须持续循环，并小心控制温度），晶间腐蚀、点蚀和其他有害的影响极小。螯合剂对清洗安装的设备和系统特别有用。

（2）洁净管道的除锈方法

① 除锈目的。除锈是去除那些因热成型、热处理、焊接以及其他高温操作而产生的紧密黏附的厚氧化皮。因轧制产品通常以去除氧化皮的状态供货，在设备制造或系统安装的过程中除锈（去除焊接产生的局部氧化皮除外）并不是必需的。如有必要，氧化皮可以通过下面列出的化学、机械（如研磨、喷砂、砂纸打磨、磨削、电刷）或化学与机械方法相结合去除。

② 化学法除锈。化学除锈剂包括硫酸、硝酸和氢氟酸水溶液，熔融碱和盐浴以及各种专用配方。硝酸-氢氟酸混合溶液是不锈钢制造厂最广泛使用的，可同时去除金属污物及焊接和热处理氧化皮。使用时应谨慎选择，不推荐用于敏化奥氏体不锈钢、硬化马氏体不锈钢零件或者可能与碳钢零件、组件、设备或系统接触的地方。单一的硝酸溶液去除厚的氧化皮通常无效。

待除锈的表面通常在化学处理前要预清洗。当产品的尺寸和形状允许时，建议全部浸入酸洗溶液中。当完全浸入不切实际时，除锈可以用下面方法进行：a. 用刷拭或喷淋方法浸湿表面；b. 用酸洗溶液部分充满产品，经转动或摇动使所有表面都得到要求的化学处理。除锈表面应保持与搅动的溶液接触大约 15～30min，或直到检验表明已经完全去除氧化皮。没有搅动，可能需要增加暴露在酸洗溶液中的时间。如果不能摇动或搅动，酸洗溶液可以循环流经产品或系统，直到检验表明已经完全去除氧化皮。必须避免过度酸洗。能否用酸洗均匀去除氧化皮取决于所用的酸、酸的浓度、溶液温度和接触时间。不推荐连续暴露在酸洗溶液中超过 30min。30min 后，产品应排空并冲洗，检验处理的效果。酸洗后可能还需要额外的处理。大多数酸洗溶液会使焊接和热处理氧化皮松动，但不能完全去除氧化皮。用不锈钢刷或毛刷不断地断断续续地刷洗，结合酸洗或最初的冲洗，有助于去除氧化皮和化学反应的产物。

化学除锈后，表面必须彻底冲洗，去除残留的化学剂。最终冲洗前有时必须经中和阶段。为尽可能减少污染，在相继的酸洗除锈和冲洗两个阶段之间不允许干燥，在最终水冲洗后才马上进行彻底干燥。当必须进行化学除锈时，零件应处于尽可能最简单的几何形状，后续制造或安装阶段会产生内部缝隙或不能完全排空的空间，而这些缝隙或空间可能截留除锈剂、污物、粉末或受污染的冲洗水，可能导致产品在投用后的最终腐蚀或对产品产生副作用。

③ 机械法除锈。机械除锈方法包括喷砂、电刷、砂纸打磨、磨削和铲削。机械除锈方法的优点是不会产生晶间腐蚀、点蚀、氢脆、裂纹或污垢沉积。对于某些材料，特别是处于敏化状态的奥氏体不锈钢和处于硬化状态的马氏体不锈钢，机械除锈是唯一适合的方法。磨削通常是去除加焊接产生的局部氧化皮的最有效方法。机械除锈方法的缺点是与化学除锈相比成本高，表面缺陷（如折皱、麻坑、毛刺）可能模糊不清，使其难以检测。

机械除锈前，待除锈表面须进行预清洗。当对薄壁零件、抛光表面和接近公差的零件进行除锈时，必须特别小心，避免被机械方法损害。机械除锈后，表面应用热水和毛刷刷洗干净，接着用清洁的热水冲洗。砂轮和砂纸打磨材料中不应含有铁、氧化铁、锌或其他可能引起金属表面污染的有害材料。在其他材料上用过的砂轮、砂纸打磨材料及钢丝刷不应用于不锈钢。使用不锈钢丸或颗粒降低生锈和铁污染的风险，但不能完全排除氧化铁的嵌入残留。如果要求完全没有铁和氧化皮，最好在喷砂后接着做短时间的酸浸。

ASTM A380 中的标准，更多的是从新设备、新系统、零部件的角度考虑除锈。但实际上，在制药行业风险最大的却是旧设备、旧系统、整套系统。ASTM A380 中的相关法规对旧设备、旧系统、整套系统的清洗和除锈处理的指导作用可总结如下。

① 化学除锈和机械除锈是两种常用的除锈方式。

② 化学除锈时谨慎选择除锈剂，防止过度酸洗；机械除锈时谨慎执行，防止对零部件造成损害。

③ 对于密闭系统，采用如上所提的机械手段去除红锈是不现实的。但是机械作用一定要有，我们一般需要保证完全湍流和足够的压力（可以充分开启喷淋球）。

④ 清洗对于除锈效果的保证至关重要。这是由于在制药行业不锈钢的表层会附着生物膜或者是产品的残留物（一般是有机膜），如果不进行彻底的清洗，则酸洗除锈剂无法同红锈表面完全充分接触，导致除锈过程反应不彻底，红锈去除不完全。当然，这只是从除锈角度出发，从微生物和交叉污染的角度考虑，这些生物膜或有机膜也应当充分去除。

8.2.2　除锈的风险评估

红锈是一种不锈钢材料上由铁的氧化物或氢氧化物所形成的薄膜，这种红锈也包含铁、铬、镍等元素。

　　对于制药企业来说，对制药系统的除锈和再钝化的频次基于除锈时间间隔或者对系统管路的目视检测来确认。由于目前尚无可用的科学方法用于系统红锈的准确测量，企业的质量保证（QA）人员常根据自身主观的经验来确定系统的除锈再钝化周期。因此，企业标准操作规程（SOP）就会按照QA 做出的合理的风险等级评估，制定基于除锈周期的一年一次、半年一次或每逢设备停车时进行的除锈再钝化计划。而这种做法只是制药企业生硬地完成 SOP 例行公事，往往并未考虑这种除锈再钝化计划是否合适。

　　现代制药用水系统已实现全自动电脑控制，大量在线检测设备已经替代了传统实验室检测手段，这些在线检测设备及其所组成的自动控制系统能够为使用者提供实时在线数据并根据这些数据自行对系统运行参数加以干涉，以保证系统的正常运行。一套科学的红锈腐蚀速率的测量方法能为除锈和钝化工作提供精确地指导并能准确解释被监测红锈形成的全过程。

　　近年来，不锈钢管道管件的除锈再钝化维护越来越受到人们的重视。除锈和钝化处理是不同的不锈钢表面处理工艺，但它们又有很多相似的地方。一般情况下，强腐蚀性的化学试剂用以除去金属本体上的红锈，当红锈被去除干净，对金属表面的再钝化方可进行。钝化，可以被认为是一种将不锈钢表面的铁锈、游离铁离子及其他表面污物去除并使表面形成富铬保护层的特殊清洁工艺。同时，钝化还可大大降低游离铁离子在不锈钢表面形成的概率从而有效抑制铁氧化物（红锈）的形成。磷酸、柠檬酸、硝酸及其他种类的酸性试剂常被用作除锈再钝化剂，而氢氧化钠和氢氧化铵则被用来中和除锈和钝化的酸性废液。中和后的废液通过排污系统排走，在有些情况下，废液也会在现场被废水处理设备处理。当除锈和钝化处理完成后，对系统进行彻底冲洗是非常重要的，只有将除锈再钝化过程中产生或引入的污物彻底排除系统，水系统方可恢复生产，否则，会产生不可预估的严重后果。因为任何一种除锈再钝化过程中残留在系统中的化学物质都将明显改变系统的工艺指标。一般来讲，一次典型的除锈与再钝化造成的一个系统停车将持续 2～7d，这主要取决于系统循环的个数和整个系统的容量。

　　红锈在制药流体工艺系统（包括纯化水储存与分配系统、注射用水储存与分配系统、纯蒸汽分配系统以及其他洁净流体工艺系统）中形成属于一种受外界因素干扰驱动的自发现象。总体来说，红锈腐蚀的严重程度主要取决于以下方面。

　　① 洁净流体工艺系统中管路安装所选用的不锈钢材料的等级。

　　② 洁净流体工艺系统的安装加工工艺，如焊接、表面抛光和钝化处理等。

　　③ 洁净流体工艺系统所处的运行环境，如水质和纯度、系统运行化学工艺、运行温度、压力、流速，以及其所受到的机械应力和所暴露环境中的氧含量等。

　　④ 洁净流体工艺系统的维护。

　　红锈腐蚀产物的形成使不锈钢管道自身质量严重恶化，并在一定程度上大大增加产品质量事故发生的概率。因此评估制药流体工艺系统中红锈的存在对生产工艺及系统长时间运行的潜在风险显得尤为必要。本章根据 ASME BPE，ASTM A380 等业界国际权威法规的相关内容，对系统溶液中及与物料接触的表面的红锈的测量方法进行简述，评估各种制造工艺和具体运行设计思路以抑制红锈形成的可行性，并简单介绍常用的有效消除系统中红锈的技术方法。

　　导致制药流体工艺系统中红锈形成的各种变量因素可分为以下 3 类。

　　① 第 1 类变量因素对红锈形成影响较小。此类因素为表 8-6 和表 8-7 中各种变量因素对红锈形成的机制提供理论依据。该种类因素并未在表中列出。

　　② 第 2 类变量因素对红锈形成具有较大影响。此类变量因素有一定的经验数据收集作为支持，应纳入洁净管道施工工艺设计的考虑范围中。

表 8-6 施工阶段的风险评估

影响因素	注 释
第 3 类(影响程度高)	
材料选择	材料选择的合理(如 316L 不锈钢)与否在于所选材料在使用环境中的抗腐蚀性。如,低碳钢与高碳钢相比抗腐蚀性更佳。合理的材料选择可抑制早期或已开始加速的腐蚀。提高镍元素的含量将有效增强不锈钢的抗腐蚀性
机械抛光	冷加工技术在金属表面留下的纹路中可能残留抛光残余颗粒。表面抛光的不均匀性所导致的表面以下内部面积的累计增加会使材料更易被腐蚀
电抛光	可减少材料本身直接暴露在氧化性流体或氯化物中的接触面积,同时可减少各种机制(如卤化物腐蚀、热应力腐蚀等)导致的微点蚀的形成。表面吸入点也将随表面粗糙度的降低而减少
钝化	可有效抑制不锈钢表面腐蚀的发展。钝化方法的效能包括钝化深度和表面金属元素的优化分布(如铬铁比),将决定金属钝化后的抗腐蚀性和腐蚀速率
金属元素构成	主要是钼、铬、镍等。金属微观结构的性能影响晶界杂质的沉淀。这些杂质向表面的迁移将加剧腐蚀源由表面向内的腐蚀。不同的焊接接头所含的硫含量由于焊池变化可能导致焊口不能焊透,此处极有可能成为初始腐蚀点
焊接工艺、参数及充气方式	不当的焊接方法有可能导致铬在热影响区的流失从而降低金属的抗腐蚀性能。焊接时的不连续性将为熔滴渗入杂质提供机会。不良焊口中产生的裂纹可能使钝化膜上和活跃的腐蚀源周围出现缺口。合理的充气方式可有效防止回火色氧化皮导致的焊接污染及与之相伴生的抗腐蚀性损伤。钝化作用不能逆转由于充气不当造成的不良结果
产品类型和加工方法	成型工艺显著影响最终铁素体的含量(如锻件中铁素体含量远低于铸件)。锻件表面锻压纹的空隙会增加金属形成微点从而形成点腐蚀的风险。缩小硫含量的差异将提高优良焊接的成功概率
第 2 类(影响程度较高)	
安装环境	碳钢腐蚀、划伤、暴露在化学环境中、管路中冷凝或液体的留滞等可能造成不确定的腐蚀现象应在钝化前施以除锈步骤。如不对安装环境可能造成的腐蚀加以重视,会影响最终的钝化效果
系统的改造和扩展	在新运行的系统中氧化物会以不同于旧系统的速率形成,并在初始阶段形成可迁移的Ⅰ类红锈。由于氧化皮的存在,旧系统具有更稳定的化学稳定性,只产生少量的氧化铁或氧化铬。而新系统中会产生新的Ⅰ类红锈并分布在整个系统中,故腐蚀起因很难确认

表 8-7 运行阶段的风险评估

影响因素	注 释
第 3 类(影响程度高)	
腐蚀性工艺流体	腐蚀电池一般在钝化膜的缺口中形成,如氯腐蚀电池,可逐渐加速腐蚀机制。此类情况对诸如高盐缓冲液罐的影响极大
高剪切/高流速环境(泵轮、喷淋球、三通等)	腐蚀性因子可消耗或侵蚀钝化膜,进而将基质金属组分颗粒暴露在运行系统中。比较严重的例子如在泵轮尖端形成的点腐蚀,或者流体腐蚀管壁形成的腐蚀点。在纯蒸汽系统中,高流速部分可有效吹洗管壁使该部分管壁避免氧化铁等污物的持续积累并将氧化碎块带入下游,成为下游管路被腐蚀的潜在风险
运行温度及温度梯度	系统运行温度及温度梯度影响最终铁氧化物的类型(Ⅰ、Ⅱ、Ⅲ类红锈)、易除性、趋稳性、氧化物的稳定性或迁移性等。除锈再钝化效果很大程度取决于系统运行温度。如已形成黑色氧化铁(Ⅲ类红锈)的纯蒸汽系统中应在钝化之前进行除锈处理。多种光谱分析法可确定这些杂质种类
气相组分(包含溶解气体)	对于注射用水和纯蒸汽系统,在指定的电导率和 TOC 指标及有钝化膜存在前提下,溶解气体组分对红锈形成仅有有限影响。杂质在蒸馏及汽化过程中有可能随溶解气体组分发生迁移
使用工艺参数,工艺介质,使用频次	氧化物种类,腐蚀风险,除锈方法及红锈形成时间很大程度上被运行参数(温度、工艺)影响。SIP、流速、温度及密封可能会影响红锈沉积的形成种类和位置 合理的设计可帮助系统减少上述不利影响。而不良密封常使系统处于压力梯度中,从而将腐蚀产物通过蒸汽冷凝引入系统中。高盐缓冲罐的长时间运行和搅拌作用可加速腐蚀的发生。伴随设计不合理的 CIP 进行的 SIP 将增加腐蚀发生的概率并增大后续除锈再钝化处理的难度

续表

影响因素	注　释
第 3 类（影响程度高）	
系统 CIP 及清洗方法的选用	将系统暴露在 CIP 循环下，以及专业化学清洗试剂会很大程度上影响红锈出现的风险。系统中与 CIP 接触的部分会减少形成或聚集红锈的可能。CIP 系统试剂配方中是否有酸或热酸是影响红锈生成的一个重要因素。CIP 进程中酸洗过程及过程温度是非常重要的。如：使用始终浓度（2%～20%）的磷酸循环清洗可维护复原钝化膜
氧化还原电势	使用臭氧对纯化水或注射用水消毒对抑制腐蚀发生也起到有利作用
第 2 类（影响程度较高）	
系统维保	系统组件如磨损的蒸汽调节阀体、错位的垫片、破损的阀膜片和泵轮叶片以及被腐蚀的换热器管道等都被认为是Ⅰ类红锈的滋生的温床
滞流区域	流动的氧化性流体可以保护钝化膜。（研究认为注射用水储罐的氮气保护层对钝化膜有消极作用，因为氮气的存在抑制了流体中的氧气含量） 不能迅速从蒸汽管道中被排除或因阀门次序不当而存留的冷凝液可能会聚集送运管道氧化产物或含有可溶于蒸汽的物质。这些物质会凝聚在系统某些分支终端如喷淋球、液位探测管等。这些氧化沉积物常为轻附表面的氧化铁。虽然其较易除去，但在较大管路仍较难清除且有碍视觉清洁
压力梯度	此情况仅在纯蒸汽系统中出现。分配系统中的压力变化会影响冷凝水量和蒸汽质量。如果系统中各部分处在不同压力范围，冷凝水将不能在水平截面被有效除去，继而其会在较高压力环境下重新汽化，从而降低蒸汽质量，并且将蒸汽冷凝水中的杂质带入蒸汽中
系统寿命	取决于系统维护状况，主要包括除锈和钝化的频次，CIP 处理及稳定钝化膜的形成。与旧系统相比，研究发现新系统会产生与年限不成比例规模的Ⅰ类红锈。纯蒸汽系统中，尽管氧化层随着年限推移而逐渐稳定，但它们在逐渐变厚的同时也会在高流速部分发生氧化层颗粒脱落的现象。系统使用时间的延长对红锈的形成有利有弊，因此针对初始腐蚀判定的常规系统监测显得尤为重要

③ 第 3 类变量因素对红锈形成具有很大影响。此类变量因素有相当成熟完善的业内经验数据作为支持，必须纳入洁净管道施工工艺的考虑范围中。

制药流体工艺系统运行过程中，存在大量的可能导致红锈滋生或迅速蔓延的高风险因素。如配液系统中的腐蚀性工艺流体，尤其是当流体介质中含有氯，极易对系统不锈钢管道表面造成点腐蚀，生成并加速红锈的发展。更加普遍的红锈滋生风险体现在流体工艺系统的运行参数设定，如流速、运行温度、运行压力等常规运行参数。一些研究机构发现，流体流速过高时，其含有的腐蚀性因子（包括高纯度水）会对不锈钢表面钝化膜造成侵蚀破坏，这一现象在循环流体工艺系统离心泵泵腔内部和叶轮表面尤其突出；系统运行温度将直接决定红锈产物的类型，注射用水系统中Ⅱ类红锈与纯蒸汽系统中的Ⅲ类红锈就是因其各自所处氧化环境中温度的差异而在形成机制上有所不同的；系统压力存在的不稳定梯度分布会导致纯蒸汽系统中冷凝水的残留，为系统内部滋生红锈和微生物都提供了温床。此外，系统在线清洗（CIP）和在线灭菌（SIP）的工艺、系统维护的周期和具体内容以及除锈再钝化处理的频率和除锈再钝化剂工艺参数都会对系统运行过程中红锈的滋生和发展产生不同程度的促进影响。

8.2.3　红锈的测定方法

制药流体工艺系统管路中的红锈，既可以在工艺流体中测定，也可以在与物料接触的不锈钢表面检测。使用流体分析的方法对红锈在受检工艺系统中组分构成的动态识别，利用这类方法可以表征出当前工艺介质的质量状况及红锈的检测结果。表 8-8 中列举了多种用于流体动态监测的具体分析技术，并对各种方法的优缺点进行了系统性的总结。

表 8-8 流体分析对红锈在工艺流体中组分的动态识别

测试方法	测试描述	特　　点	
		优点	缺点
超痕量无机分析 （ICP/MS）	利用电感耦合等离子体质谱分析法对纯化水、纯蒸汽等工艺流体中微量金属元素含量的直接测量	无创样品采集；高信息量定量数据；强大数据趋势分析能力	不同系统必须设立其基线
激光粒度分析 （光学）	将液体试样受激光照射，颗粒使激光发生散射，散射光经收集、处理后，显示出与之相应的各颗粒级的分布范围	无创样品采集；高信息量定量数据；强大数据趋势分析能力	不同系统必须设立其基线
扫描电子显微镜 （SEM/EDX）	试样经真空过滤，颗粒被微细的过滤介质收集后用扫描电子显微镜进行尺寸、构成及形貌分析	高质量高细节性物理特性和元素组成研究	仅限于无机物的研究
傅里叶变换红外光谱法 （FTIR）	对液体试样或表面采集样本的有机分析。用于分析识别可能存在的有机薄膜及其他沉积物	准无创样品采集；可实现对高弹体和转换有机污染的有效识别	有机污物在一个特有的目标有机靶上才可表征

与流体分析不同，表面分析则可提供表面微观结构的表征及表面钝化膜/氧化皮的详细组分，并可由此评估流体介质的质量情况和预测当前红锈对水质的潜在威胁。表 8-9 中列举了多种可用于红锈研究的表面分析技术，并对各种方法的优缺点进行了详细的总结。

表 8-9 表面微观分析对红锈在工艺流体中组分的动态识别

测试方法	测试描述	特　　点	
		优点	缺点
显微镜或直接目视分析	通过偏光显微镜，扫描电镜或其他显微设备对不锈钢表面进行微观分析	良好的表面形貌分析效果，伴以能谱仪（EDX）可对观测表面进行组分分析	无法在线检测，需将待检试件由系统中拆除并制样，试件将不可修复
扫描俄歇微量分析或俄歇电子能谱分析	可进行表面金属元素分析，提供数据化的不锈钢表面及其浅层基质元素组成成分数据	可获非常精确的元素组成数据结果，可准确得出不锈钢包面钝化膜/氧化皮的层深及其元素组分	属于破坏性试验，需将待检试件由系统中拆除并制样，试件将不可修复
光电子能谱分析 （XPS/ESCA）	试样表面被一束高能 X 线轰击，电子随之从表面溢出，通过对溢出电子的收集分析，得出被检表面的元素组成	可获非常精确的元素组成数据结果，可准确得出不锈钢包面钝化膜/氧化皮的层深及其元素组分。提供全面详细的试件表面元素分析数据，准确表征铁氧化物（红锈）的微观特性	属于破坏性试验，需将待检试件由系统中拆除并制样，试件将不可修复
反射椭圆偏振光谱法	利用光的衍射特性对试件表面进行光谱分析	属于无损检测，通过特定元素的衍射特性，根据衍射光谱对测元素进行定量检测	需将待检试件由系统中拆除，不可在线检测，对检测环境要求极高
电化学阻抗分析	通过对不锈钢表面外加腐蚀电流，通过实践表面腐蚀极限分析试件表面的腐蚀特性	可实施在线检测，对待测金属表面进行实时观测并反映出试件腐蚀的趋势	场地环境要求较高

8.2.4　除锈的工艺规程

除锈工艺以去除氧化铁及其他表面红锈成分从而减少红锈对表面粗糙度的破坏为设计理念。红锈一般生长在（管壁）表面，源于腐蚀或者杂质微粒通过迁移沉淀在表面。一般以Ⅰ类、Ⅱ类、Ⅲ类红锈来将典型红锈进行分类。本节将简要介绍 3 类红锈的去除方法及工艺参数。

（1）Ⅰ类红锈的去除　Ⅰ类红锈主要轻微附着在材料表面，相对较易除去和溶解。该类红锈主要为赤铁矿（Fe_2O_3），或者红色的三价铁氧化物同其他较低含量的氧化物或一定量的碳。磷酸可有效去除此类轻迁移型红锈，且可与其他酸（柠檬酸、硝酸、甲酸及有机酸）及化合物（如表面活性剂）混合使用以增加除锈效能。柠檬酸系化学试剂混同外加有机酸试剂，也具有较高的除锈效率。次硫酸钠（如亚硫酸氢钠）也是快速高效的Ⅰ类红锈除锈剂。

化学除锈剂除锈进程的温度与时间取决于系统红锈的严重程度、系统材料构成以及除锈剂的浓度。试剂浓度基于检测结果及方案标准确定。

当将产品接触表面视为阳极时，可选用电化学清洗，其主要以磷酸为除锈剂并利用外加直流电，当阴极移至待清洗产品接触表面时红锈即可清除。此方法对于 3 类红锈均适用，但限于系统可触及的零部件，且主要用于管道中与物料接触的区域。

（2）Ⅱ类红锈的去除　Ⅱ类红锈的去除与Ⅰ类红锈的方法类似，不同的是草酸试剂具有较高的Ⅱ类红锈去除效率。此类红锈主要由赤铁矿（Fe_2O_3）或者三价氧化铁同一定量的铬、镍氧化物，微量的碳组分构成。除草酸外，试剂除锈过程中对表面粗糙度无害；在一定使用环境及一定浓度下，草酸可能会腐蚀表面。Ⅱ类红锈相较于Ⅰ类红锈而言较难去除，往往需要更长的清洗时间，甚至需要更高的清洗温度和更大的试剂浓度。

（3）Ⅲ类红锈的去除　由于化学成分的不同和物质结构差异，Ⅲ类红锈比上述两类红锈都更难除去。铁氧化物在高温下沉积并伴随铬、镍或者硅原子在组分结构中的置换形成磁铁矿。同时，由于工艺流体中有机物的流失，大量碳元素也出现在这些氧化沉积物中，这些碳在除锈过程中会产出黑色膜。用于清除此类红锈的化学试剂具有极强的化学腐蚀性并在一定程度上会对表面粗糙度造成损伤。磷酸类除锈剂只对微量集聚的此类红锈有效，强有机酸配合甲酸及草酸对去除某些高温Ⅲ类红锈具有显著效果，且其腐蚀性不强，大大减少损害表面粗糙度的风险。

柠檬酸和硝酸配合氢氟酸或氟化氢铵可快速去除Ⅲ类红锈，但随除锈所到之处，表面均受到侵蚀。表面的受损程度及表面粗糙度的增加取决于除锈工艺条件、试剂浓度、红锈厚度及初始表面粗糙度。为达到高效彻底除锈的目的，此类除锈工艺在温度与时间参数的设定上具有高可变性，从而为后续的清洗与钝化做好条件。低化学腐蚀性的试剂（如 CIP 200）需要较高的温度和较长的除锈时间（图 8-14）；而高化学腐蚀性的硝酸类氟化物试剂使用温度一般在室温至 40℃，而柠檬酸类氟化物试剂使用温度则稍高但是时间相对较短。

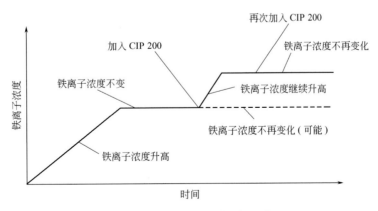

图 8-14　CIP 200 试剂除锈工艺

除锈时间与温度的设定与基质试剂的质量分数有直接关系。流体的清洗方式（循环或浸泡），系统的整体密闭性，除锈后的表面清洗方法及排污措施都是影响除锈过程的关键因素。除锈所产生的废液由于其化学成分和重金属的存在具有高危性。

从产品接触表面有效去除红锈可减少氧化物颗粒进入工艺流体的风险。除锈工艺应在合理的清洗步骤及表面钝化恢复被腐蚀钝化膜之前完成。考虑到腐蚀对表面的危害，通过工艺流体的分析试验对氧化物颗粒粒度及金属氧化物在工艺流体中的含量等级的判定具有深远的意义。

8.2.5　除锈的检查程序

（1）水系统储存单元红锈检查程序　在对水系统储存单元进行红锈检查时，检查人员应与客户提前确认检查时间，客户应确保储罐已排空存水，储罐温度已完全降温，严格确认储罐内不憋压。检查人员到达现场，在确认注射用水储存单元已具备检查条件后，可按照以罐体→管网回罐管路→储罐水出口管路的顺序，检查罐体时，建议按照由上至下的顺序对储罐进行红锈检查。

① 人孔盖检查。　人孔盖的检查一般需爬梯上罐顶，国家标准 GB/T 3608—2008《高处作业分级》规定："凡在坠落高度基准面 2m 以上（含 2m）有可能坠落的高处进行作业，都称为高处作业。"根据这一规定，在建筑物内作业时，若在 2m 以上的架子上进行操作，即为高处作业，此时检查人员应佩戴安全带爬梯，选择罐体以上的稳固结构作为安全带的来固定连接点，并至少有一人对爬梯进行固定，直至检查人员安全返回地面方可离开。检查人员到达可对人孔盖进行开关动作的高度后，应首先对罐体和人孔盖外壁进行温度确认，在确保罐体温度在人员可近距离接触的范围内方可进行检查。当工作高度超过打开人孔盖后，将人孔盖固定在方便观察的角度，并确保不会发生盖子自行回位导致安全事故。此时，可再对罐体内部情况进行确认，通过触感确认罐体内温度是否适于检测，罐内是否有液体。确认检查条件后，可开始对人孔盖进行检查。对人孔盖内壁的检查通过目视检测法即可实现，检测内容包括人孔盖内壁表面的红锈腐蚀、人孔筒节内壁表面的红锈腐蚀、人孔垫圈的工作状态是否良好等内容。其中，可通过观察人孔盖内壁表面的红锈腐蚀范围侧面推断储罐喷淋球对人孔盖的喷淋覆盖效果。根据经验，人孔盖内壁喷淋球能覆盖的部分容易被红锈附着，而人孔盖保持光泽洁净的部位可能并未被喷淋球覆盖。在检测时，还可使用白毛巾擦拭法对人孔盖及人孔筒节附着的红锈进行简单的红锈类别鉴定，如擦拭后表面光洁明亮，则说明人孔盖内壁红锈属于Ⅰ、Ⅱ类红锈，使用常规化学方法进行除锈处理可得到较好的除锈效果；如人孔盖内壁红锈呈暗红色或深棕色，在表面呈深浅不一的网状分布，且不可被擦掉，则说明该类红锈属于严重的Ⅱ类红锈，需特殊的化学试剂进行清洗，必要时还需机械化学清洗介入。当人孔盖红锈现象已经发展得很严重时，往往说明罐体内部已出现了更加严重的腐蚀状况。检测时，应将人孔盖内壁等重要检查区域留下影像资料，以供清洗除锈后进行除锈效果对比。除锈再钝化处理完成后，对选定的可参照部位进行对比性除锈目视评估。一般情况下，人孔盖在清洗过程中，借助喷淋球的喷淋清洗作用，除锈效果比较理想，个别存在严重红锈腐蚀现象的人孔盖，除锈后可进行人工擦拭，注意擦拭时使用卫生级白毛巾在指定除锈剂中浸湿，不能过度用力，沿着同一方向轻柔擦拭。人孔盖经过除锈处理后，其内表面恢复不锈钢金属光泽，表面无残存红锈，可作为除锈效果验收通过的目视检测标准。

② 罐体检查。罐体的红锈检测主要是对储罐内壁的腐蚀状态进行检测。由于储罐容积较大，一般的注射用水储罐不设视镜灯，内窥镜等光学设备在储罐中无法正常显像，因此，对储罐内壁的检查一般只能通过目测法完成。检查储罐内部时，必须要事先确认储罐内部温度是否适于检查。如果温度过高，必须待储罐冷却后方可进行检查。检查时，检查人员需通过人孔，对储罐内部进行全角度观察。由于储罐内可能存在大量水蒸气，能见度极低，因此需借助强光手电筒。在对罐体内部的可见度达到检查条件后，可依次对管壁和罐底由上到下进行检查。罐体液位在注射用水系统运行时维持在 30%～80%左右，因此储罐内壁的红锈分布是不均匀的。一般来讲，罐体上半部罐壁的腐蚀状态比下半部严重，这是由于罐体下半部长时间处于浸润状态，其水溶氧含量远低于与大气联通的上半部氧含量，虽

然有腐蚀所必需的水存在，但其腐蚀速率远低于氧含量较大且处于润湿状态的罐体上半部。此外，对于较大的储罐，喷淋球能够覆盖的罐壁喷淋区域主要集中在罐体上半部，由于喷淋球的选型，罐壁的喷淋覆盖效果可能达不到理论设计值，其内壁的某些部位处于润湿但未被喷淋的状态，由此导致不均匀腐蚀。在对罐体内壁进行红锈检查时，常会发现罐体上半部分罐壁分布呈不均匀的带状红锈，颜色呈棕色或红色；下半部腐蚀相对分布均匀，分布呈面状的红色红锈。在一些相对较小的配液罐体中，罐壁的腐蚀更加严重，红锈的颜色受工艺流体的成分和温度影响，常呈红棕色或蓝色，罐体内部带状分布较为常见。罐内底部的红锈来源主要由罐体有水状态和排空状态的交替及罐内流体中游离铁离子的迁移所致。检测罐体内部的红锈状态时，需选择较为典型的且具有参照性的红锈腐蚀部位进行影像留存，除锈后对这些参照部位进行对比确认。罐体清洗除锈效果的好坏，往往取决于喷淋球的喷淋效果，在清洗罐体时，常在罐顶预留接口处外加喷淋球，如果人孔盖上设有预留接口，则优先考虑加设在人孔盖处，可获得更佳的喷淋效果。罐体内壁清洗除锈效果检测的标准包括罐壁表面洁净光洁、无明显的红锈附着、罐顶预留口内部无可见红锈、罐体排水电导与冲洗用水电导的差值不高于$0.2\mu S/cm$。除锈完成后，如发现罐体内壁残留顽固红锈未被洗去，则根据现场情况作出相应处理措施，如对罐体内壁的人工擦拭等。

③ 管网回罐管路及喷淋球的检查。完成人孔盖及罐体红锈检查后，应及时关闭人孔盖以防止罐体内部被污染。关闭后，拆卸水系统管网回罐管路与罐体的连接，将回罐管路与罐体分离并固定，谨慎地将喷淋球及连杆取下，并将其存放在事先准备好的洁净白毛巾上妥善保存。在对回水管路的红锈状况进行检查时，需使用电子视频内窥镜协助。电子视频内窥镜探头有防水设计，但由于使用频繁、工况环境复杂，建议在确认管路内存水基本排空后再将探头置入管路。探头进入管路后，前进约 5cm 左右即可从显示屏幕中看到第一个焊缝，这是卡盘接头与管路的连接焊缝，可选此焊缝为参照基准，将探头摄像头对准焊缝，即可开始录制。清洗除锈前，一般通过视频内窥镜可在管路内壁发现红锈。以注射用水系统为例，注射用水系统的循环温度一般在 80℃ 或以上，系统内部一般在 5 个月左右开始出现红锈。通常情况下，管路中最先生长红锈的部位是焊缝及热影响区与管路对接接缝，因此在对管路进行红锈检查时，选择焊缝作为参考基准点，可得到清洗前后较好的除锈效果对比。在对焊缝进行观察时，应使内窥镜探头缓慢匀速旋转360°，观察焊道表面附着的红锈颜色及数量，同时观察焊道两侧热影响区是否也已发生红锈腐蚀现象。此时，可通过调节摄像头焦距，对拍摄影像适当放大，以辅助鉴别红锈类型及分布状态，帮助检测人员对管道腐蚀状态有更准确的判断，从而帮助其制定有效除锈方案，选择最优除锈剂，保证清洗效果。视频内窥镜红锈检查的影像录制时间根据被检系统红锈状态而定，一般录制时间以 1min 为宜，探头行进速度不超过 5mm/s，影像录制画面要求稳定，对一些红锈分布较为典型的部位应有停留，并对该部位进行静止画面拍摄，并将影像体现在红锈检查报告中。

回罐管路检查完成之后，将之前隔离保存的喷淋球取出，对其进行检查。喷淋球的红锈检查分为外部和内部检查两部分。外部检查，主要通过目视检测法辅以白手套法完成，对喷淋球球体外部、喷淋孔、球杆连接处以及连杆外部表面进行目测红锈检查。喷淋球外部红锈现象的高发区域包括喷淋球体表面、喷淋孔及连杆外表面。喷淋球体及喷淋孔由于启喷压力作用和较高的水温，易发生局部的应力腐蚀；而连杆处尤其是固定喷淋球连杆属于喷淋盲区，连杆不能被连续冲洗，因此在罐体湿润的环境下极易发生氧化腐蚀。喷淋球的红锈分布比较复杂，喷淋球体常见红色、红棕色及蓝色锈迹，连杆则以红棕色为主，附着在喷淋球上的红锈，部分可被擦拭，主要属于Ⅱ类红锈，使用常规化学方法可得到较好的除锈效果。喷淋球内部检查可由辅助光目视检查或内窥镜检查完成。喷淋球内部较严重的红锈腐蚀，通过目视加以外部光源照射即可看到，但不易分辨红锈种类。使用视频内窥镜可对喷淋球内部腐蚀状态有更清晰直观的了解。使用内窥镜检测时，应主要对连杆内的焊道、喷淋球固定销子和喷淋球体内部进行拍摄。一般喷淋球内部红锈堆积量大，但基本属于Ⅱ类红锈，由于其启喷压力和较大回水量等较好的外部条件，喷淋球内部在清洗除锈时能够始终处于较大流速冲洗状态，因此除锈效果普遍较好。

除锈结束后，对喷淋球外部进行除锈效果检查。喷淋球外部在除锈清洗后，球体外表面光亮洁净，喷淋孔周边及其侧表面无红锈，连杆及喷淋球固定销子插孔均恢复金属光泽。如上述主要部位红锈未能除去或部分除去，可考虑使用合适的人工擦拭方法进行除锈，擦拭时选用柔软洁净的白毛巾或其他替代物以避免喷淋球表面二次受损，不可使用过硬的拉丝布擦拭，不可使用氢氟酸等强腐蚀酸除锈。喷淋球内部的除锈效果检查标准是连杆内部焊道表面和连杆内壁光洁无红锈，喷淋球固定销子及插孔缝隙洁净，喷淋球体内部显金属光泽。在进行除锈后的效果确认时，应对照除锈前检查的具有参照性的部位进行影像留存，与除锈前形成直观对比，作为除锈清洗验证工作的文件保障。

④ 罐体出口的检查。由于设计要求，罐体出口离地面高度较小，在对其出口管路进行检测时空间有限，对检测人员造成较大困难。且该处管路对接会存在一定应力，拆卸检测完成后，较难组装，因此在对出口管路进行检查时，需有专人协助。在进行除锈前检查时，应先确认罐体是否已经排空，出水管路中是否已无积水，确认完毕后，方可进行检查。对罐底出口管路的红锈检查，需借助视频内窥镜来完成。罐底出口管路的管径由循环泵的进水口径决定，一般原则上出口管径不能小于泵进口口径。在一般情况下，制药企业生产车间对注射用水需求量相对较大，因此根据设计需要，罐体出口管路管径一般在DN40以上。由于此段管路架设空间有限，管径较大，在拆卸时要注意可能存在残余应力的不良作用，同时要注意管路的妥善存放。检测时，类似前述管路红锈检测的原则，主要对管路内部焊道及热影响区等红锈易发区进行观测。此处值得注意的是，由于一端连接罐体，另一端连接循环泵，该段管路中流体的运动状态在系统运行时较复杂，考虑到泵体对流体的真空抽吸和罐体中大量存水在管口淤积的共同作用，管路内壁尤其是弯头处内壁表面处于长期冲击受力状态，加之流体温度较高，因此其腐蚀情况较为复杂严重。对该处进行检测时，要对管路焊缝及热影响区、弯头下部内壁和可能加设的变径内壁等红锈敏感区域进行影像留存，以供除锈后效果对比的参照。此外，罐底水出口设有手动或气动隔膜阀，在条件允许的前提下，应将隔膜阀拆下，观察膜片状态，并完成相应除锈前后的影像留存。需要注意的是，在除锈前后对罐底出口管路检查完成后，需两人共同恢复管道的连接，应避免管道对接时产生应力。

(2) 水系统分配单元红锈检查程序　制药用水系统分配单元是整个储存与分配系统中的核心单元。分配系统的主要功能是将符合药典要求的制药用水输送到工艺用点，并保证其压力、流量和温度符合工艺生产或清洗等需求。分配系统的主要元器件包括：带变频控制的输送循环泵、换热器及其加热或冷却调节装置、取样阀、隔膜阀、316L材质的管道管件、温度传感器、压力传感器、电导率传感器与变送器、TOC传感器及其配套的集成控制系统（含控制柜、I/O模块、触摸屏、有纸记录仪等）。其中，由316L级奥氏体不锈钢管道组成的循环管路用点管网单元，则是构成水分配系统的骨架。需注意，取样是制药用水系统进行性能确认及质量控制的一种关键措施。FDA规定，注射用水取样量不得小于100ml，以100～300ml为宜。为保证取样的安全性，防止人为交叉污染，ISPE推荐采用卫生型专用取样阀进行纯化水和注射用水的离线取样。取样阀主要安装于制水设备出口、分配系统总供、总回管网以及无法随时拆卸的硬连接用点处。

用点管网单元的管道管件主要由管道、弯头、三通、U形弯、变径、卡接、卡盘和垫圈组成。一般为控制系统质量并方便管理，典型的分配管网系统的管道总长度不建议超过400m。对分配系统管网用点的红锈检测，则主要以用点检测为主。制药用水用点主要分为开放式用点和硬连接用点两大类。例如，洁具间的纯化水用点属于开放式用点，该用点阀门能兼顾取样功能；配料罐的补水阀属于硬连接用点，该用点须安装独立的用点取样阀，以便取样，取样前，须对取样阀进行冲洗。硬连接用点还可细分为直接对接型用点和间接对接型用点。直接对接型用点的阀门与工艺设备距离非常短；间接对接型用点的阀门与工艺设备之间有一段较长的管道，为避免微生物污染，常采用洁净气体或纯蒸汽对该管网进行吹扫或灭菌。

水系统分配单元的红锈检查以目视法为主，由于分配系统主体为管路，因此通常需借助内窥镜实现目视检测。水系统分配单元的检测部位一般包括对泵腔内部的红锈状态检测和对水系统管网用点的检测。

① 泵腔红锈检测。制药行业循环水系统的动力源一般选用卫生级 316L 不锈钢离心泵。离心泵工作时，叶轮由电机驱动作高速旋转运动，迫使叶片间的液体也随之做旋转运动。同时因离心力的作用，使液体由叶轮中心向外沿做径向运动。液体在流经叶轮的运动过程中获得能量，并高速离开叶轮外沿进入蜗形泵壳。在泵腔内，由于流道的逐渐扩大而减速，又将部分动能转化为静压能，达到较高的压强，最后沿切向流入压出管道。在液体受迫由叶轮中心流向外沿的同时，在叶轮中心处形成真空。泵的吸入管路一端与叶轮中心处相通，另一端则浸没在输送的液体内，在液面压力（常为大气压）与泵内压力（负压）的压差作用下，液体经吸入管路进入管路进入泵内，只要叶轮的转动不停，离心泵便不断地吸入和排出液体。在此过程中，不锈钢材质的离心泵叶轮和泵腔内壁在真空或负压环境下承受较大的来自液体的外力，其表面钝化膜会在循环荷载作用的冲击下受到不利影响。此外，注射用水系统离心泵安装高度不合理时，将导致泵进口压力过低，当进口压力降至被输送液体在该温度下的饱和蒸汽压时，将发生汽化，所生成的气泡在随液体从入口向外周流动中，又因压力迅速增大而急剧冷凝，发生逆相变化，气泡瞬间溃灭。使周围液体以很大的速度从周围冲向气泡中心，产生频率很高、瞬时压力很大的冲击，使离心泵腔内壁和叶轮表面产生疲劳，发生腐蚀，这种现象称为气蚀现象。发生气蚀时，离心泵会发出噪声，进而使泵体震动，可能导致泵的性能下降和机封泄漏；同时由于蒸汽的生成使得液体的表观密度下降，于是液体实际流量、出口压力和效率都下降，严重时可导致完全不能输出液体。对于离心泵腔内的不锈钢材料，气蚀时传递到叶轮及泵壳的冲击波，加上液体中微量溶解的氧对不锈钢表面化学腐蚀的共同作用，导致不锈钢材料表面微观结构发生晶间腐蚀，在一定时间后，可使其表面出现大量红锈及裂缝，甚至呈海棉状逐步脱落。

对泵腔进行检测前，应确认泵腔内积水已由泵底排放阀排空，并确认循环泵开关已关闭，确保泵在检测时不会意外启动发生安全事故。检查时，将泵底排放阀门拆卸（一般情况下，该处排放阀为 DN15 卡接），拆下将阀门部分妥善保存，将视频内窥镜 6mm 探头由此处伸入至泵腔内，小心旋转探头导线，对泵腔内壁及叶轮进行全面检测。如前文所述，泵腔内壁及叶轮由于气蚀等现象常有明显的红锈现象，且这些部位具有较突出的结构特点，易于选取参照部位，如叶轮表面、叶轮转头等，因此对泵腔内部的检测及影像留存对泵腔内部的除锈前后对比检测可为除锈效果评估提供直观的目视依据。需要注意的是，泵腔内部结构复杂，空间狭小，在使用视频内窥镜检测时切记勿用力旋转内窥镜探头导线，以防导线被泵腔内叶轮等部件缠住。当检查人员能够明显感觉到探头在泵腔内部行进时遇到阻力，应立刻停止检查，关闭内窥镜电源，缓慢将导线撤出，撤出时，可尝试同时缓慢逆向旋转导线，有助于导线顺畅地推出泵腔。

② 用点红锈检测。注射用水及纯蒸汽系统的管网用点是红锈检测使用频率最高的部位。这是因为管网用点的管部件相对较易拆卸和安装，且用点端口一般为直管或 U 形弯，管路通常内部一般无复杂结构，易于检查，无论是简易目视法或内窥镜法都较容易实施。此外，用点由于常与制药设备直

接相连甚至直接接触物料，用点处的洁净状态可能直接影响最终产品质量，因此，对系统管网用点的定期红锈检测以及除锈再钝化处理后对用点处除锈效果的验收都显得极为重要。注射用水系统的管网用点一般以U形三通的形式安装，用水点常以卡接式手动隔膜阀控制开关，用水点隔膜阀以上管路与管网U形弯管路在连接时都符合＜3D的设计理念。在对用点内部进行红锈检测时，需将隔膜阀拆卸，如该用点与设备连接，则首先将此段管路妥善保存，待完成用点管网内部红锈检查后再对其进行检测；对于管径较大的用点管网，可借助外部光源通过目视法对用点端口处进行简易目视检测；对于较深的管网内部以及管径较小的用点管路，则直接选择视频内窥镜进行红锈检测。检测时，检测人员将内窥镜探头导线由用点端口进入，缓慢旋转探头导线并以匀速上升，建议检测深度为管网管路进入技术夹层的第一个弯头。对于管网管路的内壁红锈检测，选择有参照价值的部位，包括U形弯与管网连接焊道、管网管路技术夹层处弯头两端焊道，用点管路连接U形弯焊道等，应对上述部位进行除锈前后的影像留存，以供除锈效果评估验收的目视参考。注意在对管网管路进行红锈检测时，内窥镜探头导线不宜通过两个及以上弯头，防止导线因过强弯曲而承受的应力。在完成用点管网的红锈检查后，再对连接设备部分管路进行检测，该段管路一般较短且属于离线监测，使用内窥镜或直接目视检测均可得到较好的效果。检查完成后应及时恢复管路的连接，注意避免在安装过程中管路产生的应力。

纯蒸汽系统与注射用水系统用点稍有不同，其用点一般直接与设备连接，用点处开关以卡接式卫生级手动球阀最为常见。在对纯蒸汽用点进行红锈检测时，可选择将用点疏水管路处卡接手动球阀拆下，因为此处阀门以下为疏水管路，不属于除锈再钝化处理的工作范围，因此由此处向上方检测，可得到较全面的管路内部状态信息。在对纯蒸汽系统管网用点管路进行红锈检测之前，一定要确定纯蒸汽系统已经停运，同时要确认纯蒸汽管路已经冷却至适宜检测的温度，防止发生人员烫伤。检测时，将待检查用点疏水阀门拆下并妥善保存，由此处插入视频内窥镜探头导线，缓慢旋转探头导线并以匀速上升，检测深度也建议为管网管路进入技术夹层的第一个弯头。与注射用水系统相比，运行半年以上的纯蒸汽系统管网内部红锈腐蚀现象更为严重，且其管路内部多为常规化学试剂较难去除的Ⅲ类红锈，因此在对纯蒸汽系统管网内部进行红锈检测时，应仔细对焊道及热影响区及卡接连接缝隙等红锈极易滋生的典型部位进行红锈鉴别，并在除锈处理后对这些检测部位进行对比，有效评估除锈处理的效能。

8.2.6　除锈效果的检查

（1）目视法　目视检测是工业无损检测的重要方法之一。它仅指用人的眼睛或借助于光学仪器对工业产品表面作观察或测量的一种检测方法，典型的是将目视检测限制在电磁谱的可见光范围之内。目视检测可分为直接目视检测和间接目视检测两种检测技术。直接目视检测是指用人眼或使用放大倍数为6倍以下的放大镜对试件进行检测；间接目视检测，则是对无法直接进行观察的区域，借助各种光学仪器或设备进行直接观察，如使用反光镜、望远镜、工业内窥镜、光导纤维或其他合适的仪器进行检测。

国外对目视检测技术及相关标准的研究制订工作进行得比较全面，应用也比较广泛。尤其在欧美等发达国家对目视检测标准研究与制定已达到较高的水平。目前国际标准化ISO标准、美国ASME标准、英国BSEN标准、欧洲标准学会标准等都有目视检测方面的具体内容，并形成不同的标准化体系。2007年我国发布的GB/T 20967—2007《无损检测 目视检测 总则》规定了目视检测确定产品是否符合规定的要求时（如工件的表面状况、配合面的对准、工件的形状），直接目视检测和间接目视检测的一般原则。

对于除锈再钝化效果的目视检测法，包括管壁清洁度测试和除锈效果目视检验两部分。管壁清洁度测试，主要用于对除锈（酸洗）前脱脂清洗程序效果的检测，以验证待处理管路内壁的清洁度是否符合相关规定。按照 ASTM 相关规定，在对洁净管道进行脱脂清洗后，管道内应无油脂、灰尘、磨料颗粒及其他废屑。除锈效果目视检验的目的在于通过目视手段验证管壁管件内壁红锈的去除情况。根据 ASME BPE 相关内容，洁净管路管件中一般存在的 I 、II 类红锈是可以除去的，常存在于纯蒸汽系统中的 III 类红锈则较难通过常规化学清洗方法去除。因此，在对不同洁净工艺管道除锈效果的目视检验中则应根据管路中存在的红锈种类的不同而有所区别。

目视检测应在一定光照度下进行，包括环境光照和补充照明。ASTM 规定中建议，目视检测的光照强度应至少为 1076 lx，最佳被检表面光照强度为 2690 lx。洁净管道安装于有白光照明的洁净室中，在对一些可拆卸或可开启的管件如阀门、卡接三通、温度探头和储罐人孔盖等可在此光照条件下直接进行检测；洁净管道内壁由于管径一般较小（公称直径通常不大于 150mm），则无法在此光照下进行检测，此时，则需外加的光照设备（如手电筒）来辅助检测不可接近或难以看到的管道内部，辅助光照设备的放置应注意防止被检验表面强光炫目。

管壁清洁度的目视检测主要是检测管道内壁是否有可见颗粒性污物存留，以及管壁表面是否存在疏水性表面污物。在检测管道管件内壁脱脂清洗后是否留存微粒性污物时，可借助白手套试验（或滤纸、洁净白色抹布）等物理检测方法加以验证。使用此种检测方法时，清洗后的管路管件表面仍旧润湿或已经过干燥处理都可进行测试。待测试的管道管件内壁表面用白手套、滤纸或洁净抹布加以一定外力擦拭，然后鉴定用于擦拭表面的材料是否有有色残留或油污的存在。如发现擦拭材料表面有上述物质存在，则说明清洗效果不能接受；如果在擦拭材料表面未发现明显可见污迹，则可通过目视检测。在这里需要指出，在目视法对管路管件脱脂清洗完成后进行清洁度验证时，对于可能残存管壁表面的无色透明的疏水性表面污物，需进行水膜破裂试验，若水膜连续不破裂，表明不存在疏水性表面污物。

由于目视检测法实施方便快捷有效，成本耗费低，并具有相当程度的验证可信度，所以一般情况下，在管道管件接受除锈再钝化处理工艺前及脱脂清洗后，目视法是主要的管壁表面清洁度验证的检测手段。除锈再钝化开始前的脱脂清洗，可有效去除生锈管道管件上附着的有机污物或生物膜，清洗过程中清洗溶液产生的湍流作用为油污及颗粒的去除提供机械冲刷力，使红锈直接暴露在不锈钢管壁表面上，保证最终红锈去除效果，对于除锈再钝化工艺的顺利实施意义重大。

除锈效果目视检验也可辅以白手套试验完成，如观测到残存在管壁表面的红锈，则表示酸洗除锈效果不能通过验证。如擦拭材料可将残存红锈擦下，则根据红锈颜色、性状及可擦拭量的综合情况对待处理管路管件进行后续处理；如目视法发现管壁有残留锈迹，但锈迹不能被擦拭材料擦下，则怀疑其为不能被常规化学方法去除的 III 类红锈，应根据 ASME BPE 及 ASTM 等法规内容，向企业解释洁净管道中对于 III 类红锈的容忍性和可接受范围。一般可接受的管道管件除锈效果应为：除锈再钝化后管壁表面呈均匀银白色，光洁美观，无明显腐蚀刻痕，焊缝及热影响区无过深的氧化色，焊缝及周围无可脱落的焊接氧化渣，管壁没有颜色不均匀的斑痕。

（2）工业内窥镜检测法　工业用内窥镜检测是无损检测中目视检测的一种，而工业用内窥镜检测与其他无损检测方式最大的不同在于，它可以直接反映出被检测物体内外表面的情况，而不需要通过数据的对比或检测人员的技能和经验来判断缺陷的存在与否。并且在检测的同时，工业内窥镜设备可提供整个检测过程动态的录影记录或照片记录，并能对发现的缺陷进行定量分析，测量缺陷的长度、面积等数据。

如今，工业内窥镜检测在各个行业中应用非常广泛，涉及机械、化工医药、汽车制造、航空航天、铁路工程车辆和运输车辆的开发制造，维护检修等不同的领域，甚至在工程的基建过程，如桥梁和隧道的建造、维修中也能找到工业内窥镜的应用。

从材料学来分，内窥镜可分为硬管式和软管式两种，又称硬性内窥镜和软性内窥镜。硬性内窥镜包括传像、照明、气孔三大部分。传像部分分为物镜、中继系统、目镜组成传导图像。照明部分采用冷光源用光导纤维穿入境内的方法。气孔部分作用为送气、送水、通活检钳。用纤维光束传像和导光或用 CCD 传导图像的内窥镜成为软性内窥镜。由于它具有良好的柔软性和方便的操作性能，软性内窥镜可方便地进入和到达硬性镜无法到达的地方。加上头部弯曲，还可消除盲区。

工业内窥镜从成像形式可分为光学内窥镜、光纤内窥镜和电子视频内窥镜（图 8-15）。光学内窥镜是完全将被检物内部的物像通过光的传输，没有失真地传送至检测者的眼睛。该类内窥镜最大的特定是成像高度保真，清晰度高。光纤内窥镜和光学内窥镜成像形式相似，其特点在于有较纤细的导光软管，可以进入尺寸狭小的空间。传导图像的纤维束是光线内窥镜的核心部分，它由数万根极细的玻璃纤维组成，根据光学的全反射原理，所有玻璃纤维外面必须再被覆一层折射率较低的膜，以保证所有内芯纤维传导的光线都能发生全反射。单根纤维的传递只能产生一个光点，要想看到图像，就必须把大量的纤维集成束，要想把图像传递到另一端也成同样的图像，就必须使每一根纤维在其两端所排列的位置相同，称为导像束。一根导像束断开，成像就多一个黑点。导光束则不需要所排的位置相同，断开很多根的话亮度明显减弱。电子视频内窥镜的工作原理是通过物镜成像传至 CCD 靶面上，然后 CCD 再把光像转变成电子信号，把数据传送至视频内窥镜控制组，再由该控制组把影像输出至监视器或计算机上。CCD 固体摄像器件叫 CCD 图像传感器，是电子视频内窥镜的核心部件，其构造是在硅衬底上排列着许多光敏二极管，代替导像束传导图像信号，再经图像处理中心处理转换成视频信号。电子内窥镜构造虽与光纤内窥镜构造基本相同，可简单理解为用 CCD 代替了导像束，但其很多功能是光纤内窥镜所不能企及的。

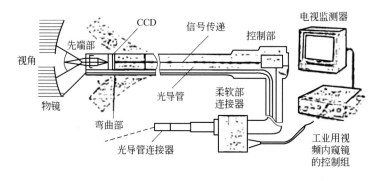

图 8-15　电子视频内窥镜

在选型时，主要视待检工件的具体情况而定。光学内窥镜使用方便、耐用、成像效果好，检测范围在 500mm 以内的产品均可使用光学内窥镜，主要适用于直孔的检测；电子视频内窥镜功能强大，使用灵活，可靠性高适用性广，在内部结构复杂的产品或需要进行定量检测、对比分析的工作要求下视频镜的优越性体现得更加明显，但由于制造技术的束缚，其探头上的 CCD 芯片尺寸尚不能实现更小的成型，因此探头直径难以小于 4mm；与之相比，光纤内窥镜探头的直径可制造得很细，因此其多用于内径在 4mm 以下、其他内窥镜无法检测的部位，但是光纤内窥镜易损坏、使用寿命短，且清晰度较差，成像效果及弯曲性远逊于电子视频内窥镜，因此，在对直径较小、长度较长的管道和一些内部结构复杂的设备进行检测时，电子视频内窥镜常被用作主要的检测设备。表 8-10 是对常用三种工业内窥镜性能的综合比较。

表 8-10　三种工业内窥镜的使用性能对比

	光学内窥镜	光纤内窥镜	电子视频内窥镜
结构特点	简单	简单	复杂
功能	少	少	多
弯曲度	不可弯曲	可弯曲	可弯曲
成像效果	好	受光纤数量的影响,有蜂窝现象	好
成像原理	光学成像	光学成像	CCD 数字成像
图像信号	光学信号	光学信号	电子信号
图像传递介质	玻璃透镜	柔性光导纤维	电线
耐用性	好	差	较好
镜头更换	不可换	可换	多种镜头互换
可视角度	一般为 0°～90°	0°	0°～90°
探头最小直径	≤1mm	≤1mm	≥4mm
探头长度	一般较短,小于 500mm。有些可以采用多杆组接,长度可达 10m	较长,一般在 1～2m	很长,可达 20m
探头耐用性	较好	差	很好
测量功能	无法进行	无法进行	可使用测量探头对长度深度进行直接测量
图像存储处理	后装图像采集系统	可后装图像采集系统	可直接进行图像存储处理
产品价格	低	较高	很高

　　制药行业设备和管路管件对洁净度、管道焊缝及壁内表面粗糙度有极其严格的规范要求,而制药设备内部结构复杂、管道内壁无法使用常规目视方法检测,使得制药行业对制药设备及洁净管道的质量控制的难度增大。工业内窥镜则能很好地解决上述难题。当今国内,一些制药行业洁净设备管路安装行业的领路者们都意识到工业内窥镜对工程质量管控的重要性,纷纷斥资采购先进的电子视频内窥镜来辅助质量控制人员更精确的实现对质量的有效管控。

　　工业内窥镜在洁净管路管件的清洗除锈再钝化领域中也起到非常重要的作用。这是因为通过内窥镜良好的影像传输能力,使得细小幽暗的管路中的情况尽收眼底,内窥镜成像单元可将管路内壁表面的红锈状况直观准确地展现在检测人员和客户眼前。管路内壁状态通过内窥镜准确无误地传达给技术人员,可帮助技术人员做出针对该系统管路最合适的除锈再钝化方案,以实现管路除锈再钝化处理的最大效能。

　　在对制药洁净设备管路的红锈情况进行检查时,需首先了解检测工件的内部结构特点、检测具体内容、位置,按程序展开相关链接仪器,检查电源、接地是否可靠,仪器位置是否安全平稳,再选择合适的探头、镜头及进入设备或管路待检部位的通道。检测前,应清楚通道内的障碍、损伤探头的物体。在检测应注意,在检测水系统蒸馏水机的蒸馏塔、注射用水/纯化水系统换热器及纯蒸汽中管径较小管路等内部结构不便检测的设备管路前,应预先评估内窥镜的测试探头被待检设备管路内部未知结构卡死无法撤出的风险。在这些结构中检测要确保探头顺利到达指定部位,如探头在推进过程中遇到阻力应立即停止前进动作并退出被检空间。探头退出时应缓慢,如被卡住不能用力拉,以免损坏待检工件和内窥镜探头。另外,在检测这些内部不了解或结构复杂的设备时应尽量使镜头正对检测区域,一般内窥镜探头的移动检测速度在顺畅的管路管件中不超过 50mm/s,而在上述结构中不宜超过 10mm/s,应使图像平衡,利于观察;大面积扫查时应采用直线扫描方式,每次扫查宽度不宜超过 20mm,并不得超过探头的观察范围。

　　制药洁净管道及设备的清洗除锈再钝化在清洗工作开始前和结束后，都应通过一定检测手段对待洗系统（设备）进行关于红锈类型和严重程度的评估，使得对系统管路材料的腐蚀程度有一定的了解，并对系统在除锈再钝化前后管路内部洁净状态有直观的对比。

　　在制药企业中，注射用水系统、纯蒸汽系统以及换热器等管路设备是红锈产生的"重灾区"，其中注射用水系统管路内壁附着红锈以Ⅱ类红锈为主，纯蒸汽和换热器中腐蚀产物则常为Ⅱ、Ⅲ类红锈的混合形态。清洗除锈前，使用内窥镜对注射用水系统的红锈高发区域检测管路内部红锈状态，主要部位包括注射用水系统储罐、系统循环泵泵腔、循环泵出口、注射用水点（冷用点）以及喷淋球外表与内腔。注射用水储罐容积一般较大，注射用水系统运行时，储罐液位通常维持在30%～80%，液位超过80%时自控系统会向蒸馏水机发送停止制水指令，因此储罐中有相当一部分的空间通过罐呼吸器与大气相连，这就为罐体内可能发生的氧化还原反应提供了充足的氧化氛围。而储罐喷淋球对罐体内壁的润湿作用，则直接为氧化还原反应提供了充足的水环境，加之注射用水储罐中储水温度普遍较高，因此储罐内壁钝化膜在氧化环境下被腐蚀的概率与管道相比更高，由于喷淋球覆盖效果因压力变化而难以确定，罐壁氧化腐蚀常呈现不均匀的红锈分布现象。

　　由于注射用水或纯化水分配系统主管网大部分分布在技术夹层中，且主管网管道往往都是6米整管直接焊接安装，常用的工业内窥镜探头长度无法对整个管网进行全面检查，因此，对注射用水点的检查，可帮助了解整个分配系统管路的内部状态。在注射用水U形弯用点处，可通过内窥镜对管路管壁、焊道、卡接接缝、压力传感片或温度传感片等可参照对比的部位进行检测。焊道、卡接接缝等部位均为红锈现象的典型高危区域，对这些部位进行除锈再钝化处理前后影像对比，能够直观地展现出系统清洗除锈的效果。

　　ASME BPE 2014针对不同试剂去除红锈给出了指导性的建议处理时间。不同的企业红锈情况是不同的，红锈情况较轻微的，则处理时间可能较短，时间过长则容易腐蚀管路、减少系统寿命和增加安全隐患；红锈情况较严重的，除锈处理难度增加，则处理时间往往较长。因此在除锈过程中通过数据来证实除锈的终点，是判定反应时间终点的较合理手段。目前行业内较为准确的验证方法之一是在线铁离子试验，即根据酸和氧化物反应，生成的铁离子同显色剂进行络合反应，根据朗伯比尔定律，既可以定量测定铁离子的浓度。随着反应的进行，铁氧化物逐渐减少，可溶性的铁盐或者说铁离子逐渐增多，直到浓度保持不变，则达到了准确的除锈终点（图8-16）。

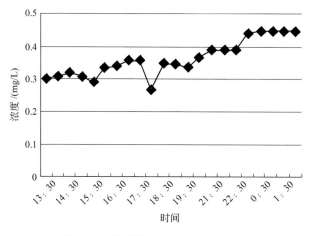

图8-16　某案例的铁离子浓度趋势表

8.3 钝化技术

尽管不锈钢原有组件具有洁净且完整的表面钝化膜，但在焊接过程中，焊缝区域及热影响区的钝化膜会遭到破坏。焊缝及热影响区表层钝化膜的元素分布（如铬、铁、氧、碳）比例因金属熔融状态被打乱，导致铁元素含量升高、铬含量减少。在不锈钢管件的加工过程中，回火色的出现和杂质（尤为铁杂质）的引入也在一定程度上削弱了合金的抗腐蚀性。焊接完成后的钝化处理，通过去除游离铁而有助于被破坏钝化膜的复原，但钝化不能除去回火色，除去回火色则需要比硝酸和柠檬酸等常规用钝化剂酸性更强化学腐蚀性的酸液，常用的为氢氟酸。合金部件在加工、切割、弯曲时可能会被污物污染，如加工时带入的铁、回火色、焊接过程的遗留物、起弧造成的污染及在合金表面上做的记号等，会导致合金抗腐蚀性的下降，而不锈钢和碳钢或铁件直接接触对不锈钢抗腐蚀性能影响更大。

ASME BPE 2014 关于洁净不锈钢管道系统钝化章节对钝化工艺的设计、执行规范及验收方法都给出了明确的阐述。内容涵盖特种设备及 BPE 级设备在安装、定位或改造之后所进行的初始水冲洗、化学清洗、脱脂、钝化及最终冲洗等程序的准备和执行，它还规定了针对与生物、制药工程及个人护理用品业产品直接接触的生产系统及部件的钝化工艺的审查办法，同时提供了若干钝化程序的信息及对各种钝化工艺完成后的表面钝化效果的确认方法。其特别指明所涵盖的内容适用于 316L 不锈钢及更高规格的合金材料。

钝化是指使金属表面转化为不易被氧化的状态而延缓金属腐蚀速度的方法。钝化的效果，包括钝化深度和表面金属元素的优化分布（如铬铁比），将决定金属钝化后的抗腐蚀性和腐蚀速率。钝化是洁净表面有氧气存在时的自发现象，可在不锈钢表面生成钝化膜。通过化学处理，不锈钢表面钝化膜可一定程度增强。钝化的一个先决条件是对表面的清洗程序。所述的清洗程序应包含所有必要的表面污物的清除（油脂、颗粒等）以保证合金表面最佳的抗腐蚀性能、保护产品不被污染的性能及合金表面外观的达标。最终化学钝化处理的目的是确保合金表面无铁元素及其他污物存在以实现最佳抗腐蚀状态。

钝化分为自发性钝化、化学钝化和电化学钝化。在不锈钢表面生成钝化膜，是不锈钢洁净表面有氧气存在时的自发现象，成为自发性钝化。通过化学和电化学处理，不锈钢表面钝化膜可一定程度增强。某些钝化剂（化学药品）所引起的金属钝化现象，称为化学钝化，如浓 HNO_3、浓 H_2SO_4、$HClO_3$、$K_2Cr_2O_7$、$KMnO_4$ 等氧化剂都可使金属钝化。金属钝化后，其电极电势向正方向移动，使其失去了原有的特性，如钝化了的铁在铜盐中不能将铜置换出，又比如 $Fe \rightarrow Fe^{2+}$ 电位为 $-0.44V$，钝化后跃变为 $+0.5 \sim 1V$。此外，用电化学方法也可使金属钝化，如将 Fe 置于 H_2SO_4 溶液中作为阳极，用外加电流使阳极极化，采用一定仪器使铁的电位升高一定程度，Fe 就钝化了，由阳极极化引起的金属钝化现象，叫阳极钝化或电化学钝化。

就提高标准等级不锈钢的抗腐蚀性而言，钝化处理是最佳选择，也是必要程序。而对于有更高抗腐蚀要求的不锈钢等级（如钼含量达 6%），单纯依靠钝化是不能实现的。设备使用商主要通过钝化处理来减少系统中的铁含量同时增加铬含量。需要注意的是，最佳的钝化或其他表面处理只能使金属自身的抗腐蚀性能在特定的环境中得到最大化体现。换言之，钝化只能将合金本身的抗腐蚀性发挥到极致，而不能给予金属额外的抗腐蚀性，因此在某些情况，钝化处理是不能替代使用其他外加物质以提升额外腐蚀性能的。

8.3.1 钝化的原理

金属表面钝化膜的形成对应着两种不同的理论模型,分别是成相膜理论和吸附理论。

(1)成相膜理论 认为处在钝化条件下的金属在溶解时,在表面生成紧密的、覆盖性良好的固态物质,这种物质形成独立的相,称为钝化膜或成相膜,此膜将金属表面和溶液机械地隔离开,使金属的溶解速度大大降低而呈钝态。实验证据显示,在某些钝化的金属表面上,可看到成相膜的存在,并能采用光电子能谱法(XPS)等方法测量其厚度和组成。如采用某种能够溶解金属而与氧化皮不起作用的试剂,小心地溶解除去膜之外的金属,就可分离出能看见的钝化膜。

当金属作为电化学反应的阳极溶解时,其周围附近的溶液层成分发生了变化。一方面,溶解下来的金属离子因扩散速度不够快而有所积累;另一方面,界面层中的氢离子也要向阴极迁移,溶液中的负离子(包括OH^-)向阳极迁移,结果阳极附近有OH^-和其他负离子富集。随着电解反应的延续,处于紧邻阳极界面的溶液层中,电解质浓度有可能发展到饱和或过饱和状态。于是,溶度积较小的金属氢氧化物或某种盐类就要沉积在金属表面并形成一层不溶性膜,这膜往往很疏松,它还不足以直接导致金属的钝化,而只能阻碍金属的溶解,但电极表面被它覆盖了,溶液和金属的接触面积大为缩小。所以,就要增大电极的电流密度,电极的电位会变得更正。这就有可能引起OH^-在电极上放电,其产物又和电极表面上的金属原子反应而生成钝化膜。分析得知大多数钝化膜由金属氧化物组成,但少数也有由氢氧化物、铬酸盐、磷酸盐、硅酸盐及难溶硫酸盐和氯化物等组成。

(2)吸附理论 认为金属表面为了保证有效钝化,并不需要形成固态产物膜,而只要表面或部分表面形成一层氧或含氧粒子(如O^{2-}或OH^-,更多的人认为可能是氧原子)的吸附层就足以引起钝化了。这吸附层虽只有单分子层厚薄,但由于氧在金属表面上的吸附,氧原子和金属的最外侧的原子因化学吸附而结合,并使金属表面的化学结合力饱和,从而改变了金属与溶液界面的结构,大大提高阳极反应的活化能。此理论主要实验依据是测量界面电容和使某些金属钝化所需电量。实验结果表明,不需形成成相膜也可使一些金属钝化。

两种钝化理论都能较好地解释部分实验事实,但又都有不足之处。金属钝化膜确具有成相膜结构,但同时也存在着单分子层的吸附性膜。目前尚不清楚在什么条件下形成成相膜,在什么条件下形成吸附膜。两种理论相互结合还缺乏直接的实验证据,因此,钝化理论还有待深入地研究。

8.3.2 钝化工艺规程

钝化的最佳时机是在焊接加工等安装工作完成之后或新管件焊接接入已有系统中后。钝化执行前,应选取焊接与非焊接管件作为最终效果验收试件,将试件进行各种方式的钝化处理(包括循环、点洗、浸泡等)以证明该种钝化方式可达成预期的表面特性,即表面清洁度、表面化学组成及抗腐蚀性能。

钝化技术方案和资质文件应及时由客户审阅。客户有责任确认并验证通过该钝化方案清洗的系统及试件。钝化技术方案应确保钝化过程中各参数的合理性,以实现对待处理系统中游离铁的有效去除并能够使钝化效果验收试件满足表8-11中的各项要求。

表8-11 钝化效果检测标准

试件材质	测试方法	铬铁比	钝化膜层深(最低要求)/Å
316L 不锈钢	俄歇电子能谱分析(AES)	1.0 及以上	15
316L 不锈钢	辉光逐层分析法(GD-OES)	1.0 及以上	15
316L 不锈钢	光电子能谱分析(XPS)	1.3 及以上	15

钝化技术方案评定应至少包含下述内容。

① 过程描述。过程的描述应包含但不限于下述步骤（可以表 8-12 为指导）。

a. 钝化前现场勘查研究与准备。

b. 系统冲洗。

c. 系统清洗。

d. 钝化。

e. 最终冲洗。

f. 系统验收。

② 重要参数。以下重要参数应在设计考虑之列。

a. 钝化时间。

b. 过程中钝化剂温度。

c. 钝化剂的基本化学指标。

d. 钝化结束的确认。

e. 最终去离子水电导率。

③ 试样测试确认钝化效果。

a. 分析化学电子光谱法（ESCA）/光电子能谱法（XPS）或者俄歇电子能谱法（AES）或辉光逐层分析法（GD-OES）对资质鉴定样品的测试结果。

b. 由于上述钝化效果检测需要用户支付昂贵的费用，可以使用较简便经济的现场确认方法进行钝化效果的验收，如蓝点试验等。

很多规范与法规都对钝化工艺作了详细的描述，本书节选了《药品 GMP 指南：厂房设施与设备》、SJ 20893—2003《不锈钢酸洗和钝化规范》、ASTM A967 与 ASME BPE 等文献资料对钝化工艺的相关规定。

(1)《药品 GMP 指南：厂房设施与设备》

"6.2　钝化

钝化作用是通过强氧化性的化学试剂如硝酸，来强化钢表面的。酸可减少钢表面的酸可溶性物质，使得表面的高反应性的铬处于复合氧化物形式。

铬镍不锈钢系统建立后，焊接处理会破坏存在的钝化膜，降低材料抗腐蚀的性能。钝化就会修复那些被破坏的抗腐蚀材料表面的完整性。

在铬镍不锈钢表面形成一个钝化膜是非常重要的，它可以将材料的抗腐蚀性提高到最大。

化学和电化学加工都可用于形成氧化物膜。铬氧化物膜的厚度范围通常是 $0.5 \sim 5.0$ nm，平均在 $2.0 \sim 3.0$ nm。铬氧化物中的铬和铁的原子百分数比例至少是 1：2（或 2 以上）。

6.2.1　钝化程序

钝化程序有很多种，但它们有共同的主要步骤：

• 清洗除油（常用碱性类溶剂）

• 清水冲洗

• 酸洗（acid wash）（实际的钝化步骤）

• 最终的清水冲洗

6.2.2　常用溶剂

硝酸是一种强氧化酸，它是钝化作用最常用的酸。它除了能产生游离铁表面，还能提供钝化作用所需的氧化环境。由于硝酸是腐蚀性的化学试剂，在装卸、存储和使用时必须小心谨慎。

尽管传统上硝酸是首选的钝化酸，钝化溶液的应用趋势是减少化学侵蚀性，并考虑到安全、成本以及废液流的环境问题。

柠檬酸以及铵基柠檬酸盐（合氨的柠檬酸）正逐渐地被用作硝酸的替代物。这些化学试剂给人员和工作环境提供的安全性是比较理想的。ASTM标准A380（1996）将这些酸归为清洁用酸而不是钝化用酸。做出这种区别的原因可能是这些酸不像硝酸一样是氧化剂。该标准声明：柠檬酸-硝酸钠处理在去除游离铁合其他金属污染和轻的表面污物时，危险性最低。

磷酸是一种弱氧化酸，有时也用于特定的钝化操作中；但，没有任何正式的文件说明磷酸可作为钝化用酸。

螯合剂，又称为隔离剂或配位化合物，包括所有的标准的水软化化合物，如：可能将三聚磷酸钠（STPP）、氮基三乙酸（NTA）以及乙二胺四乙酸（EDTA）复合到酸钝化溶液中以加强金属离子的浸出。

6.2.3 化学试剂的应用方法

可通过一系列应用方法来实现钝化。包括：

循环	在分配系统中循环	
间歇式单向流	大型非循环分配	长的单向管道系统
喷射	罐内部	
容器浸洗	各种小零件	预制的配管
擦洗/擦拭	独立的区域/罐/设备外表	不允许喷射或其他应用方法的设备

在冲洗时，搅拌或冲击能得到最好的效果。在酸洗过程中，化学试剂的接触通常是充分的。在执行钝化作用操作中首选的应用方法是循环。循环能达到流速标准（通常是5英尺每秒，即1.5m/s）。不要将满足操作要求的流速和微粒去除混淆。许多人认为：当采用高流速时就可以达到微粒去除的效果。这是不正确的。微粒去除是通过将系统的总线性英尺数算入适当的数学方程式中来完成的。一个1000英尺（300m）的再循环水系统，并且其配管的直径一致，则需要25小时的经过滤的循环来去除总微粒。

6.2.4 清洁和钝化检测

有许多检测来确定合适的清洁水平。在接下来的钝化操作之前应要求确认清洁，切断水的自由表面检测、擦拭检测或者紫外光检测只是可执行的检测的几种。如ASTM标准A380（1996）中所述这些检测只是清洁的粗检查。

一旦完成了钝化操作，应建立检测方法用于证实或确信表明钝化操作是成功的。一般可用以下方法检测：硫酸铜滴定试验、高铁氰化钾滴定试验（蓝点试验）等。

......

6.2.5 改进的钝化程序

可改进钝化规程以处理污垢、表面抛光以及焊接区域的各种情况。改进一份特定的规程的最简单的方法是调整接触时间以及溶液温度和浓度。有时可通过添加去除特定污垢的试剂来改变或修改去垢剂洗液或酸洗化学试剂。例如：在去除红锈时，可用含有次硫酸钠的溶液代替去垢剂冲洗步骤。也可以用柠檬酸和磷酸，因为它们具有去除轻微的红锈的功能。其他的例子是使用氢氟酸，或者更明确的说是用氟化氢铵来去除二氧化硅污垢。除垢步骤及其附带的清洗步骤使得必须向标准规程中添加额外的步骤。

在开发一个钝化程序时，执行实验室检测以确定程序的效果是重要的。如果没有初期的实验室检测，则应做出有根据的推测并且该结果可能不能被满意地证明。

······

6.2.6　纯化的系统准备

在系统钝化的准备中，第一项检测是静压力试验。所有的新构建的或修改的系统在执行任何化学操作之前必须进行压力试验。钝化前的第二项检测是确定系统的在其组件和钝化溶液间的相容性，这包括在线仪器、流量计、调节阀、紫外灯、泵、泵的密封、滤膜、垫圈和密封材料以及其他特殊的在线设备。应咨询设备的生产商或供应商以确定他们的设备是否和钝化溶液相容。不相容的任何零件应从系统中移开并以空隙、阀、管段或者暂时的跨接软管替代。在某些情况下，对于在线仪器，化学不相容性可能是在于它对仪器校准的影响。不相容的组件应脱离主系统单独处理。

一旦建立了系统/化学相容性，将要进行钝化的系统应和现有的系统、加工设备、连接的公共设施等隔离。在多数情况下，在线热交换器（不包括金属板和支架）和小的过滤器机架（移除过滤元件）是留在系统中并有钝化溶液流过的。只要具有合适的排气和排水能力，就可以这样做。

要求钝化的独立设备应从主系统隔离出来单独处理，除非经过允许后它才能留在系统中并经钝化溶液流过。所有的隔离点必须有阀门控制，以避免被钝化的系统形成盲管。

消除所有的盲管是关键的，这能确保化学试剂的接触以及完全的冲洗。

高位点的排气口和低位点的排水口是用于系统完全的充填和排水。在没有安装高位排气口的分配系统中，可采用高流速以及流速限制技术以确保系统的完全充填。

在系统经压力试验、确认相容性、系统隔离以及用阀控制盲管后，必须考虑到系统的自动化控制。是否所有的自动控制阀有效；当探测到不正常温度时，在线温度传感器是否能打开换向阀；是否为理想的水流通道。

钝化承包商通常会提供临时的设备，如：循环管道、泵、热交换器、流量计、过滤器、软管、喷头、配件、特殊的适配器或接头配件以及中和用容器。所有的这些设备应经检查以确保它们能满足预期的使用要求。

6.2.7　钝化用的化学试剂的处理

废液的处理是一项重要的事情。用于清洁和钝化的化学试剂都是水溶性的并且易于中和。除了溶解在酸洗液中的重金属以外，对废液危害性仅有的判别是 pH 在 2~12.5 外。流出废液中的重金属能导致环境或处理问题。在经检测的 13 种优先级污染金属中，发现有两种金属在钝化废液中的水平有所增加。这两种重金属是铬和镍。

排放的液体必须满足现场的排放温度要求。

有三种方法用于处理钝化生成的废液：

可以将它们注入化学试剂排放设备。只有在相容的排放设备和处理系统有效时，才能采取该方法。

在承包商提供的设备里中和废液，并且通过化学试剂排放设备排放到处理系统。

最后一个选择是远离现场排放。这种排放方式的费用最高。

如果没有可用的废水处理系统，可经市政或私营下水道的授权将中和的废液流到污水下水道。在任何情况下，任何形式的废液都不允许进入雨水下水道。

无论如何，要收到确定废水已适当排放的文件。文件应包括：装货单或危险废物的载货单以及合乎国家标准的处理机构的收据，废液是在那里运输和处理的。当使用远离现场处理时，重要的是在接受货物承运人的服务和最终目的地前，应查证他们的证书。

最后，以适当的合法的方式排放废液是所有参与者的责任。产生废液的所有者、承包商、涉及化学试剂使用的转包商、货物承运人以及最终废物处理机构对废液的合理排放都有责任。

6.2.8 文件

应根据选择的执行程序来保存完整的详细文件。关于化学试剂的浓度、温度、接触时间、供应的冲洗用水的质量以及流出物采样的读数都应记录下来。

一些承包商采用工作日志单来记录按时间顺序的工作数据，包括从承包商到达现场的时间到离开时间内的明确的情况。除了工作日志单之外，还要填写钝化日志单。可将详细信息（如以上讨论的）加到钝化承包商、验证公司或所有权者提供的"填空"表格中。无论信息是如何记录的，重要的是保留详细准确的文件。下列信息能提交给所有权者并且可以合并到最终验证文件中：

- 钝化程序；
- 各方面相关信息；
- 操作程序生成的数据；
- 检测程序和设备；
- 钝化日志单；
- 化学试剂批次记录信息；
- 有标识的系统图、完整的使用点检查表或管线标识清单。"

（2）SJ 20893—2003《不锈钢酸洗和钝化规范》

"3.3.1 除油

不锈钢零件在酸洗或钝化之前应彻底除去表面油脂、污物及其他外来物，清洗方法可采取溶剂清洗、碱液化学清洗，必要时还可采取电化学清洗以达到干净的表面，所采取的方法应对材料性能无影响。

注：干净的表面是指将水洒在基体表面上，表面会呈现均匀而连续的水膜，水膜保持30s不破裂，且表面无其他对零件质量有损害的异物或残留物。

3.3.2 酸洗

不锈钢件酸洗通常采用化学方式，所采用的试剂包括稀硫酸、硝酸和氢氟酸，硝酸-氢氟酸混合酸洗效果好，但对奥氏体和淬火的马氏体不锈钢不宜采用。对有焊接和热处理残渣的零件，表面附有一层致密难容的氧化皮，这层氧化皮中含有大量的氧化铬、氧化镍并含有十分难溶的氧化铁铬（$FeO \cdot Cr_2O_3$），所以通常处理时要经过松动氧化皮、浸蚀及去除浸蚀残渣等几个步骤：

a）松动氧化皮：溶液中含浓度为66%的硝酸80～120g/L，溶液温度为室温，处理时间小于60min。也可采取阳极电解方法：溶液中氢氧化钠600～800g/L，溶液温度140～150℃，阳极电流密度5～10A/dm²，时间至氧化皮松动为止。

b）浸蚀：溶液中含浓度为98%的硫酸200～250g/L，浓度为36%的盐酸80～120g/L，溶液温度为40～60℃，时间至氧化皮除尽为止。

c）除去浸蚀残渣：溶液中含浓度为66%的硝酸30～50g/L，浓度为30%的双氧水5～15g/L，溶液温度为室温，处理时间为10～60s。或采用阳极电解方法：溶液中氢氧化钠50～100g/L，温度70～90℃，阳极电解密度2～5A/dm²，时间为5～15min。

3.3.3 钝化

3.3.3.1 钝化处理溶液分类

不锈钢零件应彻底除油、酸洗，表面干净后才能进行钝化处理，不同牌号的零件钝化处理液、工艺参数均不同，处理时零件应完全浸没在溶液中，以防止页面以上的部分发生严重腐蚀。钝化处理溶液分为四类：

Ⅰ类——中温硝酸-重铬酸钠处理溶液；

Ⅱ类——低温硝酸处理溶液；

Ⅲ类——中温硝酸处理溶液；

Ⅳ类——中温高浓度硝酸处理溶液。

不同牌号的不锈钢零件所推荐的钝化处理溶液如表 A.1 所示。

表 A.1

	溶液类型			
	Ⅰ类处理溶液	Ⅱ类处理溶液	Ⅲ类处理溶液	Ⅳ类处理溶液
钢号	Y1Cr18Ni9			
	Y1Cr18Ni9Se			
	1Cr12			1Cr12
	0Cr13			0Cr13
	0Cr13Al			0Cr13Al
	1Cr13			1Cr13
	2Cr13			
	3Cr13			
	1Cr17Ni2			1Cr17Ni2
	7Cr17			7Cr17
	8Cr17			8Cr17
	9Cr18			9Cr18
	9Cr18Mo			9Cr18Mo
	11Cr7			11Cr7
	00Cr27Mo		00Cr27Mo	
		1Cr17Mn6Ni5N	1Cr17Mn6Ni5N	
		1Cr18Mn8Ni5	1Cr18Mn8Ni5	
		1Cr17Ni7	1Cr17Ni7	
		1Cr18Ni9	1Cr18Ni9	
		0Cr18Ni9	0Cr18Ni9	
		00Cr19Ni10	00Cr19Ni10	
		0Cr19Ni9N	0Cr19Ni9N	
		1Cr18Ni12	1Cr18Ni12	
		2Cr23Ni13	2Cr23Ni13	
		0Cr23Ni13	0Cr23Ni13	
		2Cr25Ni20	2Cr25Ni20	
		0Cr25Ni20	0Cr25Ni20	
		0Cr17Ni12	0Cr17Ni12	
		0Cr17Ni12Mo2N	0Cr17Ni12Mo2N	
		0Cr18Ni10Ti	0Cr18Ni10Ti	
		0Cr18Ni11Nb	0Cr18Ni11Nb	
		1Cr18Ni19Ti	1Cr17	
			2Cr25N	

注：1. 不锈钢零件渗碳表面不能进行钝化处理，因为碳和铬会在表面生成碳铬化合物。

2. 渗氮不锈钢不能进行钝化处理，因为钝化处理会严重侵蚀渗氮零件。

3.3.3.2 Ⅰ类

Ⅰ类处理溶液规定：溶液中含浓度为66％的硝酸20％～25％（体积比）和（2.5±0.5)％的重铬酸钠（质量比），温度49～54℃，处理时间20min。

适宜零件：高碳（含碳量等于或大于0.4％）/高铬（含铬量等于或大于17％）牌号的不锈钢零件，含12％～14％的纯铬牌号以及含较多的（0.15％以上）S或Se的零件等均可采用Ⅰ类。

3.3.3.3 Ⅱ类

Ⅱ类处理溶液规定：溶液中含浓度为66％的硝酸25％～45％（体积比），溶液温度21～32℃，处理时间30min。

适宜零件：奥氏体镍铬钢（不含Ⅰ类中的高碳/高铬牌号），均可采用Ⅱ类。

3.3.3.4 Ⅲ类

Ⅲ类处理溶液规定：溶液中含浓度为66％的硝酸20％～25％（体积比），溶液温度49～60℃，处理时间30min。

适宜零件：奥氏体镍铬钢以及含铬量等于或大于17％的铬不锈钢（不含Ⅰ类中的高碳/高铬牌号），均可采用Ⅲ类。

3.3.3.5 Ⅳ类

Ⅳ类处理溶液规定：溶液中含浓度为66％的硝酸45％～55％（体积比），溶液温度49～54℃，处理时间30min。

适宜零件：高碳（含碳量等于或大于0.4％）/高铬（含铬量等于或大于17％）牌号及12％～14％铬的纯铬牌号的不锈钢零件均可采用，均可采用Ⅳ类（1Cr18Ni9、1Cr18Ni9Se等除外）。

3.3.4 水洗

零件从钝化溶液中取出后应立即彻底清洗，如果需要可在第一道水洗后增加一道洗碱中和工序，以除去复杂腔体内的残留酸液，最后一道清洗应用去离子水，去离子水应符合GJB 480A中的去离子水品质要求。

3.3.5 铬酸处理

所有的铁素体和马氏体不锈钢零件最后一道水洗后的一个小时内均应按规定进行铬酸处理，溶液中含4％～6％（质量比）的重铬酸钠，温度60～70℃，处理时间30min。此道工序后必须用去离子水清洗，然后彻底干燥。

3.3.6 干燥

零件钝化完毕应用压缩空气吹干或热风吹干，也可采用烘干或晾干。

3.3.7 去氢处理

高强度钢结构应在钝化完毕后进行去氢处理，以免在酸洗过程中因氢的渗入而导致氢脆。去氢条件通常为190～220℃，时间至少2h。

3.3.8 记录

操作者应对酸洗、钝化处理的主要过程参数进行记录，并保存好记录数据。

（3）ASTM A967 ASTM A967关于钝化也有非常详细的描述，钝化方法主要包含硝酸法、柠檬酸法和其他化学试剂法等。

"6 硝酸法

6.1 钝化方法

6.1.1 不锈钢部件可以采用如下的溶液，在特定时间和温度区间下，进行处理。

6.1.1.1 溶液由20％～25％体积比的硝酸和（2.5＋0.5)％质量比的重铬酸钠构成。在120～

130℉（49～54℃）的温度区间内反应至少 20min；

6.1.1.2　溶液由 20％～45％的硝酸溶液构成。在 70～90℉（21～32℃）的温度区间内反应至少 30min；

6.1.1.3　溶液由 20％～25％的硝酸溶液构成。在 120～140℉（49～60℃）的温度区间内反应至少 20min；

6.1.1.4　溶液由 45％～55％的硝酸溶液构成。在 120～130℉（49～54℃）的温度区间内反应至少 30min；

6.1.1.5　如果采用其他的参数进行钝化，比如其他浓度的硝酸、其他的温度和时间，加入或者不加入其他的化学品（催化剂、抑制剂或其他专业试剂），需要经过特定的检测手段证明；

6.1.2　漂洗：在排放完钝化液之后要第一时间进行彻底的漂洗，采用静滞、对流或者逐个进行喷淋，或者采用这方式结合的方式进行处理，包括/不包括针对钝化液的单独的化学中和手段，采用总固体含量最多为 200mg/L 的水完成最终漂洗。

7　柠檬酸法

7.1　钝化方法

7.1.1　不锈钢部件可以采用如下的溶液，在特定时间和温度区间下，进行处理。

7.1.1.1　溶液由 4％～10％质量百分比的柠檬酸构成。在 140～160℉（60～71℃）的温度区间内反应至少 4min；

7.1.1.2　溶液由 4％～10％质量百分比的柠檬酸构成。在 140～140℉（49～60℃）的温度区间内反应至少 10min；

7.1.1.3　溶液由 4％～10％质量百分比的柠檬酸构成。在 70～120℉（21～49℃）的温度区间内反应至少 20min；

7.1.1.4　如果采用其他的参数进行钝化，比如其他浓度的柠檬酸、其他的温度和时间，加入或者不加入其他的化学品（催化剂、抑制剂或其他专业试剂），需要经过特定的检测手段证明；

7.1.1.5　如果采用其他的参数进行钝化，比如其他浓度的柠檬酸、其他的温度和时间，加入或者不加入其他的化学品（催化剂、抑制剂或其他专业试剂），需要经过特定的检测手段证明。浸泡的话，pH 值应控制在 1.8～2.2。

7.1.2　漂洗：在排放完钝化液之后要第一时间进行彻底的漂洗，采用静滞、对流或者逐个进行喷淋，或者采用这方式结合的方式进行处理，包括/不包括针对钝化液的单独的化学中和手段，采用总固体含量最多为 200mg/L 的水完成最终漂洗。

8　其他化学试剂法

8.1　据大家公认的，去除所有来自于不锈钢表面的外源性物质的目的，包括去除游离铁，可以由专业团队采用不同的溶剂完成，也包括专门研发的钝化液。这些处理手段，包括在不锈钢表面施加电位，比如电抛光处理。为了满足钝化的特定需求，处理方法需要证明是否适用，需要以钝化的部件为对象，按照特定的检测要求进行验证。

8.2　不锈钢部件要求在水溶液中进行处理，无论是否从外部供电，都必须在规定的温度范围内进行处理，以保证处理后的不锈钢部件符合相关测试的要求。

8.3　漂洗：在排放完钝化液之后要第一时间进行彻底的漂洗，采用静滞、对流或者逐个进行喷淋，或者采用这方式结合的方式进行处理，包括/不包括针对钝化液的单独的化学中和手段，采用总固体含量最多为 200mg/L 的水完成最终漂洗。"

（4）ASME BPE　ASME BPE 中关于钝化有详尽的描述，归纳如下。

① 钝化步骤描述。钝化执行者应选取焊接与未焊接的部件或试样作为鉴定样本，将样本进行各种方式的钝化处理（包括循环、点洗、浸泡等）以表明该种钝化方式可达成预期的表面特性，即表面粗糙度、表面化学组成及抗腐蚀性能。用于上述焊接和非焊接试样的钝化工艺应是可重复的。钝化方案描述和资质文件应有效，以便业主或其授权人审阅。业主有责任确认用于钝化其系统或部件的钝化方法是有效的。

② 钝化程序确定。钝化执行方需编写涵盖每一种用到的钝化方法。该方案应确保钝化过程中各参数的合理性，以实现对待处理系统中游离铁的有效去除，并能够满足规范中的各项要求。表8-12对建议的钝化过程做出了详细描述。

表8-12　钝化过程描述

反应类别	工艺描述	解释	工艺条件	化学过程
预清洗				
水冲洗/过滤工艺	采用高速的去离子水（或业主/使用者选用的其他的水）进行冲洗，以去除颗粒物和施工过程中产生的垃圾	钝化之前去除颗粒	环境温度，5～30min；一般也包括液体的过滤	去离子水
	高速水冲洗	钝化之前去除颗粒。氯化物对不锈钢有害	环境温度，15～60min	去离子水（建议）
清洗				
清洗/脱脂处理	磷酸盐清洁剂	可以去除轻微的有机附着物，可能留下磷酸盐残留	在高温的环境下持续1～4h，具体取决于溶液和污染的程度	磷酸二氢钠、磷酸氢二钠、磷酸三钠和表面活性剂的混合物
	碱性清洗剂	可以用于特定的有机物污染		无磷清洗剂、缓冲剂和表面活性剂的混合物
	苛性清洗剂	有效用于去除严重的有机物污染，或用于脱脂		氢氧化钠、氢氧化钾和表面活性剂的混合物
	异丙醇(IPA)	有效脱脂，具有挥发性，易燃且对静电放电很敏感	物理擦拭	70%～99%
钝化				
钝化工艺	硝酸	方法基于ASTM A380/A967	根据使用的不同浓度，在室温或更高温度下钝化30～90min	在高温情况下钝化1～4h
	磷酸	有效去除铁氧化物和游离铁		磷酸体积比：5%～25%
	磷酸混合物	可以在较广范围的温度区间和环境下使用		5%～25%磷酸和一定浓度的柠檬酸或者硝酸的混合物
	柠檬酸	尤其适用于游离铁的去除。可以在较高温度下使用。相比无机矿物酸需要更长的执行时间，条件要满足或优于ASTM A967中的实施条件	在高温下钝化1～4h	10%柠檬酸
	螯合剂系统	尤其适用于游离铁的去除。可以在较高温度下使用。相比无机矿物酸需要更长的执行时间，条件要满足或优于ASTM A967中的实施条件		3%～10%柠檬酸和螯合剂、缓冲剂以及表面活性剂的混合物

续表

反应类别	工艺描述	解释	工艺条件	化学过程
钝化				
钝化工艺	电抛光	尤其适用于游离铁的去除。可以在较高温度下使用。相比无机矿物酸需要更长的执行时间，条件要满足或优于 ASTM A967 中的实施条件	需要从待钝化表面去除 $5\sim10\mu m$ 厚度，并以此估算执行时间；进行必要冲洗，以防残留膜遗留从而影响钝化质量	磷酸电解液
氧化工艺	过氧化氢	氧化金属，消毒	在环境 40℃ 下反应 30min 至 2h	$3\%\sim10\%$ 过氧化氢
	过氧化氢和过氧乙酸和混合物	氧化金属，消毒		$1\%\sim2\%$ 的混合物

注：处理手段包括流体循环、焊点或表面位置稠化效应和针对容器及设备的喷淋等；需要特别关注喷淋球、隔膜阀和换热器位置处的金属屑和施工残留物的去除；钝化过程可能产生有害污物；上述时间和温度，与反应物的质量分数是相关的。质量分数发生变化，相关的要求也会随之变化；在上一步化学反应的程序结束之后，应该第一时间进行漂洗；上述表格中的百分比，指的是质量分数。

综上所述，在制药行业，对于广泛使用的 316L 不锈钢的清洗和钝化方法如表 8-13 所示。

表 8-13　316L 不锈钢的不同钝化方法

方法	解释	清洗条件	化学作用
磷酸盐	去除轻微的有机污物,可能残留磷酸盐的沉淀	根据不同的溶液和污物情况,再加热状态清洗 $1\sim4h$	不同钠的磷酸盐(磷酸二氢钠,磷酸氢二钠,磷酸三钠)和表面活性剂的混合物
碱性清洗剂	可被用来去除特殊的有机污物		非磷酸/非磷酸盐、缓冲剂、表面活性剂
苛性清洗剂	有效去除严重的有机污物,高效脱脂		氢氧化钠和氢氧化钾以及表面活性剂的混合物
氢氧化钠	方法基于《药品生产验证指南(2003)》	温度 70℃；浓度 1%；时间不少于 30min	碱液清洗
异丙醇	可作为脱脂剂,具有挥发性。易燃,对静电敏感	手动物理擦拭	体积比：$70\%\sim99\%$
硝酸	方法基于 ASTM A380/A967	根据使用的不同浓度,在室温或更高温度下钝化 $30\sim90min$	硝酸体积比：$10\%\sim40\%$
硝酸	方法基于《药品生产验证指南(2003)》	—	8% 硝酸,$49\sim52℃$,反应 60min
硝酸	方法基于国标 SJ 20893—2003	—	$20\%\sim45\%$ 硝酸,$21\sim32℃$,30min
硝酸+氢氟酸	方法基于《药品生产验证指南(2003)》	—	20% 硝酸+3% 氢氟酸,$25\sim35℃$,$10\sim20min$
磷酸	有效去除铁氧化物和游离铁	在高温下钝化 $1\sim4h$	磷酸体积比：$5\%\sim25\%$
磷酸混合物	可以在较广范围的温度区间和环境下使用		$5\%\sim25\%$ 磷酸和一定浓度的柠檬酸或者硝酸的混合物
柠檬酸	尤其适用于游离铁的去除。可以在较高温度下使用。相比无机矿物酸需要更长的执行时间,条件要满足或优于 ASTM A967 中的实施条件		10% 柠檬酸
螯合剂系统	在高温下可以使用；相比无机矿物酸需要更长执行时间,可以去除铁氧化物和游离铁,条件要满足或优于 ASTM A967 中的实施条件		$3\%\sim10\%$ 柠檬酸和螯合剂、缓冲剂以及表面活性剂的混合物
电抛光	本方法仅限于部件,而非系统;且方案需要经过确认;该方案可以去除表面的游离铁	需要从待钝化表面去除 $5\sim10\mu m$ 厚度,并以此估算执行时间;进行必要冲洗,以防残留膜遗留从而影响钝化质量	磷酸电解液

③ 钝化质量控制。钝化质量控制监督可以保证已经过验证的书面钝化方案顺利实施并为其提供管控保障。化学处理之后应用去离子水或经业主确认可使用的水对系统进行彻底冲洗。一般建议在钝化结束后根据电导率测试指示的结果对系统进行持续冲洗以去除钝化过程中产生的污染性离子、钝化用化学物质及其他副产物。下述内容可编入钝化方案中以作为业主对钝化质量监督的验收文档。

- 各项钝化质量指标的验收通过应存入方案中。
- 最终冲洗后的电导率应符合预定电导要求。

同时，钝化执行方应为所需钝化的每一系统或部件提供钝化资质证明，包括但不限如下。

- 客户名称。
- 系统概况描述。
- 执行方公司名称。
- 已确认的钝化方法。
- 钝化步骤，包括：
  - 方案的编写。
  - 过程参数的控制。
  - 仪器校准记录。
  - 所有化学试剂的检验证明。
  - 钝化工艺检测及确认报告。
- 钝化效果的验收验证。

8.3.3 钝化效果检测

至今尚无一个广泛认可的标准确定系统或部件是否被钝化或处于钝化状态。如果系统或部件已经过正确合适的化学钝化处理，钝化执行文件中应给出相应的证明确认。表 8-14 是清洗钝化表面评估测试的检测方法矩阵表，可作为业主验收钝化效果的指导性文件。该模式化表是对业主验收钝化效果选择测试或聘用第三方公司帮助验证的简化。该表大致分为 4 类检测方法。

① 按照 ASTM A380/A967 标准对钝化部位进行目视检测。
② 按照 ASTM A380/A967 标准对钝化部位进行高精度检测。
③ 电化学现场或实验室检验。
④ 表面化学分析测试。

表 8-14 钝化的检测方法矩阵表

测试方法	测试描述	测量标准	
		优点	缺陷
按照 ASTM A380/A967 标准对钝化部位进行目视检测			
目视检测法	包括对处理后不锈钢试件内壁清洁度的目视检测和对残余红锈的目视检测。可直接通过肉眼观测，或借助设备（如内窥镜）进行辅助观测	省时省力，不被场地环境限制，适用于常规简单的表面检测	无定量分析，检验结果受检验者的主观因素控制
擦拭测试（ASTM A380）	用清洁、不掉绒的白色棉布、商用纸或滤纸，以高纯度的溶剂润湿（但不要饱和），可以用于评价不可接近直接目视检验的表面洁净度。小直径管的擦拭试验，可以用清洁、干燥、过滤的压缩空气将一个清洁白色的直径略大于管内径的毛毡球吹过管子。擦拭试验的洁净度抹布或毡球上擦下的污染类型来评价。抹布上的污迹表明污染存在	相较于目视检测法更具说服力，可擦除的表面污物易于分辨和对比	无定量分析，可擦拭范围受试件尺寸的局限；使用抹布擦拭存在纤维残留系统中的风险；过度擦拭对电抛光不锈钢表面有损伤

测试方法	测试描述	测量标准	
		优点	缺陷
残迹检测	在 49℃（120 ℉）清洗 20min，完成后使清洁的表面干燥。在干燥表面上的污迹或水渍表明残留的污物和未完全清洁	简单快捷	无定量分析，不灵敏
水破试验	用于检测不锈钢试件清洁表面上的疏水性污物	易于检测不锈钢表面的清洁度，简单快捷	只适用于可以浸入水中的产品，并应使用高纯水试验，只能检测疏水性污物
水浸湿和干燥（ASTM A380）/浸水法测试（ASTM A967）	该实验用于检测不锈钢表面的游离铁和其他阳极表面的杂质。代表钝化部件的样品需浸泡在有蒸馏水无锈容器中 1h，然后在空气中干燥 1h。如此反复操作至少 12 次。试件无明显反应则说明表面不存在游离铁颗粒及其他阳极表面杂质	显色反应易于辨别游离铁的存在，通过目视即可实现。还有能发现点蚀及点蚀滋生的红锈	无定量检测
高湿度测验（ASTM A967）	代表钝化部件的样品需浸泡在丙酮或甲醇溶液中，或者用干净的纱布沾上丙酮或甲醇溶液涂抹在样品的表面进行清洁，然后在惰性气体或无水容器中干燥。清洁并干燥后的样品需放置在湿度为 97%±3%，温度为（38±3）℃的环境下至少 24h	显色反应易于辨别游离铁的存在，通过目视即可实现	无定量分析，不适用于安装完成的管道系统，试件也无法保证全覆盖测试效果
盐雾试验（ASTM A967）	该试验用于检测不锈钢表面的游离铁和其他阳极表面的杂质。根据实验 B117 的要求，在代表钝化部件的样品上碰上 5%的盐溶液，试验时间至少 2h	显色反应易于辨别游离铁的存在，通过目视即可实现	无定量分析，对钝化膜质量的检测需要较长时间暴露，且有干扰因素存在

按照 ASTM A380/A967 标准对钝化部位进行高精度检测

测试方法	测试描述	测量标准	
		优点	缺陷
溶剂环试验（ASTM A380）	用于表面清洁度检查，在一个清洁的显微镜水晶载物玻璃片放上一滴高纯溶剂，并让其蒸发。接下来在欲评价的表面上放另一滴，短暂搅拌，用清洁的毛细管或玻璃棒转移到一个清洁的显微镜水晶载物玻璃片，让其蒸发。制作需要数量的试验载物玻片，给出欲检表面的合理样本。如果异物已经被溶剂溶解，当其蒸发时在水滴的外边缘会形成一个明显的环	对有机污物的检测效果灵敏	无定量分析
黑光检验（ASTM A380）	该试验适合检测某些在白光下检测不到的油膜和其他透明膜	对有机污物的检测效果灵敏	不适用于钝化效果的清洁度检测环节
喷雾试验（ASTM A380）	该试验检测疏水膜的存在，灵敏度大约是水破法的 100 倍	该试验效果非常灵敏	无定量分析
蓝点试验（ASTM A380/A967）	测试溶液的配制：在 500ml 蒸馏水中加入 10g 铁氰化钾，再加入 30ml 浓度为 70%的硝酸溶液，搅拌直至所有的铁氰化物溶解，然后用蒸馏水稀释该溶液至 1000ml。将稀释剂滴在试件表面，30s 蓝点出现，即证明钝化效果通过	灵敏度高，使用与现场钝化效果验收	为定性试验，不能说明钝化膜的质量，配制试剂可能挥发出氰化物，使用后及时处理
硫酸铜试验（ASTM A380/A967）	测试溶液的配制：先将 1ml 硫酸溶液（H_2SO_4，相对密度 1.84）倒入 250ml 的蒸馏水中，再将 4g 五水合硫酸铜（$CuSO_4 \cdot 5H_2O$）溶解在该溶液中。配制时间超过两周的硫酸铜溶液不可用。验收方式为被测试件表面无铜的沉淀物	灵敏度高，使用与现场钝化效果验收	无定量分析，不能检测出离散型铁锈微粒的存在

测试方法	测试描述	测量标准	
		优点	缺陷
电化学现场或实验室检验			
循环极化曲线法	类似于 ASTM G61 中测试点蚀临界电位的方法,极限电位越高,不锈钢表面的化学钝性(钝化膜性能)就越好,循环极化曲线法所得到的结果与临界点时温度(ASTM G510)的测量结果接近	量化不锈钢试件表面钝化膜的耐腐蚀性能,能够得出钝化效果的测量数据,且测试设备相对廉价	需要稳压器以及腐蚀分析测量软件的支持,操作者需要较高的电化学测试技能水平
电化学探针检测	测试时,一枚类似钢笔的探针与试件表面接触并使仪器与表面保持电化学连接,电解质因毛细作用由电解液槽中流至试件表面。在探针中置有稳定电极,电极通过电解液,对试件表面进行电化学性能表征	易于操作,准备时间短,测试结果同步到位。细小的探针使得此方法适用于各种形状的试件表面,设备轻便,可用于现场检测	该方法无法检测钝化膜,只在钝化不成功时能够给出指示。测试表面必须洁净,表面测试完成后需要进行再钝化处理
表面化学分析测试			
俄歇电子能谱分析 (AES)	入射电子束和物质作用,可以激发出原子的内层电子形成空穴。外层电子填充空穴向内层跃迁过程中所释放的能量,可能以 X 线的形式放出,即产生特征 X 线,也可能又使核外另一电子激发成为自由电子,这种自由电子就是俄歇电子。用聚焦束在试件表面选区内进行扫描,从较大面积获得俄歇电子能谱,根据元素或化合物的标准谱鉴别元素及其化学态	通过能量束对试件表面扫描收集到的 AES 信号进行分析可得量化的试件表面形貌及元素成分,可准确测量表面及以下 0.2～2nm 深的元素及化合物组分,并描绘出该区域的形貌	样品室必须保持超真空状态,试件必须导电,设备不可即开即用,扫描数据需专业人员进行编译,不可现场测试
光电子能谱分析 (XPS/ESCA)	通过 X 线去辐射样品,使原子或分子的内层电子或价电子受激发射出来。被光子激发出来的电子称为光电子,可以测量光电子的能量,以光电子的动能为横坐标,相对强度(脉冲/s)为纵坐标可做出光电子能谱图,从而获得试件表面元素成分组成	准确测定试件表面 1～10nm 深的元素组成;可准确测定纯物质的化学式;准确分析试件表面污物成分;确定试件表面各元素的价态;确定试件待测层深化合物的结构;准确测量试件钝化膜厚度	样品室必须保持超真空状态,试件必须导电,设备不可即开即用,扫描数据需专业人员进行编译,不可现场测试
辉光放电发射光谱分析(GD-OES)	光谱仪中被电场加速的氩离子使试件产生均匀的溅射,试件作为阴极,溅射出来的试件原子离开试件表面,在阳极区与氩离子碰撞而被激发,产生试件组成元素的特征光谱。不同波长的光经分光系统分光并检测各单色光光强,经过计算机系统的信号处理,获得各元素的强度,并通过标准光谱曲线计算出试件表面各元素的浓度	辉光放电发射光谱分析技术特别适用于各种试件表面膜或涂层的量化分析和层深分析	检测费用相当昂贵,设备使用局限性大

前两类检测方法为 ASTM A380/A967 标准中的主要部分。所有测试中最直观的检查方法就是目视检测。目视过程中,检察官会仔细检查表面是否存在氧化物、划伤、焊接回火色、色斑、污垢、油污及任何可能妨碍化学钝化剂接触表面的沉积污物。

ASTM A380/A967 标准中针对钝化的检测结果,都是基于通过目视检测发现锈蚀斑点或回火色从而证明游离态铁的存在。这些判定方法主观且无法定量。然而在某些情况下此种方法已可满足要求。因此目视验收标准在 ASTM A380/A967 标准中仍然适用。

第三、四类均属于定量方法。这些测试并未包含在 ASTM 标准中,但它们为钝化表面提供了更多、更详细的定量研究数据。电化学现场或实验室检中验,除循环极化曲线法外,均可在现场进行试验,如对安装好的钝化管道和钝化后的焊缝表面进行现场试验。

如果钝化工艺使用得当，316L 不锈钢表面钝化后的铬铁比应有显著提高。测量铬铁比升高程度可选用前述的 AES、GD-EDS 或者 ESCA 等方法。然而，这些方法均不适用于现场检测，不过有助于钝化方案的改善。

铬铁比的验收标准值无论用何种方法检测都不应小于 1；但同时，由于精确性的不稳定性，同一结果通过不同检测方法可能得出的数值不同。第四类表面化学分析法涵盖了对钝化膜厚度及不锈钢钝化表面化学相成分的检测。循环极化曲线法也可为钝化水平提供有效的量化评估。可将一个鉴定试样接入待钝化系统中使其经历整个钝化过程后，对其进行循环极化曲线法和第四类检测方法从而评估整个系统的钝化效果。

在 SJ 20893—2003《不锈钢酸洗和钝化规范》中，关于钝化效果的检查有如下描述：

"3.4 外观

3.4.1 色泽

a）经机械加工的零件酸洗后应保持不锈钢原有的色泽；

b）经热处理的零件酸洗后因材料成分不同表面应为无光的浅灰色至深灰色；

c）酸洗后化学钝化的零件表面为黄色的灰色，2Cr13 零件钝化后为深灰色；

d）其他特殊化学成分的材料钝化后允许呈现其他颜色。

3.4.2 允许缺陷

a）由于材料状态不同，在同一零件上色泽稍有不同；

b）轻微的水流痕迹；

c）在焊接温度影响区内有氧化色彩；

d）不可避免的挂具夹痕。

3.4.3 不允许缺陷

a）酸洗或钝化后零件表面有残余的氧化物、机械杂质、污物等；

b）有钝化要求的部位局部未钝化上；

c）零件受过腐蚀；

d）零件干燥不彻底，有残余水分；

e）同一零件的主要表面上有严重的色泽差异。

3.5 钝化膜附着力

钝化膜应有良好的附着力，按 4.2 检验时膜层无脱落。

3.6 钝化膜完整性

钝化膜应连续，均匀一致，钝化后的零件表面应无游离铁等阳性夹杂物。

3.7 管腔内部残余水分及酸、碱

管件内部应无残余酸、碱及积水。

4 检验方法

4.1 外观检验方法

采用目视检查，应在天然散射光或无反射光的白色透射光下进行，光照强度不应低于 300 lx，零（部）件应满足 3.4 的要求。

4.2 钝化膜附着力检验方法

手持无砂橡皮以正常压力来回摩擦试样表面 10 次，膜层应无脱落。

4.3 钝化膜完整性检验方法

钝化膜完整性检查是检查钝化件表面是否有未钝化的区域或膜层上是否有铁等黑色金属颗粒，检验方法可任选下列一种：

a）中性盐雾试验：按照 GJB 150.11—1986 中规定的中性盐雾试验方法进行，时间 2h，试验后目视检查是否有铁等黑色金属受腐蚀的迹象，无腐蚀为合格；

b）高湿度试验：将试件置入湿热箱中至少 24h，箱内保持相对湿度 97％±3％，温度保持在（38±1）℃，实验完毕后取出目视检查，试件应无任何腐蚀现象。

当合同双方对检验方法出现分歧时，应以方法 a）作为仲裁。

4.4　管件内腔残余水分及酸，碱的检验方法

管件应在最后清洗完毕后用 pH 试纸测管口处的水分的 pH 值（若管内已干燥，可灌入适量的水），呈中性为合格，否则应继续清洗直至呈中性，干燥后，应在管的一头用压缩空气吹，在另一头用滤纸检测是否有水分流出，无水分为合格，否则应继续干燥直至无水分。"

8.3.4　再钝化技术

奥氏体不锈钢自发钝化膜非常薄，在一些特定的阴离子环境中容易发生腐蚀而破坏，而且不锈钢仅有金属光泽，颜色也过于单调。采用再钝化实验工艺使金属表层生成一层化学钝化膜，不仅能提高不锈钢的耐腐蚀性能，还能利用对光的干涉作用使金属表面呈现不同的色彩。

如图 8-17 所示，钝化分为自发钝化、化学钝化以及电化学钝化，具体的钝化机理和方法在上面内容中已经做了阐述。

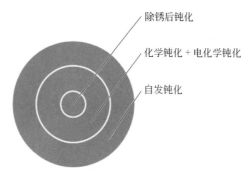

图 8-17　钝化的分类

化学钝化与电化学钝化的双重作用也可以称之为再钝化处理，因为这个钝化是在自发钝化之后进行的。再钝化还包含一个重要的内容，就是除锈之后进行钝化处理。

执行除锈操作就是去除表层的铁氧化层和游离铁。但如果在除锈之后未对不锈钢表面进行修复（即再钝化），不锈钢表层没有得到钝化膜的保护，外界腐蚀环境会同不锈钢的本体（即富铁层）进行接触，快速发生各种腐蚀，从而导致红锈滋生过快。因此，除锈之后的再钝化是十分必要的。

钝化质量的好坏，与不锈钢的抗腐蚀性紧密相关。因而，企业在新设备、新部件或新系统投入使用之前以及对设备、部件或系统进行红锈处理之后，都应根据相关标准进行再钝化处理。如何保证良好钝化效果、减少对不锈钢的腐蚀是钝化技术先进与否的判断标准。

钝化也属于一种清洗程序，也需要严格遵循清洗四要素（即温度、机械作用、化学作用、时间）。以有效成分包含柠檬酸的 CIP 200 钝化剂为例，严格把控四要素，便可实现不锈钢系统的钝化效果（图 8-18）。

由图 8-18 可看出，分别采用 4 种手段，对不锈钢表面进行处理之后，钝化膜的铬铁比的对比情况。第一种情况为仅实现清洗，也就是只依靠不锈钢的自发钝化，形成的钝化膜，其铬铁比接近 1，铬铁氧化物之比在 1.2 左右；第二种情况采用硝酸进行化学钝化，铬铁比为 1.5，铬铁氧化物之比在

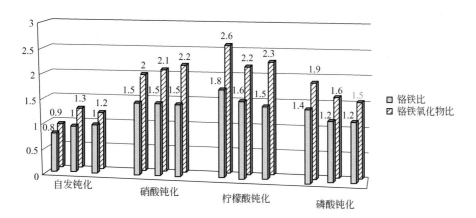

图 8-18　CIP200 的钝化效果比较

2.1 左右；第三种情况采用柠檬酸进行钝化，铬铁比在 1.6 左右，铬铁氧化物之比在 2.3 左右；第四种情况采用磷酸进行钝化，铬铁比在 1.2 左右，铬铁氧化物之比在 1.6 左右。

　　通过对比可知，采用柠檬酸对系统进行钝化，所得钝化膜的铬铁比和铬铁的氧化物之比均是最高的。经验表明，对温度、化学品浓度、机械作用和时间中的任一因素控制不合理，均会导致钝化的效果大大下降。

第**9**章

除锈的质量控制

项目是指一系列独特的、复杂的并相互关联的活动，这些活动有着一个明确的目标或目的，必须在特定的时间、预算、资源限定内，依据规范完成。一般来说，项目参数包括项目范围、质量、成本、试件、资源。项目的实施，就是从目标要求、工作内容、方式方法及工作步骤等方面做出全面、具体而又明确的安排计划，并将此种计划付诸行动并期望得到计划目标的过程。制定全面准确的方案，即项目实施方案是项目能够顺利实施并实现项目目标的先决条件。项目实施方案也叫项目执行方案，是指正式开始为完成某项目而进行的活动或努力工作过程的方案制定，是企事业单位项目能否顺利和成功实施的重要保障和依据。项目执行方案将项目所实现的目标效果、项目前中后期的流程和各项参数做成系统而具体的方案，来指导项目的顺利进行和完工。

9.1 除锈执行方案的确定

9.1.1 除锈再钝化项目

制药流体工艺洁净管道系统的除锈再钝化工程，是一个生命周期较短、规模较小的相对简单的工程。但是由于除锈再钝化服务执行期间制药企业生产系统处于停机状态，而制药企业的停产时间是有严格时限的，同时，除锈再钝化的处理对象为制药流体工艺系统洁净管道设备，在处理工艺和效果验收环节都有非常严格精确的控制流程，除锈再钝化项目执行的复杂程度显而易见，因此，制定严谨、全面的项目执行方案是除锈再钝化服务能否成功的必要前提。项目执行方案，是根据一个特定的项目特性而制定的特定方案，它具有唯一性和特殊性。但是项目执行方案又具有普遍性，一般来讲，项目的执行方案包括组织机构方案（各职能机构的构成、各自职责、相互关系等）、人员组成方案（项目负责人、各机构负责人、各专业负责人等）、技术方案（进度安排、关键技术预案、关键施工步骤预案等）、安全方案（安全总体要求、施工危险因素分析、安全措施、重大施工步骤安全预案等）、材料供应方案（材料供应流程、接保检流程、临时或急发材料采购流程）等。除锈再钝化项目的执行方案也是基于上述一般项目执行方案的设计理念进行编制实施的。

除锈再钝化项目组织机构主要包括项目负责人（项目经理）、项目技术机构、项目安全质量控制机构和施工部分构成。项目负责人负责协调把控项目整个生命周期的正常运行，项目计划、进度和执行方案的确定，以及负责项目前中后期内外部事宜联络处理；项目技术负责人则负责项目技术方案、进度计划的编写，项目执行过程中的技术支持；项目安全质量负责人主要负责施工安全的培训和监督，项目执行质量的检查和控制；施工负责人则负责除锈再钝化项目各施工程序的具体执行，以及按照进度计划对施工人员进行合理工作分配。由于除锈再钝化项目规模较小，现场可能并不具备建设实体项目部和仓库的条件，因此项目执行所需的机器设备（主要以清洗设备为主）和所需物料（主要以清洗、除锈和钝化化学试剂为主）由上述负责人兼职，一般除锈服务的清洗设备和化学试剂的管理主要涉及安全范畴，因此常由项目安全负责人兼职设备、物资管理职位，并任命专职施工人员进行具体管理。

由于项目工种单一，主要以洁净不锈钢管道和设备的清洗除锈和钝化处理为主，因此除锈再钝化项目的技术方案主要包括待处理系统的清洗技术方案、除锈技术方案和钝化技术方案。项目安全负责人应根据本项目的各处理工序技术方案中的具体工艺和所选试剂，制定相应的安全施工方案，同时，根据所选化学试剂的预计用量、实际库存量以及试剂自身性质、价格和存储条件等具体细节，与公司采购部门商定后，制定详细的材料供应方案。

9.1.2　技术方案的设计

一个项目能否顺利完工并通过最终验收，需要合理的进度计划和人员安排，需要严格的安全和质量管理体系的监督和指导，需要设备的良好运转和物资的及时供应，但是技术方案的合理可行，则是保证项目成功执行的最重要因素。

制药流体工艺系统洁净管道设备的除锈再钝化执行技术方案的前期设计需要结合技术人员前期对待处理工艺系统的内窥镜红锈检查报告，以及技术人员对系统现场环境的勘查。一般情况下，除锈再钝化项目技术执行方案前期设计所需的参考的指标如下。

(1) 待处理系统中红锈的类型　系统中红锈的类型将直接决定除锈再钝化执行时所选用的试剂类型，如系统中红锈属于Ⅰ类可迁移型红锈，说明系统运行时间不长或系统运行环境对不锈钢耐腐蚀性没有明显的破坏作用，那么在试剂的选型上以酸性较弱的除锈剂（如柠檬酸）为主，且除锈难度相对容易，除锈过程工艺指标（如过程温度、试剂浓度和流速）要求也相对较低；Ⅱ类红锈的去除难度和相应的钝化处理则要相对复杂，需要选用酸性相对较强的除锈和钝化剂（如硝酸、磷酸和草酸等，草酸对不锈钢表面有较强的腐蚀性），且由于酸性的升高，应增加不锈钢表面在清洗时的保护措施（如添加缓蚀剂），除锈再钝化工艺指标要求也相对提高；对于Ⅲ类红锈，需使用酸性非常强的氢氟酸进行除锈，且除锈完成后必须使用硝酸或具有等同钝化作用的试剂进行足够时间的钝化。Ⅲ类红锈的去除难度是非常高的，除锈后不锈钢管道内壁的表面粗糙度会因氢氟酸的浓度和清洗工艺参数的差别受到不同程度的不利影响。

(2) 红锈在不锈钢管道内表面上的堆积程度　通过内窥镜对系统管道内部进行红锈检查时，可直观地观测到红锈附着在不锈钢管道表面。红锈轻微附着时，影像中不锈钢表面呈轻微的红色或橙黄色，但是仍可显示出金属光泽；当红锈附着比较严重时，影像中管道内壁整体被红锈覆盖，金属光泽基本不可见；当红锈附着已经非常显著地影响到不锈钢表面粗糙度时，用内窥镜检查可发现被红锈附着的不锈钢管道表面有生物膜、红锈颗粒突起，甚至形成气泡，这都表面此时的不锈钢表面粗糙度已经远比相关法规要求的高得多。不同的表面红锈堆积程度，影响了除锈及钝化剂的选择，试剂浓度、循环流速和温度也需要在一定程度上进行调整。

(3) 系统运行概况（包括系统运行参数、消毒方式等）　系统自身的运行状况直接决定了红锈生长的速率和红锈腐蚀的严重程度。例如，运行温度较高的注射用水系统（一般运行温度为85℃及以上）比运行温度相对较低的纯化水系统（运行温度一般不高于 40℃）会更早地在气管道内壁中发现红锈，且注射用水中红锈多为Ⅱ类红锈，而Ⅱ类红锈只在运行温度较高且运行时间比较长久的纯化水系统中才会发现；纯蒸汽系统运行温度一般高于 100℃，且其管道内壁表面常有冷凝水聚集，在有水和溶氧存在的高温环境下，易生成难以洗去的Ⅲ类红锈。此外，系统消毒灭菌方式的差异也会导致系统中红锈类型及腐蚀程度的不同。巴氏消毒属于高温消毒方式，在消毒灭菌期间，高温环境及管道表面存在的积水极易催化红锈的生长；而一些系统的储存单元选择臭氧灭菌的方式，加之罐体内壁长时间附着水膜及喷淋球清洗覆盖不到位等原因，造成储罐内壁红锈比管道内表面更加严重的现象。

（4）系统类型　不同的系统类型，由于其具体运行参数的差异、运行方式的不同、自身功能的特性甚至系统的容量与运行时间的不同，都会导致系统中红锈类型的不同及除锈再钝化方法选择上的明显多样化。注射用水和纯化水储存与分配系统都是自带储存单元和循环动力的闭合循环系统，在对此类循环系统进行清洗时，可以不必考虑借助外部动力使系统进行流动式清洗，因此在整体技术方案的制定上就相对简单，只需将更多的精力放在对于红锈类型的鉴别和选择相应的高效除锈剂上。注射用水系统一般自带换热器，因此在对注射用水系统进行除锈再钝化处理时也不必额外考虑如何保证清洗除锈的工艺温度足够高等实际问题。而纯蒸汽系统则属于非循环式单向分配系统，在对其进行除锈再钝化处理时，则比注射用水和纯化水系统复杂许多，首先要根据其系统内部的红锈类型严重程度决定清洗方式，即循环或者浸泡处理。如果需要进行循环处理，则需要使用大量外部管件对系统进行可循环的简单串接，还要考虑加设合理可行的外部动力供给方案，以实现系统局部甚至全部循环清洗的技术要求，保证除锈和钝化的效果。此外，CIP 系统特殊的阀门布置及各种配液系统复杂的工艺流程和系统组件，使其除锈再钝化方案的具体设计变得复杂多样。

9.2 执行的必备条件

制药流体工艺系统洁净管道设备的除锈再钝化技术执行方案的制定，为除锈再钝化项目的成功执行提供了明确的技术和方向上的指导。而除锈再钝化工作能否顺利实施，除了合理可行的方案，还需确认施工现场是否具备了满足除锈再钝化工作开始实施的条件。

一般来讲，除锈再钝化项目实施的必备条件分为自身条件和现场条件两部分。自身条件，即除锈再钝化服务供应商自身软件条件和硬件实力是否满足项目客户对除锈再钝化效果的预期要求。具体来讲，软件要求包括服务供应商团队在不锈钢管道及设备除锈再钝化业务的专业度、除锈再钝化项目的执行经验、人员在该类项目中体现得专业素养和施工水平、供应商提供的过程质量控制和文件体系是否符合法规标准和业主要求等；硬件实力则主要体现在除锈再钝化设备的功能、效力以及各类技术指标是否满足该除锈项目的要求，供应商的技术性管配件是否能够保证待处理系统能够按照技术执行方案的设计思路进行清洗、除锈和钝化，供应商提供的红锈检测设备是否可以帮助业主和供应商双方对红锈有直观的了解并据此制定有效的除锈方法，除锈再钝化过程的各种监测设备仪器和相应的方案是否满足过程质量控制的标准等。自身软实力和硬件设备的丰富储备，是一个公司对制药工艺系统红锈及去除工作充分重视的体现，是一个公司将国内、外标准法规视为准则的具体体现，是一个公司推动行业进步的具体体现。

除锈再钝化项目现场必备的条件与自身条件类似，也分为软件要求和硬件要求两部分。现场的软件要求主要体现为项目业主为除锈项目提供的人员支持和相应技术支持，具体条件如下。

① 除锈再钝化项目合同签订前期，业主应提供给服务商待处理系统的管道和仪表图（P&ID）和

系统所在车间的平面布局图，并应告知服务商系统的容量。

② 除锈再钝化项目执行前，业主相关负责人应对服务供应商提交的技术执行方案进行确认签字。

③ 除锈再钝化项目执行前，业主方负责人应派专人与项目执行人员对进场的设备和试剂进行进场验收工作并确认。

④ 业主方负责人应派专业电工将清洗设备与现场电力供应设施接通，并保证正确接线。

⑤ 项目执行过程中，业主方负责人应亲自或派专人对系统清洗、除锈和钝化进程进行全程旁站，该人员应熟悉该套系统的操作控制和工艺流程，能够在必要时给予项目执行人员技术支持，原则上被处理系统自身的所有操作行为均应业主方人员进行操作，紧急状况除外。

硬件要求则主要体现为业主为除锈项目提供的各类物力资源支持和场地支持。具体条件如下。

① 除锈再钝化项目合同签订后，业主应及时向服务商提供现场停产的具体时间，并应提前告知服务商停产期间，现场工业蒸汽是否可用。

② 除锈再钝化工作执行期间，业主应保证施工现场不能断电，并为服务商提供由现场电力供应设施引出的电缆。

③ 除锈再钝化工作执行期间，业主应保证所有清洗除锈处理涉及的房间门禁畅通。

④ 除锈再钝化项目业主应为服务商提供去离子水或以上规格的水源作为清洗、除锈再钝化剂的溶剂和冲洗用水。

⑤ 除锈再钝化工作执行期间，业主应为服务商提供洁净空压供应。

⑥ 除锈再钝化工作执行期间，业主应为服务商提供化学试剂专门存放地点。

9.3 除锈再钝化的实施

一般来讲，除锈再钝化项目施工的实施步骤主要包括如下。

① 待处理系统管道整体概况的现场确认。

② 待处理系统的隔离和外部管路的接入。

③ 待处理系统的气密性试验。

④ 待处理系统的水密性试验。

⑤ 待处理系统的预清洗处理。

⑥ 待处理系统的脱脂清洗程序。

⑦ 待处理系统的除锈处理程序。

⑧ 待处理系统的钝化处理程序。

⑨ 待处理系统的冲洗程序。

⑩ 除锈再钝化效果的验收。

⑪ 处理后系统的恢复。

以上程序为制药流体工艺系统洁净管道及设备清洗、除锈及再钝化工作的一般建议程序。具体的除锈项目可根据合同相关要求、技术工艺、试剂效能和现场实际情况等因素，对上述程序进行变化或合并。其中，待处理系统管网（路）的隔离和连接、水密性试验、清洗程序、除锈和钝化程序以及冲洗程序是必要的工作步骤，即主程序。其他程序的引入可以促进最终不锈钢管道内表面除锈和再钝化的效果，即辅助性程序。

9.3.1　隔离和外部管路接入

除锈再钝化项目执行工作开始的第一步，就是将待处理系统从其原属系统或与其有连接系统中隔离出来。项目技术人员在现场对系统管道整体概况进行勘查后，根据合同中标明的清洗除锈范围，对待清洗的部分进行确认。如果待进行除锈再钝化处理的系统是完整工艺运行系统的一部分，则需要通过拆卸连接点（如卡盘连接、法兰连接等），或相关连接点处关闭连接（如关闭阀门等）的方法将待处理系统隔离出来；如果待处理系统是一个完整的工艺运行系统，则应将与该系统有连接关系的系统通过拆卸或关闭连接点的方法将待处理系统隔离。需要注意的是，应将待处理系统中装设的精密在线监测、测量仪器和其他不耐腐蚀的设备从系统中拆除，如电导率探头、TOC 传感器、UV 灯以及储罐呼吸器等装置。

待处理系统的隔离工作得以确认后，即可以根据技术执行方案的清洗方式（循环清洗或浸泡方式），对隔离系统进行临时改接以实现清洗、除锈再钝化过程中预期的运行方式。对隔离系统进行临时改接需要通过外接管道、管件和其他组件来完成，常见的外接不锈钢部件应为 304 及以上等级的不锈钢材质，其他非金属部件材质规格应符合 ASME BPE 及 ASTM 等相关法规的材质要求。

9.3.2　气密性和水密性试验

待处理系统在完成隔离工作，并按照技术执行方案进行设计连接后，为了实现系统的清洗、除锈和钝化处理，理论上待处理系统应是一个闭合密闭的管道系统。为了验证待处理系统的密闭性，一般会对系统进行水密性压力试验，即通常所说的"检漏试验"。检漏试验，是通过静压水在管道内壁产生的压力检查水分配系统回路的水密性，即有无泄漏或小孔。待处理系统进行水密性压力试验前，要再次确认系统是否处于密闭状态，是否无明显的漏点；压力试验使用的压力表确认已经通过校验，并处于校验周期内，且精度不得低于 1.5 级，压力表的量程不得小于系统运行的最大压力。水密性压力试验的程序大致可描述为：使隔离系统中充满水，并向充满水的系统管路中继续充水升高压力，待压力达到实验方案设计的压力值后对系统进行一定时间的保压，保压期间如果压力表读数在规定时间内有明显下降，则说明系统中存在明显漏点，若压力表在规定时间内无明显变化，则说明待处理系统的密闭性通过确认，清洗程序方可进行。

如果条件允许，在对隔离系统进行水密性压力试验之前，先进行气密性试验。气密性试验，是通过注入气压管道内壁产生的压力检查水分配回路的气密性，即有无泄漏或小孔。待处理系统首先进行气密性压力试验的好处主要是如果在试验过程中发现明显漏点，可通过排气的方式使管道泄压，使用排气阀进行泄压操作与水压试验相比更加方便快捷，且再次充气升压的时间明显要短于注水升压的时间。另外，一般情况下，同等压力状况下，气密性的保压难度比水密性保压难度高，如果气密性试验通过密封性确认，接下来的水压试验进度会相对顺利。但是需要注意的是，气密性试验具有一定的危险性，尤其是系统泄压时非常容易发生人员受伤事故，因此在泄压时，应缓慢开启泄压阀门，切勿将阀门快速由关闭状态转换至开启状态。

9.3.3　碱洗处理程序

待处理系统通过密封性确认后，即可开始清洗程序。不锈钢管道的清洗，一般包括脱脂和常规清洗。主要是使用碱液、乳液、溶剂或洗涤剂，或者它们的混合物对管道或设备表面进行浸泡、洗刷或喷淋。制药行业洁净不锈钢管道的清洗一般选用碱液进行碱性脱脂清洗，即利用热碱溶液对油脂进行皂化和乳化作用，除去皂化性油脂，同时利用表面活性剂的乳化作用，除去非皂化性油脂。比较常用的碱性清洗剂包括氢氧化钠溶液、氢氧化钾溶液以及碱性溶液、表面活性剂和 EDTA 按照一定配方配制而成的清洗剂。为了保证清洗效果，碱性清洗程序一般需要加热处理，以促进碱液对油脂类污物的去除。碱性清洗的时长和碱液浓度，一般根据待处理系统的腐蚀程度而定，根据 ASME BPE 相关法规建议，以氢氧化钠为例，碱液浓度不超过 2%（质量分数），在升温循环清洗的情况下，清洗时间建议不超过 1h。

碱性清洗结束后，必须将所有碱液从系统中排出，中和至 pH 值在 6.5 至 7.5 时，方可进行排放。除非所选用试剂物料安全数据表中有明确的非必须中和说明外，碱性清洗剂原则上均必须经中和处理后方可排放。中和时，要注意碱液温度，温度过高时不宜进行中和工作，碱液温度降至可中和范围（建议 50℃以下）后，方可选用使用性较为广泛且危险性相对较小的酸性中和试剂（如稀硝酸、柠檬酸等）进行中和。

碱液中和、排放完成后，应及时对系统管路进行冲洗工作，以将残留在管壁上的碱性残液冲净，冲洗用水应为去离子水或以上等级用水。确认管道冲洗干净无碱液残留的方法有多种，一般常选用水破试验结合目视擦拭方法来检测管道的清洗效果。值得一提的是，在对系统进行碱性清洗前，先进行管道的预冲洗可预先将管道中可能存在的轻微附着类污物冲洗干净，且预清洗程序可看作是清洗除锈再钝化主程序的"实战演习"，可在系统进入化学清洗试剂前发现技术执行方案中对系统改接的合理性，以帮助项目执行人员及时对执行方案作出调整。

9.3.4　除锈处理程序

除锈处理程序是制药流体工艺系统洁净管道除锈再钝化项目的核心程序。除锈效果的好坏将直观地影响到业主对本次除锈再钝化效果的评估。除锈处理，即去除因热成型、热处理、焊接以及其他因高温操作而产生的紧密黏附的厚氧化皮。制药流体工艺系统洁净管道及设备除锈处理常用的化学试剂主要有磷酸、硝酸、硝酸/氢氟酸水溶液和有机酸（如柠檬酸、草酸）及各种专用配方，各种试剂的配比浓度和工艺运行温度需结合系统红锈类型和严重程度进行综合设定，具体内容在本书前文中有详细介绍，此处不再赘述。根据 ASTM 法规中相关内容建议，除锈可以用下面方法进行：①用刷拭或喷淋方法浸湿表面；②用酸洗溶液部分充满产品，经转动或摇动使所有表面都得到要求的化学处理（常见方式如循环清洗）。应保持表面与搅动的溶液接触达到设计时长，或直到检验表明已经完全去除红锈。如没有搅动（或浸泡），可能需要增加暴露在酸洗溶液中的时间。如果摇动或搅动很难实现，酸洗溶液可以循环流经产品或系统，直到检验表明已经完全去除红锈。

除锈结束后，应将酸性除锈废液进行中和后方可排放，任何酸性除锈剂在排放前均必须进行中和处理，至废液 pH 值介于 6.5～7.5 方可进行排放。酸性处理废液中和时，尝试用工业级片状氢氧化钠作为中和试剂。将氢氧化钠加水稀释后，与酸性废液进行缓慢均匀地混合，切忌将碱液直接倒入较高温度的酸性废液中。废液中和后，根据现场及当地相关法规，将中和液在指定地点进行排放。

9.3.5　钝化处理程序

待处理系统不锈钢管道的再钝化是除锈再钝化项目的最终目标，是项目质量的重要体现。ASTM A380—06 指出，钝化是指不锈钢暴露在空气或含氧环境中自然形成一层无活性化学表面的过程。业界曾一度认为氧化处理对于形成钝化膜是必不可少的步骤，但是如今行业普遍认为不锈钢表面在进行了彻底地清洗和除锈处理后，钝化膜就会在含氧环境中自然形成。本程序中钝化就是指通过温和的氧化剂，例如硝酸或柠檬酸溶液，对不锈钢进行的化学处理，目的是促进保护性钝化膜的自然形成。需要注意的是，由于自然钝化周期过长，除锈再钝化项目中的清洗和除锈步骤对于钝化而言是必要的。

尽管在不锈钢表面除锈和钝化程序中所使用酸性除锈剂和钝化剂类似，但是同种酸洗试剂在除锈和钝化步骤中所起的作用是不同的。除锈过程中，酸性试剂的作用机理是与附着在不锈钢表面上的红锈（主要是各种铁氧化物，以及铬镍化合物等）中的金属元素发生反应从而将金属元素以各种游离态从管道中去除，而钝化过程中则是通过一些具有较强氧化性的酸性试剂与洁净的不锈钢表面接触并发生氧化反应从而形成富铬氧化物的不活泼化学保护层。常用的钝化剂包括无机酸性试剂（如浓硝酸）、有机酸性试剂（如柠檬酸）、螯合剂以及一些专用配方试剂（如磷酸、柠檬酸以及表面活性剂混合物）。当使用某些专用配方试剂及其专用工艺时，除锈与钝化可一步完成。

9.4 除锈实施案例

9.4.1 制药用水分配系统

由于注射用水储存与分配系统一般自带循环泵和换热器，因此注射用水系统的除锈再钝化项目执行难度相对比较容易，且系统红锈常以Ⅱ类红锈为主，清洗和除锈效果普遍比较理想，为后续钝化步骤提供了洁净表面。

（1）离心泵叶轮 图 9-1 为某制药企业大输液生产车间注射用水分配系统离心泵泵腔内部除锈前后的内窥镜影像。通过图片的对比，可以非常明显地看出除锈处理前被Ⅱ类红锈完全覆盖的离心泵叶轮经过有效酸洗除锈和再钝化处理后，泵腔内所有位置附着的红锈被完全去除，不锈钢叶轮重现金属光泽，除锈效果非常理想。

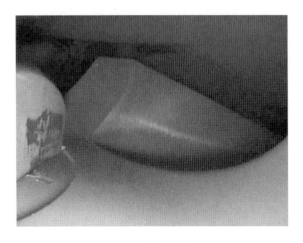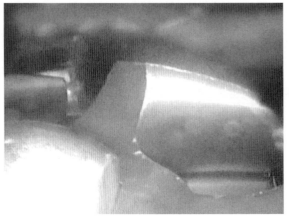

图 9-1　离心泵泵腔除锈效果（注射用水系统，见文后彩插）

（2）用水点管网 图 9-2 为某制药企业原料药车间注射用水储存与分配系统用点管路内壁除锈再钝化处理前后内窥镜影像。该处管路在进行除锈清洗前，焊道、热影响区以及整个管壁内表面均被红锈覆盖，焊道及热影响区红锈现象较其他部位更加严重，这是因为系统管路在安装时管道对口进行了焊接处理，焊缝形成前在高温作用下形成熔池，熔池由熔融状态在较短的时间内冷却再凝固，焊缝区域的微观组织经历了熔化再结晶的过程，由于迅速冷却，晶粒没有足够的时间发育，原有的奥氏体结构被破坏，形成比较疏松的新的微观组织，导致焊缝和热影响区抗腐蚀的能力明显下降。通过影像对比可明显看到，注射用水系统在经过除锈再钝化处理后，焊道上的红锈已经被彻底洗掉，热影响区也没有明显的红锈附着，整个管壁内表面也恢复金属光泽。

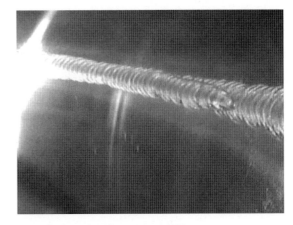

图 9-2 用水点管网焊接除锈效果（原料药车间注射用水系统，见文后彩插）

图 9-3 为某制药企业血液制品车间注射用水储存与分配系统用点管路内壁除锈再钝化处理前后内窥镜影像。内窥镜影像中显示注射用水用点管路内壁已经被红锈全部覆盖，且局部区域甚至出现红锈胶体颗粒在管壁上的聚集。这种现象对于最终产品质量来说是有极大风险的。因为红锈在不锈钢表面聚集后极易脱落，进入循环注射用水流体，并在注射用水高流速状态的冲击下解体形成游离铁，如果细微的游离铁穿过终端滤芯，将直接进入最终产品中，导致严重的产品质量事故，由此引发的巨大损失是难以估量的。此影像中还应值得注意的是，管道机械连接的缝隙处，也是红锈现象高发的区域。这是因为管道横切面与垫片之间的微小缝隙中存在极薄的水膜，在溶氧环境下，水膜覆盖下的不锈钢内壁表面与不锈钢基体之间发生原电池反应，导致不锈钢表面钝化膜被破坏，从而产生局部自生红锈。同时由于静电引力，红锈也紧密地附着在管道密封垫圈上，形成图 9-3 除锈前的影像。此处用点管路在经过充分的除锈再钝化处理后，管路内壁、垫圈红锈均被有效去除，这说明当注射用水系统中红锈的沉积程度比较严重时，及时由专业的执行团队进行除锈再钝化处理，是可以有效解决严重的红锈腐蚀问题的。但是这个案例同时说明红锈在注射用水中发展到一定程度时，产品的质量保证将面临极大的风险，因此，定期对系统进行除锈再钝化处理对于制药企业来说意义深远。

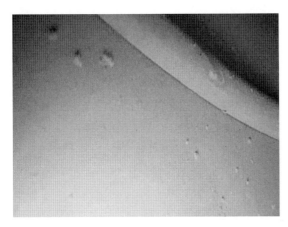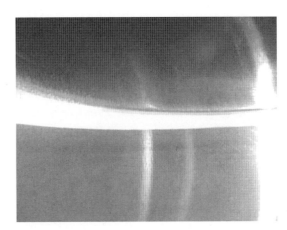

图 9-3 用水点管网除锈效果（血液制品车间注射水系统，见文后彩插）

（3）隔膜阀膜片 图 9-4 为某制药企业中药制剂生产车间的注射用水储存与分配系统用点隔膜阀膜片除锈再钝化处理前后对比影像。该套注射用水系统运行以来未进行过管道的除锈再钝化处理，导致隔膜阀膜片上都有红锈附着。隔膜阀膜片上的红锈相比不锈钢管道表面附着的红锈更易迁移，如果用点连接与产品相关的工艺设备，红锈则极有可能随注射用水迁移至设备中，与产品直接接触，后果将不堪设想。需要注意的是，隔膜阀膜片材质一般为聚四氟乙烯，常规的除锈剂在系统中循环清洗时并不能有效地洗去附着在隔膜阀膜片上的红锈，因此很多制药企业发现隔膜阀膜片红锈现象时，都是将隔膜阀从系统中拆卸，通过人工擦拭等强机械力表面清洁方法进行隔膜阀膜片红锈的去除，这种方法耗时费力。一些专业配方的除锈剂可以在对不锈钢管道进行循环清洗的同时，有效去除附着在隔膜阀膜片上的红锈。图9-4是该制药企业注射用水系统进行清洗维保时，除锈再钝化服务供应商就是使用专业配方除锈剂，对系统管道和隔膜阀膜片同时进行除锈清洗的。由图9-4可见，隔膜阀膜片表面红锈被完全洗去，隔膜阀体内壁也呈现出金属光泽，这也是目前制药行业除锈服务通过技术创新不断发展壮大的直接体现。

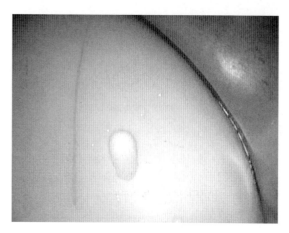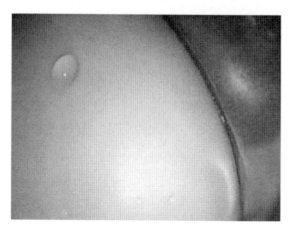

图 9-4　隔膜阀膜片除锈效果（见文后彩插）

（4）换热器　换热器是注射用水储存与分配系统一个非常重要的设备，其热交换能力直接影响着注射用水系统运行温度的稳定性。但是由于设备内部结构的复杂和温度梯度的不均匀分布，使换热器内部环境比循环管道系统中更易滋生红锈，因此换热器的红锈现象往往比其所在系统管路中的红锈严重。图9-5为某制药企业注射用水系统换热器除锈再钝化处理前后的内窥镜影像对比。图中换热器内部管程布水腔室内壁被红锈完全覆盖，且红锈呈鲜红色，属于较严重的Ⅱ类红锈，管程内壁也可发现红锈的严重附着。管程由于管径小，如果红锈在其内壁滋生严重，会对管到内壁粗糙度产生非常不利的影响，甚至对管路造成阻塞，从而严重破坏换热器的换热效率，使注射用水无法正常运行。通过对比影像，可以直观地发现该换热器在经过除锈再钝化处理后，布水腔内部不锈钢表面光亮，无红锈附着，且管程管路内部红锈也被有效去除，间接地保证甚至提升了换热器的换热效率。由此可见，除锈再钝化服务为生产车间乃至企业带来了不可忽视的无形经济效益。

图 9-5　换热器除锈效果（见文后彩插）

(5) 喷淋器 储罐喷淋球由于压力梯度分布不均以及长时间处于储罐湿热环境中，其内部红锈滋生及发展情况比较复杂，喷淋球体由于长时间处于应力腐蚀的不良状态，腐蚀状况比注射用水系统其他部位更为严重，且其表面粗糙度也受到一定程度的不利影响，影响了喷淋效果，导致包括储罐在内的注射用水储存单元整体受到较严重的腐蚀侵害。图 9-6 为某制药企业注射用水储存与分配系统切线式旋转喷淋球的红锈状态和除锈效果对比影像。通过内窥镜除锈前所拍摄的影像可以看出，喷淋球内部已经发生较为严重的腐蚀，且内表面粗糙度也受到一定破坏，在喷水口周围有明显的因发生局部原电池腐蚀而产生的自生红锈，喷淋球整体腐蚀状态较为严重。经过除锈再钝化处理后，可发现喷淋球内部不锈钢表面红锈已被彻底洗去，喷水口内壁及周围无明显的红锈附着，整体清洗效果理想。但是，由于应力腐蚀以及其他因素导致的不锈钢表面粗糙度的严重降级，是一种不可逆的破坏性腐蚀，通过化学试剂除锈再钝化不锈钢表面的处理方法是无法修复这种严重的表面破坏现象的。

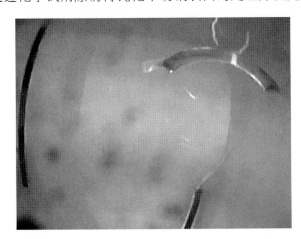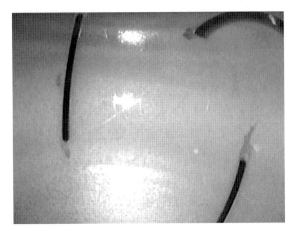

图 9-6 喷淋器除锈效果（见文后彩插）

9.4.2 纯蒸汽分配系统

与注射用水不同，纯蒸汽系统为单向非循环系统，系统运行温度非常高，根据不同工艺理念设计的纯蒸汽系统管道内存在不同量的冷凝水，这些特点使纯蒸汽系统内部极易滋生高温氧化环境下的腐蚀产物——Ⅲ类红锈。由于Ⅲ类红锈构成复杂，包含以 Fe_3O_4 为主要成分的铁氧化物、镍铬氧化物以及复杂的碳化物等，因此目前金属腐蚀研究领域尚未研发出针对Ⅲ类红锈的有效清洗试剂。由于系统自身无法循环，浸泡清洗是纯蒸汽分配系统传统的清洗除锈方式。试剂在系统管道中浸泡，只能通过其自身的化学性质与管道内表面红锈铁氧化物等发生反应，除锈机制单一，不能充分地将溶解了的红锈带出系统。加之系统以较难去除的Ⅲ类红锈为主，因此纯蒸汽分配系统一直以来都是除锈再钝化技术的难点。通过外接管路的方式，将纯蒸汽系统临时改变成完全循环或部分可循环的管网，将实现除锈再钝化剂在纯蒸汽系统中的循环冲洗，在试剂自身化学除锈效力得以充分发挥的同时，还能通过湍流状态的试剂在系统中可观的机械冲刷作用将溶解在流体中的游离铁带出系统，使系统恢复清洁的状态，为之后的钝化处理提供良好洁净的表面。

(1) 浸泡法 图 9-7 为某制药企业制剂车间纯蒸汽分配系统以浸泡方式进行除锈再钝化处理的除锈前后内窥镜影像对比。图片拍摄部位为该纯蒸汽系统纯蒸汽发生器出口管路，由图可以看出该处管路焊道及热影响区有明显的红锈腐蚀现象，焊道上附着一层橘黄色锈蚀，怀疑为Ⅱ类红锈，管道内壁整体也被红锈覆盖，且红锈呈暗紫色，属于典型的纯蒸汽系统Ⅲ类红锈。该纯蒸汽系统由专业的除锈再钝化服务执行团队负责处理，清洗、除锈及再钝化处理的方式为浸泡处理。完成除锈和再钝化处

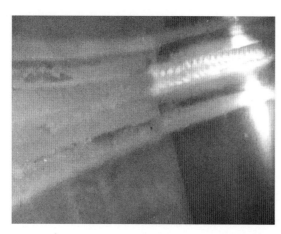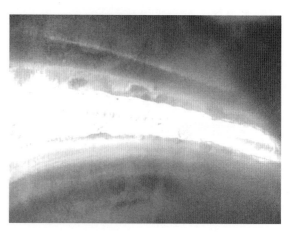

图 9-7　浸泡法除锈效果（纯蒸汽系统，见文后彩插）

理后,进行内窥镜除锈效果检查发现，焊道表面的红锈被洗去，焊道有金属光泽；热影响区区域最表层暗紫色Ⅲ类红锈消失，管壁基质裸露，呈暗红色。这是由于Ⅲ类红锈的形成机理与钝化膜类似，只是将铬元素由基质渗出表面变为铁元素的迁移，因此Ⅲ类红锈是多层的与基质紧密附着的一层腐蚀性氧化皮。管壁上原有暗紫色红锈腐蚀层变化不大，ASME BPE 中曾指出，表面处理效果好的不锈钢表面所滋生的红锈比表面处理效果相对差的表面所滋生的更难去除。据此，可以理解为管路焊道热度影响区在焊接时其晶粒受热作用影响晶核变大，晶粒发生再生长趋势，但是由于急速的冷却使不稳定的晶粒组织结构致密度下降，导致该处区域已经不再是奥氏体的晶体结构。该处滋生的红锈的基体远没有管壁表面组织致密，因此红锈反而相对更易除去。总体来说，浸泡方式具有一定的除锈效果，但是除锈效果相对不理想。

　　（2）常规循环法　图 9-8 为某制药企业纯蒸汽分配系统以循环清洗方式进行除锈再钝化处理的除锈前后内窥镜影像对比。该处为制药企业粉针生产车间配液室纯蒸汽用点管路。由图可看出，该用点管道内表面已被红锈全面覆盖，红锈呈暗红色，属于初期Ⅲ类红锈腐蚀，图中显示焊道两侧热影响区及管壁延伸方向是红锈腐蚀较严重的区域，红锈呈黑色，除锈难度比较大。除锈服务执行团队在对该套纯蒸汽系统进行除锈再钝化处理时，利用外接卫生级软管将可能与物料接触的纯蒸汽用点根据纯蒸汽管网分布连接成为局部循环管路，使用腐蚀性较强的硝酸/氢氟酸除锈剂进行循环式清洗、酸洗除锈程序。除锈再钝化处理结束后，通过内窥镜检测发现，焊道及热影响区红锈被洗去，但是管路整体无金属光泽，热影响区区域表面粗糙，有明显的腐蚀痕迹，这是由于氢氟酸通过其强腐蚀性和渗透性将包括红锈腐蚀层和不锈钢基质表层全部腐蚀后造成的。由此可见，使用循环方式对非循环

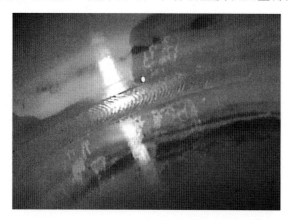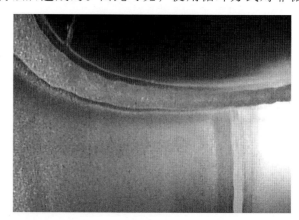

图 9-8　常规循环法除锈效果（纯蒸汽分配系统，见文后彩插）

纯蒸汽管路进行清洗除锈时，除锈效果要明显好于浸泡方式，但是由于Ⅲ类红锈除锈难度较大，可选除锈剂范围局限。除锈团队或制药企业工程部门进行除锈处理时通常会选择硝酸和氢氟酸混合的方法，使用该混合试剂的除锈效果在循环方式下是可以保证的，但是这种混合试剂同时也会对不锈钢表面造成不亚于红锈现象的腐蚀侵害，而且如果配比及清洗参数的不当设定，还极有可能破坏不锈钢管道的表面粗糙度。而过高的表面粗糙度意味着不锈钢表面很难再形成致密的钝化保护膜，同时也存在极大的微生物聚集风险。因此，使用强腐蚀性酸性试剂对Ⅲ类红锈进行清洗去除，只能得到一时的除锈效果，却难逃红锈迅速复生和微生物指数超标的质量风险。

（3）全管网循环法　图 9-9 则为某制药企业纯蒸汽分配系统除锈效果对比案例。该制药企业要求除锈服务供应商对纯蒸汽系统以全管网循环的方式进行除锈维护处理。纯蒸汽分配系统实现全管网循环是一项复杂的小型工程，这要求除锈技术服务团队具有较高的专业水平、对现场系统工艺的充分了解、充足多样的物资储备和强大的执行能力。在将其系统通过多种管件进行改接串接后，待处理的纯蒸汽系统实现了管网循环的工艺要求，并对其纯蒸汽系统进行了循环式清洗、除锈和再钝化处理，处理试剂为专业配方的碱性清洗试剂和酸性除锈再钝化剂。图 9-9 显示了除锈前后纯蒸汽发生器出口同参照部位的影像对比，由对比可清晰看出，纯蒸汽发生器出口管路内部在除锈前存在非常严重的Ⅲ类红锈腐蚀现象。进行循环清洗和除锈再钝化后，如图 9-9 右图所示，除焊道表面局部由于焊接热作用导致的不可逆的材质品质降级外，管壁全面附着的红锈基本被完全去除，且管壁呈现出金属光泽。与上一案例中硝酸/氢氟酸除锈法相比，使用专业配方的除锈剂在除锈过程中的效能要明显优于上述强腐蚀性酸性除锈剂，这说明专业配方除锈剂的除锈机理与强腐蚀性酸通过强酸性和强渗透性除锈的机理有着本质的不同。同时，恢复金属光泽的表面说明通过专业配方试剂的清洗、除锈处理后，管壁得到了彻底有效的洁净处理，为专业配方试剂继续的再钝化处理提供了良好的实施环境。

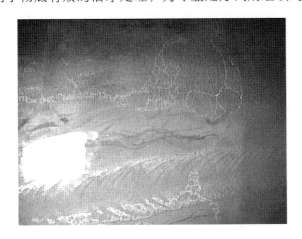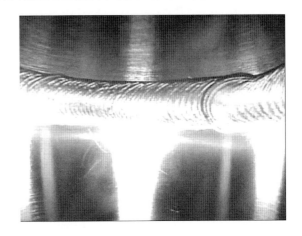

图 9-9　全管网循环法除锈效果（纯蒸汽系统，见文后彩插）

通过以上多个纯蒸汽分配系统除锈再钝化服务案例的分析，可以看出纯蒸汽分配系统循环式除锈再钝化处理效果要明显优于浸泡方法的除锈再钝化处理。这是因为流体以湍流状态在管路中循环时能够产生较强劲的表面冲刷力，及时将试剂通过化学效力溶解的红锈中铁离子带出反应部位，并保证铁离子在流体中始终处于游离状态不再与表面发生结合，同时湍流状态的试剂自身也可以通过机械作用对附着在表面的红锈腐蚀层起到一定的物理分解作用。在实现纯蒸汽分配系统局部或全管网循环工艺的处理条件下，使用高效的专业配方除锈剂（如 CIP 200）所获得的除锈及再钝化效果均比使用硝酸/氢氟酸等强腐蚀性酸性除锈剂有质的提升。专业配方试剂对红锈中主要成分铁元素的指向性包裹作用以及高效的不锈钢表面富铬层生长的促进作用，是普通除锈剂所无法比拟的。

9.4.3 制水设备

与储存与分配循环系统或单一分配系统的除锈再钝化处理相比，多效蒸馏水机或纯蒸汽发生器等大型设备的除锈再钝化处理难度要更大。多效蒸馏水机主要是通过将工业蒸汽的热能对供给用水（多为纯化水）进行多效蒸馏从而得到符合制药企业生产要求质量的注射用水。在这个过程中，由于整个水机都处于高热环境中，且蒸馏塔内部结构非常复杂，洁净流体在其内部以气液两相存在，在这样的强腐蚀环境下，蒸馏塔内部不锈钢表面极易滋生Ⅱ类红锈甚至Ⅲ类红锈。

多效蒸馏水机为注射用水系统的源头，注射用水系统又是一个制药企业的命脉，因此，如果源头红锈现象就非常严重，那么注射用水系统乃至后续相关的生产工艺系统也都很难避免被红锈腐蚀的危险。因此对多效蒸馏水机的定期除锈和钝化处理，应被制药企业工程技改部门列为停产维保计划中的重要环节。

由于工艺设计和设备内部结构的异常复杂，多效蒸馏水机的除锈再钝化工作建议由专业的除锈再钝化服务执行团队提供相关维保服务。清洗、除锈再钝化工作开始前，应将相关精密不耐腐蚀的部件拆除，并相应标记妥善保存，防止丢失细小繁多的零部件。然后将多效蒸馏水机部分管路进行临时性的拆卸和改接，以满足蒸馏水机除锈再钝化技术方案的执行要求。在执行多效蒸馏水机的除锈再钝化处理时，原则上可以按照各效蒸馏塔壳程、管程以及其他部件的清洗程序进行。由于多效蒸馏水机内部结构的复杂，建议使用较易冲洗的专业配制除锈再钝化剂进行处理，如果使用氢氧化钠碱性清洗试剂和硝酸、柠檬酸等酸性除锈再钝化剂，清洗废液可能很难从设备内部彻底冲出，导致除锈再钝化二次腐蚀的不良后果。

纯蒸汽发生器与多效蒸馏水机单效蒸馏塔的工作原理类似，在清洗时可按照多效蒸馏水机的清洗工艺，将其视为一个蒸馏塔的壳程和管程以及其他部件的程序进行除锈再钝化处理，在此不做赘述。

9.4.4 在线清洗系统

除注射用水储存与分配系统、纯蒸汽分配系统等常见水系统的除锈再钝化处理外，制药行业中其他流体工艺系统的红锈现象也是十分普遍的。且这些系统由于其自身功能特性，系统内的红锈现象与水系统中的红锈现象相比存在更大质量风险。如在线清洗系统（CIP），其工艺设计类似于循环水系统（如注射用水系统），也包含储存单元与分配单元。但是其储存单元常由注射用水储罐和清洗剂供给罐两个罐体组成，且其分配管网用点与注射用水系统常见的单路循环工艺有明显的区别。一般情况下，CIP系统的供给管路和回水管路并不像注射用水一样是串接方式运行，而是通过多个用点连接的并联方式存在，因此，一般情况下CIP系统回路会加设回流泵，以保证回水流量。

由于CIP系统对用点设备进行清洗时需使用注射用水充当溶剂，因此如果注射用水系统中红锈现象严重，尤其是当注射用水中带有红锈胶体颗粒时，CIP系统将极有可能被与之连接的注射用水系统"传染"。而红锈一旦迁移至CIP系统中，可能会沉积在CIP管路内壁表面，形成CIP红锈滋生的重要源头。更加严重的是，如果红锈颗粒随CIP清洗用水一起进入用点设备，尤其是与物料接触的设备时，将极有可能对整批物料造成污染，造成严重的质量事故。同时，CIP系统中由于清洗时的运行温度以及焊接质量等问题，也是Ⅱ类红锈现象的高发危险区。由此看来，CIP系统在外源型红锈和自生红锈的共同腐蚀机制影响下，可能成为红锈腐蚀现象比注射用水系统更为严重的流体工艺系统。

使用CIP系统对各用点设备进行在线清洗时，为了保证清洗质量和系统流量，系统工艺都设定为用点单个使用，每一用点清洗的步骤都是相对独立完成，控制程序非常复杂。在对CIP系统进行除锈再钝化处理时，需要对CIP系统中控制各用点单独清洗的气动阀门自控系统进行修改，实现CIP

系统在清洗、除锈及再钝化处理时的串联循清洗方式。同时，在清洗程序执行过程中，还要通过不停转换各用点气动或手动阀门的开闭，保证整个循环系统的试剂流速，从而保证理想的除锈和再钝化效果。

（1）CIP 输送泵　图 9-10 为某中成药制药企业制剂生产车间 CIP 系统循环泵腔内部除锈效果的对比影像。由图可以看出，CIP 系统离心泵腔体内部的红锈腐蚀状况与注射用水的红锈存在差异，这是因为 CIP 系统与注射用水系统不同。一般制药企业考虑到节能减排，CIP 系统并不是持续运转的，只是在用点设备有清洗需求计划时才会启动，因此 CIP 系统的储存单元和分配单元均承受着运行时的高温氧化环境和停机时可能的死水残留双重交替的腐蚀作用。泵腔内部也处于这种交替腐蚀环境中，加之操作人员在系统停机时未能及时将离心泵中的存水及时由排放点排出，本已在系统运行时承受气蚀现象等强腐蚀机制侵袭的泵腔内壁和叶轮表面在死水覆盖的环境下无法进行不锈钢自发的钝化，其表面均会更快速地滋生出红锈，且红锈腐蚀的严重程度比注射用水系统等持续运行系统更大。该车间 CIP 系统经过专业的除锈再钝化服务供应商对自控系统和部分管道的临时修改后，使用专业配方除锈再钝化剂对整个 CIP 系统进行清洗、除锈和再钝化处理服务。除锈后，泵腔内壁和叶轮表面的红锈被完全洗去，泵腔整体恢复金属光泽，整体除锈效果非常理想。

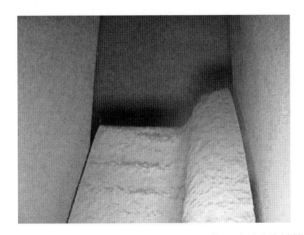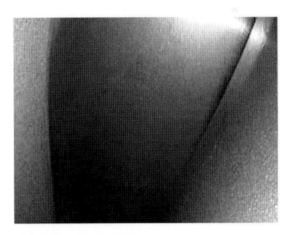

图 9-10　离心泵泵腔除锈效果（CIP 系统，见文后彩插）

值得注意的是，由于气蚀作用和 CIP 系统运行流体中含有的大量酸碱性腐蚀介质的存在，离心泵腔内壁和叶轮表面均受到不可逆的侵蚀破坏，导致表面粗糙度升高，而这种表面破损是除锈再钝化处理无法修复的腐蚀现象。这种现象目前在国内制药企业中非常常见，因此建议制药企业相关操作人员在包括 CIP 系统、注射用水系统在内的所有可循环制药流体工艺系统，在系统启动开始循环之前，一定要对离心泵进行试车盘泵，并以较低频率启动离心泵，以避免发生叶轮反转和气蚀等对离心泵产生致命损伤的不良后果。

（2）CIP 分配管网　CIP 系统管网在用点处常与纯蒸汽系统管道连接，以实现在线蒸汽灭菌的工艺处理。这种设计理念对系统管道的腐蚀情况存在不利的影响。因为在线蒸汽灭菌处理进行时，纯蒸汽由纯蒸汽分配管网进入 CIP 系统管网，使 CIP 管道处于与纯蒸汽管道相同的高温湿润的强腐蚀环境中，在这个过程中，CIP 管道与纯蒸汽系统管道具有相同的滋生Ⅲ类红锈的风险。同时，当在线灭菌工艺处理结束后，纯蒸汽系统与 CIP 系统的连接会相应关闭，CIP 系统中可能仍残留蒸汽冷凝水，而冷凝水的存在对于微生物的生长和红锈的滋生都起着显著地推动作用，加之超高温和高温热负载的交替侵害，使得 CIP 系统中红锈的生长机制相较注射用水系统而言更加复杂，相应的除锈难度和除锈技术工艺也会更加复杂。

图 9-11 为某制药企业制剂车间在线清洗系统管网用点管路的除锈前后对比影像。该处即为 CIP 系统用点管路与纯蒸汽系统管路的交汇处，交汇点焊道存在严重的Ⅲ类红锈现象，焊道热影响区和管壁上有红黑交合的复杂红锈带状分布，这种现象正如前所述，是热交替腐蚀的复杂红锈产物。

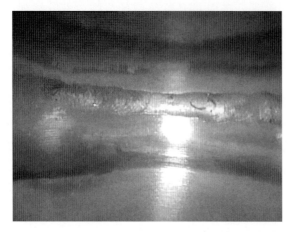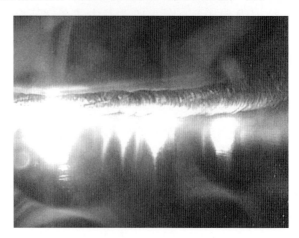

图 9-11　分配管网除锈效果（CIP 系统，见文后彩插）

除锈服务供应商对 CIP 系统通过专业配方除锈剂进行了循环清洗的除锈再钝化处理。除锈结束后，内窥镜检测如图 9-11 右图所示，焊道及热影响区已基本恢复金属光泽，管壁洁净状态良好。对于此类复杂的复合型红锈加之管壁表面处于严酷的强氧化环境，得到这样的除锈效果已经超出服务供应商和业主的预期。需要提醒的是，在处理存在复杂红锈生长现象的管路时，建议避免使用类似硝酸＋氢氟酸等强腐蚀性酸性除锈剂进行处理，过强的酸性试剂在将铁氧化物溶解的同时会损伤暴露出来的不锈钢基质，反而会使不锈钢表面组织遭受更严重的腐蚀，除锈效果适得其反。此外，制药企业工程负责人员在制药流体工艺系统管道安装时一定要严格把控焊接质量，在管道焊接过程中应及时对焊道进行质量检查，对于焊道氧化等严重的焊接质量要及时督促整改，以避免在系统运行时因焊接质量导致的严重生产质量事故。

9.4.5 配料工艺系统

图 9-12 为某大型制药企业生物制剂车间配液储罐的除锈效果对比影像。该储罐储存的物料中存在氯离子，氯离子是造成奥氏体不锈钢点蚀的一个重要因素。点蚀一般在静止的介质中容易发生。具有自钝化特性的金属在含有氯离子的介质中，经常发生点蚀现象。腐蚀点通常沿着重力方向或横向方向发展，点蚀一旦形成，具有深挖的动力，即向深处自动加速。

含有氯离子的介质溶液中，不锈钢表面的钝化膜产生了溶解。其原因是由于氯离子能优先有选择地吸附在钝化膜上，把氧原子排掉，然后和钝化膜中的阳离子结合成可溶性氯化物，结果在基底金属上生成孔径为 $20 \sim 30 \mu m$ 小蚀坑，这些小蚀坑便是点蚀核。在自然条件下的腐蚀，含氯离子的介质中含有氧或阳离子氧或阳离子氧化剂时，能促使点蚀核长大成蚀孔。氧化剂能促进阳极极化过程，使金属的腐蚀电位上升至点蚀临界电位以上。点蚀孔内的金属表面处于活化状态，电位较负，蚀孔外的金属表面处于钝化状态，电位较正，于是孔内和孔外构成一个活态——钝态微电偶腐蚀电池。腐蚀电池的形成一方面促进点蚀坑的继续发展，同时，也将产生另外一种严重的腐蚀产物——红锈。基于上述红锈形成机制，便可理解红锈呈多种颜色带状分布的现象，这种复杂红锈的去除难度是可想而知的。专业除锈服务供应商在对该储罐进行除锈处理时，通过外接管路和专业清备将配液储罐及其配套管路临时修改为一个可循环的管网系统，使用服务商专业配制除锈剂进行清洗、除锈及再钝化的循环清

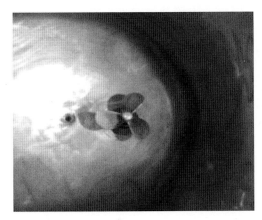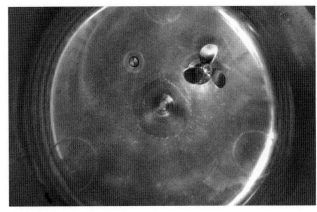

图 9-12 配料罐除锈效果（见文后彩插）

洗。除锈结果如图 9-12 右图所示，储罐罐底、管壁及磁力搅拌装置叶轮表面红锈均被有效去除，储罐内部整体恢复金属光泽，除锈再钝化效果非常理想。在对罐体清洗时，尤其是与相应分配系统一起清洗的情况，处理前必须设计好罐体的循环液位，使罐体液位在一个相对较低的水平且能保证不被抽空，这样既可以使更大面积的罐体内壁暴露在喷淋清洗覆盖范围之内，同时也为除锈再钝化工作实现了最佳的投入产出比。罐底由于无法产生较强的机械冲刷作用，如果罐底红锈现象严重，应适当增加罐底洗液的浸泡时间，以保证清洗除锈效果。

第10章 红锈的预防

10.1 制药用水与蒸汽系统的验证生命周期

制药用水与蒸汽系统是红锈滋生的主要场所，红锈的生成可能是由于在系统生命周期各个阶段的某些不良因素导致，首先应该了解一下制药用水和蒸汽系统生命周期的阶段及各个生命周期内环节的关系。ISPE 指南《制药用水和蒸汽系统调试与确认》尝试把项目管理、调试和确认、日常操作相结合到验证生命周期这个概念内。表 10-1 详细描述了水和蒸汽系统验证生命周期各元素。

表 10-1 水和蒸汽系统的验证生命周期

工程及验证项目任务	项目启动和概念设计	初步设计和详细设计	采购和施工	调试确认和项目完成	日常操作
项目控制： ● 组织项目团队 ● 确定成员职责 ● 费用控制和进度表 ● 项目执行计划 ● 项目验证计划	√				
设计阶段： ● URS ● FDS ● DDS ● 系统安全设计审核 ● 部件影响性评估 ● CQA CPP 评估 ● 最终设计审核		√			
调试和确认： ● 项目调试和确认计划		√			
采购和施工： ● 系统制造和施工 ● 供应商文件/交付包			√		
调试： ● FAT ● 开机启动 ● 调试活动 ● SOP 和维护指南 ● 取样				√	

续表

工程及验证项目任务	项目启动和概念设计	初步设计和详细设计	采购和施工	调试确认和项目完成	日常操作
确认： ● IQ/OQ/PQ 方案编写 ● IQ 执行，OQ 执行，PQ 执行 ● 最终报告				✓	
项目结束和文件移交： ● 项目关闭和交付				✓	
日常质量监控： ● 化学项 ● 微生物 ● 内毒素 ● 工厂特殊质量标准和参数					✓
定期的质量回顾					✓
维持系统的验证状态： ● 根据项目变更水平或者定期质量回顾的结果采取相应的措施 ● 位置变化，可能重新制定 URS					✓

（1）设计阶段　对水和蒸汽系统项目信息了解后进入设计阶段并形成文件，验证生命周期的 V-模型描述了在确认过程中进行测试的 3 类文件，分别是 URS、FDS 和 DDS（详细设计说明，Detailed design specification）。根据项目执行的策略和大小可以将这些文件合并在一起。然而，测试需求仍然需要分成 3 个阶段，不同确认阶段的测试项目应重点考虑文件中描述的要求。用户提出的其他技术要求同样需要进行测试，比如 EHS 或者其他不影响产品质量的项目，都需要测试并形成文件记录以满足特定的要求，这些可能会是交付的调试测试计划和报告的一部分，GMP 要求的测试项目必须包含在确认方案中。

（2）用户需求说明　用户需求说明（URS）在概念设计阶段形成，并在整个项目生命周期内不断审核及更新。如果可能，URS 应该在详细设计之前定稿。URS 应避免在确认活动开始之后进行变更，这样会浪费大量时间来修改确认方案及重复测试。在最终设计确认过程中应对 URS 进行详细审核，以保证设计情况满足用户期望。URS 的审核结果可以汇总到最终设计确认报告中。

URS 应该说明制药用水和蒸汽系统在生产和分配系统的要求。一般来讲，URS 应该说明整体要求及制药用水和蒸汽系统的性能要求，这些说明会定义出关键质量属性的标准，包括水和蒸汽质量说明，如 TOC、电导率、微生物及内毒素等。系统设计要求有可能受供水质量，季节变化等因素的影响。供水的质量应该在功能设计说明（FDS）、详细设计说明（DDS）中注明。

URS 应该说明直接影响的水和蒸汽系统的用途，这些项目应该在 PQ 中进行测试和确认，测试要求应该注明。URS 一般是个简单的摘要式文件，每个 PQ 部分应该在 URS 模板中有描述。任何一个 URS 性能要求标准的变更都需要在 QA 的变更管理下进行。

（3）功能设计说明　FDS 可以是一个或者多个文件，描述直接影响的水和蒸汽系统如何来执行功能要求。一般来说，进行采购和安装之后，FDS 的功能应该在调试和 OQ 中测试和确认。FDS 应该包括如下要求。

① 水或蒸汽系统规定的容量、流速。

② 制药用水制备系统的供水质量。

③ 报警和信息。

④ 用点要求。流速、温度、压力。

⑤ 储存与分配系统的消毒方式。

⑥ HMI 的画面形式。

⑦ 工艺控制方法包括输入、输出、连锁的结构。

⑧ 电子数据储存及系统安全。

（4）详细设计说明　DDS 可以是一个或者多个文件，用来描述如何建造直接影响的水和蒸汽系统。一般来说，采购施工和安装完成后，DDS 在 IQ 中进行测试及确认，具体内容如下。

① 建造系统的材料，如何保证水和蒸汽的质量，如果没有采用这些材质，可能会造成污染、腐蚀和泄漏。

② 泵、换热器、储罐及其他设备功能说明包括关键仪表。

③ 正确的设备安装。错误的设备安装如反渗透单元、去离子设备会导致的系统性能问题。

④ 系统的文件要求。

⑤ 储罐呼吸器操作（如，电加热还是蒸汽加热）。

⑥ 处理系统的描述（如，工艺流程图），供水质量和季节变化对系统的影响。

⑦ 电路图。这些图纸可以用来对系统的构造检查和故障诊断。

⑧ 硬件说明。构造样式和自控系统的硬件说明（可以参见 GAMP 5）。

（5）系统影响性评估　每一个系统都有它的功能作用，根据图纸在物理上的可分割性对系统进行界限的划分。了解直接影响系统、间接影响系统、无影响系统之间的区别非常重要，所有划分的系统都应该进行影响性评估。直接影响系统包括以饮用水为原水的整套制水设备、制药用水储存和分配管网系统、纯蒸汽发生器等；间接影响系统为直接影响系统提供支持，例如工业蒸汽和冷冻水系统、饮用水系统（饮用水的水质需要有长期的日常监测记录文件做支持）；无影响系统对水系统无影响，例如卫生用水、设备操作运行的支持系统（对水质无影响）、电力系统和仪表压空系统等。

（6）部件关键性评估　组成系统的部件一般是在 P&ID 图上有唯一编号的，部件也可能是操作单元或者小型设备（多介质过滤器、RO 单元、换热器、泵、UV 灯等）。关键部件是指操作、接触、控制数据、报警或者失效对水和蒸汽质量是直接影响的部件，例如：

- 纯化水制备系统中 RO/EDI 最终工艺步骤。
- WFI 分配系统中温度传感器（用于微生物控制）。
- 在线 TOC 仪。

非关键部件是指操作、接触、控制数据、报警或者失效对水和蒸汽质量是间接或者无影响的部件，虽然这些部件不会影响最终水质但是其操作会影响下游设备的使用寿命。一般水和蒸汽系统中的非关键部件包括：

- 多介质过滤器排放管路的压力表。
- 软化器供水的温度表。
- 预处理系统的在线过滤器。
- 多介质过滤器和软化器。

非关键的仪器包含非关键的部件。从设计到采购和操作，这些仪器应该在 GEP 的管理范畴。对于非关键性仪器，追溯性、维护和校准要求要比关键仪器要求低。对于非关键性部件，一般需要进行的确认活动包括：

- 仪表适用性、技术参数、材质及内部结构的审核。
- 校准和维护管理计划。

- 检查、追溯性和更换管理。
- 失效分析（视情况而定）。
- 仪表精度的重要性。
- 仪表维护后精度的重要性。

在直接影响的水和蒸汽系统中，组成系统的各个部件应该评估对最终水质的影响。所有的有"部件编号"的工艺单元或者部件都应该评估，评估应该采用风险分析的方法。如果一个工艺步骤单元（如多介质、软化器）是非关键步骤，那么所有组成部件被认为是非关键部件。某个工艺单元在其系统中的重要性越高，则这个工艺单元会包括更多的关键部件。

（7）风险评估　风险评估用于确定出所有的潜在危险及其对患者安全、产品质量及数据完整性的影响。应对药品生产全过程中的制药用水和蒸汽系统可能存在的潜在风险进行评估。根据风险评估的结果，决定验证活动的深度和广度，将影响产品质量的关键风险因素作为验证活动的重点，通过适当增加测试频率、延长测试周期或增加测试的挑战性等方式来证实系统的安全性、有效性、可靠性。

针对每一个系统部件或功能参数，使用 FMEA 的方法进行风险评估，并采取措施降低较高等级的风险。以注射用水喷淋器系统为例进行的风险评估如表 10-2 所示。

表 10-2　关键部件/功能风险评估矩阵示例

关键部件/功能	说明/任务	失效事件	最差情况	严重性	可能性	可检测性	风险优先性	建议控制措施
喷淋球	注射用水通过此喷淋球回到储罐中	材质不符合要求	腐蚀脱落杂质，对 WFI 造成污染	高	高	高	中	IQ 方案中检查材质证书
		长期使用堵塞，摩擦脱落铁屑	脱落杂质，WFI 造成污染	高	低	低	高	维护 SOP 中规定，对喷淋球的状态进行检查
		回水压力不够，不能正常喷淋	罐内有清洗死角	高	高	高	中	在 OQ 中对回水压力进行确认

水系统数据的趋势分析可以作为风险评估的一部分。这些数据可以说明该直接影响的水系统处于验证的状态（这些记录文件可以证明水质持续合格）。不正常的或者不符合预期的水质趋势，实际数据的变化都说明该系统应该停止使用（SOP 审核、重新确认），以纠正水质关键属性的超标趋势。

10.2　设计阶段的预防

洁净流体工艺系统的核心设计理念主要有 3 个方面组成："质量源于设计"、防止颗粒物污染、防止微生物污染。任何制药用水系统的质量出现偏差，归根结底是因为设计不当，安装不合理或操作不规导致的"微生物污染"或"颗粒物污染"，例如红锈的发生会导致系统的颗粒物污染。

红锈的滋生与洁净流体工艺系列的设计有很大关系，设计合理的洁净流体工艺系统能够有效延缓红锈滋生的速率。红锈主要是在高温高压的设备内部产生，同时，外源性铁离子的引入也可能是红锈产生的原因。为了延缓红锈产生速率，应当从设计上避免高温高压的环境出现和外源性铁离子的引入。本节将从制药用水系统的设计计算、参数设定、表面粗糙度等级、防止污染措施、设备组件的选择、设计确认等方面对如何延缓系统中红锈的滋生进行详述。

10.2.1　设计计算

GMP 要求，水系统的运行能力不应超过其设计能力。"质量源于设计"，"设计源于计算"，计算是制药用水系统设计中的一个重用的组成部分。一套可靠的制药用水系统计算方法能为制药用水设备和系统选型提供可靠的理论基础和选型依据，同时能够保证水系统设计的合理性，从源头上延缓红锈产生速率。计算主要包括：制水设备的产能、储罐容积、车间各用点的使用时间、峰值流量和压力、管网长度和直径、泵流量和扬程、换热器能力计算等。

首先，通过设备选型软件，结合投资总和评估原则，对制水设备的产能、储罐容积的大小、车间各用点的用量进行优化计算，确认出三者的最佳组合。其次，根据水系统所有用点位置和用点参数、用点的使用时间、峰值流量和压力、运行温度、回水喷淋球开启压力、流体黏度、管网长度、末端回水流速、管道管件数量，利用制药用水系统泵体和管径选型软件，对泵流量、扬程和管网直径进行优化设计。

优化设计后的水系统，一是可以保证这个系统处于湍流状态，防止生物膜的系统；二是可以维持系统正压，防止产生虹吸现象，污染水质。这两条是对制药用水系统的最基本要求。为了延缓系统内红锈的产生，在优化设计泵体能力和管网直径时，优化结果应避免泵体长时间在高扬程状态下运行，因为对于离心泵而言，泵腔内高压力和高压力变化都会加快水中微量溶解氧对金属的化学腐蚀作用，产生红锈。因此，水系统的管网长度应尽可能短，弯头数量应尽可能少，应合理安排用点顺序，合理安排用点的峰值用水时间，同时还应合理选择管网直径、回水流速，尽可能地降低水系统管网阻力。离心泵应采用变频操作，既节省能源，又实现泵供给能力的连续调节、缓慢变化，避免供给泵长时间在高扬程状态下运行。

对于水系统而言，循环泵的气蚀现象也不容忽视，尤其是高温注射用水系统。气蚀产生瞬间冲击力很大，加之水中微量的溶解氧对金属的化学腐蚀共同作用，在一定时间后，会使叶轮和泵壳表面出现斑痕和裂缝，造成铁离子的脱落，进而产生红锈，污染整个系统。预防气蚀现象的发生，泵吸入管路的设计是关键。泵吸入管路系统的有效气蚀余量最少是泵所要求气蚀余量的 1.3 倍以上，否则，泵就不能正常工作，尤其对于过热水灭菌的高温注射用水系统和巴氏消毒的纯化水系统。泵前阀门应当使用阻力较小的阀门，阀门直径可以比管道直径小，但不得小于泵入口管嘴直径。泵入口管应当尽量减少长度，减少弯头，其管径应比泵入口嘴直径大 1～2 级，以减少阻力。泵吸入系统由于气体的积聚，也会发生气蚀，因此在吸入管的中途不得产生气袋。在工程安装过程中，由于管径的不匹配，通常需要安装偏心变径进行连接，在泵吸入管路上的变径安装方式应防止不凝气体的聚集。

10.2.2　参数设定

（1）温度设定　温度是微生物繁殖的一个重要影响因素，微生物的营养体在 60℃ 以上就停止生长，大多数病原菌在 50～60℃ 以上停止生长，大多数嗜热菌在 73℃ 时停止生长，80℃ 时只有孢子和一些极端嗜热菌才能存活，因此中国 GMP 和欧盟 GMP 建议"注射用水可采用 70℃ 以上保温循环"。对于纯化水系统而言，一般建议在正常运行时采用稍低温度（如 18～20℃）来抑制微生物的快速滋生。前面章节探讨红锈的滋生时，提到制药用水系统的运行温度越低越利于延缓红锈的生产速率。对于 70℃ 以上保温循环的注射用水系统而言，虽然其微生物污染风险非常低，但对于红锈而言，却有较高的生成风险。注射用水系统在设计时，其运行设计温度通常定于 80～85℃，有时甚至高达 90℃，在满足 GMP 和当地法规要求的前提下，降低其运行设计温度将有利于延缓红锈的生成速率。

目前，在生物制品车间，高温储存、旁路冷循环的注射用水分配系统（图 10-1）的设计思路已得到应用与推广，该系统的主要特点是解决了常温注射用水用点的骤冷骤热问题，在初期投资、节能、注射用水使用效率、微生物控制与红锈抑制方面都有很好的表现。

（2）pH 值设定　pH 也称氢离子指数，是表示溶液酸性或碱性程度的数值。pH 是水或水溶液最

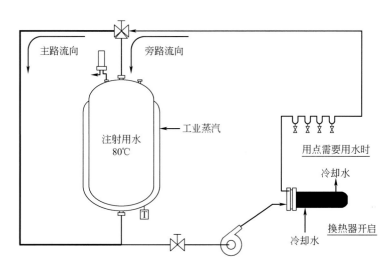

图 10-1　热储存、旁路冷循环的工作模式

重要的理化参数之一。

《中国药典》2010 年版对注射用水的 pH 值要求为 5～7，pH 值越小说明水溶液中 [H^+] 浓度越大。当 pH 值小 7 后，随着水中 [H^+] 浓度越大，将增大不锈钢表面的均匀腐蚀、电化学腐蚀、缝隙腐蚀、点腐蚀等反应速率，破坏不锈钢表面的钝化膜，水中的氧气会与金属中释放出来的 Fe 缓慢地发生化学反应，并形成疏松的氧化铁，即红锈。因此，pH 应当严格控制。

10.2.3　表面粗糙度等级

不锈钢表面粗糙度指的是不锈钢管道内表面或设备内表面等加工表面上具有的较小间距和峰谷所组成的微观几何形状特性。表面粗糙度的大小，对管道和设备的使用性能有很大影响，其中抗腐蚀性也有很大不同。粗糙的内表面，容易使液体通过表面的微观凹谷穿透钝化膜，渗入到金属内层，造成腐蚀，进而产生红锈；同时引起微生物的聚集，生成生物膜，不但加快管道腐蚀，同时将会污染整个系统。

为了降低不锈钢表面粗糙度，通常需要对不锈钢表面进行抛光处理。ISPE 推荐制药用水系统表面粗糙度 Ra 小于 $0.76\mu m$。ASME BPE 推荐制药用水系统的管道表面粗糙度 Ra 小于 $0.6\mu m$，同时建议注射用水系统采用电解抛光处理。对于配液罐体建议内表面采用电解抛光处理，表面粗糙度 Ra 小于 $0.4\mu m$。虽然电解抛光比其他两种方法具有更好的微生物控制优势和抗腐蚀性，但其价格昂贵，企业可结合自身条件合理选择使用。

虽然电解抛光的管道比机械抛光的管道有更好的防红锈性能，但在工程安装阶段，标准管道需要被切割、焊接。整个管网系统中，焊缝处的焊接与钝化质量对红锈的滋生影响更大，因此，如何处理好焊接工艺与酸洗钝化工艺是每一个不锈钢管道管件加工供应商所需面对的核心问题。

10.2.4　防止污染措施

（1）防止微生物污染措施　无论是制药用水系统还是配液系统，如果发生微生物污染，则需重新运行杀菌或消毒程序。而杀菌或消毒状态下又会促使系统内红锈的生成，因此制药用水系统和配液系统在运行、操作过程中，应当防止微生物污染，减少整个系统杀菌或消毒周期，进而延缓系统内红锈的生成。在国外，一套经过严格验证的注射用水储存与分配系统可以保持 1 次/年的灭菌频次。

水系统的微生物污染分为外源性微生物污染和内源性微生物污染。原水是水系统中最主要的外源性微生物污染源，单元操作是内源性微生物污染的主要来源。发生微生物污染后，微生物可在管道壁、阀门及其他区域形成菌落，并增殖形成生物膜，生物膜又成为不断的微生物污染源。因此，在整个水系统的设计、选型、安装与运行阶段，因从以下几个方面防止微生物的污染。

① 系统连接方式应符合 ASME BPE 安装要求，采用卫生型连接方式。

② 纯化水出罐管路采用双管路供水，防止死角。

③ 纯化水机不采用中间水箱，或采用包含消毒措施的中间水箱。

④ 严格控制系统死角。

⑤ 严格控制系统坡度。

⑥ 严格控制系统内流速，合理计算，防止流速过低造成微生物繁殖。

⑦ 严格控制水温，避开微生物适宜繁殖温度。

⑧ 严格控制系统内组件的表面粗糙度，防止微生物繁殖。

⑨ 呼吸器设计消毒措施。

⑩ 水系统设计时，设计微生物抑制措施。

⑪ 禁止采用非卫生型阀门。

⑫ 提高自动化程度，采用 PAT 技术分析数据趋势，实现预警与行动。

⑬ 禁止水系统主管网内安装过滤器，导致微生物快速滋生。

（2）防止颗粒物污染 由于水系统的储存与分配系统无净化功能，因此一旦发生颗粒物污染，水系统需要重新运行清洗和消毒（灭菌）程序，在整个水系统的设计、选型、安装与运行阶段，因从以下几个方面防止颗粒物的污染。

① 采用质量可靠的材料和系统组件，避免其质量不符合设计要求。

② 严格控制系统内正压，合理计算，防止用点管网倒吸。

③ 禁止水系统主管网内安装过滤器，防止滤芯破损所引起的外界污染。

④ 严格控制死角，防止清洗不彻底导致的残留物超标。

⑤ 严控控制坡度，防止系统无法自排净。

⑥ 严格控制系统内组件的表面粗糙度，防止残留物超标。

⑦ 严格执行清洗、钝化程序。

⑧ 严格控制焊接过程，防止焊口腐蚀。

⑨ 提高自动化程度，防止手动操作方式带来的人员污染风险。

⑩ 系统消毒或灭菌后，避免全排净导致的脏空气倒吸带来的二次污染。

10.2.5 设备组件的选择

水系统的设备选型应当符合工艺要求，同时应当质量可靠，防止对系统内产生颗粒污染和微生物污染。

喷淋球通常安装罐体上封头处，用于保证罐体始终处于自清洗和全润湿的状态，并保证巴氏消毒和过热水灭菌状态下的全系统温度均一。通常水系统常用旋转式喷淋球和固定式喷淋球。与固定式喷淋球相比，旋转式喷淋球节约清洗用水，同时采用水润滑的原理，自动旋转达到360°喷淋的效果。但是对于红锈而言，旋转式喷淋球不允许出现干磨，否则会导致铁脱落并进入水中，进而产生红锈。在配液系统中，洁净气体的进罐口应当避开旋转式喷淋球，防止喷淋球在高压气体的推动下快速旋转而产生干磨。

罐体仪表连接形式通常分为两种：卡接连接和 NA 卡接。当采用卡接连接，并且安装位置处于液面以下时，将产生"死角"，不利于接口内液体流动和清洗，易于滋生微生物。因此建议采用 NA 卡接。NA 卡接是一种新发展起来的罐体连接件，能实现罐体附件的"无死角"安装，很好地消除了连接处可能存在的微生物滋生风险。

离心泵是整个水系统运行的动力源泉，同时离心泵也是红锈的高发地。离心泵的设计必须满足工艺生产要求、不污染制药用水系统、泵壳底部自带自排口，同时保证泵腔上部无容积式气隙等。为了延缓泵腔内的红锈生产，建议离心泵腔内部电解抛光处理、泵的扬程不超过 70m。对于高温灭菌或消毒的系统，泵入口处建议增加诱导轮。同时为了保证离心泵的质量尽量选择知名可靠品牌。不可选用非卫生型离心泵。

换热器是维持水系统水温并周期性进行消毒或杀菌的升温装置，同样是红锈的高发地。美国 FDA《高纯水检查指南》建议制药用水系统的换热器采用双板管式设计换热器或洁净段压力始终高于非洁净段的换热器。目前在制药用水系统上，双板管式设计换热器为主流。对于双板管式设计换热器，内外管板的连接形式主要有两种，即胀接和焊接。目前国内大多数企业采用内管板胀接、外管板焊接的方式，但是外管板焊缝及其附近较易发生腐蚀，导致整个换热器成为红锈的重灾区。因此，为了延缓红锈，建议换热器采用内管板胀接、外管板同样胀接的双板管式设计换热器。对于制药用水系统不可采用单板换热器、双板板式换热器等不可自排净的换热器。

在采用臭氧抑菌或消毒的纯化水系统内，常使用臭氧发生器。臭氧发生器有水源性臭氧发生器和气源型臭氧发生器。水源性臭氧发生器以纯化水为源头，通过电解产生臭氧，再以臭氧水的形式进入水系统；气源型臭氧发生器又分为空气源臭氧发生器和氧气源臭氧发生器，通过放电使气体中的氧气变为臭氧，再通过射流器进入水系统。从防止颗粒物污染角度出发，气源性臭氧发生器容易带来颗粒物，包括致癌物质的释放，不建议使用。

水系统的储存与分配系统无水质进化能力，其进水水质的颗粒物和微生物指标应当符合药典要求，即制水设备的水质质量应当符合药典要求。目前，市面上常用水机的品质良莠不齐，应当选用品质可靠、质量上乘、运行稳定的制水设备，防止制水设备不稳定造成的储存与分配系统颗粒物和微生物污染。

10.2.6　设计确认

设计确认是在系统/设备安装之前进行的，因此设计确认检查的完整性和专业性对后期系统/设备的运行状态有根源性的影响。以制药用水系统为例，设计确认的检查项目如下。

(1) 设计文件的审核　制备和分配系统的所有涉及文件（URS、FDS、PID、计算书、设备清单、仪表清单等）内容是否完整、可用且经过批准。与红锈相关的：URS 中对直接接触产品的材质如何要求、机械部件清单所列材质同 URS 是否一致、机械部件清单中部件是否会产生死角等。

(2) 制备系统的处理能力　审核制备系统的设备选型、物料平衡计算书，是否能保证用一定质量标准的供水制备出合格的纯化水、注射用水或者纯蒸汽，产量是否满足需求。

(3) 储存和分配系统的循环能力　审核分配系统泵的技术参数及管网计算书确认其能否满足用点的流速、压力、温度等需求，分配系统的运行状态是否能防止微生物滋生。与红锈相关的：泵的选型是否容易产生气蚀、是否可以使系统流速达到湍流等。

(4) 设备及部件　制备和分配系统中采用的设备及部件的结构、材质是否满足 GMP 要求。如与水直接接触的金属材质以及表面粗糙度是否符合 URS 的要求，反渗透膜是否可耐巴氏消毒、储罐呼吸器是否采用疏水性的过滤器，阀门的垫圈材质是否满足 GMP 或者 FDA 的要求等。

（5）仪表及部件　制备和分配采用的管件仪表是否为卫生型连接，材质、精度和误差是否满足 URS 和 GMP 要求，是否能够提供出厂校验证书和合格证等。与红锈相关的：仪器仪表及部件的连接方式是否属洁净方式等。

（6）管路安装确认　制备和分配系统的管路材质、表面粗糙度是否符合 URS，连接形式是否为卫生型，系统坡度是否能保证排空，是否存在盲管、死角，焊接是否制定了检测计划，纯蒸汽分配管网的疏水装置是否合理等。与红锈相关的：管路材质和表面粗糙度需要符合 URS 的要求、疏水阀设计合理（即纯蒸汽不易产生长期积留的冷凝水）、系统保证可排空（防止残留物引起的腐蚀）等。

（7）消毒方法的确认　系统采用何种消毒方法，是否能够保证对整个系统包括储罐、部件、管路进行消毒，如何保证消毒的效果。与红锈相关的：消毒周期是否频繁、设计的消毒温度是否过高等。

（8）控制系统确认　控制系统的设计是否符合 URS 中规定的要求。如权限管理是否合理，是否有关键参数的报警，是否能够通过自控系统实现系统操作要求及关键参数数据的存储。

10.3　施工阶段的预防

新建制药流体工艺系统安装施工阶段，用户应选择资质齐全、施工水平高、业界口碑好的正规安装供应商，并要求供应商应按照相关要求对系统管道管件及零部件的材料进行选购，用户应亲自或委托第三方对所选购材料的材质、元素构成等指标进行定量检测验收。对于不同工艺需求的制药流体系统，供应商应根据相关要求选择机械抛光或电抛光的不锈钢管道完成安装工作。安装过程中，供应商应安排焊接水平优秀的焊工及其团队对管道进行配置定位和安装。焊接作业时，应根据管道材质和现场环境选择适当的焊接工艺和参数，严格把控充气保护时间和用量。焊接质量对于系统在运行周期中的红锈现象也有直接的影响，焊接时的电流参数、充气时间如果设定得不恰当，将导致焊道焊偏、未融合、回火色重等焊接质量问题，这些问题如果不能及时发现并整改，焊道区域在运行周期中将首先出现红锈腐蚀现象。如果在焊接过程中出现焊道氧化现象并未能将氧化焊道从系统中切除，焊道将以铁氧化物（红锈）的形式进入系统中，这意味着系统尚未开始运行，就已经出现红锈现象了。焊道氧化是对不锈钢管道材质等级不可逆的损伤，这种焊接质量事故在洁净管道系统安装工程中是不被接受的。安装工作结束后，应及时对新系统进行清洗和酸洗钝化处理，并将处理过程记录在竣工文件中归档。对于已有制药流体工艺系统的改造项目，除在新增加管道的安装过程应根据上述要求进行施工外，供应商还应对旧系统内部的红锈腐蚀状况进行评估，并进行相应的除锈再钝化处理。

10.3.1　材料的选择

在生产生物制药或其他生命科学产品时，其流体工艺系统管道部件的首选制造材料应为 316L 不锈钢（UNS S31603），这种材料通常含有大约 $65\%\sim75\%$ 的铁（Fe）。316L 不锈钢材料可以基本满足所有的相关权威制造规格和标准，需要注意的是，当 316L 不锈钢目前已被广泛应用于制药行业流体工艺系统管道和配件的安装工程中，由于生产工艺和技术标准的差异，各供应商所提供的 3216L 不锈钢材料的材质组成会有所不同。表 10-3 中对 316L 不锈钢中材质的组分区间进行了系统归纳，现有的用于制药行业流体工艺系统的 316L 不锈钢材料材质组成基本都在表 10-3 范围中。

表 10-3　316L 不锈钢管道的化学组成对比

元素	质量分数/%				
	ASTM A270	DIN 17457	BS316S12	EN DIN 1.4404	EN DIN 1.4435
碳	0.035(最大含量)	0.03(最大含量)	0.03(最大含量)	0.03(最大含量)	0.03(最大含量)
铬	16.0～20.0	16.5～18.0	16.5～18.5	16.5～18.5	17.0～19.0
锰	2.0(最大含量)	2.0(最大含量)	0.50～2.0(最大含量)	2.0(最大含量)	2.0(最大含量)
钼	2.0～3.0	2.5～3.0	2.25～3.00	2.0～2.5	2.5～3.0
镍	10.0～14.0	12.5～15.0	11.0～14.0	10.0～13.0	12.5～15.0
磷	0.045(最大含量)	0.04(最大含量)	0.045(最大含量)	0.045(最大含量)	0.045(最大含量)
硅	1.0(最大含量)	0.75(最大含量)	0.20～1.0(最大含量)	1.0(最大含量)	1.0(最大含量)
硫	0.005～0.017	0.03(最大含量)	0.03(最大含量)	0.015(最大含量)	0.015(最大含量)
氮				0.11(最大含量)	0.11(最大含量)
铁	相对均量	相对均量	相对均量	相对均量	相对均量

在 316L 不锈钢中，各主要元素的含量都可能对制药系统红锈现象产生影响。由表 10-3，316L 不锈钢中碳元素的最大含量不应超过 0.035%。这是因为不锈钢管道路在焊接过程中其晶界处会析出炭化物，这些晶界炭化物会使合金容易发生晶间腐蚀，减少碳含量可以降低出现晶界炭化物的可能，从而使不锈钢获得良好的抗晶间腐蚀的能力。再如铬元素，铬元素是不锈钢抗腐蚀抑制红锈生成的最重要元素，铬元素的存在使不锈钢表面产生了复杂的富含氧化铬层，即通常所称的钝化膜。锰虽然具有稳定 316L 不锈钢中主要微观晶粒组织奥氏体的作用，但是锰同时也是导致焊接过程中出现回火色的重要原因。钼元素可以增强合金的抗点腐蚀性能，尤其是抵抗氯化物溶液的点腐蚀侵袭，此外，科学研究发现钼在不锈钢表面形成钝化膜的过程中可以和氮起到协同作用。磷和硫在合金中含量过高，会导致不锈钢微观晶界具有分离趋势，据科学实验表明，当磷和硫的合计浓度超过 0.04% 时，即可引起出现由于晶界分离而导致的焊接裂缝，从而促使红锈的滋生，并且出现较大硫化物包含物的部位（如焊缝处）也是非常容易发生腐蚀的部位。硅元素可以改善奥氏体不锈钢在氯化物溶液中的抗应力腐蚀开裂的性能，但氧化硅的存在同时也是高温运行系统（如纯蒸汽系统）中Ⅲ类红锈除锈难度非常大的一个直接原因。

10.3.2　GMP 合规性

洁净管道是构成制药生产工艺的重要组成部分，是制药生产过程中各种介质进行传输的重要媒介。ASME BPE、各国 GMP 认证及药品生产工艺都对制药流体工艺系统不锈钢洁净管道的设计方法都有着极为严格的要求，如药品 GMP 实施与认证中"设备选材与安装"第 34 条指出，纯化水、注射用水的制备、储存和分配应能防止微生物的滋生和污染、储罐和输送管道所用材料应无毒、耐腐蚀。管道的设计和安装应避免死角、盲管。ASME BPE 中对于管道管件的尺寸设计和安装规范等要求作出了详细的阐述，包括无菌系统概念、元件尺寸、材料的接合、产品接触表面粗糙度、设备密封件、聚合物类材料及其验收标准等。这些标准是目前国内制药工程行业较为公认的施工准则，各制药工程供应商均根据自身实际情况，将 ASME BPE 中所述相关内容改编为其洁净管道系统安装工程中的各项标准施工程序与质量管理措施，以此确保工程的整体质量。

制药流体工艺系统中与流体介质接触的管道表面必须平整光洁。一般管道管件及在线检测仪器等与流体介质接触的部件表面粗糙度（Ra）建议不大于 $0.6\mu m$，以有效降低红锈及微生物在管道表面的滋生及其他系统内部污染的风险。同时，在制药流体工艺系统洁净管道设计过程中，必须保证管道中不存在死角现象，以降低微生物和红锈在死角处滋生的风险，关于死角的控制应遵循 3D 的原则。洁净管道系统在设计时必须考虑系统清洗或维修时具有排空系统流体的能力，即管道在安装时必须引入坡度设计，以保证系统各部位及仪器部件可以自排空，且相应储罐和其他工艺设备也应在设计时考虑其自排的能力，以防止无法排净的流体滞留在管道或设备内，导致该部位成为红锈现象的优先滋生地。此外，与地漏连接的排水管道和纯蒸汽系统的输水管路在安装时均应考虑合理的空间布局，以防止废水的反虹吸和冷凝水的滞流而导致的管道腐蚀现象。

10.3.3 安装与加工

虽然在某些情况下，制药流体工艺系统中的红锈现象可能是由于材质问题导致，但是红锈成因完全归因于材质问题的案例并不常见。与系统材料的材质问题风险相比，系统的安装质量对于导致系统产生红锈的风险更大。在管道安装过程中，为了控制好工程质量，以便提供符合要求的合格产品，其首要的任务是要提供优质、安全、可靠的管道焊接接头，对其焊接质量实施合理、有效的全过程管理控制。

奥氏体不锈钢因加入了钝化性能良好的铬镍元素，在氧化介质和还原介质中都具有良好的耐蚀性，因而被制药流体工艺系统洁净管道安装工程普遍选用，如 316、316L、304、304L、321、302 等。实际上，制药流体工艺系统洁净管道一般都是指奥氏体不锈钢管道。就焊接性能而言，这种钢焊接时不会发生相变、无冷裂纹和淬硬性倾向，但却存在晶间腐蚀、热裂纹和缝隙腐蚀等导致红锈滋生的直接诱因。如果焊接过程中惰性气体（如氩气）保护不充分甚至不充惰性保护气体直接焊接，将极有可能发生焊道氧化的严重质量事故。氧化焊渣主要成分就是氧化铁，其本身就是一种红锈，且氧化焊渣在系统运行时非常容易受到流体机械冲刷发生脱落，脱落后的氧化渣被进一步分解为极细小的红锈颗粒，如果终端滤膜未能将其拦截，这些红锈微粒会进入最终产品，导致极为严重的产品质量事故，对企业和社会带来极为不利的恶劣影响，因此制药流体工艺系统洁净管道安装焊接最基本的原则是在焊接时必须使用惰性气体对焊口进行保护。

在焊接时，焊接接头一般会在 $450\sim850℃$ 温度范围内停留一定时间，这时对奥氏体不锈钢来说，就容易在晶界析出 $Cr_{23}C_6$，从而使晶粒边界形成贫铬层造成晶间腐蚀。受到晶间腐蚀的不锈钢，从表面上看没有痕迹，但在受到应力作用时，即会沿晶界断裂，强度几乎会完全丧失，这也是奥氏体不锈钢最危险的一种破坏形式。同时，由于铬的流失，使不锈钢中铁元素更易被氧化，在晶间腐蚀机制进行期间，红锈生成机制也会随之启动。奥氏体不锈钢由于本身导热系数小，线膨胀系数大，焊接条件下会形成较大拉应力，同时晶界处可能形成熔点共晶，导致焊接时容易出现热裂纹。与晶间腐蚀类似，此时晶界处铬含量将因共晶作用而有所降低，加剧氧化铁的形成，从而发生红锈现象。由此可见，焊道及其热影响区是红锈现象在洁净不锈钢管道中的高发区域。

如果焊接时接头根部未完全熔透或焊缝深度不够，将出现焊道未焊透或未融合现象，这主要是由于焊接电流设定过小、焊针移动速度过快、焊针未对准焊缝中心等人为原因导致的。除未焊透和未融合现象外，因焊针未对准焊道及电流设定不当还可能导致焊道焊偏的现象。这些由于操作失误导致的焊接质量均会使部分甚至整个焊缝裸露，从而导致该区域发生缝隙腐蚀。缝隙腐蚀是一种电化学腐蚀形式，是因为金属基质与另一种物质的表面紧密临近或接触而发生在金属表面，或是发生在部分因表面保护层被破坏而使基质暴露在外的局部腐蚀现象。未焊透和焊偏导致的裸露的焊缝，既满足允许含腐蚀源介质进入其中的宽度，同时又有足够的宽度来保证腐蚀介质停滞其中，红锈在缝隙内大量滋生，并向缝隙外部蔓延，最终导致不锈钢管道内壁被红锈全面覆盖，引发质量事故。除焊接质量导致滋生红锈现象外，在焊接前的管道对接口预处理过程中不当的操作可能会对不锈钢表面产生划伤，破坏不锈钢表面钝化膜，加速红绣生成。

为了得到合格的焊接产品，安装供应商应在对洁净管道实施焊接作业前做大量的准备工作，以满足焊接作业的各种需要。在焊接作业准备阶段需按照相应的洁净管道和管件焊接标准程序相关规定选用具备相应资格证书的焊接操作员，并根据制药流体工艺系统洁净管道施工的特点分别从焊接工艺、焊接设备、焊接材料及施工环境等多方面进行准备，并对其准备情况进行有效控制。

洁净管道因其材料和所在行业的特殊性，在焊接作业前必须编制洁净管道和管件焊接程序标准作业指导书，以便为焊接实施过程中的作业提供指导和对焊接质量提供有效的保证。管壁粗糙或管路存在盲管，微生物极有可能依赖由此造成的客观条件，构筑自己的"温床"——生物膜，对传输介质的运行及日常管理带来风险及麻烦。为保证获得良好的焊接质量，在制药流体工艺系统洁净管道焊接工艺上应选择钨极惰性气体保护焊。

洁净管道安装过程中，常用的有手工氩弧焊和自动氩弧焊两种。这两种焊接在使用上应根据洁净管道使用的重要性、焊接成形、工程经济性等方面考虑来选择。因自动氩弧焊具有焊接稳定性好以及更好的焊缝成形美观光洁等特点，一般对注射用水系统、纯蒸汽系统、与药品及其生产组成成分等物料直接接触，及与药品包装材料直接接触的重要洁净管道都必须采用自动氩弧焊进行焊接。对药用原水、排水管道等可采用手工氩弧焊。

焊接准备除应具备合格的焊接人员、合理的焊接工艺、合格的焊接装备外，还必须对焊接加工环境进行控制。洁净管道安装施工现场的整洁度、温度和湿度均会对焊接过程产生影响。新的制药流体工艺系统洁净管道安装常会伴随进行相应基础设施的土建工程，因此洁净管道安装现场环境中的飞尘、杂物等建筑副产物可能含量较大，如果不对焊接作业周围环境进行及时的打扫与控制，飞尘中不利于焊接质量的杂质就有可能落在管道内部甚至嵌入管道对接焊缝中，杂物在焊接作业进行时被融入焊道中，会对焊道成型质量产生不利影响，而焊道本身就存在导致红锈滋生的潜在风险，焊接质量差的焊道更有可能在系统运行甚至尚未开始运行时就已经出现红锈腐蚀现象。

洁净管道安装现场环境湿度过高，空气中存在较大量的水分，使管道内壁包括对接焊缝处容易发生水的凝结。在焊接过程中，水的存在将极大地增加焊道被氧化的概率，如果焊道氧化，氧化焊道的氧化渣会很快发展为红锈，系统运行时如果发生氧化渣脱落的现象，将极大地危害到产品质量，导致严重的质量事故。现场环境温度过低，自动焊机等焊接设备将无法正常运转，在影响施工进度的同时，也会对设备产生损害，使设备在进行焊接作业时出现不可预估的故障和性能不稳定性，导致发生焊接质量事故的概率升高。

此外，焊接作业应避免在风力较大的环境进行。较强的风力会影响氩气对焊缝熔池的保护作用，导致产生氧化、产生气孔等焊接质量问题。同时施工现场要有足够的照明度，避免因光线过暗影响现场焊接作业。焊接作业现场环境的控制是影响焊接质量非常重要的环节，不可小觑。

洁净管道在焊接施工前，必须按照安装程序要求加强对管道预处理的控制，洁净管道按照管道走向放线、下料完毕后，必须对焊接接头进行打磨平整以减少焊接夹杂物等。待表面机械打磨平整后必须对管道进行脱脂处理去除表面油污等，在脱脂完毕后采用管道封头将管道焊接接头封好，一般要求封头盖住焊接接头长度不短于 20mm，以便保护脱脂处理后管道的清洁度，避免受到二次污染。

无论是对洁净管道焊接接头实施手工焊接还是自动焊接前，都要进行管道装配。它包括焊接接头对接和定位焊接。首先，在对洁净管道进行焊接接头对接时，必须保证正确的接头间隙和接头的对正性。如果在实施对接时，出现间隙不当和接头错边，将导致焊缝产生烧穿、成形不良以及未焊透等焊接缺陷。为保证焊接接头不出现错位现象，可用靠触感来检验接头对接情况。其次，在对接正确后就应当马上进行定位焊接，以防止在焊接过程中由于焊件翘曲变形等使焊接接头待焊处出现错位等现象。对制药流体工艺系统洁净管道实施定位焊时，应采用交叉点焊法实施 4～12 点对称点焊定位。其点焊大小可根据式(10-1) 大概确定：

$$d=\delta+1 \text{ 或 } d=2\sqrt{\delta} \tag{10-1}$$

式中，d 是焊点熔核直径；δ 是管道壁厚。

因不锈钢具有线膨胀系数、焊接变形大的特点，所以定位焊接点焊点距应小，选择点距主要根据管道壁厚实现，具体参数选择可参照表 10-4。

表 10-4　管道壁厚和定位点焊点距的关系

管道壁厚(δ)/mm	定位点焊点距/mm
1.2	10～30
$3\leqslant\delta\leqslant4$	40～80

焊接中最重要的环节为焊接工艺参数的控制，包括焊接电流、焊接电压、焊接速度、氩气流量、钨针及其形状与焊接质量检测。

(1) 焊接电流　焊接电流是决定钨极惰性气体保护焊（TIG 焊）焊缝熔深的主要参数。从焊接对象材料来看，对于洁净不锈钢管的焊接采用直流电源的正极性焊接是最为理想的，其次是采用交流电源进行焊接。其电流大小主要依据管道壁厚、焊接位置和采取的接头形式来确定。从前面焊接缺陷分析中知道，电流越大，熔深、熔宽和焊缝表面凹陷就越大，电流过大时会产生烧穿、咬边等缺陷，但太小又易造成未焊透。具体参数可根据现场实际情况进行试焊，通过对试焊焊样的焊接质量检测来最终确定同种管道的焊接电流。

(2) 焊接电压　TIG 焊接电压一般在 10～20V。焊接电压越大，会使熔宽增加，但熔深和焊缝表面凹陷反而会越小；当焊接电压过大时，还易造成未焊透和保护不良。因此，在保证电弧不短路的情况下，应尽量减小弧长进行焊接。

(3) 焊接速度　焊接速度的选择主要依据洁净管道壁厚，并配合焊接电流进行选择。在洁净管道焊接过程中，为保证氩气对焊接的有效保护，其焊接速度不宜过大。当速度过大时会造成氩气气流严重偏后，从而可能使钨极、弧柱乃至熔池都暴露在空气中。但为了使焊接时避免或减少晶间腐蚀，可在允许范围内采取小电流快速焊，这样也有利于避免热裂纹的产生。为避免因小电流快速焊带来的不良影响，应当采取诸如增加氩气流量、减小焊枪前倾角度等措施。

(4) 氩气流量　氩气流量与喷嘴尺寸有一个最佳比值，此时气体保护效果最佳，焊件上有效保护区域最大。虽可按照理论参数来控制流量，但在现场所常用的是采用焊点试验法来检查、确定氩气的保护效果范围。具体方法是：一般在不锈钢板材表面进行 TIG 焊点试验，在所确定的焊接工艺参数下引弧并保持约 5～6s，然后切断电源，这样就在不锈钢板表面形成一个焊点区，在该区内受到氩气有效保护的区域呈现光亮的银白色，而受到空气侵蚀保护不完全的则呈暗黑色。

(5) 钨针及其形状　钨针一般选用铈钨针，因铈钨针在工艺性能、许用电流等都高于钍钨针，同时还具有放射性小的特点。焊接时钨针末端的形状有多种，一般在小电流焊接时，选小直径的钨针并将其末端磨成约 20°尖角，这样电弧容易引燃和稳定。反之可磨成大于 90°钝角或平顶锥形，可避免尖端过热熔化，减少端部损耗，同时还可以使阴极辉点稳定，焊缝外形均匀。另外，选择尖角钨针端部还应考虑对熔深和熔宽的影响。尖角增大，其熔深增大，熔宽变小，反之则相反。

(6) 焊接质量检测　洁净管道接头焊接完成后，应对照图纸、焊接工艺要求，检查焊接是否符合设计及规范要求，并应作好相应的焊接记录和焊接质量检测记录，在竣工文件中归档。焊接质量检查应包括对焊道质量合格情况的检查、焊接缺陷处理后的复查。焊道质量检测主要依靠目视检查和仪器检查两种方法进行。当待检洁净管道无法实现目视检查时，可考虑通过专业检测仪器对管道进行焊接质量检测。考虑到制药流体工艺系统管道的洁净要求，建议使用先进的工业内窥镜对焊口质量进行检测。如果发现焊道焊偏、未融合及未焊透等焊接质量问题时，应及时告知焊接操作人员对问题焊口进行整改或补焊，如果发现焊道氧化，必须将此焊道切下，对管道接口进行焊接预处理后，重新焊接。

总之，制药流体工艺系统洁净管道焊接质量的控制，因牵涉范围广，焊接缺陷影响因素多，是一个系统性的工程，在整个实施过程中需要通过过程控制的方法来控制焊接产品质量，降低因焊接质量导致的系统洁净管道红锈腐蚀现象发生的风险，为药品质量提供可靠的前期保证。

10.3.4　酸洗钝化

制药流体工艺系统洁净管道的安装工作结束后，应及时对系统进行酸洗钝化。虽然在安装前不锈钢部件可能比较洁净且具有完整的钝化膜，但是焊接会在焊缝和焊接的热影响区破坏掉钝化膜，导致红锈现象过早出现。在焊接处和焊接热影响区元素（包括铬、铁和氧）的分布情况会在金属熔化和钝化膜再次形成的过程中发生变化，这样铁的浓度就会升高，铬的浓度则会降低。因此通过正确有效的酸洗钝化，可使系统恢复或增强自然形成的富铬化学惰性表面，即钝化膜。钝化膜是不锈钢基础材料和相应的流动液体之间相互作用的产物，其厚度和构成通常取决于所使用的溶液，一般情况下不可预测或计算。因此为了得到理想的钝化膜，尤其是新系统在尚未运行前，必须按照相关标准法规规范，制定符合本系统实际情况的酸洗钝化标准实施程序，并按照标准程序对洁净管道进行良好的钝化处理，提升系统洁净管道的耐腐蚀能力，延缓红锈在系统内的滋生。

制药流体工艺系统洁净管道安装的施工过程中，通过有效地控制洁净管道材料材质、管道安装焊接过程中的施工质量以及对安装完成后系统的钝化保护处理，将改善系统在运行之前的抗腐蚀能力，在一定程度上抑制红锈的快速生成，为制药企业健康顺畅的生产提供了良好的质量保证。

10.3.5　安装确认

安装确认是证实设备或系统中的主要部件正确安装以及与设计要求一致（如，标准规定、采购单、合同、招标数据包），应存在相关支持文件并且验证所用仪器应该经过校准。

以制药用水系统为例，一般把制药用水的制备系统和储存分配系统分开进行，安装确认所需要的文件如下。

① 由质量部门批准的安装确认方案。

② 竣工文件包。工艺流程图、管道仪表图、部件清单、电器设计文件及参数手册、电路图、材质证书和必要的粗糙度证书、焊接资料、压力测试及清洗钝化记录等。

③ 关键仪表的技术参数及校准记录。

④ 安装确认中用到的仪表的校准报告和合格证。

⑤ 系统操作维护手册。

⑥ 系统调试记入 FAT 和 SAT 记录。

安装确认的测试项目如下。

① 竣工版的工艺流程图、管道仪表图或者其他图纸的确认。应该检查这些图纸上的部件是否正确安装，同时检查标识、位置、安装方向、取样阀位置、在线仪表位置、排水空气隔断位置等。这些图纸对于创建和维持水质以及日后的系统改造是很重要的。另外系统轴测图有助于判断系统是否能保证排空性，如有必要也需进行检查。与红锈相关的：重点检查实际安装是否同设计安装方式一致、采用焊接或卡接方式连接、低点排放的检查等。

② 部件的确认。安装确认中检查部件的型号、安装位置、安装方法是否按照设计图纸和安装说明进行安装的。如，分配系统换热器的安装方法，反渗透膜的型号、安装方法，取样阀的安装位置是否正确；隔膜阀安装角度是否和说明书保持一致；储罐呼吸器出厂的完整性测试是否合格；纯蒸汽系统的疏水装置安装是否正确等。与红锈相关的：重点检查喷淋球的选型，可以保证全覆盖、泵可以避免发生气蚀、喷淋球选型等。

③ 仪器仪表的校准。系统关键仪表和安装确认用的仪表是都经过校准并在有效期内，非关键仪表的校准如果没有在调试记录中检查，那么需要在安装确认中进行检查。与红锈相关的：需重点检查液位计和温度计校准的准确性，以防液位过高淹没喷淋球或液位过低导致气蚀，或者温度过高等。

④ 部件、管路材质和表面粗糙度。与红锈相关的：检查系统的关键部件的材质和表面粗糙度是否符合设计要求，部件的材质和表面粗糙度证书需要追溯到供应商、产品批号、序列号、炉号等，管路的材质证书还需做到炉号和焊接日志对应，阀门亦需保证炉号、阀门序列号、数量与机械部件清单以及实际的安装情况相对应，涉及压力容器的应有压力容器证书。

⑤ 焊接及其他管路连接方法的文件。与红锈相关的：焊接记录检查、焊点图、焊接资质的检查、内窥镜数据检查、焊接检查是否是第三方执行、焊样的检查、氩气合格证检查等。

⑥ 管路压力测试、清洗钝化的确认。压力测试、清洗钝化是需要在调试过程中进行的，安装确认需对其是否按照操作规程成功完成进行检查并且有文件记录。与红锈相关的：检查清洗和钝化的方法，使用的钝化剂的种类、浓度、反应时间等，蓝点试验执行时需要甲方人员在场。

⑦ 系统坡度和死角的确认。系统管网的坡度应该保证最低点排空，死角应该满足 3D 或者更高的标准保证无清洗死角（纯蒸汽系统和洁净工艺气体系统的死角要求参考 GEP 的相关规定）。无论是死角检查还是坡度检查，同红锈的生成是有关系的。

⑧ 公用工程的确认。检查公用系统，包括电力连接、压缩空气、氮气、工业蒸汽、冷却水系统、供水系统等已经正确连接并且其参数符合设计要求。

⑨ 自控系统的确认。自控系统安装确认，一般包括硬件部件的检查、电路图的检查、输入输出的检查、HMI 操作画面的检查、软件版本的检查等。

10.4 运行阶段的预防

通过合适的方法，已经滋生的红锈能够得到有效控制甚至完全去除，但红锈具有反复性、再生性的特点，在设备或系统运行过程中，有很多因素同红锈的反复滋生速度息息相关，因此，为了确保整个系统始终处于红锈的低风险状态，除了需要在清洗环节做好处理外，企业也需要结合自身情况，合理运用质量度量理念，在日常的维护保养环节中对相关操作或参数进行规范化管理，并制定合理的红锈预防机制。

10.4.1 控制水温

(1) 控制循环水温　中国 GMP 2010 年版第九十九条规定："纯化水、注射用水的制备、贮存和分配应能够防止微生物的滋生。纯化水可采用循环，注射用水可采用 70℃ 以上保温循环。"考虑 GMP 对于注射用水的微生物抑制的建议，工程上推荐注射用水高温储存、高温循环分配系统的温度介于 75～85℃ 为宜；该温度范围对微生物滋生与红锈滋生都能起到良好的控制作用。同时，温度过高也容易导致泵体发生气蚀和点腐蚀的发生，从而使泵腔内部产生大量的红锈并蔓延至全系统中。

热储存、热循环系统的详细介绍参见第 7 章。

在运行阶段，设置高温和低温报警并同换热器后的温度计联动，通过 PID 调节阀来控制工业蒸汽或冷却水/冷冻水的进量，这样可以使整个主管网维持在一个较合理的温度区间。同时，在主管路安装冷却换热器可以弥补蒸馏水机产水温度偏高而导致的循环温度过高。

（2）控制产水水温　蒸馏水机主要有塔式蒸馏水机、蒸汽压缩式蒸馏水机和多效蒸馏水机。

塔式蒸馏水机又称为单效蒸馏水机，主要用于实验室或科研机构的小批量注射用水制备。这种装置的能耗指标高，资源浪费严重，而且由于其生产工艺和除沫器的技术落后，生产出来的蒸馏水质量不高，现已被逐步淘汰。

20 世纪 60 年代以后，国外研制出热压式蒸馏水机，它具有明显的节能节水等优点；1971 年，芬兰 FINN-AQUA 公司成功研发出全球第一台多效蒸馏水机，这种设备具有技术工艺先进、操作简便、使用可靠、噪声低、节能等优点，得到了全世界制药企业的广泛认同。与蒸汽压缩式蒸馏水机相比，多效蒸馏水机虽然单机产能方面不高，需要采用工业蒸汽作为能源，但其设备结构简单、制备的注射用水水质更可靠，尤其是内毒素指标更加安全，且其初期投资相对较低，运行管理与维护也相对简单，因此，大部分制药企业均采用多效蒸馏水机制备注射用水。

蒸馏水机的产水温度应当设置在合理的范畴，超过 100℃ 的注射用水可能处于过热状态，其微观状态类似于高压的纯蒸汽系统，它会解离出 H^+（即质子），质子呈流体状态，电化学腐蚀效应非常严重，其体积甚小且可以轻易穿透致密的钝化膜，对不锈钢钝化膜构成破坏。当注射用水的水质符合企业内控范围时，注射用水出水温度应尽可能地降低，以避免制备出温度过高的注射用水进行储存与分配系统，对储存与分配系统的换热器造成较大的冷却压力和红锈风险，同时也会导致企业的能耗增加。

10.4.2　纯蒸汽系统的预防

纯蒸汽系统因温度高、流动性快等特征，在所有流体工艺系统中往往红锈现象最为严重。市场上纯蒸汽的生产设备常采用工业蒸汽为热源，采用换热器和蒸发柱进行热量交换并产生蒸汽，并进行有效的汽-液分离方式以获取纯蒸汽。以工业蒸汽作为热源的换热器，包括蒸发柱，推荐使用双管板式结构，这种结构设计可以防止纯蒸汽被加热介质所污染。

用于湿热灭菌的纯蒸汽冷凝液必须符合注射用水的药典质量指标，其内毒素指标是一个非常重要的考察指标。在纯蒸汽发生器中，去除内毒素的原理主要是利用内毒素的不挥发性。汽水分离的效率越高，设备产出的蒸汽就越纯净，越稳定。倘若蒸汽中夹带着液滴，那附着于液滴中的内毒素就会污染纯蒸汽。纯蒸汽发生器在设计上对于蒸汽与所夹带水气的分离需尤为谨慎。药典要求注射用水的内毒素含量低于 0.25U/ml，纯蒸汽发生器可将原水中的内毒素含量降低 3～4 个数量级。例如，采用外螺旋分离技术制备的纯蒸汽，其冷凝水中内毒素含量能达到低于 0.01U/ml 的水平，它能非常好地预防纯蒸汽中内毒素污染所带来的无菌注射剂用药风险。

纯蒸汽灭菌属于湿热灭菌法，是制药企业常用的灭菌方式之一。它利用高温、高压蒸汽进行灭菌。纯蒸汽的穿透能力非常强，蛋白质、原生质胶体在湿热条件下容易变形凝固，其酶系统容易受破坏，蒸汽进入细胞内凝结成水，能放出潜在热量而提高温度，更增强了灭菌能力。

纯蒸汽灭菌时，温度达到 121℃ 以上即可，流速以 15～25m/s 居多，考虑到输送过程中的热损失，纯蒸汽发生器制备的纯蒸汽可能会适当地提高一些温度，但过高的温度与过快的流速会导致红锈的严重滋生，纯蒸汽分配管网一旦红锈爆发，会很容易污染下游设备（如配液罐、湿热灭菌柜等），系统在线灭菌后的颗粒物污染风险非常严重。因此，企业需结合实际需求，合理控制纯蒸汽的运行温度与流速，并制定相应的除红锈维护保养机制。

10.4.3 运行参数控制

(1) 消毒与灭菌周期 常用的水系统消毒与灭菌方式有化学消毒、紫外线消毒、巴氏消毒、臭氧消毒、流通蒸汽消毒、过热水灭菌与纯蒸汽灭菌等。水系统的消毒与灭菌周期需采用严谨的 PQ 执行来确认，部分企业为了绝对的安全，提高了系统消毒与灭菌频次，结果水系统所处环境（温度和压力）的突变性导致系统承受交变载荷过载，钝化膜腐蚀疲劳加剧，从而导致钝化膜的物理强度、微观紧密性恶化，钝化膜易受外界机械作用和化学作用的破坏，最终的结果是红锈快速滋生。

对于热消毒/热灭菌的系统，消毒/灭菌频率过高，也非常容易导致系统交变荷载过载，频繁的温差变化不利于钝化膜的稳定。因此，推荐企业严格按照 PQ 执行原则，在负荷微生物负荷的安全情况下，制定合理的消毒与灭菌周期，避免过度消毒与过度灭菌。

(2) 停机处理 如果企业生产任务不紧张，考虑节能而不得不停产的话，可以采取如下措施来避免红锈的滋生和危害：①在停产之前，应当对系统内部的生物膜、有机膜和红锈进行去除处理，并对不锈钢的表面进行修复，以保证在停产时间内，这3项风险源不再滋生。②将水排尽之后，需要使用干燥的压缩空气对系统进行吹扫，使系统尽可能地保持干燥。吹扫之后，查看每一个用点、泵腔、罐底等其他局部最低点是否已经无水滴的残留；第一次吹扫结束后，过 24h 之后，再使用压缩空气进行一次吹扫，并经过 24h 再次进行确认；直到基本完全干燥。③在停产结束，并在正式使用之前，应当再次对系统进行生物膜、有机膜和红锈进行去除处理，防止停产期间滋生的这些风险源对水质和产品质量造成风险。

为了尽可能地降低纯蒸汽用点红锈的滋生速度，建议的措施如下：①使用之前操作要规范，先排掉冷凝水，以降低环境的腐蚀性程度；②如果用点不常用，则应在纯蒸汽分配系统的标准操作规程中，明确注明定期对用点的冷凝水进行排放处理；③制定纯蒸汽分配系统例行维护检查制度，重点检查疏水阀的疏水能力。

(3) 罐体液位控制 罐体液位没过喷淋器将导致严重的红锈发生，因此，罐体液位不易过高，不可淹没喷淋球，导致喷淋球失效。建议措施：定期查看液位计的校验状态；高液位一般控制在80%，即会关闭补水阀，并声光报警；管理者制定年度例行维护制度，由专业人员对系统进行整体的再检查（类似于再验证的过程），其中的检查项需要包括自控系统的检查。

关于运行过程中，可能存在导致红锈快速滋生的因素不限于上述内容，企业的管理者和操作人员需要根据自身的情况，合理制定相关规范操作程序、优化运行参数，使设备与系统能够在一个良好的环境下运行，以保证水质、产品质量，延长红锈滋生时间和系统寿命为目的。

10.4.4 运行确认与性能确认

运行确认（OQ）系统/设备在规定的参数内运行是否满足要求，例如温度、压力、流速等。运行确认的执行包括检测参数，这些参数调节工艺或产品质量；核实控制者合理运行、显示器、记录、预警及连锁装置，这些需要在运行确认检测期间执行并记录在案。

以制药用水系统为例，一般把制药用水的制备系统和储存分配系统分开进行，运行确认所需要的文件如下。

① 由质量部门批准的运行确认方案。
② 供应商提供的功能设计说明、系统操作维护手册。
③ 系统操作维护标准规程。
④ 系统安装确认记录及偏差报告。

⑤ 业主提供的标准操作规程（至少是草稿版本）。

运行确认的测试项目如下。

① 系统标准操作规程的确认。系统标准操作规程（使用、维护、消毒）在运行确认是应具备草稿，在运行确认过程中审核其准确性、适用性，可以在性能确认（PQ）第一阶段结束后对其进行审批。

② 检测仪器的校准。在 OQ 测试中需要对水质进行检测，需要对检测仪器都进行校准检查，主要包括在线的 TOC 和电导率仪表；如果需要进行连续几天的取样检测，则主要包括 QC 实验室使用的离线 TOC 和电导率仪表等。

③ 储罐呼吸器确认。纯化水和注射用水储罐的呼吸器在系统运行时，需检查其电加热功能（如果有）是否有效，冷凝水是都能够顺利排放等，尤其是在消毒/灭菌进行完成之后，需要对冷凝水情况进行检查。

④ 自控系统的确认。

a. 系统访问权限。检查不同等级用户密码的可靠性和相应等级的操作权限是否符合设计要求。

b. 紧急停机测试。检查系统在各种运行状态中停机是否有效，系统停机后是否处于安全状态，存储的数据是否会丢失。

c. 报警测试。系统的关键报警是否正确触发，其产生的行动和结果同设计文件是否一致。尤其注意公用系统失效报警和行动。

d. 数据存储。数据的存储和备份是否与设计文件一致。

⑤ 制备系统单元操作的确认。确认各功能单元的操作是否和设计流程一致，具体内容如下。

a. 纯化水的预处理和制备。原水装置的液位控制，机械过滤器、活性炭过滤器、软化器、反渗透单元、EDI 单元的正常工作、冲洗的流程是否与设计一致；消毒是否能够顺利完成；产水和储罐液位的连锁运行是否可靠；在消毒/运行过程中，原水泵以及高压泵的频率是否可接受；系统各级反渗透（RO）的产水率、水质以及总产水量与 EDI 出水水质是否可接受等。

b. 注射用水制备。蒸馏水机的预热、冲洗、正常运行、排水的流程是否与设计一致；停止、启动和储罐液位的连锁运行时可靠。

⑥ 储存分配系统的确认。内容如下。

a. 循环泵和储罐液位、回路流量的连锁运行是否能够保证回路流速满足设计要求，如不低于 1.0m/s。

b. 储罐呼吸器的确认。呼吸器需要进行完整性测试检查。

c. 储罐喷淋效果的确认。需要进行喷淋球喷淋效果的确认（如果罐体厂家进行 FAT 时已进行了此项确认，则在同等循环能力条件下，不需重做，但需说明）。此项内容同红锈生成相关。

d. 循环能力的确认。分配系统处于正常循环状态，检查分配系统是否存在异常；在线循环参数如流速、电导率、TOC 等是否满足 URS 要求；管网是否存在泄漏等。需要确认循环温度，因温度与红锈生成有直接影响，另外注射用水的冷用点支路（Subloop）流速是否能够达到湍流，也需要进行确认。

e. 峰值量确认。分配系统的用水量处于最大用量时，检查制备系统供水是否足够；泵的运转状态是否正常；回路压力是否保持正压；管路是否存在泄漏等。

f. 消毒/灭菌的确认。分配系统的消毒是否能够成功完成；是否存在消毒死角；温度是否能够达到要求等。此项内容与红锈生成相关。

g. 水质离线检测。建议在进入性能确认之前，对制备系统产水、储存和分配的总进、总回取样口进行离线检测，以确认水质。

h. 纯蒸汽分配系统还需检查疏水能力，以确定是否能够稳定排放冷凝水。

性能确认（PQ）可通过文件证明当设备、设施等与其他系统完成连接后能够有效地、可重复地发挥作用，即通过测试设施、设备等的产出物来证明它们的正确性。

仍以纯化水或者注射用水的 PQ 为例介绍。纯化水或者注射用水的性能确认一般采用三阶段法，在性能确认过程中制备和储存分配系统不能出故障和性能偏差。

① 第一阶段。连续取样 2～4 周，按照药典检测项目进行全检。目的是证明系统能够持续产生和分配符合要求的纯化水或者注射用水，同时为系统的操作消毒、维护 SOP 的更新和批准提供支持。

② 第二阶段。连续取样 2～4 周，目的是证明在按照相应的 SOP 操作后能持续生产和分配符合要求的纯化水或者注射用水，取样安排与第一阶段一致。在此 SOP 中需要有如下内容的要求来有效抑制红锈的滋生：定期查看红锈情况；根据红锈情况执行红锈的清洗和再钝化；消毒灭菌的周期；纯蒸汽不常用的用点需要定期排放冷凝水等。

③ 第三阶段。根据已批准的 SOP 对纯化水或者注射用水系统进行日常监控，测试从第一阶段开始持续 1 年，从而证明系统长期的可靠性，以评估季节变化对水质的影响。

10.5 过程分析技术

近年来，过程分析技术（Process analytical technology，简称 PAT）在医药化工行业越来越受到重视，包括美国 FDA 在内的官方机构正在积极推动应用 PAT 技术，力图实现 QbD（"质量源于设计"）理念。FDA 认为："产品质量是通过设计赋予的，而不是通过最终产品检测出来的"。PAT 已经成为规范生产过程最优化的有效工具，确保规模生产的产品质量，在提高效率的同时减少质量降低的风险。

近年来，微生物在线检测仪和在线锈蚀检测仪实现了研发突破并被应用于现代化工业生产。在线锈蚀检测仪所提供的实时锈蚀速率和锈蚀累积量等参数，为除锈和钝化频率提供了有效的科学依据和实时评估。在线锈蚀检测仪（图 10-2）包括前端的探头、变送器、远程显示器、数据记录仪以及模拟传输单元。模拟传输单元直接连接着 DCS、SCADA、BMS、过程控制系统，而数据记录仪可以独立数据并直接传输给计算机。显示单元提供电源和 RS 485 信号传输给探头和变送器探头，与变送器的有效距离为 1.2km（4000ft）。

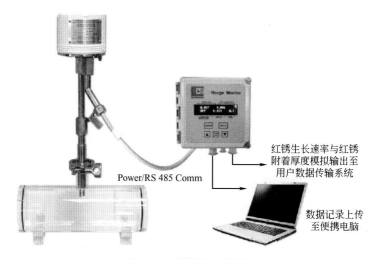

Power/RS 485 Comm

红锈生长速率与红锈附着厚度模拟输出至用户数据传输系统

数据记录上传至便携电脑

图 10-2 在线锈蚀检测仪

10.5.1 在线检测的原理

红锈是一种锈蚀产物，锈蚀是一种电化学反应，铁在有水存在的环境下和氧气发生作用生成铁离子与氢氧根离子，随后氧化产生氢氧化铁。整个锈蚀反应可分为 2 步，铁在阳极释放电子变成铁离子，这些释放出的电子作为腐蚀电流（i_{corr}）向相邻的阴极区域移动，发生阴极反应。虽然阴极也在发生反应，但阴极却没有产生金属损失。如果可以测量腐蚀电流 i_{corr}，那么就可以通过使用法拉第定律测量金属离子的数量从而确定锈蚀速率。在现实中，必须间接的测量这种电流，具体方法是通过在两个电极之间提供一个小的电势（E）并测量由此在两极之间产生的电流（i_{meas}）。i_{meas} 的增加量即为锈蚀速率的增加量。

外部测量电流（i_{meas}）、腐蚀电流（i_{corr}）和通过一个单一界面外部提供的电势（E）之间的关系是由 Stern 和 Geary 在 1957 年 2 月版《电化学学会》杂志首次提出的。

$$i_{corr} = \frac{b_a b_c}{2.303(b_a + b_c)} \times \frac{i_{meas}}{\Delta E} = \frac{b_a b_c}{2.303(b_a + b_c)} = \frac{1}{R_p} \tag{10-2}$$

式中，b_a 为阳极塔菲尔斜率；b_c 为阴极塔菲尔斜率；R_p 为线性极化电阻率。

基于上述原理，现代工业技术已实现了红锈双电极探头（图 10-3）的工业化应用，从而实现了红锈的 PAT 技术应用。

图 10-3　锈蚀监测双电极探头

10.5.2　在线检测的应用

由于水中非常微量的红锈不会明显地影响到水中的电导率，所以无法用电导率单独且准确地检测红锈的产生。水中其他成分的存在，比如气体，也会造成电导率的改变。

以往因缺乏精确的检测方法和技术，除锈和钝化的频次是根据持续时间或者通过目视检查管道和容器来确定的。间隔可能是每半年、每年、每两年或根据停产计划等。虽然这种办法无法保证准确性，但普遍被制药企业当做常规的预防办法来执行，保证符合 SOP 的要求。

精确的锈蚀速率测量方法将帮助确定除锈和钝化的操作进程，同时也提供了更好的方法来观察红锈的形成过程。测量锈蚀速率能够帮助企业确定系统的锈蚀水平以及最终产品中可能存在的红锈的浓度。

现代制药系统中水系统已完全实施自动化和计算机控制。一些在线仪表已取代或增强了实验室检测。在线仪表能够用于实现制药用水的实施放行。锈蚀检测仪、现有水系统仪表网络以及计算机系统的整合能够更好地分析并与其他工艺数据建立相关性，符合并遵守了 GMP 21CFR Part11 的要求。

锈蚀速率的显示单位为纳米/月或微米/月，锈蚀累计量和金属损失量单位为 nm 或 μm。锈蚀和锈蚀速率不是匀速的。先前的研究表明，一些锈蚀的主要部位包括泵和喷淋球，它们由于介质的流速快而导致钝化膜的磨损，没有钝化膜保护的金属部分将很容易发生锈蚀。

锈蚀检测仪的安装位置从泵开始，应尽量靠近下游部分，挑选流体的高湍流区域，这里锈蚀比较严重。另外第二个锈蚀检测仪安装应在回路进出注射用水储罐之前。在系统中锈蚀检测仪的结构和位置见图 10-4。

通过在线锈蚀检测对锈蚀速率的检测分析发现，锈蚀速率变化可以由于以下原因造成：管道内流

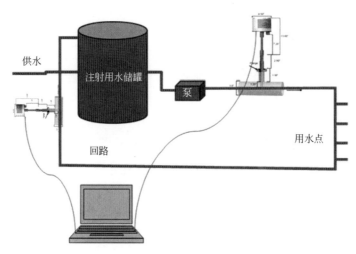

图 10-4　水系统中锈蚀探头的建议安装位置

体状态的变化，用点的位置、压力、水温度的波动，用水量、循环量及构造。

由图 10-5，可以看出在监测期间，锈蚀速率产生明显的波动，偶尔会上升到 20～25nm/月。经分析数据变化情况明显与工艺变化相关。

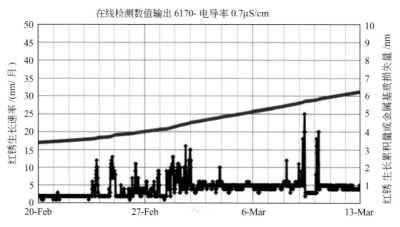

图 10-5　某系统锈蚀速率变化曲线

　　一些以前未解决的问题通过在线实时监测数据可以解决。例如，如何确定锈蚀速率和锈蚀累积量达到多少才可以接受？什么时候红锈会累计沉积？锈蚀速率、锈蚀累计量数据以及相应的限度将协助企业确定除锈或钝化处理操作。如果当时的锈蚀速率是 3～5nm/月，累积量到目前为止是 20nm，那么要达到用户指定的限度来进行除锈和钝化可能需要几年。如果按照以前的规程要求需每年进行一次除锈和钝化，然而根据数据，除锈再钝化处理就可以推迟两年或三年，这样整套水系统的成本能节约很多。

　　检测仪通过连续每周 7 天，每天 24 小时持续不断的监测数据来保证最终产品的质量。这些长期的监测数据将帮助来确定监测系统在钝化处理、钝化的持久性、除锈的频次以及确切的成本节约数额上的可行性。

　　在线锈蚀检测的使用能够衡量任何时间段内的实际锈蚀速率和金属损失量，允许使用者根据经验数据确定锈蚀速率和金属损失限度。除锈和钝化周期则可通过用户指定的限度来制定，而不是靠 QC/QA 部门的主观制定。锈蚀速率可以帮助确定红锈在最终产品中可能的浓度。更重要的是，通过这些科学的数据，除锈和钝化频次得以优化，可使企业每年节约大量成本。

参 考 文 献

[1] 国家食品药品监督管理总局. 药品生产质量管理规范（2010 年修订），2010.

[2] 国家药典委员会. 中华人民共和国药典（2010 年版）. 北京：中国医药科技出版社，2010.

[3] 国家食品药品监督管理局药品认证管理中心. GMP 实施指南. 北京：中国医药科技出版社，2010.

[4] GB 5749—2006.

[5] GB 50913—2013.

[6] 国家食品药品监督管理总局. 药品生产质量管理规范（2010 年修订）附录 确认与验证（征求意见稿），2014.

[7] FDA. 清洁验证检查指南. 1993.

[8] 美国注射剂协会. 第 29 号技术报告：清洁验证考虑要点. 2012.

[9] 美国注射剂协会. 第 49 号技术报告：生物制品清洁验证考虑要点. 2010.

[10] APIC. 原料药工厂清洁验证指南. 2014.

[11] EP. European Pharmacopoeia. 8th. 2014.

[12] USP US Pharmacopeia National Formulary. 37. 2014.

[13] The American Society of Mechanical Engineers. ASME BPE 2014. 2014.

[14] ISPE. Volume 3：Sterile Manufacturing Facilities. 2011.

[15] ISPE. Volume 4：Water and Steam Systems. 2011.

[16] ISPE. Volume 5：Commissioning and Qualification. 2001.

[17] ISPE. Volume 6：Biopharmaceutical Manufacturing Facilities. 2006.

[18] ISPE. Commissioning and Qualification of Pharmaceutical Water and Steam Systems. 2007.

[19] ISPE. GAMP 5，A Risk-Based Approach to Compliant GxP Computerized Systems. 2008.

[20] WHO. Expert Committee on Specifications for Pharmaceutical Preparations Thirty-ninth Report，Annex 3：WHO Good Manufacturing Practices：Water for Pharmaceutical Use. 2012.

[21] European Commission. EU Guidelines to Good Manufacturing Practice Medicinal Products for Human and Veterinary Use. 2008.

[22] FDA. Guide to Inspections of High Purity Water Systems. 1993.

[23] Dale A Seiberling. Clean-in-Place for Biopharmaceutical Processes. 2007.

[24] ISO 14644.

[25] 何国强，易军，张功臣. 制药用水系统. 北京：化学工业出版社，2011.

[26] 何国强，陈跃武，马义岭. 制药工艺验证实施手册. 北京：化学工业出版社，2012.

[27] 何国强，易军，张功臣. 制药流体工艺实施手册. 北京：化学工业出版社，2013.

[28] 何国强，王玮，张贵良. 制药洁净室微生物控制. 北京：化学工业出版社，2013.

[29] 何国强，徐禾丰，陈跃武，马义岭. 欧盟 GMP/GDP 法规汇编. 北京：化学工业出版社，2014.

[30] 许钟麟. 药厂洁净室设计、运行与 GMP 认证. 上海：同济大学出版社，2002.

[31] STERIS，DEROUGING AND PASSIVATION，2001.

[32] STERIS，DEROUGING STAINLESS STEEL PROCESS SYSTEMS WITH CIP 200，CASE HISTORY ♯3608.

[33] Nissan Cohen. Allan Perkins. Online Rouge Monitoring：A Science-Based Technology to Measure Rouge Rates. Pharmaceutical Engineer-

ing，2011.

［34］ ISPE Critical Utilities D/A/CH COP. Rouge in Pharmaceutical Water and Steam Systems. Pharmaceutical Engineering，2009.

［35］ Troels Mathiesen，Jan Elkjaer Frantsen. Rouging of Stainless Steel in WFI Systems-Examples and Present Understanding. Force Technology，2007.

［36］ 严彪等. 不锈钢手册. 北京：化学工业出版社，2009.

［37］ 天华化工机械及自动化研究设计院. 腐蚀与防护手册：第二卷 耐蚀金属材料及防蚀技术. 北京：化学工业出版社，2008.

［38］ 陆世英. 不锈钢概论. 北京：化学工业出版社，2013.

［39］ 贾凤翔，侯若明，贾晓滨. 不锈钢性能及选用. 北京：化学工业出版社，2013.

［40］ 桥本政哲. 不锈钢及其应用. 周连在，赵文贤译. 北京：冶金工业出版社，2011.

［41］ John C Lippold，Damian J Kotecki. 不锈钢焊接冶金学及焊接性. 陈剑虹译. 北京：机械工业出版社，2008.

［42］ 于启湛，丁成钢，史春元. 不锈钢的焊接. 北京：机械工业出版社，2009.

［43］ 鲍波. 铜合金管及不锈钢管. 北京：冶金工业出版社，2007.

［44］ GB/T 20878—2007.

［45］ GB/T 14975—2012.

［46］ GB/T 13296—2007.

［47］ GB/T 1220—2007.

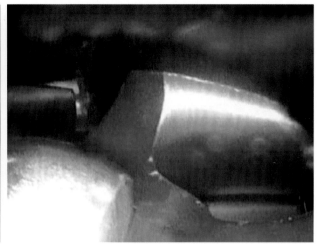

图 9-1　离心泵泵腔除锈效果（注射用水系统）

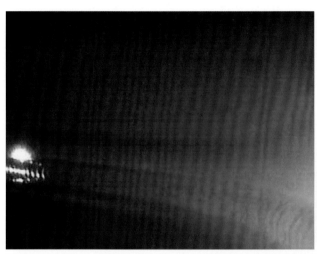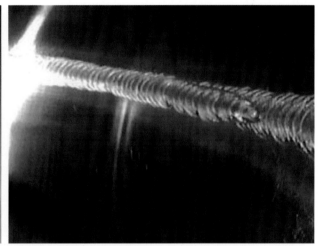

图 9-2　用水点管网焊道除锈效果（原料药车间注射用水系统）

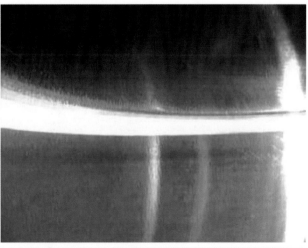

图 9-3　用水点管网除锈效果（血液制品车间注射水系统）

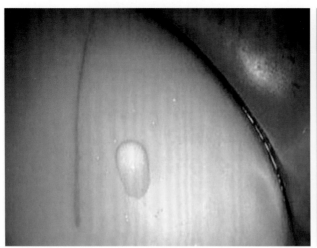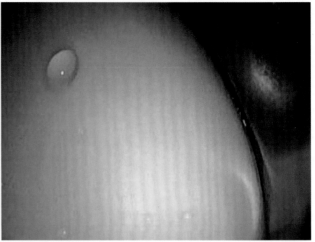

图 9-4　隔膜阀膜片除锈效果

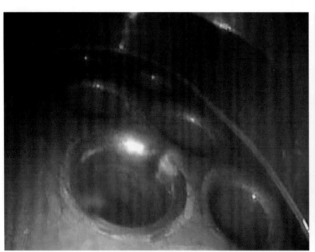

图 9-5　换热器除锈效果

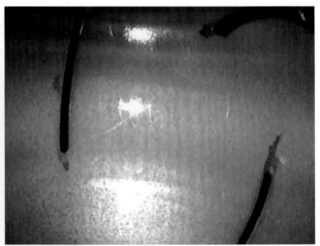

图 9-6　喷淋器除锈效果

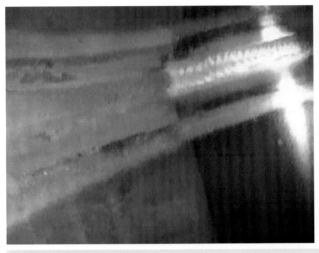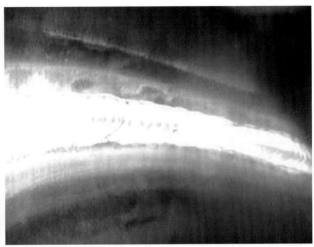

图 9-7　浸泡法除锈效果（纯蒸汽系统）

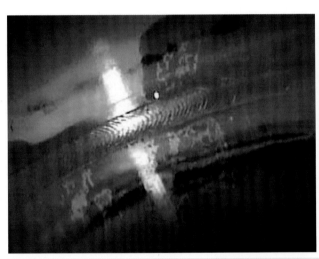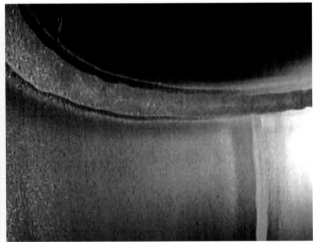

图 9-8　常规循环法除锈效果（纯蒸汽分配系统）

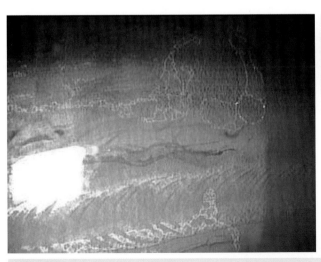

图 9-9　全管网循环法除锈效果（纯蒸汽系统）

图 9-10　离心泵泵腔除锈效果（CIP 系统）

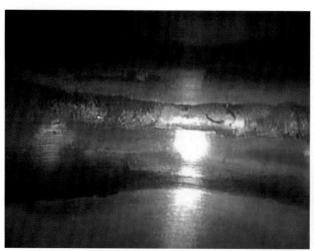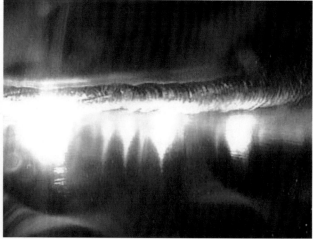

图 9-11　分配管网除锈效果（CIP 系统）

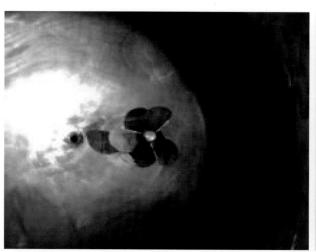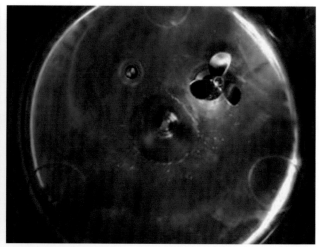

图 9-12　配料罐除锈效果